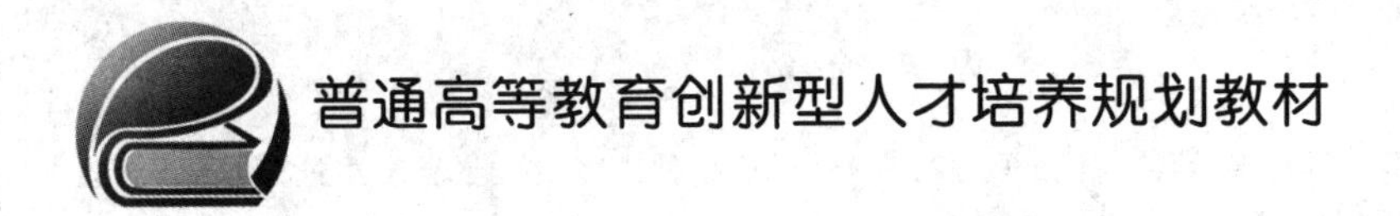

高分子材料

张春红　徐晓冬　刘立佳　编著

北京航空航天大学出版社

内容简介

高分子材料是一门新兴学科。高分子材料来源广阔,品种繁多,性能优异,用途广泛,在材料领域中的地位日益突出。自20世纪中叶以来,随着人工合成高分子的出现,人类跨入了高分子材料的时代。鉴于材料学科对人才培养既要求深度又要求广度,本教材以高分子材料合成原理与方法、高分子材料的结构与性能和通用高分子材料为基础,深入浅出地介绍各种功能高分子材料、聚合物基复合材料等新型材料。

本教材在讲述基本内容的基础上,注重补充相关的新知识和新技术,可作为高等学校相关专业本科生和研究生的教材和参考书,同时对于高分子材料方向的科研和技术人员也具有重要的参考价值。

图书在版编目(CIP)数据

高分子材料 / 张春红,徐晓冬,刘立佳编著. -- 北京 : 北京航空航天大学出版社, 2016.2

ISBN 978-7-5124-2040-3

Ⅰ. ①高… Ⅱ. ①张… ②徐… ③刘… Ⅲ. ①高分子材料-高等学校-教材 Ⅳ. ①TB324

中国版本图书馆CIP数据核字(2016)第009351号

高分子材料

张春红 徐晓冬 刘立佳 编著

责任编辑 赵延永 张艳学

*

北京航空航天大学出版社出版发行

北京市海淀区学院路37号(邮编100191) http://www.buaapress.com.cn

发行部电话:(010)82317024 传真:(010)82328026

读者信箱:goodtextbook@126.com 邮购电话:(010)82316936

北京泽宇印刷有限公司印装 各地书店经销

*

开本:710×1 000 1/16 印张:18.25 字数:389千字

2016年2月第1版 2016年2月第1次印刷 印数:2 500册

ISBN 978-7-5124-2040-3 定价:40.00元

前　言

高分子材料是材料领域的后起之秀，虽然只有几十年的历史，但由于高分子材料来源广泛，品种繁多，性能优异，用途广泛，在材料领域中地位日益突出，其发展速度远远超过其他传统材料。自20世纪中叶，随着人工合成高分子的出现，人类跨入高分子材料的时代。

本书共分六章。第一章绪论中介绍了高分子材料的基本概念和特点、高分子材料的分类和命名以及高分子材料在国民经济中的作用；第二章主要介绍了高分子材料的合成原理及方法；第三章就高分子的链结构、凝聚态结构、力学性能、物理性能和化学性能进行简要的介绍；第四章主要介绍通用高分子材料——塑料、橡胶和纤维的结构、性能和加工工艺等；第五章就功能高分子材料进行了深入浅出的介绍，包括反应性高分子材料、液晶高分子、电功能高分子、光功能高分子、高分子分离膜和医药高分子；第六章主要介绍了聚合物基复合材料的基体材料、增强体材料、表面与界面、成型工艺等。

本书可作为高等院校高分子材料相关专业的本科生和研究生教材，同时本书对于从事高分子材料生产、加工、应用的工程技术人员和科研人员也具有重要的参考价值。

本书由张春红、徐晓冬和刘立佳合作编写，其中，第1章、第4章和第5章的1～4节由张春红编写，第2章和第3章由徐晓冬编写，第5章的5～7节和第6章由刘立佳编写。

本书在出版过程中得到哈尔滨工程大学的资助，在此致以衷心的感谢。

由于高分子材料学科发展迅速和编者水平的限制，书中疏漏和不妥之处在所难免，敬请广大读者不吝批评指正。

作　者

2016年2月

目　　录

第1章 绪 论

材料是人类用来制造各种产品的物质，是人类生活和生产的物质基础。它先于人类存在，从人类社会形成开始就与材料结下不解之缘。材料的进步和发展直接影响到人类生活的改善和科学技术的进步。目前，材料已和能源、信息并列成为现代科学的三大支柱，而材料是工业发展的基础，材料的品种和产量是直接衡量一个国家科学技术、经济发展和人民生活水平的重要标志，也是一个时代的标志。

人们使用和制造材料的历史已有几千年，长期以来人们对于材料的认识往往停留在强度、密度、透光性等宏观性质观测的水平上。近代物理和近代化学的发展，加上各种精密测试仪器和微观分析技术的出现，使人们对材料的研究逐步由宏观现象的观测深入到微观本质的探讨，由经验型的认识逐步深入到规律性的认识。在这样的背景下，一门新兴的综合性学科——材料科学，逐步形成并日趋成熟。材料科学是一门应用性的基础科学。它使用化学和结构的原理来阐明材料性能的规律性，进而研究和发展具有指定性能的新材料。材料的品种繁多，从使用上看，可分为两大类：一类是结构材料；另一类是功能材料。对于结构材料，主要使用它的力学性能，这就需要了解材料的强度、刚度、变形等特性；对于功能材料，主要使用它的声、光、电、热等性能。

相对于传统材料如玻璃、陶瓷、水泥、金属而言，高分子材料是后起的材料，但其发展的速度及应用的广度却大大超过了传统材料，已经成为工业、农业、国防和科技等领域的重要材料。高分子材料既可以用作结构材料也可以用作功能材料。高分子材料科学尽管只有几十年的历史，但在新材料的发展中尤其引人注目，是值得研究并大有发展前途的新兴学科。作为一门新兴学科，高分子材料科学已与金属材料、无机非金属材料并驾齐驱，在国际上被列为一级学科。

1.1 高分子材料的基本概念与特点

1.1.1 高分子化合物的定义

高分子化合物，是指由众多原子或原子团主要以共价键结合而成的相对分子量在一万以上的化合物。

首先，应对“众多原子”“主要以共价键”和“相对分子质量在一万以上”三个关键词加以解释。目前已经知道无论是天然高分子还是合成高分子，组成其大分子的原子数目虽然成千上万，但是所涉及的元素种类却相当有限，通常以C、H、O、N四种非金属元素最为普遍，S、Cl、P、Si、F 等元素也存在于一些高分子化合物中。而 Fe、Ca、Mg、Na、I 等元素则是构成生物大分子的微量元素。

其次，所谓“主要以共价键结合而成”系指绝大多数高分子化合物中构成主链的元素几乎都是通过共价键实现相互联结的。只有极少数高分子化合物(如某些新型合成聚合物)的分子主链可能含有配位键。一些特殊高分子化合物(如功能高分子等)的分子侧基或侧链上则可能含有离子键或配位键。

最后，所谓“相对分子质量在一万以上”其实只是一个大概的数值。事实上，对于不同种类的高分子化合物而言，具备高分子特性所必需的相对分子质量下限各不相同，甚至相去甚远。例如一般缩合聚合物(简称缩聚物)的相对分子质量通常在一万左右或稍低；而一般加成聚合物(简称加聚物)的相对分子质量通常超过一万，有些甚至高达百万以上。

高分子化合物、高分子(大分子)、聚合物、高聚物对应的英文词汇分别为 macromolecule compound、macromolecule、polymer、highpolymer。这些词汇的含义并无本质区别，多数情况下是可以相互混用的。不过下述两点需要注意：第一，对于化学组成和结构非常复杂的生物高分子化合物通常使用“大分子”一词较为恰当，最好避免使用“聚合物”一词；第二，具体的个人或学术社团在同一学术著作中通常宜选用一两种即通俗又规范的聚合物类名，而不宜频繁换用太多的类名。

1.1.2 高分子的基本概念

以聚甲基丙烯酸甲酯(俗称“有机玻璃”，polymethylmethacrylate，缩写 PMMA)为例，其结构如下：

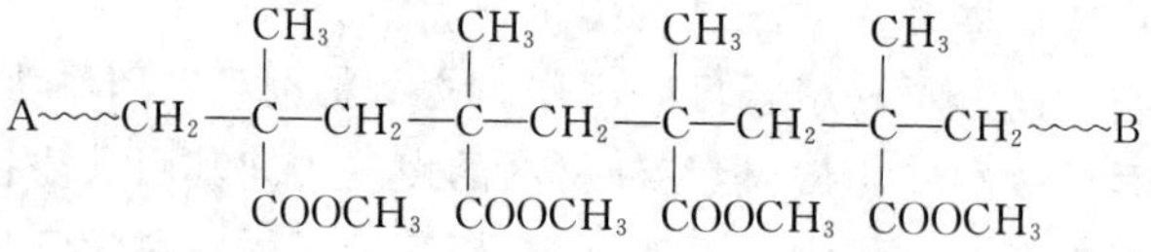

$$\text{A}\sim\sim\text{CH}_2-\underset{\text{COOCH}_3}{\overset{\text{CH}_3}{\underset{|}{\overset{|}{\text{C}}}}}-\text{CH}_2-\underset{\text{COOCH}_3}{\overset{\text{CH}_3}{\underset{|}{\overset{|}{\text{C}}}}}-\text{CH}_2-\underset{\text{COOCH}_3}{\overset{\text{CH}_3}{\underset{|}{\overset{|}{\text{C}}}}}-\text{CH}_2-\underset{\text{COOCH}_3}{\overset{\text{CH}_3}{\underset{|}{\overset{|}{\text{C}}}}}-\text{CH}_2\sim\sim\text{B}$$

(Ⅰ)

它是由许多相同的 $-\text{CH}_2-\underset{\text{COOCH}_3}{\overset{\text{CH}_3}{\underset{|}{\overset{|}{\text{C}}}}}-$ 作为结构单元联结而成。“ ~~~ ”符号代表高分子延伸的主链。为简便起见，其结构式通常写为：

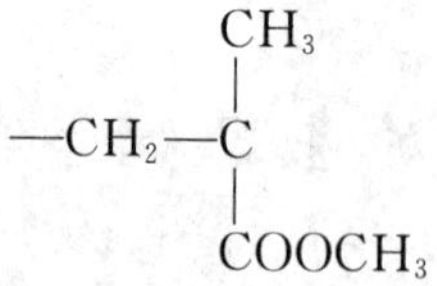

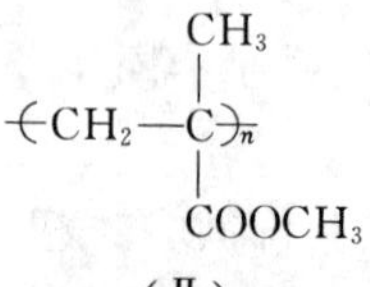

$$\left[\text{CH}_2-\underset{\text{COOCH}_3}{\overset{\text{CH}_3}{\underset{|}{\overset{|}{\text{C}}}}}\right]_n$$

(Ⅱ)

在结构式中，两端的端基(end group，A 和 B)只占大分子中很少一部分，对聚合物性能的影响通常也甚微，且在有时往往也并不确知，所以常略去不写。(I)式表示聚合物是由圆括号(也可用方括号)内的结构单元重复联结而成，所以括号内的结构单元也称重复结构单元(repeating structure unit)或重复单元(repeating unit)，也称为链节(chain element)。式中，$\left[CH_2—C\right]_n$ 是该高分子长链的骨架，即为主链(main chain backbone)；主链旁的$—CH_3$和$—COOCH_3$等基团称之为侧基。“n”代表重复单元数目，称之为聚合度(degree of polymerization，$\overline{DP}$)。

能够形成聚合物中结构单元的小分子化合物称之为单体(monomer)，它是合成聚合物的原料。由单体合成聚合物的反应称之为聚合反应(polymerization)。

在高分子材料合成发展的早期，曾把聚合反应和聚合物分为两大类，即加聚反应(addition polymerization)和加聚物(addition polymer)，缩聚反应(condensation polymerization)和缩聚物(condensation polymer)。

加聚反应和加聚物是指生成聚合物(例如聚甲基丙烯酸甲酯)的结构单元与其单体(甲基丙烯酸酯)相比较，除电子结构(化学键方向、类型)有改变外，其所含原子种类、数目均相同的聚合反应和聚合物。在加聚物中，结构单元即重复单元，也称单体单元(monomer unit)，三者的含义是一致的。

缩聚反应和缩聚物是指所生成的聚合物结构单元在组成上比其他相应的原料单体分子少了一些原子的聚合反应和聚合物。这是因为在这些聚合反应中，官能团间进行缩聚反应，失去某种小分子的缘故。例如，由己二酸、己二胺两种单体经缩聚反应(失去小分子水)生成聚己二酰己二胺(尼龙66)的反应：

$$nH_2N(CH_2)_6NH_2 + nHOOC(CH_2)_4COOH \longrightarrow H\left[NH(CH_2)_6NH—CO(CH_2)_4CO\right]_nOH + (2n-1)H_2O$$

单体(A-R-A型)　　单体(B-R-B型)　　|←结构单元→|←结构单元→|　|←重复单元(链节)→|

这里的结构单元不宜再称为单体单元(因两者组成不同)，且和重复单元(链节)的含义也不同。

凡是聚合物中结构单元数目小(2～20)，且其端基不清楚者，称为齐聚物或寡聚物(oligomer)。一般由调聚反应(telomerization)生成的调聚物(telomers)也是齐聚物，其端基由所使用的链转移剂而定。遥爪预聚物(telechelic polymers)也是低分子量聚合物，但其具有已知的功能团作为两端的端基，常常是最终聚合物产品中间体或聚合物的改性剂。

在加聚反应中，有一种单体进行的聚合反应称之为均聚反应(homopolymerization)，所得的聚合物称之为均聚物(homopolymer)。由两种或两种以上单体进行的聚合反应称之为共聚反应(copolymerization)，所得聚合物称为共聚物(copolymer)，相应地有二元、三元、四元等共聚物。

1.1.3 高分子材料的基本特点

高分子材料的基本特点主要表现在以下几个方面。

1. 相对分子质量很大,而且具有多分散性

相对于小分子和中分子化合物而言,相对分子质量大于1万的高分子化合物其分子尺寸无疑要大得多,其分子形态也就更为复杂多样。分子量大是高分子的根本性质,高分子的许多特殊性质都与分子量大有关,如高分子难溶,甚至不溶,溶解过程往往要经过溶胀阶段;溶液黏度比同浓度的小分子高得多;分子之间的作用力大,只有液态和固态,不能汽化;固体高分子材料具有一定的力学强度,可抽丝、能制膜。

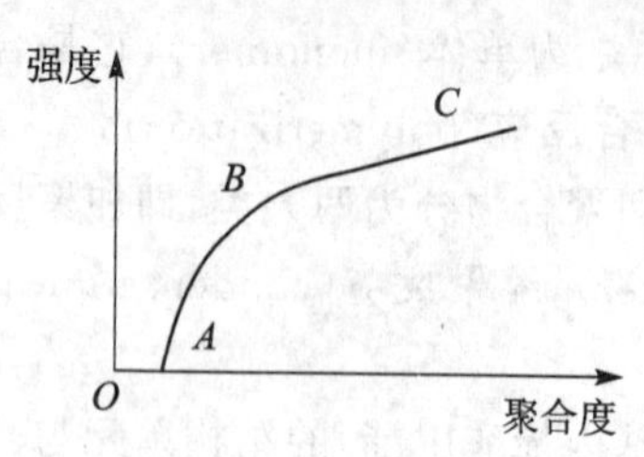

图1-1 高分子材料的强度-聚合度关系曲线

高分子材料的强度与分子量密切相关,强度-聚合度关系曲线如图1-1所示。A点是初具强度的最低聚合度,A点以上强度随分子链迅速增加;B点是临界点,强度增加逐渐减慢;C点以后强度不再明显增加。不同高分子初具强度的聚合度和临界点的聚合度不同,如:尼龙初具强度的聚合度约为40,临界点的聚合度约为150;纤维素初具强度的聚合度约为60,临界点的聚合度约为250;乙烯基聚合物初具强度的聚合度约为100,临界点的聚合度约为400。

高分子材料的加工性能与分子量有较大关系,分子量过大,聚合物熔体黏度过高,难以成型加工;达到一定分子量,保证使用强度后,不必追求过高的分子量。常见高分子材料分子量范围如表1-1所列。

表1-1 常见高分子材料分子量范围 万

塑 料	分子量	纤 维	分子量	橡 胶	分子量
聚乙烯	60～30	涤纶	1.8～2.3	天然橡胶	20～40
聚氯乙烯	5～15	尼龙-66	1.2～1.8	丁苯橡胶	15～20
聚苯乙烯	10～30	维尼纶	6～7.5	顺丁橡胶	25～30

高分子化合物是由相对分子质量大小不等的同系物组成的混合物,其相对分子量只有统计平均意义。不仅如此,即使具有相同平均相对分子量的同一高分子化合物,也可能因其具有不同的多分散性而拥有不完全相同的加工和使用性能。分子量分布是影响聚合物性能的因素之一,分子量过高的部分使聚合物强度增加,但加工成型时塑化困难;低分子量部分使聚合物强度降低,但易于加工。不同用途的聚合物应有其合适的分子量分布:合成纤维、塑料薄膜分子量分布宜窄,橡胶的分子量分布可较宽。

2. 化学组成比较简单,分子结构有规律

如前所述,合成高分子化合物的化学组成相对比较简单,通常由有限的几种非金属元素组成。其次,所有合成高分子化合物的大分子结构都存在一定的规律性,即都是由某些符合特定条件的低分子有机或无机化合物通过聚合反应并按照一定的规律

彼此连接而成的。

不同种类的单体可以按照两种不同的机理进行聚合反应，生成不同结构类型的高分子化合物。一种情况是单体的化学组成并不改变，只是某些原子之间彼此连接的方式发生了改变——这是合成加成聚合物的一般情况；另一种情况是单体的化学组成和结构都发生了变化——这是合成缩合聚合物的一般情况。

3. 分子形态多种多样

多数合成聚合物的大分子为长链线型，常称为“分子链”或“大分子链”。将具有最大尺寸、贯穿整个大分子的分子链称为主链；而将连接在主链上除氢原子外的原子或原子团称为侧基；有时也将连接在主链上具有足够长度的侧基（往往也是由某种单体聚合而成）称为侧链。将大分子主链上带有数目和长度不等的侧链的聚合物称为支链聚合物。图1-2(a)、(b)分别为线型和支链高分子的局部形态示意图。某些所谓的体型高分子具有三维空间网络结构，用这类高分子做成的物体事实上就是一个分子量几乎无限巨大的“分子”，见图1-2(c)。由此可见，相对分子量对于体型高分子而言已经失去意义。近年来，已经有大分子主链呈星形、梳形、梯形、球形、环形等特殊结构的聚合物得到研究和报道。

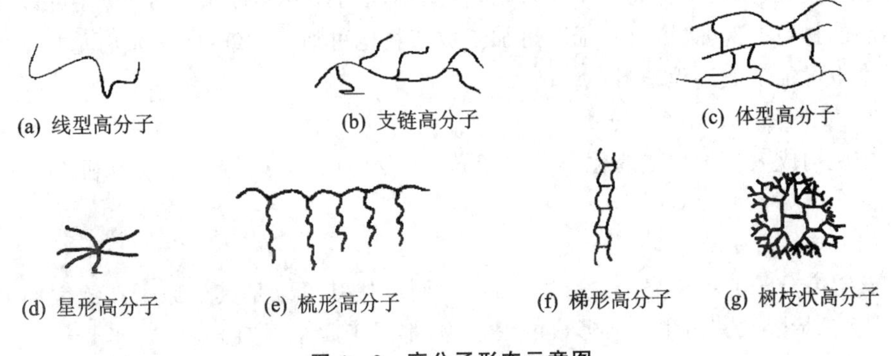

图1-2　高分子形态示意图

此外，一般的高分子材料都具有比重小、强度大、耐化学腐蚀等特点。

1.2　高分子材料的分类与命名

高分子材料种类繁多、用途广泛，需要建立科学而严谨的分类和命名规范。然而，由于历史原因以及社会文化背景的差异，长期以来不同领域或不同职业的人们在不同场合通常习惯于使用不同的分类和命名方法。因此，作为高分子科学工作者，首先需要了解现有的各种分类和命名原则，掌握并逐步推广使用更为规范的命名和分类规则。

1.2.1 高分子材料的分类

下面介绍从不同角度对高分子化合物进行分类的7种方法。

1. 按照来源分类

按照来源可将高分子材料分为天然高分子材料和合成高分子材料两大类。前者包括天然无机高分子材料和天然有机高分子材料。例如云母、石棉、石墨等均属于常见的天然无机高分子材料。天然有机高分子则是自然界一切生命赖以存在、活动和繁衍的物质基础，如蛋白质、淀粉、纤维素等便是最重要的天然有机高分子材料。合成高分子材料其实也包括无机和有机两大类，不过在未作说明时往往指合成有机高分子材料，这是本书的主要研究对象，也是下述分类和命名规则的适用对象。

2. 按照材料用途分类

按照高分子材料的用途可分为塑料、橡胶、纤维、涂料、胶黏剂和功能高分子材料6大类，其中前3类即所谓的“3大合成材料”。将通用性强、用途较广的塑料、橡胶、纤维、涂料和胶黏剂称为通用高分子材料，而功能性强的功能高分子材料则是高分子科学新兴而最具发展潜力的领域。这是高分子材料的一种分类，并非高分子化合物的合理分类，因为同一种高分子化合物，根据不同的配方和加工条件，往往可以加工成不同的材料。例如，聚氯乙烯既可加工成塑料也可加工成纤维，又如尼龙既可加工成纤维也可加工成工程塑料。

3. 按照主链元素组成分类

按照构成大分子主链的化学元素组成，可分为碳链、杂链和元素有机3大类高分子。

(1) 碳链高分子

碳链高分子的主链完全由碳原子组成，而取代基可以是其他原子。绝大部分烯烃、共轭二烯烃及其衍生物所形成的聚合物，都属于此类。如：

$\text{-}[CH_2-CH_2]_n\text{-}$ 聚乙烯

$\text{-}[CH_2-CH(OH)]_n\text{-}$ 聚乙烯醇

$\text{-}[CH_2-CH=CH-CH_2]_n\text{-}$ 聚丁二烯

$\text{-}[CH_2-C(Cl)=CH-CH_2]_n\text{-}$ 聚氯丁二烯

$\text{-}[CH_2-C(CH_3)(COOCH_3)]_n\text{-}$ 聚甲基丙烯酸甲酯

(2) 杂链高分子

杂链高分子的主链除碳原子外，还含有O、N、S、P等杂原子，并以共价键互相连接。多数缩聚物如聚酯、聚酰胺、聚氨酯和聚醚等均属于杂链高分子。如：

$\text{-}[R-O-R'-O]_n\text{-}$ 聚醚

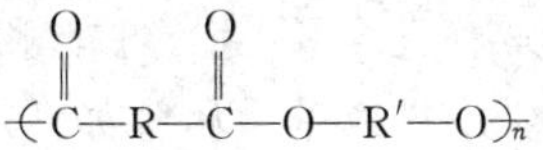

$\text{-}[\overset{O}{\overset{\|}{C}}-R-\overset{O}{\overset{\|}{C}}-O-R'-O]_n\text{-}$ 聚酯

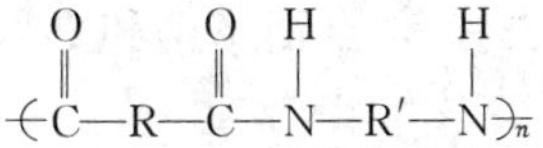

$\text{-}[\overset{O}{\overset{\|}{C}}-R-\overset{O}{\overset{\|}{C}}-\overset{H}{\overset{|}{N}}-R'-\overset{H}{\overset{|}{N}}]_n\text{-}$ 聚酰胺

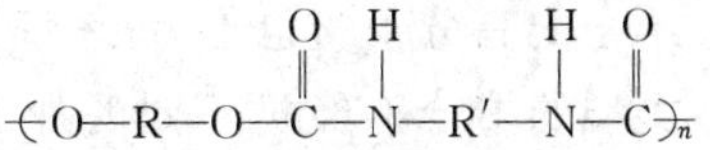

$\text{-}[O-R-O-\overset{O}{\overset{\|}{C}}-\overset{H}{\overset{|}{N}}-R'-\overset{H}{\overset{|}{N}}-\overset{O}{\overset{\|}{C}}]_n\text{-}$ 聚氨酯

$\text{-}[R-(S)_x-R'-(S)_y]_n\text{-}$ 聚硫化物

(3) 元素有机高分子

元素有机高分子的主链不含碳原子,而是由 Si、B、Al、O、N、S、P 或 Ti 等原子构成,不过其侧基上含有由 C、H 等原子组成的有机基团,如甲基、乙基或苯基等。例如,硅橡胶即是元素有机高分子中最重要的品种之一,其分子主链由 Si 和 O 原子交替排列构成。

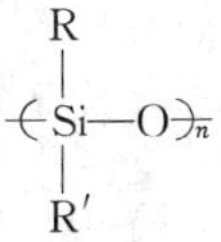

$$\text{-}[\underset{R'}{\underset{|}{\overset{R}{\overset{|}{Si}}}}-O]_n\text{-} \quad \text{聚硅氧烷}$$

4. 按照聚合反应类型分类

按照 Carothers 分类法,将聚合反应分为缩合聚合反应(简称缩聚反应)和加成聚合反应(简称加聚反应)两大类,由此而将其生成的聚合物分别归类于缩聚物和加聚物。当然还可以将缩聚物中的某些特殊类型再细分为加成缩聚物(如酚醛树脂)、开环聚合物(如环氧树脂)等。加聚物也可再细分为自由基聚合物、离子型聚合物和配位聚合物等。

5. 按照化学结构分类

参照与之相对应的有机化合物结构,可以将合成高分子化合物分为聚酯、聚酰胺、聚氨酯、聚烯烃等类型。这一分类方法尤其重要,也最为常用,必须重点掌握。

6. 按照聚合物的热行为分类

按照聚合物受热时的不同行为,可分为热塑性聚合物和热固性聚合物两大类。前者受热软化并可流动,多为线型高分子。后者受热转化为不溶、不熔、强度更高的交联体型聚合物。这种分类方法普遍用于工程与商业流通等领域。

7. 按照相对分子质量分类

按照聚合物相对分子质量的差异,一般分为高聚物、低聚物、齐聚物和预聚物等。在通常情况下,相对分子质量小于合格产品的中间体,或者用于某些特殊用途(如涂料、胶黏剂等)的聚合物均属于低聚物。相对分子质量极低、根本不具有高分子材料特性的某些缩聚物曾称其为齐聚物(oligomer),现习惯统称为预聚物。那些可在特定条件下交联固化、最终转化为体型聚合物的低聚物也称为预聚物。

客观而论,上述 7 种分类法除第 3 种和第 5 种分别按主链元素组成和化学结构分类外,其余分类方法均不够科学严谨。不仅如此,某些天然高分子经化学转化以后往往称为“半合成高分子”,也不为上述分类法所包括。随着合成和加工技术的不断改进,很多类型的聚合物经过不同的加工处理之后,可以具有完全不同的性能和用途,由此可见,按照材料用途分类的塑料、橡胶和纤维等类别并非绝对。尽管如此,作为高分子科学与材料专业工作者,应该对上述 7 种分类方法持有“全面了解和重点掌握”的态度。

1.2.2 高分子材料的命名

高分子科学问世以来,始终面临着如何建立和推广科学严谨而规范命名的课题。虽然国际纯粹与应用化学联合会(IUPAC)于 1972 年就提出有机高分子化合物的系统命名法及其应该遵守的两个基本原则,即聚合物的命名既要表明其结构特征,同时也要反映其与原料单体之间的联系。但是由于历史原因以及社会文化背景的差异,这种科学规范却过于烦琐的命名法至今仍然未能在国内得到广泛的认同。有鉴于此,本节将简要介绍目前常用的 5 种命名方法的基本规范和适用范围。

1.“聚”+“单体名称”命名法

这是一种国内外均广泛采用的习惯命名法。通常情况下仅限用于烯类单体合成的加聚物,以及个别特殊的缩聚物。采用该方法命名一般取代烯烃的加聚物非常简单。例如:

单　体	分子式	聚合物名	英文名	英文缩写
乙烯	$CH_2{=}CH_2$	聚乙烯	polyethylene	PE
氯乙烯	$CH_2{=}CHCl$	聚氯乙烯	polyvinylchloride	PVC
苯乙烯	$CH_2{=}CHC_6H_5$	聚苯乙烯	polystyrene	PS

不过必须特别提醒:该方法一般情况下不得用于命名缩聚物,如 6-羟基己酸的缩合反应:

$$n\ HO(CH_2)_5COOH \longrightarrow H\text{-}\!\!\left[O(CH_2)_5CO\right]_n\!\!\text{-}OH + (n-1)H_2O$$

如果按照该命名法将其命名为“聚 6-羟基己酸”显然忽略了 IUPAC 提出的“聚合物命名须表明其结构特征”这一基本原则。事实上,按照后面将要讲到“化学结构类别法”应该将其命名为“聚 6-羟基己(酸)酯”或“聚 ω-羟基己(酸)酯”,括号内的文字往往可以省略。

2.“单体名称”+“共聚物”命名法

该方法仅适用于命名由两种及以上的烯类单体合成的加聚共聚物,而不得用于两种及以上单体合成的混缩聚物和共缩聚物。例如,苯乙烯与甲基丙烯酸甲酯的共聚物可命名为“苯乙烯-甲基丙烯酸甲酯共聚物”。但是,如果将己二酸与己二胺的混缩聚反应产物:

$$n\ HOOC(CH_2)_4COOH + nH_2N(CH_2)_6NH_2 \longrightarrow HO\text{-}\!\!\left[OC(CH_2)_4CO\text{—}HN(CH_2)_6NH\right]_n\!\!\text{-}H + (2n-1)H_2O$$

命名为“己二酸-己二胺共聚物”显然是错误的，原因在于它没有反映出该聚合物属于“聚酯”类的结构特征。该混缩聚物的正确命名应该采用本节即将讲述的第4种命名方法，即按照聚合物结构类别将其命名为聚己二酰己二胺或尼龙-66。

3. “单体简称”+“聚合物用途”或“物性类别”命名法

分别以“树脂”“橡胶”和“纶”作为3大合成材料塑料、橡胶和纤维的后缀，前面再冠以单体的简称或者聚合物的全称即可。“树脂”一词本源于特指某些树种树干分泌出的胶状物，目前在高分子领域已被用来泛指未添加助剂的各种聚合物粉粒状母料，如“聚苯乙烯树脂”“聚氯乙烯树脂”等。现将这3种类别分别叙述如下。

(1) 树脂类

第一种情况：对于两种及两种以上单体的混缩聚物，取“单体简称”+“树脂”。例如：

(苯)酚+(甲)醛⟶酚醛树脂

尿(素)+(甲)醛⟶脲醛树脂

(丙三)醇+(邻苯二甲)酸(酐)⟶醇酸树脂

三聚氰胺+(甲)醛⟶密胺树脂(melamine resln)

第二种情况：对于两种及两种以上单体的加聚共聚物，通常取单体英文名称首个字母，再加上“树脂”即可。例如，丙烯腈(acrylonitrile)、丁二烯(butadiene)和苯乙烯(styrene)的自由基共聚物称为ABS树脂，苯乙烯和丁二烯的阴离子3嵌段共聚物称为SBS树脂或弹性体。

(2) 橡胶类

多数合成橡胶是一种或两种取代烯烃的加聚物，命名时在单体简称后面加上“橡胶”即可。如果系1种单体的均聚物，两个字既可能均取自单体名称，也可能其中1字取自聚合反应所用的引发剂或催化剂名称。例如：

丁(二烯)+苯(乙烯)⟶丁苯橡胶

丁(二烯)+(丙烯)腈⟶丁腈橡胶

(2-)氯(代)丁(二烯)⟶氯丁橡胶

丁(二烯)+(金属)钠(催化剂)⟶丁钠橡胶

(3) 纤维类

该命名法反映了西方科技文化的历史地位。虽然“纶”(1on)的本意系特指已经纺制成为纤维性状的聚合物，不过有时也可以用来命名那些主要用于纺制纤维的原料聚合物，如纺制涤纶的原料——聚对苯二甲酸乙二(醇)酯，纺制腈纶的原料——聚丙烯腈。

4. 化学结构类别命名法

该命名法广泛用于种类繁多的缩聚物，要求重点掌握。其要点是采用与其结构相对应的有机化合物结构类别，再冠以“聚”(如聚酯、聚酰胺等)即可。不过，既然要求聚合物的名称一定要反映其与单体之间的联系，就必须具体标注该聚合物系由何种单体二元酸（酰）与何种单体二元醇所生成的"酯"。下面列举 3 个例子予以说明。

① 聚对苯二甲酸乙二（醇）酯（涤纶）

$$nHOOC-C_6H_4-COOH + nHO(CH_2)_2OH \longrightarrow HO\!\left(\!OC-C_6H_4-CO-O(CH_2)_2O\!\right)_n H + (2n-1)H_2O$$

② 聚己二酰己二胺（尼龙-66）

$$nHOOC(CH_2)_4COOH + nH_2N(CH_2)_6NH_2 \longrightarrow HO\!\left(\!OC(CH_2)_4COHN(CH_2)_6NH\!\right)_n H + (2n-1)H_2O$$

③ 聚甲苯 2,4 一二氨基甲酸丁二（醇）酯（简称聚氨酯）

$$n\,CH_3C_6H_3(NCO)_2 + (n+1)HO(CH_2)_4OH \longrightarrow HO(CH_2)_4O\!\left(\!OCHN-C_6H_3(CH_3)-NHCO-O(CH_2)_4O\!\right)_n H$$

事实上，按照该方法命名多数聚酰胺的全名称都显得过于冗长，所以商业上和学术专著中通常使用其英文商品名称"nylon"的音译词"尼龙"作为聚酰胺的通称。为了体现聚合物与单体之间的关系，须在结构类别"尼龙"之后，依次标注原料单体"二元胺"和"二元酸"的碳原子数。这里需要特别强调："胺前酰后"乃是"尼龙"后面单体碳原子数排列习用俗成的规范。这与有机化合物酰胺的"酰前胺后"的中文字序恰恰相反。

例如，尼龙-610（聚癸二酰己二胺）是癸二酸与己二胺的缩聚物。尼龙-6 也称为聚己内酰胺或锦纶，其单体可以用 6-氨基己酸，但多采用己内酰胺。我国高分子科技工作者于 20 世纪 50 年代首创以苯酚为原料，经催化氧化成环己酮→催化加氢成环己醇→与羟氨反应成环己醇肟→重排转化为己内酰胺→开环聚合→最终纺制成锦纶的工业合成路线。

除此之外，聚氨酯（聚氨基甲酸酯）也是一类较难命名的聚合物，它是单体二异氰酸酯与二元醇的聚合物：

$$nOCN(CH_2)_6NCO + nHO(CH_2)_4OH \longrightarrow \!\left(\!OCHN(CH_2)_6NHCO-O(CH_2)_4O\!\right)_n$$

单体：二异氰酸己酯　　丁二醇　　　　聚合物：聚己二氨基甲酸丁二（醇）酯

可见，合成聚氨酯的关键单体是带着两个异氰酸酯基团（—N＝C＝O）的化合物，而不是带两个氨基羧酸基团（—NHCOOH）的化合物。对于初学者而言，要求熟练掌握聚氨酯的命名和聚合反应方程式的书写,必须首先学会辨认和划分其重复单元中含有的两个结构单元,并以此推定其采用的单体究竟是何种二异氰酸酯和二元醇。聚氨酯的特征性结构(基团)与其类似酰胺基团和脲基团的比较见表1-2。

表1-2　聚氨酯、聚酰胺和聚脲的结构特征比较

聚合物名称	特征基团名称	特征基团结构	特征基团结构式
聚氨酯	氨基甲酸酯基	—NHCOO—	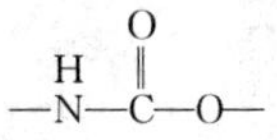 $-\overset{H}{N}-\overset{O}{\overset{\|}{C}}-O-$
聚酰胺	酰胺基	—NHCO—	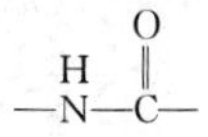 $-\overset{H}{N}-\overset{O}{\overset{\|}{C}}-$
聚脲	脲基	—NHCONH—	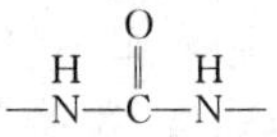 $-\overset{H}{N}-\overset{O}{\overset{\|}{C}}-\overset{H}{N}-$

5. IUPAC系统命名法

这是国际纯粹与应用化学联合会于1972年提出的以大分子结构为基础的一种系统命名法,建议高分子专业工作者特别是在国际学术活动中应尽量采用这种命名方法。该命名法与有机化合物系统命名法相似,其要点包括:①确定大分子的重复结构单元;②将重复单元中的次级单元即取代基按照由小到大、由简单到复杂的顺序进行书写;③命名重复单元并在其前面冠以“聚”字(poly-)即完成命名。

由此可见,如果按照该法命名和书写取代乙烯类加聚物时,必须先写带有取代基一侧,同时先写原子数少的取代基——这与习以为常的书写方式相左。不仅如此,用该方法命名某些聚合物时不免显得相当烦琐,如聚碳酸酯

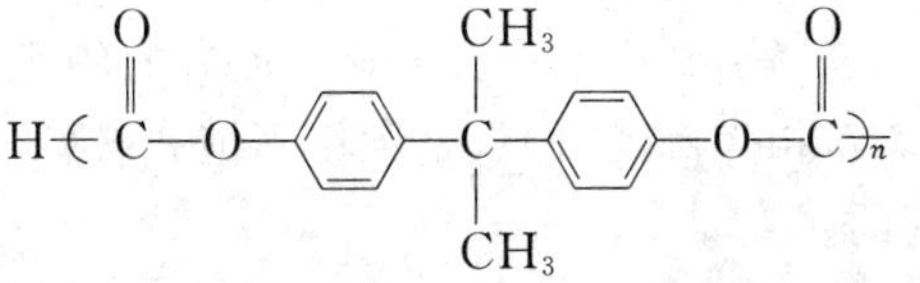

$$H\!\left(\overset{O}{\overset{\|}{C}}-O-\bigcirc-\overset{CH_3}{\underset{CH_3}{\overset{|}{\underset{|}{C}}}}-\bigcirc-O-\overset{O}{\overset{\|}{C}}\right)_n$$

,如果按照IUPAC系统命名法,聚碳酸酯的中文名称就显得非常烦琐冗长:聚[2,2-丙叉双(4,4′-羟基丙基)]碳酸酯。所以,目前人们依然习惯采用相对简单的习惯命名法将其命名为“双酚A型聚碳酸酯”,或简称为“聚碳酸酯”。虽然不甚规范,但是多数情况下并不影响理解和交流。不过需要特别提醒,在学术论文和专著中首次出现不常用的命名或符号时,均须注明其全名称。尤其是在专业学术论文和专著中,应尽量避免使用商业俗名而鼓励使用系统命名。总而言之,虽然IUPAC系统命名法并不反对使用以单体名称为基础的习惯命名,但是建议在学术交流活动中尽可能避免使用俗名。

1.3 高分子材料在国民经济中的作用

高分了材料在自然界中是广泛存在的。人类出现之前已存在的各种各样动植物到人类本身都是由高分子如蛋白质、核酸、多糖(淀粉、纤维素)等为主构成的。自有人类以来,人们就一直在使用天然高分子材料,如木材、皮革、橡胶、棉、麻、丝等都属于这一类。自20世纪20年代以来,出现了人工合成的各种高分子材料。高分子材料科学虽然只有几十年的历史,但发展较为迅速,为现代工业、农业、交通运输、医药卫生、国防尖端科学以及人们的衣、食、住、行等提供了许多新兴材料,是国民经济发展的重要支柱之一。

1. 高分子材料与衣

说到衣着,无论从城市到农村,人们对漂亮实用的合成纤维制品都不陌生了。人尽皆知的"的确良"织物制成的服装挺括美观、易洗免烫;尼龙袜耐磨;腈纶棉质轻且保暖,不蛀不霉,便于洗涤维尼纶织物透气干爽,穿着舒适。这里所列举的就是目前合成纤维中大量生产的"四纶",即由聚对苯二甲酸乙二醇酯纺制的涤纶,有聚酰胺制成的尼龙;有聚丙烯腈纺成的腈纶和聚乙烯醇缩甲醛制得的维尼纶。

1935年人们成功研制出尼龙纤维,1947年制成涤纶纤维,1950年和1953年先后制成腈纶纤维和维尼纶纤维,此时合成纤维的品种不下30～40种。人类告别了单纯依靠大自然赋予的棉、麻、毛、桑蚕丝编织衣着的时代,开创了纤维史上的第三次革命。到1990年世界合成纤维的产量已达1770万吨,占全部纤维的45%。2000年合成纤维的产量已达3500万吨。由此可见,合成纤维对人类现代生活的贡献是不言而喻的。据统计,每年生产1万吨合成纤维相当于30万亩棉田的棉花产量,节省土地带来的效益是不言而喻的。

除了合成纤维大规模走进人们的服装行列外,高分子材料在衣着其他方面的应用也毫不逊色。单举衣服中光彩夺目的仿珍珠纽扣为例,它们就是利用不饱和聚酯,并加入人造或天然的珍珠颜料,经过加工得到的。

2. 高分子材料与食

人类生活中的一个重要环节"食",与高分子材料的关系也是十分密切的。高分子材料的应用不但给人类带来更多更丰富的食品,也极大地丰富了人们的生活。我国北方乃至西藏等高寒地区常年能吃到丰富的蔬菜品种,寒冬过后提前品尝到鲜甜的瓜果,首先得益于塑料大棚。塑料地膜覆盖即保温又保湿,能带来粮食、蔬菜及棉花等作物的增产效果,已成为国内外农业增产的重要技术措施。塑料地膜与化肥、农药一起已成为现今农业生产中的三大化工材料。据统计,我国用于农膜生产的聚乙烯(PE)约占全部PE产量的1/4。

在"食"的问题上高分子材料的另一主要作用是解决海水淡化问题。芳香聚酰胺或醋酸纤维素制成的反渗透中空纤维膜,可以使海水和苦咸水淡化。利用这种中空纤维膜淡化海水是解决沿海地区及岛屿农田灌溉和生活用水的有效途径，对一些缺淡水的国家具有特别重要的意义。

高分子材料用于日常食品的包装、储存、运输、保鲜等方面已为人们所熟知。它们大多数是聚乙烯、聚丙烯、聚酯等高分子的制品，这些包装材料以重量轻、不易碎、免回收、免洗涤、装饰性强、美观大方等特点大量取代了过去的玻璃包装，给旅行和居家生活带来了很大的方便。至于高分子材料制成的餐饮用具，更比比皆是。在市场上看到的“不粘锅”，不用放油就可以煎鸡蛋，它是20世纪70年代末美国杜邦公司推出的产品，是在煎锅表面镀上一层光滑耐温的聚四氟乙烯膜制成的。

3. 高分子材料与住

高分子材料与“住”的关系倍加密切。我们的祖先早就懂得用木料、竹子、草来盖房子和制造家具，知道用天然漆装饰和保护家具、房屋。近几十年来，随着高分子材料工业的迅速兴起，高分子材料以其漂亮美观、经济实用等优点在建筑业中又开辟了广阔的应用领域。用于建筑中的高分子材料既包括取代金属、木材、水泥等的框架结构材料，也包括墙壁、地面、窗户等装饰材料以及卫生洁具、上下水管道等配套材料和消声保温、防水等各种材料。

举头可以看见塑料压制的美观大方的吊灯和镀塑灯具；俯首是色彩鲜艳，不怕虫蛀的丙纶地毯；墙外、室内大量使用水溶性涂料或花色丰富的壁纸；坐下来是美观的人造革内包弹性良好的聚氨酯泡沫塑料；抬眼看到的是合成纤维编织的金丝绒垂地窗帘；在卫生间看到的是美观的人造大理石梳妆台（由不饱和聚酯加石灰石和颜料制成）和玻璃钢浴缸，墙内还有看不到的保温隔热泡沫塑料；房顶有质轻防雨的波形瓦。

4. 高分子材料与行

至于高分子材料与“行”的关系就更加密切了。高分子复合材料的自重小，比强度、比模量高，而且可设计性强，首先成为飞机中许多部件的首选材料。例如，碳纤维增强聚合物基复合材料有比强度、比模量高，质轻的优异特性，在飞机中，1 kg碳纤维复合材料可以代替3 kg传统的铝合金结构材料，因而目前由碳纤维复合材料制造的飞机零部件已有上千种。

在造船工业中，玻璃纤维复合材料以其质轻、高强、耐腐蚀、抗微生物附着、非磁性、可吸收撞击能、设计成型自由度大等一系列优点而被广泛用于制造汽艇、游艇、救生艇、渔船等。美国Derektor造船厂大量使用碳纤维复合材料建造的长达22.5 m的舰艇，其质量比铝合金舰艇轻3 t，时速达120 km/h。

在汽车制造业中，各种高分子材料也大显神通，其作用首先是减轻车辆的自重，改善运行性能，提高燃油效率。例如1990年美国高级轿车卡迪拉克使用的塑料制品就达136 kg。

5. 高分子材料在其他方面的应用

上面所述的只是我们现代生活中衣食住行四个重要环节与高分子材料的关系。除了这几个环节以外，在能源、通信甚至日常生活的文娱、体育等各个方面都与高分子材料息息相关。

燃料、水力和核能是目前广泛利用的能源,高分子材料良好的绝缘性能是电力工业、电子和微电子工业必不可少的绝缘材料,广泛应用于发电机、电动机、电缆和各种仪器仪表中。各种塑料、橡胶、纤维、薄膜和胶黏剂为能源工业和通信产业做出了重要的贡献。体育器材中使用高分子材料的例子也不胜枚举。纤维增强聚合物基复合材料已经广泛应用于球杆、球拍、球棒等各个项目中。

1.4 高分子材料的发展趋势

随着生产和科技的发展,以及人们对知识的追求,对高分子材料提出了各种各样的新要求。总的来说,高分子材料的发展趋势是高性能化、高功能化、复合化、智能化和绿色化。

1. 高性能化

进一步提高耐高温、耐磨、耐老化、耐腐蚀性以及高机械强度等方面的性能是高分子材料发展的重要方向,这对于航空、航天、电子信息技术、汽车工业、家用电器等领域都有极其重要的作用。高分子材料高性能化的发展趋势主要有:① 创造新的高分子聚合物;② 通过改变催化剂和催化体系、合成工艺及共聚、共混及交联等对高分子进行改性;③ 通过新的加工方法改变聚合物的聚集态结构;④ 通过微观复合方法,对高分子材料进行改性。

2. 高功能化

功能高分子材料是材料领域最具活力的新领域,目前已研究出了各种各样新功能的高分子材料,如可以像金属一样导热导电的高聚物,能吸收自重几千倍的高吸水性树脂,可以作为人造器官的医用高分子材料等。鉴于以上发展,高分子吸水性材料、光致抗蚀性材料、高分子分离膜、高分子催化剂等都是功能高分子的研究方向。

3. 复合化

复合材料可克服单一材料的缺点和不足,发挥不同材料的优点,扩大高分子材料的应用范围,提高经济效益。高性能的结构复合材料是新材料革命的一个重要方向,目前主要用于航空、航天、造船、海洋工程等方面,今后复合材料的研究方向主要有:① 高强度、高模量的纤维增强材料的研究与开发;② 合成具有高强度、优良加工性能和优良耐热性能的基体树脂;③ 界面性能、黏接性能的提高及评价技术的改进等方面。

4. 智能化

高分子材料的智能化是一项具有挑战性的重大课题,智能材料是使材料本身带有生物所具有的高级智能,例如预知预告性、自我诊断、自我识别能力等特性,对环境的变化可以做出合理要求的解答:根据人体的状态,控制和调节药剂释放的微胶囊材料,根据生物体生长或愈合的情况或继续生长或发生分解的人造血管、人工骨等医用材料。由功能材料到智能材料是材料科学的又一次飞跃,它是新材料、分子原子级工程技术、生物技术和人工智能诸多学科相互融合的一个产物。

5. 绿色化

虽然高分子材料对日常生活起了很大的促进作用,但是高分子材料带来的污染却不能小视。那些从生产到使用能节约能源与资源、废弃物排放少、对环境污染小,又能循环利用的高分子材料倍受关注。高分子材料的绿色化发展主要有以下几个研究方向:① 开发原子经济的聚合反应;② 选用无毒无害的原料;③ 利用可再生资源合成高分子材料;④ 高分子材料的再循环利用。

参考文献

1. 王槐三,王亚宁,寇晓康. 高分子化学教程[M]. 3版. 北京:科学出版社,2011.
2. 黄丽. 高分子材料[M]. 2版. 北京:化学工业出版社,2012.
3. 张留成. 高分子材料导论[M]. 北京:化学工业出版社,1993.
4. 张留成,闫卫东,王家喜. 高分子材料进展. 北京:化学工业出版社,2005.
5. 何曼君,张红东,陈维孝,董西侠. 高分子物理[M]. 3版. 上海:复旦大学出版社,2011.
6. (美)Lucy Pryde Eubanks,Catherine H. Middlecamp 等. 化学与社会[M]. 北京:化学工业出版社,2008.
7. 董建华. 从高分子化学与衣食住行到高科技发展[J]. 化学通报. 2011,74(8):675-681.
8. 董建华,张希,王利祥. 高分子科学学科前沿与展望[M]. 北京:科学出版社,2011.

第2章　高分子材料的合成原理及方法

2.1　引　言

本章属于高分子化学范畴。高分子化学是研究高分子材料的合成原理和方法的一门科学，包括聚合反应的基本类型和特点、聚合反应机理及控制、聚合过程的实施方法等。

由小分子合成高分子的反应称为聚合反应，能够发生聚合反应的小分子称作单体。并非所有的小分子都能发生聚合反应。

在高分子科学发展初期发现：α-烯烃和共轭二烯烃可以通过加成反应生成相对分子质量高的聚合物；二元羧酸与二元胺、二元醇可以通过缩合反应生成相对分子质量高的聚合物。因此，将聚合反应按单体和聚合物在组成和结构上发生的变化分类，可分成两大类：①单体因加成而聚合起来的反应称为加聚反应，加聚反应的产物称加聚物，加聚物的化学组成与其单体相同，仅仅是电子结构有所改变。加聚物的相对分子质量是单体相对分子质量的整数倍。②单体因缩合而聚合起来的反应称为缩聚反应，其主产物称作缩聚物。缩聚反应往往是官能团间的反应，除形成缩聚物外，根据官能团种类的不同，还有水、醇、氨或氯化氢等低分子副产物产生。由于低分子副产物的析出，缩聚物的结构单元要比单体少若干原子，其相对分子质量不再是单体相对分子质量的整数倍。大部分缩聚物是杂链高分子，分子链中留有官能团的结构特征，如酰胺键—NHCO—、酯键—OCO—、醚键—O—等。因此，容易在水、醇、酸等存在的条件下发生水解、醇解和酸解。随着高分子化学的发展，陆续出现了许多新的聚合反应，如开环聚合、氢转移聚合、氧化聚合等。

不同的聚合反应遵循不同的反应规律（机理），从20世纪70年代开始，按聚合机理或动力学将聚合反应分成链式聚合和逐步聚合两大类：

1．逐步聚合（step polymerization）

反应是逐步进行的。反应早期，大部分单体很快聚合成二聚体、三聚体、四聚体等低聚物，短期内转化率很高。随后低聚物间继续反应，直至转化率很高（＞98％）时，相对分子质量才逐渐增加到较高的数值。绝大多数缩聚反应属于逐步聚合反应。

逐步聚合反应的单体通常是具有典型官能团的一类物质，如—COOH、—OH、—COCl、—NH_2等。

2．链式聚合（chain polymerization）

整个聚合过程由链引发、链增长、链终止等几步基元反应组成，体系始终由单体、相对分子质量高的聚合物和微量引发剂组成，没有相对分子质量递增的中间产物。随着聚合时间延长，聚合物的生成量(转化率)逐渐增加，而单体则随时间而减少。根据活性中心不同，可以将链式聚合反应分成自由基聚合、阳离子聚合、阴离子聚合和配位聚合。

链式聚合单体通常是单烯类、共轭二烯类、炔烃、羰基化合物和一些杂环化合物等。一方面，从动力学角度看，单体中基团的数目、位置和体积等所引起的位阻效应，对其聚合能力有显著的影响；另一方面，从热力学角度看，单体分子结构中的电子效应(共轭效应和诱导效应)决定单体的聚合反应类型。更详细的内容可参考参考文献中的其他高分子化学教材。

2.2　逐步聚合反应

逐步聚合反应在高分子合成工业中占有十分重要的地位。除聚烯烃外，绝大多数高分子材料都是采用逐步聚合反应合成的，如常见的酚醛树脂、环氧树脂、脲醛树脂、尼龙、聚酯等。一些高强度、高模量、耐高温综合性能好的工程塑料，例如聚碳酸酯、聚苯醚、聚砜、聚酰亚胺等也都是通过逐步聚合反应制备的。

2.2.1　逐步聚合反应的类型及特点

逐步聚合反应大致可以分为下列几种类型。

2.2.1.1　缩合聚合反应(缩聚反应)

缩合聚合反应简称缩聚反应，是缩合反应经多次重复形成聚合物的过程。缩聚反应与缩合反应相似，为官能团之间的反应，反应过程有小分子副产物脱除，且大多数是可逆反应。缩聚反应是逐步聚合反应中最重要的一类反应，许多重要高分子材料的合成都属于缩聚反应。由缩合反应发展到缩聚反应，最重要的变化是能够参加反应的官能团的数目(称为官能度)的变化。例如，乙酸乙酯的合成是典型的缩合反应，其反应方程式如下：

$$\underset{\text{乙酸}}{CH_3COOH} + \underset{\text{乙醇}}{HOCH_2CH_3} \xrightarrow{\text{缩合反应}} \underset{\text{乙酸乙酯}}{CH_3COOCH_2CH_3} + H_2O$$

乙酸的官能度为 1，乙醇的官能度为 1。

进行缩聚反应时，单体的官能度必须是 2 或以上。例如聚对苯二甲酸乙二醇酯(涤纶)的合成反应是典型的缩聚反应，其反应方程式如下：

$$\underset{\text{对苯二甲酸}}{n\,HOOC\text{—}C_6H_4\text{—}COOH} + \underset{\text{乙二醇}}{n\,HOCH_2CH_2OH} \overset{\text{缩聚}}{\rightleftharpoons}$$

$$\underset{\text{聚对苯二甲酸乙二醇酯}}{HO\text{⁅}OC\text{—}C_6H_4\text{—}COOCH_2CH_2O\text{⁆}_nH} + (2n-1)H_2O$$

对苯二甲酸的官能度为2,乙二醇的官能度为2。因此,若进行缩聚反应,则必须满足官能度的要求。通常缩聚反应的官能度构成为2-2官能度体系、2-3官能度体系及3-4官能度体系。2-2官能度体系得到的是线型缩聚产物,2-3官能度体系和3-4官能度体系则生成体型缩聚产物。

根据缩聚反应的热力学特征,缩聚反应又可分为可逆(平衡)缩聚反应与不可逆(非平衡)缩聚反应。缩聚反应不同程度上都存在逆反应,平衡常数小于10^3的缩聚反应,聚合时必须充分除去小分子副产物,才能获得相对分子质量较高的聚合产物,通常称为可逆缩聚反应,如由二元醇与二元羧酸合成聚酯、二元胺与二元羧酸合成聚酰胺的反应。平衡常数大于10^3的缩聚反应,官能团之间的反应活性非常高,聚合时几乎不需要除去小分子副产物,且可获得相对分子质量高的聚合物,如由二元酰氯与二元胺生成聚酰胺的反应。

根据缩聚反应的实施方法,缩聚反应包括熔融缩聚、溶液缩聚、界面缩聚和固相缩聚,其中熔融缩聚和溶液缩聚的应用最为广泛。

2.2.1.2 逐步加成反应(聚加成反应)

逐步加成反应的每一步都是官能团间的加成反应,反应过程中没有小分子副产物析出。用逐步加成反应制备的最具代表性的高分子材料是聚氨酯。聚氨酯的性能可以在非常大的范围内调整,例如,有聚氨酯弹性体、塑料、涂料、黏合剂及聚氨酯纤维等。因此,逐步加成反应在工业上非常重要。聚氨酯的合成反应式如下:

$$O{=}C{=}N{-}R_1{-}N{=}C{=}O + HO{-}R_2{-}OH \longrightarrow O{=}C{=}N{-}R_1{-}NH{-}\overset{\overset{\displaystyle O}{\|}}{C}{-}O{-}R_2{-}OH$$

上述反应是异氰酸酯基与含活泼氢的物质(醇)的加成反应。异氰酸酯基有两个双键,反应的最终结果是—N=C—双键被加成:醇的氢加到N原子上,醇的氧加到C原子上。

2.2.1.3 开环逐步聚合反应

由环状单体通过环的打开而形成聚合物的过程称为开环聚合。例如,环氧乙烷、环氧丙烷、ε-已内酰胺的开环聚合。开环聚合往往具有逐步的性质,即聚合物的相对分子质量随着反应时间的延长而缓慢增大而不是瞬间形成大分子,但链增长过程是增长链末端与单体分子反应的结果,这又与链式聚合过程相似。

2.2.2 线型缩聚反应

能够进行缩聚反应的单体的数目及种类非常多,缩聚反应是逐步聚合反应的主要反应类型。因此,描述逐步聚合反应的机理及特点时,通常给出的是缩聚反应的机理和特点。实际上,聚加成反应和逐步开环聚合反应的聚合机理与缩聚反应过程并不相同。本节仅论述缩聚反应机理,而不是逐步聚合反应机理。

2.2.2.1　缩聚反应机理

缩聚反应机理有下列特点：

① 缩聚过程中不存在所谓的活性中心，带不同官能团的任何两个分子都能相互反应，各步反应的速率常数及活化能基本相同；

② 聚合早期，单体迅速消失，转变成二聚体、三聚体等相对分子质量低的聚合物；

③ 以后的聚合反应主要在低聚物之间进行，随着聚合过程的进行，相对分子质量逐渐增大，相对分子质量分布也较宽（各种大小的分子都有）。延长聚合反应时间的主要目的是提高聚合物相对分子质量而不是提高单体转化率。

2.2.2.2　缩聚反应中的副反应

1. 环化反应

单体 $HO—(CH_2)_n—COOH$，当 $n=1$ 时，经双分子缩合反应而形成六元环。

$$2HOCH_2COOH \longrightarrow HOCH_2COOCH_2COOH \longrightarrow O{=}C\begin{matrix} CH_2—O \\ \\ O—CH_2 \end{matrix}C{=}O$$

当 $n=2$ 时，则可经分子内脱水，生成丙烯酸 $CH_2=CHCOOH$。当 $n=3$ 时，可发生分子内环化。

$$HO\text{+}CH_2\text{+}_3COOH \longrightarrow H_2C\begin{matrix} CH_2—CH_2 \\ \\ O \end{matrix}C{=}O + H_2O$$

上述过程由于易生成稳定的五、六元环，不利于线型缩聚反应进行。当 $n \geqslant 5$ 时，则成环倾向减小，易获得线型缩聚产物。

2. 官能团的消去

脱羧　$\sim CH_2COOH \longrightarrow \sim CH_3 + CO_2$

水解　$\sim COCl + H_2O \longrightarrow \sim COOH + HCl$

成盐　$\sim RNH_2 + HCl \longrightarrow \sim RNH_3^+Cl^-$

脱氨　$2H_2N\text{+}CH_2\text{+}_nNH_2 \longrightarrow H_2N\text{+}CH_2\text{+}_nNH\text{+}CH_2\text{+}_nNH_3 + NH_3$

此外，生成的高分子也会发生一些副反应，如聚酯的水解、酯交换等。

2.2.3　线型缩聚反应的聚合度

2.2.3.1　官能团等活性理论

缩聚反应是官能团之间的反应，不同大小的分子之间需经过 100～200 次的官能团间反应，才能获得有实用价值的高聚物。通常认为，随着相对分子质量的逐渐增大，分子的运动能力减弱，官能团的反应能力将降低。Flory 通过对酯化和聚酯化反应的研究，提出了相反的观点，认为官能团的反应活性与分子大小无关，即官能团等活性理论。

用不同链长的羧酸与乙醇进行酯化反应，测定其速率常数，结果见表2-1。

表2-1 羧酸同系物的酯化速率常数(25 ℃)

碳链长度(x)	$k/[10^4 L\cdot(mol\cdot s)^{-1}]$	碳链长度(x)	$k/[10^4 L\cdot(mol\cdot s)^{-1}]$
1	22.1	9	7.4
2	15.2	11	7.6
3	7.5	13	7.5
4	7.5	15	7.7
5	7.4	17	7.7
8	7.5		

从表中可见，在 $x=1,2,3$ 时，k 迅速降低，x 大于3后，k 不随 x 增大而改变，即官能团的反应活性与分子大小无关。

用不同链长的二元醇与癸二酰氯进行聚酯化反应，测定其速率常数，结果见表2-2。

表2-2 醇同系物的聚酯化速率常数(26.9 ℃)

碳链长度(x)	$k/[10^3 L\cdot(mol\cdot s)^{-1}]$	碳链长度(x)	$k/[10^3 L\cdot(mol\cdot s)^{-1}]$
5	0.60	8	0.62
6	0.63	9	0.65
7	0.65	11	0.62

从表中可见，聚酯化反应的速率常数 k 也不随 x 增大而改变，即官能团的反应活性与分子大小无关。

Flory对此做出了理论解释，根据碰撞理论，官能团的反应活性取决于单位时间内官能团的碰撞次数(即碰撞频率)。碰撞频率的大小与大分子的整体移动(即扩散)无关，而取决于大分子链段的构象重排。链段的构象重排几乎不受分子大小的影响，其碰撞频率与小分子碰撞频率相同。

2.2.3.2 聚合度和反应程度

缩聚反应中随着反应的进行，官能团的数目逐渐减少，聚合度逐渐增加。因此，可以用已反应的官能团数目占起始官能团数目的分数(称为官能团反应程度，简称反应程度，用 P 表示)，描述缩聚反应进行的程度。若起始官能团总数为 N_0(又称为结构单元总数)，反应到一定程度时剩余官能团数目为 N，则反应程度为：

$$P=\frac{\text{已反应的官能团数目}}{\text{起始官能团数目}}=\frac{N_0-N}{N_0} \qquad (2-1)$$

以2-2官能度体系为例，HOOC−R−COOH+HO−R−OH→HOOC~R~OH，若用羧基官能团的反应程度表示反应进程，当羧基与羟基等摩尔比时(以后会看到等摩尔比非常重要)，羧基官能团的数目就等于体系中各种大小分子(单体+低聚物+高聚物)的总数。若将平均聚合度定义为体系中平均每一个分子所含有的结构单元数，则体系中结构单元总数等于 N_0，各种大小分子总数等于 N，它们与平均聚合度 $\overline{X_n}$ 的关系式为：

$$\overline{X_n}=\frac{\text{结构单元总数}}{\text{各种大小分子总数}}=\frac{N_0}{N} \tag{2-2}$$

将反应程度的表达式(2-1)代入 $\overline{X_n}$ 的表达式(2-2)中，则有

$$\overline{X_n}=\frac{1}{1-P} \tag{2-3}$$

可见，随着反应程度的增加，聚合度增大。若描绘 $\overline{X_n}$ 与 P 关系曲线则会发现，反应后期 $\overline{X_n}$ 随 P 的微小增加急剧增大。如聚酯化反应，P 接近 1 时，$\overline{X_n}\approx200$。

2.2.3.3　影响聚合度的因素和控制方法

1. 平衡常数的影响

令起始两种官能团的物质的量相同，则有

$$—COOH \;+\; —OH \underset{k_2}{\overset{k_1}{\rightleftharpoons}} —OCO— \;+\; H_2O$$

起始：	N_0	N_0	0	0	
达到动态平衡时：	N	N	N_0-N	N_0-N	(封闭体系)
	N	N	N_0-N	n_w	(敞开体系)

封闭体系平衡常数：

$$K=\frac{(N_0-N)^2}{N^2}=\left(\frac{N_0-N}{N}\right)^2=(1-\overline{X_n})^2$$

$$\overline{X_n}=\sqrt{K}+1 \tag{2-4}$$

敞开体系平衡常数：

$$K=\frac{(N_0-N)n_w}{N^2}$$

将 $\overline{X_n}=N_0/N$ 代入上式，整理得

$$\overline{X_n}=\frac{1}{2}+\sqrt{\frac{KN_0}{n_w}+\frac{1}{4}}\approx\sqrt{\frac{KN_0}{n_w}} \tag{2-5}$$

N_0 与 n_w 单位相同，若 N_0 为物质的量，则 n_w 亦为物质的量。若 N_0 为摩尔浓度，则 n_w 亦为摩尔浓度。

平衡常数对聚合度的影响很大，若不排除小分子副产物，由于平衡常数往往很小，如聚酯化反应，$K\approx4$，聚酰胺化反应，$K\approx400$，则聚合度分别为 3 和 21，根本得不到相对分子质量高的聚合产物。事实上，为获得有实用价值的聚酯，通常水的残留量非常低，需小于 $4\times10^{-4}\ mol\cdot L^{-1}$。制备聚酰胺时，水的残留量可以到 $4\times10^{-2}\ mol\cdot L^{-1}$。

2. 线型缩聚物聚合度的控制

通过控制官能团的反应程度或小分子的残留量，可以获得所需要的相对分子质

量,但达到预定聚合度后,端基官能团可能再反应。为使聚合度稳定,需对官能团进行封端,以控制相对分子质量。

(1) 改变官能团的比例(一种单体稍过量)控制相对分子质量

$$n\,\text{a—A—a} \ + \ n\,\text{b—B—b} \longrightarrow \text{a}\!\left(\text{AB}\right)_n\!\text{b} \ + \ (2n-1)H_2O$$

设起始的官能团数目分别为 N_A、N_B,且 $N_B > N_A$。体系中起始分子总数 N_0 为:

$$N_0 = \frac{N_A + N_B}{2}$$

考察官能团数目少的组分的反应程度,即 P_A。当官能团 a 的反应程度为 P_A 时,反应后体系官能团 a 的总数为 $N_A(1-P_A)$,官能团 b 的总数为 $N_B - N_A P_A$,体系中的官能团总数为:

$$N_A(1-P_A) + N_B - N_A P_A = N_A + N_B - 2N_A P_A$$

由于一个分子带有两个官能团,所以官能团总数除以 2 即表示体系中的分子数。因此,体系中的分子数 N 为:

$$N = (N_A + N_B - 2N_A P_A)/2$$

平均聚合度为:

$$\overline{X_n} = \frac{N_0}{N} = \frac{N_A + N_B}{N_A + N_B - 2N_A P_A} = \frac{r+1}{r+1-2rP_A} \tag{2-6}$$

式中,$r = N_A/N_B$(两种官能团数之比)为当量系数。可见,当量系数越小(过量越多)聚合度越小,为保证足够大的相对分子质量,两种官能团的数目要尽可能接近(见图 2-1)。

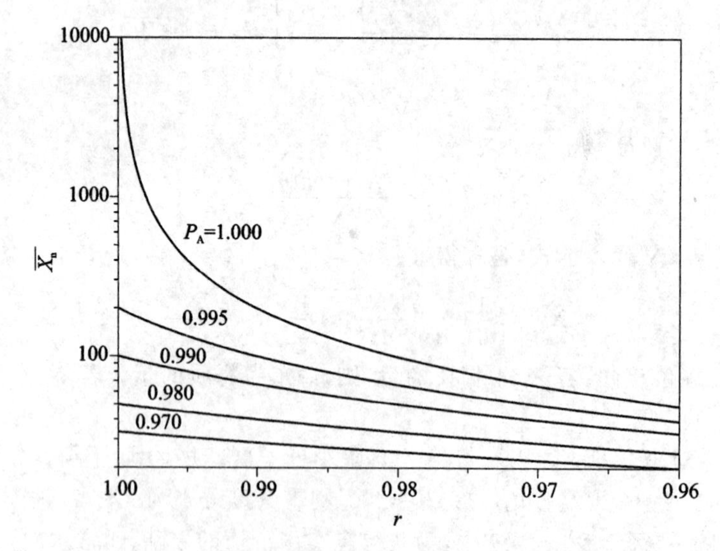

图 2-1 数均聚合度与当量系数 r 之间的关系

(2) 加入少量单官能团单体控制分子质量

① a-A-a、b-B-b等物质量，另加少量含b官能团的单体C_b。设反应前体系各组分的官能团数分别为N_A、N_B、C_B，且$N_A=N_B$，则反应前体系的分子总数N_0为：

$$N_0=[(N_A+N_B)/2]+C_B=N_A+C_B$$

当官能团a的反应程度为P_A时，体系中官能团a的数目为$N_A(1-P_A)$，官能团b的数目为$(N_B+C_B)-N_AP_A=N_A+C_B-N_AP_A=N_A(1-P_A)+C_B$，则此时分子总数$N$为：

$$N=\frac{N_A(1-P_A)}{2}+\frac{N_A(1-P_A)}{2}+C_B=N_A(1-P_A)+C_B$$

平均聚合度为：

$$\overline{X_n}=\frac{N_A+C_B}{N_A(1-P_A)+C_B}=\frac{\frac{N_A}{N_A}+\frac{C_B}{N_A}}{\frac{N_A(1-P_A)}{N_A}+\frac{C_B}{N_A}}=\frac{1+q}{1-P_A+q} \tag{2-7}$$

定义过量百分数q：

$$q=\frac{N_B+C_B-N_A}{N_A}=\frac{N_A+C_B-N_A}{N_A}=\frac{C_B}{N_A}$$

② 若为2官能度体系a-R-b另加少量含b官能团的单体C_b，则聚合度的表达式为：

$$\overline{X_n}=\frac{N_{AB}+C_B}{N_{AB}(1-P_A)+C_B}=\frac{1+q}{1-P_A+q} \tag{2-8}$$

可以看出，单官能团物质的分子数越多，相对分子质量越小。聚酰胺的生产通常加入单官能团单体(如乙酸)作封端剂；聚碳酸酯的生产用苯酚作封端剂。由于官能团稍稍过量，就会大幅度地降低相对分子质量，所以，必须严格控制各官能团的量。原料的纯度、挥发、官能团的分解都将影响官能团等物质的量。

2.2.4　体型缩聚反应

如前所述，2-3、2-4、3-4官能度体系在进行缩聚反应时，将得到体型缩聚产物。然而，是否能生成体型结构产物，还将取决于各组分的量。

2.2.4.1　平均官能度

在缩聚反应中，引入多官能团的单体将产生交联结构(即发生体型缩聚反应)。在合成线型缩聚物时，需要避免交联结构产生。然而，许多情况下要求形成交联结构，比如，热固性树脂在加工成型时必须形成体型交联结构才会达到足够的强度。

多官能团的单体应该加入多少才能发生体型缩聚反应产生交联结构？例如，当多官能团单体是双官能团单体两倍的情况(如下式所示)，可以看到a-A-a被封端，反应不能进行下去(只能生成三聚体)。Carothers提出了平均官能度f的概念，只有平均官能度$f>2$时，才能得到体型结构产物。

$$a—A—a \quad + \quad 2 \quad b—\underset{\displaystyle b}{\underset{|}{B}}—b \longrightarrow b—\underset{\displaystyle b}{\underset{|}{B}}—ba—A—ab—\underset{\displaystyle b}{\underset{|}{B}}—b$$

1. 两官能团等物质量时，平均官能度 f 的算法

平均官能度是指平均每一个分子带有的可以参加反应的官能团的数目。例如，

$$3H_2C{=}O + 2 \ C_6H_5OH$$

甲醛　　　苯酚

一个甲醛分子可以看成带有两个可以参加反应的官能团，即官能度为 2，三分子甲醛总的官能度为 6；苯酚的官能度为 3，两分子苯酚总的官能度为 6，此时两官能团等物质量，则平均官能度为：

$$f = \frac{6+6}{3+2} = 2.4$$

$f>2$，可以生成交联结构产物。

2. 两官能团非等物质量时，平均官能度 f 的算法

当两官能团非等物质量时，用上面平均官能度的算法，将不能得到符合实际的结果。此时，f 可用下式计算：

$$f = \frac{\text{非过量组分 A 的官能团数的 2 倍}}{\text{体系中分子总数}} = \frac{2n_A f_A}{n_A + n_B}$$

式中，n_A、n_B($n_A<n_B$)分别为组分 A、B 的分子数或物质的量，f_A为组分 A 的官能度。

2.2.4.2 Carothers 方程

体型缩聚反应交联结构的产生是一个逐步的过程，缩聚开始时仅生成支化的低聚物，反应到一定程度时，体系的黏度突然增加，并出现不能流动而具有弹性的凝胶，这种现象称为凝胶化效应或凝胶作用。出现凝胶时的反应程度称为凝胶点，凝胶点的出现往往在几分钟内迅速发生。因此，合成体型缩聚树脂时，反应程度应该严格控制在凝胶点以下，不然，大量的凝胶出现将产生结釜事故。凝胶点可以通过实验进行测定，也可以进行理论估算。

在假定凝胶点时数均聚合度等于无穷大的基础上，Carothers 推导出凝胶点时的反应程度 P_c与平均官能度 f 的关系，即 Carothers 方程。

设单体混合物的分子数为 N_0，平均官能度为 f，则起始官能团数为 $N_0 f$；设反应后体系的分子数为 N，则参加反应的分子数为 N_0-N，消耗掉的官能团的数目为 2(N_0-N)(形成一个键需两个官能团)，则凝胶点前的反应程度为：

$$P = \frac{2(N_0 - N)}{N_0 f}$$

将$\overline{X_n}=N_0/N$ 代入上式得

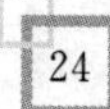

$$P=\frac{2(N_0-N)}{N_0 f}=\frac{2}{f}\left(1-\frac{1}{\overline{X_n}}\right)$$

凝胶时，若假设$\overline{X_n}$无穷大，则临界反应程度 P_c为：

$$P_c=\frac{2}{f}$$

凝胶点出现初期，体系可分为两部分：凝胶和溶胶。凝胶是体型结构，不溶于溶剂。溶胶仍是线型的或支化的低聚物，存在于凝胶的交联网格当中，可以用溶剂抽提出来。凝胶点后溶胶可以转变成凝胶，但由于交联网格的限制，少量官能团被体型结构固定，不能全部参加反应。所以 Carothers 方程给出的临界反应程度 P_c一般高于实际测定的值。

2.3　自由基聚合反应

链式聚合(chain polymerization)反应是合成高分子化合物的一类重要聚合反应。合成高分子材料中以自由基链式聚合反应合成的聚合物约占整个合成聚合物品种的 60%，是一类非常重要的聚合反应。高压聚乙烯、聚氯乙烯、聚苯乙烯、聚四氟乙烯、聚乙酸乙烯、聚甲基丙烯酸甲酯、聚丙烯腈、丁苯橡胶、丁腈橡胶、ABS 树脂等，都是通过自由基聚合得到的。

2.3.1　自由基聚合机理

2.3.1.1　自由基的产生

在原子、分子或离子中，只要有未成对的电子存在，都叫自由基。自由基是由共价键发生均裂反应产生的。均裂时，两个原子间的共用电子对均匀分裂，两个原子各保留一个电子，形成具有不成对电子的原子或原子团，即自由基(或游离基)。

$$R\cdot\cdot R \longrightarrow 2R\cdot \text{(自由基)}$$

若发生异裂反应，则两原子间的共用电子对完全转移到其中的一个原子上，结果产生带正电荷或带负电荷的离子。共价键究竟是发生均裂反应还是异裂反应取决于共价键的种类。通常情况下，键强度较低的非极性共价键易于发生均裂反应，而极性共价键易于发生异裂反应。如过氧键 RO—OR 是一种强度较低的非极性共价键，易于均裂产生自由基。下式为过氧化二苯甲酰受热分解生成自由基的反应：

$$C_6H_5-\overset{\overset{\displaystyle O}{\|}}{C}-\underset{\delta^-}{O}\overset{\longleftrightarrow}{-}\underset{\delta^-}{O}-\overset{\overset{\displaystyle O}{\|}}{C}-C_6H_5 \longrightarrow 2\,C_6H_5-\overset{\overset{\displaystyle O}{\|}}{C}-O\cdot$$

由于过氧键中的两个氧原子分别带有部分负电荷，偶极相斥的结果造成过氧键的键能较低，易于均裂，产生自由基。有很多方法可以生成自由基，在聚合反应中应用较多的是热解、氧化还原反应、光解、辐射等方法。

2.3.1.2 自由基的反应性

自由基是一种非常活泼的物质，通常称作活性中间体。自由基一经产生便迅速地反应，很难单独、稳定地存在。未成对电子有强烈获取电子的倾向，这是自由基极其活泼的原因，自由基中心原子的种类及与中心原子相连的取代基的性质都将对自由基的反应活性产生很大的影响。

取代基主要通过共轭效应、极性效应和空间位阻效应影响自由基的活性。共轭或超共轭作用使未成对电子的电子云密度下降（电子被分散到中心原子以外的其他原子上），自由基的活性降低，稳定性增加。同理，当取代基的吸电子效应增加时，自由基的活性下降，稳定性增加。取代基的空间位阻将阻碍自由基与其他物质反应，使自由基的活性下降，甚至成为稳定存在的自由基，像三苯甲基自由基，可长期稳定存在。

自由基的反应有以下几种类型：

1. 加成反应

自由基可以和碳碳双键发生加成反应，此时双键中的 π 键打开形成一个 σ 键，同时产生另一个分子量大一些的自由基。

$$C_6H_5\overset{\overset{\displaystyle O}{\|}}{C}O\cdot + CH_2{=}\underset{\underset{\displaystyle X}{|}}{\overset{\overset{\displaystyle H}{|}}{C}} \longrightarrow C_6H_5\overset{\overset{\displaystyle O}{\|}}{C}OCH_2{-}\underset{\underset{\displaystyle X}{|}}{\overset{\overset{\displaystyle H}{|}}{C}}\cdot$$

若新生成的自由基有足够的活性，则将继续进行加成反应，使分子迅速增大，相对分子质量迅速增加。加成反应是自由基聚合反应的基础。

2. 氧化-还原反应

自由基具有一定的氧化性，它可以从一些分子（或原子、离子）中夺取一个电子。下式是过氧化氢自由基氧化二价铁离子的反应：

$$HO\cdot + Fe^{2+} \longrightarrow Fe^{3+} + HO^-$$

3. 偶合反应

自由基与自由基的反应。此时，自由基被终止掉了。

$$R\cdot + \cdot R \longrightarrow R{-}R$$

4. 歧化反应

亦称为脱氢反应，为自由基与含自由基的基团反应，也是一种自由基终止反应，但反应部位不同，生成的产物结构更不同。

$$R\cdot + H{-}Z{-}R'\cdot \longrightarrow R{-}H + Z{=}R'$$

5. 转移反应

自由基与体系中的某些分子反应，夺取分子中的氢或其他原子，自身成为稳定的基团，同时生成一个新的自由基。

$$R\cdot + H—R' \longrightarrow R—H + \cdot R'$$

上述 5 种反应是自由基聚合过程中常见的反应，但反应活性不同。

2.3.1.3　自由基聚合机理

1935 年，Staudinger 指出链式聚合反应一般由链引发、链增长、链终止三个基元反应组成。后来研究发现还存在第四种反应，即链转移反应。现今都将链引发、链增长、链终止、链转移四种反应作为链式聚合反应的基元反应。

1. 链引发反应

由初级自由基与单体反应形成单体自由基的过程称为链引发反应。可以采用引发剂引发、热引发、光引发、辐射引发等方式产生自由基。以引发剂引发为例，链引发反应分为两步：

第一步，引发剂 I 分解，形成初级自由基 R·：

$$I(\text{引发剂}) \longrightarrow 2R\cdot(\text{初级自由基})$$

第二步，初级自由基与单体 M 加成，形成单体自由基 M·：

$$R\cdot + M \longrightarrow RM\cdot$$

引发剂分解反应速率是整个链引发反应速率的控制步骤。引发剂分解反应的活化能为 100～170 $kJ\cdot mol^{-1}$，初级自由基与单体反应的活化能为 20～34 $kJ\cdot mol^{-1}$。通常，初级自由基一经形成便迅速与单体反应形成单体自由基，但有时由于体系中存在某些杂质，或因其他一些因素（如单体不够活泼），反应初期形成的初级自由基在与单体反应前，有可能发生一些副反应而失去活性，待杂质消耗尽后，反应又继续进行，即存在所谓的诱导期。

2. 链增长反应

链引发反应形成的单体自由基可与第二个单体发生加成反应形成新的自由基。这种加成反应可以一直进行下去，形成越来越长的链自由基。这一过程称为链增长反应，即

$$RM\cdot + M \longrightarrow RMM\cdot;RMM\cdot + M \longrightarrow RMMM\cdot;RMMM\cdot + M \longrightarrow RM_n\cdot$$

链增长反应通常为自由基的加成反应，此时双键中的 π 键打开，形成一个 σ 键，因此是放热反应，$\Delta H = -55 \sim -95\ kJ\cdot mol^{-1}$，链增长反应的活化能为 20～34 $kJ\cdot mol^{-1}$。因此，链增长反应速率极快，一般在 0.01 s 至几秒内即可使聚合度达到几千，甚至上万，在反应的任一瞬间，体系中只存在未分解的引发剂、未反应的单体和已形成的大分子，不存在聚合度不等的中间产物。链增长反应是形成大分子链的主要反应，同时决定分子链上重复单元的排列方式。单体与链自由基反应时，可以从两个方向连接到分子链上：头—尾键接和头—头键接。

$$—CH_2CHX\cdot + CH_2{=}CHX \xrightarrow{\text{头—尾键接}} —CH_2\underset{\displaystyle X}{\underset{|}{C}H}—CH_2\underset{\displaystyle X}{\underset{|}{C}H}\cdot$$

$$—CH_2CHX\cdot + CH_2{=}CHX \xrightarrow{\text{头—头键接}} —CH_2\underset{\displaystyle X}{\underset{|}{C}H}—\underset{\displaystyle X}{\underset{|}{C}H}CH_2\cdot$$

实验发现以头—尾连接方式为主。按头—尾形式连接时，取代基与自由基中心原子连在同一碳原子上，可以通过共轭效应、超共轭效应使新产生的自由基稳定，因而容易生成。而按头—头形式连接时，无共轭效应，自由基不太稳定。两者活化能差 34～42 $kJ\cdot mol^{-1}$，因此，有利于头—尾连接。显然，对于共轭稳定较差的单体或在较高温度下聚合，头—头结构将增多。如乙酸乙烯酯，头—头结构由 −30 ℃时的 0.3%上升到 70 ℃时的 1.6%；另一方面，链自由基与不含取代基的亚甲基一端相连，空间位阻较小，有利于头—尾连接。从立体结构看，自由基聚合时，分子链上取代基在空间的排布是无规的，因此，自由基聚合产物往往是无定型的。

3. 链终止反应

链自由基活性中心消失，生成稳定大分子的过程称为链终止反应。终止反应绝大多数为两个链自由基之间的反应，也称双基终止。链终止反应非常迅速，反应的结果是两个链自由基同时消失，体系自由基浓度降低。双基终止分为偶合终止(combination termination)和歧化终止(disproportionation termination)两类。两个链自由基的单电子相互结合形成共价键，生成一个大分子链的反应称为偶合终止。一个链自由基上的原子(通常为自由基的β氢原子)转移到另一个链自由基上，生成两个稳定的大分子的反应称为歧化终止。偶合终止和歧化终止分别对应于自由基的偶合反应和歧化反应。偶合终止的结果，大分子的聚合度约为链自由基重复单元数的两倍；歧化终止的结果，虽聚合度不改变，但其中一条大分子链的一端为不饱和结构。从能量角度看，偶合终止为两个活泼的自由基结合成一个稳定的分子，反应活化能低，甚至不需要活化能；歧化反应涉及共价键的断裂，反应活化能较偶合终止高一些。因此，高温时有利于歧化终止反应发生，低温时有利于偶合终止反应发生。链自由基的结构也对其终止方式产生影响，共轭稳定的自由基，如苯乙烯自由基，较易发生偶合终止反应；空间位阻较大的自由基，如甲基丙烯酸甲酯自由基，较易发生歧化终止反应。

除了双基终止，在某些聚合过程中，也存在一定量的单基终止。对于均相聚合体系，双基终止是最主要的终止方式，但随着单体转化率的增加，单基终止反应随之增加，甚至成为主要终止方式。所谓单基终止是指链自由基与某些物质(不是另外一个链自由基)，如链转移剂、自由基终止剂，反应失去活性的过程。另外，聚合方式也影响终止方式的选择性，沉淀聚合、乳液聚合较难发生双基终止。

由于链终止反应的活化能(8～21 $kJ\cdot mol^{-1}$，甚至不需要活化能)低于链增长反应的活化能(20～34 $kJ\cdot mol^{-1}$)，所以链终止反应速率常数比链增长反应速率常数高3～4个数量级，似乎难以得到相对分子质量高的聚合物。实际上，自由基聚合反应通常可以得到相对分子质量巨大的聚合物，原因是聚合物的相对分子质量取决于链增长反应速率与链终止反应速率的相对大小，当体系中不存在链转移反应时，聚合度等于链增长反应速率与链终止反应速率的比值。

4. 链转移反应

在聚合过程中，链自由基除与单体进行正常的聚合反应外，还可能从单体、溶剂、引发剂或已形成的大分子上夺取一个原子而终止，同时使被抽取原子的分子转变成为新的自由基，该自由基能引发单体聚合，使聚合反应继续进行，这种反应称为链转移反应。链转移反应并不改变链自由基的数目，仅是活性中心转移到另一个分子、原子或基团上，并形成新的活性链，通常也不影响聚合速率，而是降低了聚合度，改变了相对分子质量和相对分子质量分布。链自由基与单体、溶剂、引发剂或已形成的大分子之间的链转移反应是自由基聚合过程中常见的转移反应。

(1) 向单体链转移

$$\sim\sim CH_2-\underset{X}{\underset{|}{CH}}\cdot + CH_2=\underset{X}{\underset{|}{CH}} \longrightarrow \left[\begin{array}{l} \sim\sim CH_2-\underset{X}{\underset{|}{CH_2}} + CH_2=\underset{X}{\underset{|}{C}}\cdot \\ \sim\sim CH=\underset{X}{\underset{|}{CH}} + CH_3-\underset{X}{\underset{|}{CH}}\cdot \end{array}\right.$$

向单体链转移反应的结果，增长链停止增长，聚合度不再增加，而链式聚合反应由新生成的自由基继续进行，产生新的增长链，聚合速率通常不变。向单体链转移反应是链增长反应的副反应。苯乙烯单体进行链转移反应极少，氯乙烯单体很容易进行链转移反应。

(2) 向溶剂(或相对分子质量调节剂)链转移

$$\sim\sim CH_2-\underset{X}{\underset{|}{CH}}\cdot + YZ \longrightarrow \sim\sim CH_2-\underset{X}{\underset{|}{CH}}-Y + Z\cdot$$

向溶剂链转移反应的结果，也使聚合度降低。这个反应通常被用来调节聚合产物的相对分子质量。需要指出的是，新生成的自由基Z·活性太低时，聚合速率会有所降低。

(3) 向引发剂链转移

自由基聚合反应通常是在引发剂的作用下进行的，每一个引发剂分子受热分解通常产生两个初级自由基，可引发单体形成两个单体自由基，进而形成两个增长链。当增长链自由基向引发剂链转移时，将消耗掉一个引发剂自由基，其结果是聚合度降低，引发剂的利用率降低，聚合速率也稍有降低。

$$\sim\sim CH_2-\dot{C}H(X) + I \longrightarrow \sim\sim CH_2-CH(R)(X) + R\cdot$$

(4) 向大分子链转移

增长链自由基也可向已形成的聚合物大分子转移，引起大分子支化或交联。转移反应一般发生在叔氢原子或氯原子上。

$$M_n\cdot + \sim\sim CH_2-CH(X)\sim\sim \longrightarrow M_nH + \sim\sim CH_2-\dot{C}(X)\sim\sim$$

对于增长链自由基，链转移反应与链增长反应是一对竞争反应。通常用链转移常数表征链转移反应发生的难易程度。向聚合物大分子转移的链转移常数 C_p($C_p = k_{tr,p}/k_p$；$k_{tr,p}$，k_p 分别为链转移、链增长速率常数）都较小，一般在 10^{-4} 数量级。因此，在聚合反应初期由于生成的大分子数目较少，链转移反应可以忽略。

采用自由基聚合法合成的聚乙烯（低密度聚乙烯）含有许多长支链，平均可达20～30 支链/500 单体单元。研究表明，支链的产生是由于发生链转移反应的结果。

2.3.1.4 自由基聚合反应特征

自由基聚合反应特征可概括为以下几点：

① 自由基聚合是一种链式聚合反应。根据反应机理，自由基聚合反应可以概括为慢引发、快增长、速终止、有转移。

② 引发反应速率最小，是聚合速率的控制步骤。

③ 只有链增长反应才使聚合度增加。在聚合反应中单体自由基一旦形成，则迅速与单体加成使链增长。链增长速率极快，在极短的时间内就可形成相对分子质量高的聚合物，反应体系仅由单体、相对分子质量高的聚合物及浓度极小的活性链组成。

④ 在聚合过程中，单体浓度逐渐减小，单体转化率随反应时间而逐渐增加，聚合度或聚合物的平均相对分子质量与反应时间基本无关。

⑤ 少量阻聚剂足以使自由基聚合反应终止。因此，自由基聚合要求用高纯度的单体。

2.3.2 自由基聚合引发反应

引发剂引发、热引发、光引发、高能辐射引发、等离子体引发等方法是自由基聚合反应通用的引发方法，其中引发剂引发在工业上应用最广泛。

2.3.2.1 引发剂引发

自由基聚合的引发剂是容易分解生成自由基（即初级自由基）的化合物。

1. 引发剂分类

按照分解方式划分，引发剂分为热分解型与氧化还原分解型两类。

(1) 热分解型

热分解型引发剂通常加热温度在 50～150 ℃之间，即键的断裂能在 100～170 kJ・mol^{-1}范围的化合物能够满足工业生产的要求，这些化合物主要是偶氮类化合物和过氧类化合物。

1) 偶氮类引发剂

偶氮类引发剂通式为 R—N ═N—R，R—N 键为弱键，根据 R 基团不同，其分解活化能在 120～146 kJ・mol^{-1}范围。分解速度与生成的 R・自由基的稳定性有关，R・自由基越稳定，分解速度越快。不同 R 基偶氮类化合物的分解速度顺序是：烯丙基＞叔烷基＞仲烷基＞伯烷基。

偶氮二异丁腈(AIBN)是最常用的偶氮类引发剂，一般在 45～65 ℃下使用，活性较低，可以纯的形式贮存，但 80～90 ℃时分解剧烈。其分解反应式如下：

$$(CH_3)_2C(CN)-N=N-C(CN)(CH_3)_2 \longrightarrow 2(CH_3)_2\dot{C}(CN) + N_2$$

2) 过氧类引发剂

过氧类引发剂通式为 R—O—O—R′，O—O 键为弱键，分解活化能在 120～146 kJ・mol^{-1}范围。过氧类引发剂为过氧化氢 HO—OH 的衍生物，由于过氧化氢分解活化能高(220 kJ・mol^{-1})，一般不单独作引发剂使用。常用的过氧类引发剂为过氧化二酰、二烷基过氧化物、过氧化二酯、无机类过氧化物。

① 过氧化二酰：分子式为 R—CO—O—O—CO—R，当 R 基团为苯基时，为过氧化二苯甲酰(BPO)，是最常用的过氧化二酰引发剂。其分解活化能为 124.3 kJ・mol^{-1}。分解反应为：

$$C_6H_5-C(=O)-O-O-C(=O)-C_6H_5 \longrightarrow 2\,C_6H_5-C(=O)-O\cdot$$

如没有单体存在，苯甲酸基自由基可进一步分解成苯基自由基，并放出 CO_2。

$$C_6H_5-C(=O)-O\cdot \longrightarrow C_6H_5\cdot + CO_2$$

② 二烷基过氧化物：常用的是过氧化二异丙苯，其结构式及分解反应为：

$$C_6H_5-C(CH_3)_2-O-O-C(CH_3)_2-C_6H_5 \longrightarrow 2\,C_6H_5-C(CH_3)_2-O\cdot$$

③ 过氧化二碳酸酯：如过氧化二碳酸二环己酯(DCPD)，为高活性引发剂，50 ℃时分解半衰期为 3.6 h。其结构式及分解反应为：

$$\text{C}_6\text{H}_{11}\text{—O—}\overset{\text{O}}{\overset{\|}{\text{C}}}\text{—O—O—}\overset{\text{O}}{\overset{\|}{\text{C}}}\text{—O—C}_6\text{H}_{11} \longrightarrow 2\ \text{C}_6\text{H}_{11}\text{—O}\cdot + 2CO_2$$

上述三类属于有机过氧化物引发剂，一般为油溶性引发剂，分解时有副反应发生，可形成多种自由基，氧化性强。

④ 无机过氧化物：典型的无机过氧化物有过硫酸钾 $K_2S_2O_8$、过硫酸铵$(NH_4)_2S_2O_8$。

$$\text{O}^-\text{—}\underset{\text{O}}{\overset{\text{O}}{\text{S}}}\text{—O—O—}\underset{\text{O}}{\overset{\text{O}}{\text{S}}}\text{—O}^- \longrightarrow 2\text{O}^-\text{—}\underset{\text{O}}{\overset{\text{O}}{\text{S}}}\text{—O}\cdot$$

无机过氧化物类引发剂一般为水溶性引发剂，可用于乳液聚合和水溶液聚合，多为离子型自由基。

若将上述各类过氧化物类引发剂从分解活化能由高到低的顺序排列，则有如下规律：过氧化氢物＞过氧化二烷基＞过氧化特烷基酯＞过氧化二酰＞过氧化二碳酸酯＞不对称过氧化二酰。

(2) 氧化还原分解型引发剂

过氧化物-还原剂体系一般由过氧化物和还原剂组成，其中过氧化物是一类具有一定氧化性的物质，可以与某些还原性物质发生氧化还原反应，自己被还原，同时产生自由基。由于这类氧化还原反应需要的活化能低($40\sim60\ kJ\cdot mol^{-1}$)，在较低的温度下(0～50 ℃)就能够以足够快的速度发生反应，产生自由基。因此，可以用于低温聚合反应。比较而言，热分解型引发剂由于分解活化能高($80\sim140\ kJ\cdot mol^{-1}$)，需要在 50～100 ℃的较高温度下分解，才能产生足够快的聚合速度。根据过氧化物是否溶于水，氧化还原分解型引发剂(或称氧化-还原引发体系)又被分成水溶性氧化-还原引发体系和油溶性氧化-还原引发体系两类。

① 水溶性氧化-还原引发体系

常用的过氧化物氧化剂有过氧化氢、过硫酸盐和氢过氧化物等；常用的还原剂有 Fe^{2+}、Cu^+、$NaHSO_3$、Na_2SO_3、$Na_2S_2O_3$、醇、胺、草酸等。如：

$$HO—OH + Fe^{2+} \longrightarrow OH^- + HO\cdot + Fe^{3+}$$

其反应活化能为 $40\ kJ\cdot mol^{-1}$，HO—OH 的热分解活化能为 $220\ kJ\cdot mol^{-1}$。

$$S_2O_8^{2-} + Fe^{2+} \longrightarrow SO_4^{2-} + SO_4^-\cdot + Fe^{3+}$$

其反应活化能为 $50.2\ kJ\cdot mol^{-1}$，$S_2O_8^{2-}$ 的热分解活化能为 $140\ kJ\cdot mol^{-1}$。上述反应虽然需要的活化能降低了，但一个过氧化物分子仅产生一个自由基(热分解则产生两个自由基)。当用亚硫酸盐作还原剂时，反应活化能为 $41.8\ kJ\cdot mol^{-1}$，可以产生两个自由基：

$$S_2O_8^{2-} + SO_3^{2-} \longrightarrow SO_4^{-} \cdot + SO_4^{2-} + SO_3^{-} \cdot$$

② 油溶性氧化-还原引发体系

常用氧化剂为有机过氧化物，还原剂一般为叔胺 NR_3、有机金属化合物 AlR_3、BR_3、环烷酸盐等。过氧化二苯甲酰与芳香叔胺组成的氧化还原体系是常用的引发体系，其反应如下：

$$C_6H_5-\overset{\overset{\displaystyle O}{\|}}{C}-O-O-\overset{\overset{\displaystyle O}{\|}}{C}-C_6H_5 + C_6H_5-N(CH_3)_2 \longrightarrow$$

$$C_6H_5-\overset{\overset{\displaystyle O}{\|}}{C}-O\cdot + C_6H_5-\overset{\overset{\displaystyle O}{\|}}{C}-O^- + C_6H_5-\overset{+}{N}(CH_3)_2\cdot$$

2. 引发剂分解动力学

(1) 引发剂分解速率方程

热分解型引发剂的分解一般属于一级反应，引发剂消耗速率 $-d[I]/dt$ 与引发剂的浓度 $[I]$ 成一次方关系：

$$R_d = -\frac{d[I]}{dt} = k_d[I] \tag{2-9}$$

式中，k_d 为引发剂分解速率常数，单位为 s^{-1}、min^{-1} 或 h^{-1}。将式(2-9)积分，得：

$$\ln\frac{[I]}{[I]_0} = -k_d t \tag{2-10}$$

式中，$[I]_0$ 和 $[I]$ 分别代表引发剂起始浓度和 t 时刻的浓度。恒温下测定不同时刻的 $[I]$ 值，以 $\ln([I]/[I]_0)$ 对 t 作图，则可由斜率求出 k_d 的值。对过氧类引发剂可用碘量法测定不同时刻的 $[I]$ 值，对偶氮类引发剂则可通过测定析出的氮气体积确定 $[I]$ 的值。引发剂分解速率的确定对于研究聚合反应速率有重要意义。

根据引发剂分解速率方程求出不同温度时 k_d 的值，由 Arrhenius 方程得，$\ln k_d = \ln A - E_d/RT$，进而可以得到引发剂分解活化能 E_d。

(2) 引发剂分解半衰期

在一定温度下，引发剂分解至起始浓度一半时所需的时间称为引发剂分解半衰期，以 $t_{1/2}$ 表示。引发剂分解半衰期、引发剂分解速率常数都可以用来衡量引发剂的分解速度，表征引发剂活性的高低。

根据式(2-10)，$t_{1/2}$ 与 k_d 有如下关系：

$$\ln\frac{1}{2} = -k_d t_{1/2} \quad 即 \quad t_{1/2} = 0.693/k_d \tag{2-11}$$

一般用 60 ℃时 $t_{1/2}$ 的值将引发剂的活性分为三类：①低活性引发剂，$t_{1/2} > 6$ h；②中活性引发剂，$t_{1/2} = 1 \sim 6$ h；③高活性引发剂，$t_{1/2} < 1$ h。

(3) 引发效率

引发聚合的引发剂量占引发剂分解或消耗总量的分数称作引发效率,用 f 表示。引发剂受热分解后产生的初级自由基并没有全部用于引发单体聚合,而是通过其他途径消耗掉了,使引发效率 f 不能达到 100%。造成引发效率低的原因,主要有诱导分解和笼蔽效应。

诱导分解是指引发剂在体系中存在的各种自由基作用下发生分解反应的过程,如:

$$\sim\sim CH_2-\underset{X}{\underset{|}{CH}}\cdot + C_6H_5-\overset{O}{\overset{\|}{C}}-O-O-\overset{O}{\overset{\|}{C}}-C_6H_5 \longrightarrow$$

$$C_6H_5-\overset{O}{\overset{\|}{C}}-O-\underset{X}{\underset{|}{CH}}-CH_2\sim\sim + C_6H_5-\overset{O}{\overset{\|}{C}}-O\cdot$$

反应结果是,原本可形成两个自由基的引发剂分子,诱导分解后仅形成了一个自由基,等于白白消耗掉一个引发剂自由基。

笼蔽效应是指当体系中有溶剂存在时,引发剂分解形成的初级自由基不能即刻同单体反应引发聚合,而是处于溶剂分子构成的"笼子"的包围之中,初级自由基只有扩散出笼子之后,才能与单体发生反应,生成单体自由基。由于初级自由基的寿命只有 $10^{-10} \sim 10^{-9}$ s,如不能及时扩散出笼子,就可能发生副反应而失去活性,如:

$$C_6H_5COO-OOCC_6H_5 \longrightarrow [2\,C_6H_5COO\cdot] \longrightarrow [2C_6H_5\cdot + 2CO_2] \longrightarrow C_6H_5-C_6H_5 + \cdots$$

上式中,方括号表示溶剂"笼子"。

影响引发效率的因素较多。除以上两个因素外,只要体系中存在使引发剂发生副反应的因素都会造成引发效率下降。引发剂、单体的种类、浓度、溶剂的种类、体系黏度、反应方法、反应温度等也会影响引发效率。如偶氮二异丁腈(AIBN)引发丙烯腈聚合时,引发效率为 100%,引发苯乙烯聚合的引发效率则只有 80%,引发甲基丙烯酸甲酯聚合时,引发效率仅 52%。

(4) 引发剂选择

在高分子合成工业中,正确、合理地选择和使用引发剂,对于提高聚合反应速度、缩短聚合反应时间,提高生产效率,具有重要意义。引发剂选择有以下几种方法:

① 根据聚合实施方法选择。乳液聚合、水溶液聚合应选择水溶性引发剂,悬浮聚合、本体聚合、溶液聚合应选择油溶性引发剂。

② 根据引发剂分解半衰期选择。高分子材料中若残存大量未分解的过氧化物,则高分子材料在加工及使用中会进一步反应,造成高分子材料被氧化,不仅颜色变黄,材料的性能也将下降。因此,通常根据需要将引发剂的残留分数控制在 10% 左

右(在引发剂总量为单体量1%～2%的情况下)。当聚合反应时间为所用引发剂半衰期的3～8倍时,一般能满足要求。根据$\ln([I]/[I]_0=-k_d t$及$t_{1/2}=0.693/k_d$,引发剂的残留分数$[I]/[I]_0$为:

$$\frac{[I]}{[I]_0}=\exp\left(-\frac{0.693}{t_{1/2}}t\right)$$

若聚合反应时间t为$3t_{1/2}$,则$[I]/[I]_0=0.125=12.5\%$。通常聚合反应至少在8～12 h内完成,才能有适当的生产效率。因此,应选择$t_{1/2}$为4 h左右。如AIBN引发苯乙烯聚合,50 ℃时$t_{1/2}$为64.8 h,70 ℃时$t_{1/2}$为4.1 h。

③ 其他选择方法。高活性引发剂在聚合早期即迅速分解使得聚合后期聚合速率降低;低活性引发剂不能产生足够快的聚合速率。因此,可以选择复合引发剂使聚合速率适当。乳液聚合中的种子聚合,则是在聚合初期采用高活性引发剂以获得适当量的种子,然后再加入低活性引发剂使种子长大,并不生成新的种子。

2.3.2.2　其他引发方法

少数单体,像苯乙烯和甲基丙烯酸甲酯在加热时(或常温下)会发生自身引发的聚合反应。经研究认为,聚合反应按自由基机理进行。若单体中存在可以热分解生成自由基的杂质,则也会发生热聚合反应。热聚合速率比引发剂热分解引发的聚合速率低很多,但苯乙烯、甲基丙烯酸甲酯在室温下放置一段时间后,热聚合明显,单体无法继续用于聚合。为防止热聚合在无控制下发生,单体在贮存及运输时需加入阻聚剂。

光引发聚合通常是指在紫外光作用下单体的聚合反应。紫外光源一般是高压汞灯,汞灯产生的紫外光的波长范围在200～400 nm,对应的能量范围为599～299 kJ。而一般有机化合物的键能为:C—C 356 kJ·mol^{-1},C═C中的π键257 kJ·mol^{-1},O—H 463 kJ·mol^{-1},C—O 358 kJ·mol^{-1},N—H 391 kJ·mol^{-1}。因此,可以用紫外光照射单体,使C—C键、π键以及其他键断裂,产生自由基,引发聚合反应。然而,由于单体在吸收光能时能力的差别,实际上能用于紫外光直接引发聚合的单体是有限的(聚合速度慢)。为此,有所谓光敏引发聚合,即在体系中加入光敏剂,进行光聚合反应。光敏剂是一种容易吸收光能的物质,加入光敏剂后聚合速度大大提高了。光敏剂通常为含有羰基的物质,如安息香及其脂肪醚、二苯酮、肉桂酸酯等。光引发反应速率为:

$$R_i=2\phi\varepsilon I_0[M]$$

式中,ϕ为光引发效率,表示每吸收一个光子产生的自由基的对数,若每吸收一个光子产生两个自由基,则$\phi=1$,通常ϕ都较低,$\phi=0.01$～0.1;ε为摩尔吸光系数(或摩尔消光系数),通常也很小;I_0为入射光的强度。

在高分子合成工业中,光引发聚合没有引发剂引发聚合那样重要,但在功能高分子领域,光引发聚合、光敏引发聚合有着重要的意义。如涂料工业中的光敏涂料,印刷工业、微电子工业中的感光树脂等。光引发聚合有许多优点,如活化能低,可在低温下聚合,聚合容易控制,聚合产物纯净等。

以高能射线引发单体聚合,称为辐射聚合。高能射线有 γ 射线(波长范围 0.05～0.0001 nm)、X 射线(波长范围 10～0.01 nm)、β 射线和电子流等。其中 γ 射线主要来自 ^{60}Co 的放射性衰变,能量最高、穿透力最强,应用也最广泛。一般共价键的键能是 2.5～4 eV($1\ eV=0.965\times10^2\ kJ\cdot mol^{-1}$),有机化合物的电离能是 9～11 eV,$\gamma$ 射线的能量范围在 1.17～1.33 MeV。因此,γ 射线辐射的结果不仅产生自由基,同时也产生离子。聚合可以是自由基引发的,也可能是离子引发的。

2.3.3 聚合热力学

聚合热力学主要阐述单体的聚合可能性,即涉及聚合反应能否发生的问题。

2.3.3.1 聚合热

单体能否转变成聚合物,可由自由能的变化来判断。根据热力学原理,等温条件下的自由能变化 ΔG 与聚合热 ΔH、聚合熵 ΔS 的关系为:

$$\Delta G = \Delta H - T\Delta S$$

$\Delta G<0$,单体能够聚合成为聚合物;$\Delta G>0$,聚合物将解聚成单体;$\Delta G=0$,单体和聚合物处于可逆平衡状态。

单体转变成聚合物时,体系的无序程度减少了,即熵减少。所以,聚合反应体系的 $\Delta S<0$。聚合一般是放热反应,即 $\Delta H<0$。如乙烯聚合时放出大量的热量(对烯类单体而言,聚合反应是打开弱的 π 键形成强的 σ 键的过程,因此是放热反应)。由于各种情况下 ΔS 波动不大,约 $-105\sim-125\ kJ\cdot mol^{-1}$,所以,聚合倾向性主要由 ΔH 与 T 决定。

单体的聚合热与取代基的性质有很大关系,取代基的位阻效应、共轭效应将使聚合热(放热)减少;吸电子取代基将使聚合热增大;溶剂与氢键的作用也对聚合热有影响。乙烯、氯乙烯有较高的聚合热,分别为 $-95.0\ kJ\cdot mol^{-1}$ 和 $-95.81\ kJ\cdot mol^{-1}$,苯乙烯的聚合热仅为 $-69.9\ kJ\cdot mol^{-1}$。四氟乙烯的聚合热高达 $-154.8\ kJ\cdot mol^{-1}$。聚合热越大的单体,聚合倾向越强。

2.3.3.2 聚合上限温度

聚合时,单体能否100%地转化成聚合物,不仅取决于动力学因素(比如足够高的聚合速率、适当的体系黏度等),还与平衡常数有关。聚合与解聚是一个可逆平衡过程,平衡常数 K 与未聚合的平衡单体浓度 $[M]_e$,有如下关系:

$$K_e = \frac{1}{[M]_e} \tag{2-12}$$

$$\Delta G = \Delta G^0 + RT\ln K_e = \Delta G^0 - RT\ln[M]_e \tag{2-13}$$

ΔG^0 为标准状态下的自由能变化。

平衡时 $\Delta G=0$,即 $\Delta G^0 - RT_e\ln[M]_e = 0$,$RT_e\ln[M]_e = \Delta G^0 = \Delta H^0 - T_e\Delta S^0$,则有:

$$T_e = \frac{\Delta H^0}{\Delta S^0 + R\ln[M]_e} \tag{2-14}$$

式中，ΔH^0、ΔS^0 分别为 T_e 温度时标准状态下的焓变及熵变。

由于聚合反应一般为放热反应，温度升高，反应向解聚方向移动，温度越高解聚越严重，生成的聚合物越少，所以，引出聚合上限温度。聚合上限温度通常规定为平衡单体浓度 $[M]_e = 1\ \mathrm{mol \cdot L^{-1}}$ 时的平衡温度。

乙烯的聚合上限温度为 407 ℃，乙醛的聚合上限温度为 −31 ℃。因此，合成聚乙醛需在极低的温度下进行。

2.3.4　自由基聚合反应动力学

聚合反应动力学主要研究聚合反应速率、聚合产物相对分子质量与各种影响因素的关系。引发剂种类和用量（或浓度）、聚合温度、溶剂种类和浓度、单体浓度、聚合方法等都对聚合反应速率、聚合产物相对分子质量有不同程度的影响。

2.3.4.1　自由基聚合动力学方程

1. 链引发速率 R_i

链引发反应由初级自由基生成反应和单体自由基生成反应两部分组成：

$$\mathrm{I} \xrightarrow{k_d} 2\mathrm{R}\cdot$$

$$\mathrm{R}\cdot + \mathrm{M} \xrightarrow{k_i} \mathrm{R{-}M}\cdot$$

式中，k_d、k_i 分别为引发剂分解速率常数、引发速率常数。

由于 $k_i \gg k_d$，因此，引发速率仅决定于初级自由基的生成速率（速率控制步骤），而与单体自由基的生成速率无关。此时，有：

$$R_i = \frac{\mathrm{d}[R\cdot]}{\mathrm{d}t} = 2\frac{\mathrm{d}[I]}{\mathrm{d}t} = 2k_d[I] \tag{2-15}$$

式中，$[R\cdot]$、$[I]$ 分别为初级自由基浓度、引发剂浓度。

由于引发剂分解生成的自由基有时不能 100% 地引发单体聚合，实际上通常用下式表示 R_i：

$$R_i = \frac{\mathrm{d}[R\cdot]}{\mathrm{d}t} = 2\frac{\mathrm{d}[I]}{\mathrm{d}t} = 2fk_d[I] \tag{2-16}$$

式中，f 为引发效率。

2. 链增长速率 R_p

链增长过程由各种链长的增长链自由基与单体的加成反应构成：

$$\mathrm{RM_1}\cdot \xrightarrow[k_{p1}]{\mathrm{M}} \mathrm{RM_2}\cdot \xrightarrow[k_{p2}]{\mathrm{M}} \mathrm{RM_3}\cdot \xrightarrow[k_{p3}]{\mathrm{M}} \cdots \xrightarrow[k_{p(n-1)}]{\mathrm{M}} \mathrm{RM_n}\cdot$$

• 第一个基本假定：等活性假定。

由于不同链长的增长链自由基具有基本相同的结构，为进行动力学处理，引入一

个基本假定:等活性假定,即不同链长的增长链自由基具有相同的活性。此时,有:

$$k_{p1} = k_{p2} = k_{p3} = \cdots = k_{p(n-1)} = k_p$$

$$R_p = k_p[M\cdot][M] \tag{2-17}$$

式中,$[M\cdot]$为各种链长自由基的总浓度,$[M]$为单体浓度。

3. 链终止速率 R_t

链终止速率以自由基消失速率表示,即

$$R_t = -\frac{d[M\cdot]}{dt} = R_{tc} + R_{td} \tag{2-18}$$

式中,R_{tc}为偶合终止速率,R_{td}为歧化终止速率。

偶合终止反应:

$$M_x + M_y = M_{x+y} \qquad R_{tc} = 2k_{tc}[M\cdot]^2$$

歧化终止反应:

$$M_x\cdot + M_y\cdot = M_x + M_y \qquad R_{tc} = 2k_{td}[M\cdot]^2$$

$$R_t = R_{tc} + R_{td} = 2k_{tc}[M\cdot]^2 + 2k_{td}[M\cdot]^2$$
$$= 2(k_{tc} + k_{td})[M\cdot]^2 = 2k_t[M\cdot]^2$$

由于每次终止反应消耗两个自由基,所以,式中引入因子2。

• 第二个基本假定:稳态假定。聚合反应经过很短一段时间后,体系自由基的浓度不再改变,处于稳定状态。此时链引发速率与链终止速率相等:

$$R_i = R_t = 2k_t[M\cdot]^2$$

$$[M\cdot] = \left(\frac{R_i}{2k_i}\right)^{1/2}$$

4. 聚合反应速率 R

• 第三个基本假定:聚合总速率等于链增长速率。

聚合反应速率由聚合过程中单体的消耗速率表示。单体的消耗反应由两部分构成:参加链引发反应,形成单体自由基;参加链增长反应,生成大分子。由于链增长反应消耗大量单体,因此,以链增长速率代表聚合总速率。据此,结合上述两条基本假定,得到如下的自由基聚合普适方程:

$$R = k_p[M]\left(\frac{R_i}{2k_i}\right)^{1/2} \tag{2-19}$$

当用引发剂引发时,$R_i = 2fk_d[I]$;热引发时(对苯乙烯),$R_i = k_i[M]^2$。

5. 关于自由基聚合速率方程的讨论

① 稳态假定不成立时,普适方程不再成立。通常仅在低转化率阶段或聚合初期(转化率<10%或更低),稳态假定成立。

② 引发速率与单体浓度有关。此时引发剂的活性很高,初级自由基的生成速率与单体自由基的生成速率接近,R 正比于$[M]^{1\sim1.5}$,即聚合速率 R 与单体浓度不再是1次方关系。

③ 双基终止不再存在。随聚合反应进行，体系黏度迅速增加或由于生成沉淀，两个增长链自由基相互反应而终止的机会大大降低，造成双基终止不易发生，此时 R 正比于$[I]^{0.5\sim1}$。

2.3.4.2　聚合反应速率测定

聚合反应速率可以用单位时间内单体的消耗量或聚合物的生成量表示。可以用直接法或间接法测定单体的消耗量或聚合物的生成量。

最常用的直接方法是利用单体与生成的聚合物溶解度的差别，用沉淀法测定聚合物的生成量。间接法则是利用聚合过程中体系物性的变化间接求得聚合物的生成量。由于单体与聚合物的比体积、折光指数、黏度、介电系数、吸收光谱不同，所以，随着聚合物的不断生成，这些物性发生改变，因而可以用来间接地表示聚合物的生成量。

2.3.4.3　影响聚合反应速率的因素

1. 聚合温度的影响

随着聚合温度的升高，链增长速率常数 k_p 增大，聚合速率应该增大，但链终止速率常数 k_t 也增加，聚合速率应该减少。综合结果可通过自由基聚合普适方程中的总聚合速率常数或表观速率常数 k 进行讨论。

温度对自由基聚合初期聚合速率的影响：

$$k = k_p\left(\frac{k_i}{k_t}\right)^{1/2}$$

若为引发剂引发，则有：

$$k = k_p\left(\frac{k_d}{k_t}\right)^{1/2}$$

k 与温度的关系遵循 Arrhenius 方程：

$$k = A\exp\left(-\frac{E}{RT}\right)$$

$$E = E_p + \frac{E_i}{2} - \frac{E_t}{2}$$

若为引发剂引发，则有：

$$E = E_p + \frac{E_d}{2} - \frac{E_t}{2}$$

一般情形，$E_p \approx 29\ \text{kJ}\cdot\text{mol}^{-1}$，$E_d \approx 125\ \text{kJ}\cdot\text{mol}^{-1}$，$E_t \approx 17\ \text{kJ}\cdot\text{mol}^{-1}$，则 $E \approx 83\ \text{kJ}\cdot\text{mol}^{-1}$。由于 E 较大，所以升高温度，k 增加较大，聚合速率增加较大。热引发时，E 在 $60\ \text{kJ}\cdot\text{mol}^{-1}$ 左右，升高温度，k 仍增加较大，聚合速率增加明显。光及辐射引发时，E 在 $20\ \text{kJ}\cdot\text{mol}^{-1}$ 左右，升高温度 k 仅有较少增加，温度对聚合速率的影响可以忽略。

2. 自动加速现象

自由基聚合过程中，聚合速率随着反应的进行并未降低反而增加的现象称为自动加速现象。聚合速率增加可以表现为单体转化率随反应进行迅速增大，体系黏度随反应进行迅速增大。图 2-2 中，曲线 1 即为出现自动加速现象时转化率随时间的变化情况。在聚合初期（通常转化率在 10%或 15%以下），转化率随时间缓慢增加；在聚合中期，转化率随时间迅速增加；聚合后期，则转化率又随时间缓慢增加，呈现 S 形的变化规律。

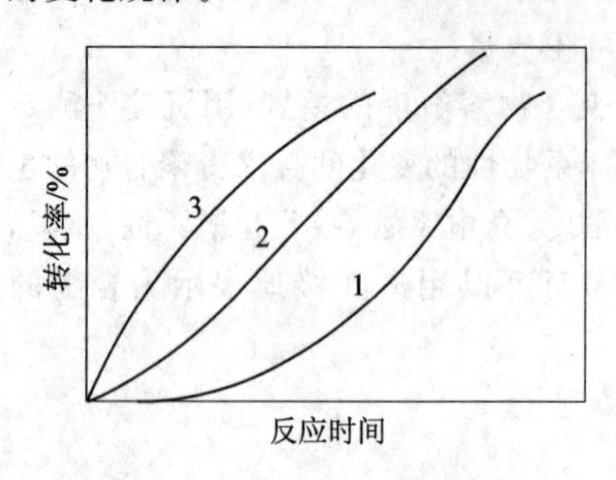

图 2-2 聚合过程中速率变化类型

聚合速率随着反应的进行而降低，是由于单体浓度和引发剂浓度随反应进行而不断减少造成的。然而，随着聚合物的增多，体系的状态发生了变化，体系由易流动的液体开始转变成黏滞的液体。自动加速现象主要是体系黏度增加所引起的，又称为凝胶效应。体系黏度增加使链终止反应速率大大降低，链增长反应速率则不变或降低很少，总的结果是聚合速率大大增加。聚合后期，不仅单体浓度和引发剂浓度更加减少，体系黏度增加也造成了链增长反应的大幅度降低，总的结果是聚合速率又大大降低。

能否观察到 S 形的聚合速率变化规律，即初期慢，中期加速，后期转慢的速率变化类型与引发剂的活性有关。分解速度过快的引发剂（高活性）随反应进行，自由基浓度降低较大，虽然出现自动加速现象，但仍然弥补不了聚合速率的大大降低。因此，聚合速率表现出初期较快，中后期逐渐转慢的现象，如图 2-2 中的曲线 3 所示。曲线 2 则是速率降低与自动加速刚好相抵的结果，为匀速聚合反应速率类型。通常采用低活性的引发剂引发的聚合能观察到 S 形的聚合速率变化规律。与自动加速现象相对应的另一个结果是聚合物相对分子质量的增加。通常增长链自由基的寿命为 0.1 s、0.01 s，由于终止反应速率大大降低，增长链自由基的寿命可达到几秒、甚至上百秒。因此，聚合物相对分子质量大大增加。

2.3.5 相对分子质量

2.3.5.1 无链转移时的相对分子质量

1. 动力学链长

活性链从引发阶段到终止阶段所消耗的单体分子数定义为动力学链长。无链转移时，动力学链长等于链增长速率 R_p 与链引发速率 R_i 的比值：

$$\gamma=\frac{R_p}{R_i}=\frac{R_p}{R_t}=\frac{k_p[M][M\cdot]}{2k_t[M\cdot]^2}=\frac{k_p[M]}{2k_t[M\cdot]} \tag{2-20}$$

式(2-20)应用了稳态假定，将 R_i 用 R_t 代换。若将 $[M\cdot]$ 用聚合速率 R_p 表达或用引发剂浓度 $[I]$ 表达，则可以得到动力学链长的多种导出形式：

$$\gamma=\frac{k_p^2[M]^2}{2k_tR_p}=\frac{k_p[M]}{(2fk_dk_t)^{1/2}[I]^{1/2}} \tag{2-21}$$

若无链转移，双基偶合终止时，$\gamma = \overline{DP}$（聚合度）/2；双基歧化终止时，$\gamma = \overline{DP}$。因此，可以用动力学链长表示聚合度。由式（2-21）可知，增大单体浓度，相对分子质量将增加；增大引发剂浓度，相对分子质量将降低。

2. 温度对动力学链长的影响

若将式（2-21）中与温度有关的因子表达成动力学链长或聚合度综合常数 k'，则综合常数 k' 及聚合度综合活化能 E' 有如下关系式：

$$k' = A\exp\left(-\frac{E'}{RT}\right) \quad E' = E_p - (E_d + E_t)/2$$

取 $E_p \approx 29\ kJ \cdot mol^{-1}$，$E_d \approx 125\ kJ \cdot mol^{-1}$，$E_t \approx 17\ kJ \cdot mol^{-1}$，则 $E' = -43\ kJ \cdot mol^{-1}$，由于 E' 为较大的负值，所以温度升高聚合度下降。

2.3.5.2　有链转移时的相对分子质量

当有链转移时，相对分子质量由下式计算：

$$\frac{1}{DP} = \frac{2k_t R_p}{k_p^2[M]^2} + C_M + C_I\frac{[I]}{[M]} + C_S\frac{[S]}{[M]} \tag{2-22}$$

式中，C_M、C_I、C_s 分别为向单体、引发剂、溶剂链转移常数。$[I]$、$[S]$ 分别为引发剂、溶剂浓度。链转移的结果使聚合度降低。式（2-22）为歧化终止时，有链转移反应时相对分子质量的表达式。若为偶合终止，则去掉表达式等号右边第一项中的系数 2。

2.3.6　阻聚和缓聚

杂质也可以和自由基反应形成活性低、不能再引发聚合的自由基或形成非自由基。因而，对聚合反应有抑制作用，这种情况被称为阻聚作用。根据对聚合反应的抑制程度，可将阻聚作用分成阻聚和缓聚，相应地将杂质分成阻聚剂和缓聚剂。阻聚剂是使每一个自由基都终止，使聚合反应完全停止的物质；缓聚剂是仅使部分自由基终止，使聚合反应减缓的物质。由于阻聚与缓聚仅是程度上的差别，通常把阻聚剂和缓聚剂统称为阻聚剂。由于少量阻聚剂就可以使聚合反应停止，所以，高分子合成工业要求单体及其他聚合助剂有相当高的纯度。然而，阻聚剂也很重要，单体贮存时需加入阻聚剂以防止自聚。阻聚剂还可以用来测定引发速率常数。

2.4　阳离子聚合反应

离子型聚合反应是合成高分子化合物的重要反应。离子型聚合反应属链式聚合反应，活性中心是离子。根据中心离子所带电荷不同，可分为阳离子聚合反应和阴离子聚合反应。聚异丁烯、聚甲醛、聚环氧乙烷、SBS 热塑性弹性体等都是用离子型聚合反应合成的。

2.4.1　阳离子聚合的单体

能进行阳离子型聚合反应的单体有烯类化合物、醛类、环醚及环酰胺等。不同单体进行阳离子型聚合反应的活性不同。本节主要讨论烯类单体。

具有推电子取代基的烯类单体原则上都可进行阳离子聚合。推电子取代基使碳-碳双键电子云密度增加，有利于阳离子活性种的进攻；另一方面使生成的碳阳离子电荷分散而稳定。

乙烯无侧基，双键上电子云密度低，且不易极化，对阳离子活性种亲和力小。因此，难以进行阳离子聚合。丙烯、丁烯上的甲基、乙基是推电子基，双键电子云密度有所增加，但一个烷基供电不强，聚合增长速率并不太快，生成的碳阳离子是二级碳阳离子，电荷不能很好地分散，不够稳定，容易发生重排等副反应，生成更稳定的三级碳阳离子。以3-甲基1-丁烯为例：

$$H^+ + H_2C{=}CH{-}CH(CH_3){-}CH_3 \longrightarrow CH_3{-}CH^+{-}CH(CH_3){-}CH_3 \longrightarrow CH_3{-}CH_2{-}C^+(CH_3)_2$$

重排的结果将导致支化，因此，丙烯、丁烯经阳离子聚合，只能得到低分子油状物。

异丁烯有两个甲基供电，使双键电子云密度增加很多，易受阳离子活性种进攻，引发阳离子聚合。生成的$\sim CH_2C^+(CH_3)_2$是三级C^+，较为稳定。链中$-CH_2-$上的氢受两边4个甲基的保护，不易被夺取，减少了重排、支化等副反应。因而，可以生成相对分子质量很高的线型聚合物。更高级取代的α-烯烃，则因空间位阻，只能聚合成二聚体。异丁烯实际上是α-烯烃中唯一能进行阳离子聚合的单体。

能进行阳离子聚合的另一个乙烯基单体是烷基乙烯基醚$CH_2{=}CH{-}OR$。虽然烷氧基具有吸电子的诱导效应，将使双键电子云密度降低，但氧上未共用电子对能和双键形成p-π共轭。共轭效应占主导地位，结果使电子云密度增加。烷氧基氧上未共用电子对的共轭效应同样能使形成的碳阳离子电荷分散。结果，烷基乙烯基醚只能进行阳离子聚合。

2.4.2 阳离子聚合引发体系

阳离子聚合所用引发剂都是亲电试剂。常用的阳离子聚合反应引发剂包括质子酸和阳离子源/Lewis 酸为基础的引发体系。

2.4.2.1 质子酸

常用的质子酸有H_2SO_4、HCl、HBr、$HClO_4$、Cl_3CCOOH及HF等，其中最常用的是H_2SO_4。质子酸在溶剂作用下，电离成H^+离子与酸根阴离子，H^+离子与烯烃双键加成形成单体阳离子，酸根阴离子则作为反离子（或抗衡离子）存在：

$$H^+A^- + CH_2{=}\underset{R'}{\overset{R}{\underset{|}{\overset{|}{C}}}} \longrightarrow CH_3{-}\underset{R'}{\overset{R}{\underset{|}{\overset{|}{C}}}}{}^+A^-$$

A^-为酸根阴离子。酸根阴离子的亲核性应该适当，亲核性过强将会再与阳离子作用生成共价键而导致链终止，如：

$$CH_3-\overset{\underset{|}{R}}{\underset{\overset{|}{R'}}{C^+}}A^- \longrightarrow CH_3-\overset{\underset{|}{R}}{\underset{\overset{|}{R'}}{C}}-A$$

在水中为强酸的物质，如氢卤酸，在非极性溶剂中，由于酸根阴离子的亲核性过强，引发阳离子聚合反应时只能得到低分子产物，作汽油、柴油、润滑油等用。在强极性介质中，酸根阴离子由于溶剂化，不易链终止，可以得到相对分子质量较高的聚合物。

2.4.2.2　阳离子源/Lewis 酸为基础的引发体系

一些缺电子物质，尤其是 Friedel - Crafts 催化剂，如 BF_3、$AlC1_3$、$SnCl_4$、$SnCl_2$、$SbCl_3$、$ZnCl_2$、$TiCl_4$ 等通常被称为 Lewis 酸。阳离子源/Lewis 酸为基础的引发体系是一类最重要的阳离子聚合引发剂。阳离子源（可生成阳离子的化合物）主要有水、有机酸、醇、醚、卤代烷等。例如：

$$BF_3+H_2O \longrightarrow H^+(BF_3OH)^-$$

$$AlCl_3+HCl \longrightarrow H^+(AlCl_4)^-$$

$$SnCl_4+R_3CCl \longrightarrow R_3C^+(SnCl_5)^-$$

上述反应释放出的质子或碳阳离子作为阳离子活性种引发聚合。能释放出质子的物质有 H_2O、ROH、HX、RCOOH 等，能释放出碳阳离子的物质有 RX、RCOX、$(RCO)_2O$ 等。Lewis 酸必须与阳离子源共同作用才能有效引发聚合，通常把 Lewis 酸称作引发剂，阳离子源称作共引发剂或助引发剂。引发剂和共引发剂的不同组合、比例都将影响引发体系的活性。多数情况下，引发剂和共引发剂于某一特定比例时聚合活性最大，聚合反应速率出现最高点。共引发剂用量往往很少，通常仅占引发剂用量的百分之几至千分之几，用量过多反而会阻止或抑制聚合反应进行。

几种 Lewis 酸引发异丁烯阳离子聚合的活性顺序为：

$$BF_3>AlCl_3>TiCl_4>TiBr_4>BCl_3>SnCl_4$$

2.4.3　阳离子聚合反应机理

2.4.3.1　链引发

以 H_2O/Lewis 酸引发体系引发异丁烯的阳离子聚合为例。链引发由 Lewis 酸与共引发剂 H_2O 作用生成络合物产生阳离子，然后单体与阳离子反应生成单体阳离子构成。

$$BF_3+H_2O \rightleftharpoons H^+(BF_3OH)^-$$

$$H^+(BF_3OH)^- + M \xrightarrow{k_i} HM^+(BF_3OH)^-$$

阴离子作为反离子与阳离子构成离子对，根据所用溶剂极性不同，离子对的紧密程度不同。

$$H_2O \cdot BF_3 \rightleftharpoons H^+(BF_3OH)^- \rightleftharpoons H^+ \parallel (BF_3OH)^- \rightleftharpoons H^+ + (BF_3OH)^-$$

共价络合物　　紧密离子对　　溶剂隔离离子对　　溶剂化自由离子

2.4.3.2　链增长

离子对与单体发生连续的亲电加成反应使链增长。

$$\sim\!\!\sim C^+(R)(R) + nH_2C{=}C(R)(R) \longrightarrow \sim\!\!\sim C(R)(R){\leftarrow}CH_2{-}C(R)(R){\rightarrow}_{n-1}CH_2{-}C^+(R)(R)$$

链增长反应有如下几个特点：

① 反应速度快、增长活化能低（$E_p = 8.4 \sim 21\ kJ \cdot mol^{-1}$）。

② 多种活性中心（紧密离子对、溶剂隔离离子对、溶剂化自由离子）同时增长，相对分子质量分布宽。

③ 离子对的存在使链增长末端是不自由的，单体往往以头—尾方式连续插入到离子对中，对链段结构有一定的控制能力，因此，聚合产物的立构规整性比自由基聚合高。

④ 链增长过程中有时伴有分子内重排等副反应，造成异构化。有时可以利用异构化反应制备特殊结构的聚合物，称为异构化聚合。由于异构化反应大多是通过氢离子转移实现的，因此又称氢转移聚合。

2.4.3.3　链转移与链终止

离子聚合的链增长活性中心带有相同电荷，不能双基终止，只能单基终止。

1. 向单体转移终止

链增长活性中心向单体转移的结果是，链增长末端变为不饱和结构而终止，同时产生新的单体阳离子。

$$\sim\!\!\sim C^+(CH_3)(CH_3) + CH_2{=}C(CH_3)(CH_3) \longrightarrow \sim\!\!\sim C({=}CH_2)(CH_3) + CH_3{-}C^+(CH_3)(CH_3)$$

上述反应既可以是单分子机理，即链增长末端变为不饱和结构而终止，同时释放出 H^+，H^+ 再与单体反应生成单体阳离子；也可以是双分子机理，即链增长末端变为不饱和结构而终止的同时，H^+ 加成到单体上。向单体转移终止是阳离子聚合反应中最主要的终止方式之一，其链转移常数 C_M 比自由基聚合的 C_M 高 2～3 个数量级。

2. 向反离子转移终止

增长活性中心向反离子转移终止的结果，链增长末端变为不饱和结构而终止，同

时，产生引发剂/共引发剂络合物，可以再引发聚合。因此，动力学链并不终止，仅相对分子质量降低。

$$\sim\sim C^{+}(CH_3)_2\,(BF_3OH)^- \longrightarrow \sim\sim C(=CH_2)CH_3 + H^+(BF_3OH)^-$$

3. 与反离子结合终止

当反离子的亲核性较大时，链增长活性中心与反离子结合，形成共价键而终止。此时动力学链终止，活性中心浓度降低。

$$-CH_2-CH^+(C_6H_5)\,(OOCCF_3)^- \longrightarrow -CH_2-CH(C_6H_5)-OOCCF_3$$

4. 与反离子碎片结合终止

$$\sim\sim C^{+}(CH_3)_2\,(BF_3OH)^- \longrightarrow \sim\sim C(CH_3)_2-OH + BF_3$$

此时动力学链终止，活性中心浓度降低。

5. 外加终止剂终止

外加终止剂终止是阳离子聚合主要的终止方式，虽然本质上仍然是活性链向终止剂转移终止，但新产生的离子没有引发能力，无法形成新的动力学链。

$$\sim\sim Mn^+(BF_3OH)^- + XP \longrightarrow \sim\sim MnP + X^+(BF_3OH)^-$$

终止剂通常是水、醇、醚、胺等物质，用量极少时是共引发剂，用量大时是终止剂。

2.4.4　阳离子聚合反应动力学

阳离子聚合反应的特点是快引发、快增长、易重排、易转移、难终止。阳离子聚合反应研究比自由基聚合困难得多，一方面，阳离子聚合体系多为非均相体系，链引发和链增长速率很快，微量杂质的存在对聚合反应速率影响很大；另一方面，阳离子聚合虽然并不存在真正的链终止反应，但是活性中心浓度不变的稳态假定在阳离子聚合反应中却难于建立。只有考虑设定特殊的反应条件，才可以比较勉强地利用稳态假定来建立动力学方程。因此，阳离子聚合动力学方程用处并不大，这里不介绍推导过程，只给出结果。

2.4.4.1　聚合反应速率

若用 A 表示主引发剂、RH 表示共引发剂，则阳离子聚合反应速率方程为：

$$R = R_p = k_p k_i K[A][RH][M]^2/k_t \tag{2-23}$$

式中,$[A]$为引发剂浓度;$[RH]$为共引发剂浓度;$[M]$为单体浓度;K 为络合平衡常数;k_i、k_p和 k_t分别为链引发、链增长和链终止反应速率常数。

2.4.4.2 聚合度

考虑向单体、溶剂(链转移剂)转移时,有:

$$\overline{DP} = \frac{R_p}{R_t + R_{tr,M} + R_{tr,S}} \tag{2-24}$$

式中,R_p为链增长速率,R_t为链终止速率,$R_{tr,M}$为向单体链转移速率,$R_{tr,S}$为向溶剂链转移速率。将式(2-24)取倒数,并整理得:

$$\frac{1}{\overline{DP}} = \frac{k_t}{k_p[M]} + C_M + C_S\frac{[S]}{[M]} \tag{2-25}$$

式中,$C_M = k_{tr,M}/k_p$,$Cs = k_{tr,S}/k_p$分别为向单体、溶剂链转移常数。

2.4.5 影响阳离子聚合的因素

2.4.5.1 温度的影响

阳离子聚合反应中,平均聚合度综合常数 $k_{\overline{DP}}$与反应温度的关系遵守 Arrehnius 方程:

$$k_{\overline{DP}} = A\exp\left(-\frac{E_{\overline{DP}}}{RT}\right)$$

$$E_{\overline{DP}} = E_p - (E_t + E_{tr})$$

聚合度活化能很小甚至为负值(29~-31 kJ·mol)。因此,为获得相对分子质量高的聚合产物,阳离子聚合一般要在相当低的温度下进行,工业上合成聚异丁烯时的温度是-100 ℃。

聚合反应速率常数与反应温度的关系亦遵守 Arrehnius 方程:

$$k_R = A\exp\left(-\frac{E_R}{RT}\right)$$

$$E_R = E_p - (E_i + E_t)$$

聚合反应速率活化能 E_R通常亦很小甚至为负值(41~-21 kJ·mol^{-1})。因此,阳离子聚合反应往往出现聚合反应速率随温度降低而增加的现象,即所谓的“低温高速”。

2.4.5.2 溶剂及反离子的影响

溶剂直接影响引发剂及增长链末端的离子化程度。若引发剂不能离解成离子化的物种,仍以共价络合物形式存在,则一般无引发活性或引发活性很低,而增长链末端的离子化程度低,则难以进行有效的链增长反应。研究表明,溶剂化自由离子的链增长速率常数要比离子对的链增长速率常数大 1~3 个数量级,即溶剂化程度越大,离子化程度越高,离子聚合反应速率越快。然而,离子化程度越高也使阳离子聚合链转移等副反应越容易发生。

反离子的亲核性及体积影响离子对的溶剂化能力,从而影响引发剂及增长链末端的离子化程度。反离子的亲核性太强，将使链终止，不利于溶剂化，反离子体积越大，离子对越松散。目前，通过适当选择反离子的种类、溶剂的种类，已经有效地控制了阳离子聚合反应中链转移、链终止等副反应的发生，实现了活性阳离子聚合。

2.5　阴离子聚合反应

2.5.1　阴离子聚合的单体

能够进行阴离子聚合反应的单体与能够进行阳离子聚合反应的单体相反。以烯类单体为例，带有吸电子取代基的烯类单体往往可以发生阴离子聚合反应，比如丙烯腈、甲基丙烯酸甲酯、丙烯酸甲酯、硝基乙烯、二氯乙烯等。阴离子聚合反应的活性中心为带负电荷的物种，具有亲核性，吸电子取代基能使双键上电子云密度降低，使碳-碳双键带有一定的正电性，即具有亲电性。因此，有利于亲核性的阴离子进攻。吸电子取代基还将使形成的碳阴离子的负电荷分散而稳定。

具有 $\pi-\pi$ 共轭体系的非极性单体既能进行阳离子聚合反应又能进行阴离子聚合反应，还可以进行配位聚合反应及自由基聚合反应，如苯乙烯、丁二烯、异戊二烯等。极性单体丙烯腈、甲基丙烯酸甲酯、丙烯酸甲酯、硝基乙烯也存在 $\pi-\pi$ 共轭体系，但由于取代基较强的吸电子效应，这类单体不能进行阳离子聚合。

甲醛可以进行阴、阳离子聚合。环氧乙烷、环氧丙烷、己内酰胺可以进行阴离子聚合。

2.5.2　阴离子聚合引发体系

各种亲核试剂(给电子体)，如碱金属、金属氨基化合物、金属烷基化合物、烷氧基化合物、氢氧化物、吡啶、水都可以作为阴离子聚合反应的引发剂。

2.5.2.1　电子转移引发体系

锂、钠、钾等碱金属，容易失掉最外层的一个电子，将电子转移给单体或其他物质使其成为阴离子，从而引发聚合。

电子直接转移引发：碱金属直接将电子转移给单体，形成自由基阴离子，两个自由基阴离子发生自由基偶合反应形成双阴离子，双阴离子引发单体聚合：

$$\mathrm{Na} + \mathrm{CH_2{=}\underset{\substack{|\\X}}{CH}} \longrightarrow \mathrm{Na^+\,CH_2^-{-}\underset{\substack{|\\X}}{CH}\cdot} \longleftrightarrow \mathrm{\cdot CH_2{-}\underset{\substack{|\\X}}{CH^-}\,Na^+}$$

$$\mathrm{2Na^+\,CH_2^-{-}\underset{\substack{|\\X}}{CH}\cdot} \longrightarrow \mathrm{Na^+\,CH_2^-{-}\underset{\substack{|\\X}}{CH}{-}\underset{\substack{|\\X}}{CH}{-}CH_2^-\,Na^+} \xrightarrow{n\mathrm{M}} \mathrm{M_x{-}CH_2{-}\underset{\substack{|\\X}}{CH}{-}\underset{\substack{|\\X}}{CH}{-}CH_2{-}M_y}$$

由于碱金属一般不溶于单体和溶剂，电子直接转移引发多为非均相过程，引发剂利用率不高。

电子间接转移引发：碱金属将电子转移给某种物质，携带电子的物质(通常称作中间体)再把电子转移给单体，形成自由基阴离子，继而引发聚合。最典型的电子间接转移引发反应为在四氢呋喃(THF)溶剂中，钠与萘构成的自由基阴离子中间体(萘基钠)引发苯乙烯聚合的反应：

$$Na + C_{10}H_8 \xrightarrow{THF} [C_{10}H_8^{\cdot -}]Na^+$$

$$[C_{10}H_8^{\cdot -}]Na^+ + CH_2{=}CH(X) \longrightarrow Na^+CH_2^- - CH(X)\cdot \longleftrightarrow \cdot CH_2 - CH^-(X)Na^+ + C_{10}H_8$$

$$2Na^+CH_2^- - CH(X)\cdot \longrightarrow Na^+CH_2^- - CH(X) - CH(X) - CH_2^-Na^+ \xrightarrow{nM} M_x - CH_2 - CH(X) - CH(X) - CH_2 - M_y$$

在适当的溶剂中，钠很容易与萘反应生成萘基钠，并得到均相溶液体系，提高了碱金属的利用率。萘基钠引发体系引发苯乙烯等非极性单体聚合时，由于不存在链转移和链终止等副反应，使该引发体系成为典型的活性阴离子聚合引发体系。

2.5.2.2 有机金属化合物引发体系

这类引发剂主要有金属氨基化合物、金属烷基化合物、格利雅试剂等。常见的金属氨基化合物有 $NaNH_2-NH_3$(液态氨)、KNH_2-NH_3(液态氨)体系。

$$KNH_2 \xrightleftharpoons{NH_3} K^+ + NH_2^-$$

$$K^+NH_2^- \xrightleftharpoons{nM} NH_2-Mn^-K^+$$

常用的金属烷基化合物为正丁基锂 $n-C_4H_9Li$，其特点是能溶于非极性的烃类溶剂，如苯、甲苯、己烷、环己烷等，聚合反应是均相的，并可以用来引发多种烯烃聚合。正丁基锂引发剂的另一个特点是在非极性溶剂中表现出强烈的缔合现象，缔合的结果使聚合速率显著降低，但所得聚合产物的立构规整性增加了。在极性溶剂中或通过在非极性溶剂中添加 Lewis 碱可以使烷基锂的缔合度降低，甚至完全解缔合。

2.5.2.3 其他亲核试剂

ROH、R_3N 化合物、氢氧化物、吡啶、水等亲核试剂为较低活性的引发剂，只能引发很活泼的单体聚合。硝基乙烯及活性高于硝基乙烯的单体可以用 ROH、R_3N 化合物、氢氧化物、吡啶、水等较低活性的引发剂引发聚合；丙烯腈、甲基丙烯腈可以用烷氧基金属化合物 ROLi、ROK、强碱等中等活性引发剂引发聚合；丙烯酸甲酯、甲基丙烯酸甲酯可以用格利雅试剂 RMgX、$t-ROLi$ 等较高活性引发剂引发聚合，苯乙烯、丁二烯则需用碱金属、烷基锂等高活性引发剂引发聚合。

2.5.3　活性阴离子聚合体系

无转移、无终止的聚合体系被称作活性聚合体系或“活”的聚合体系。活性聚合体系最早出现在阴离子聚合反应中，由 Szwarc 于 1956 年在 THF 中用萘基钠引发苯乙烯聚合时首次发现。THF 中萘基钠呈绿色，加入苯乙烯后，绿色溶液很快转变成苯乙烯阴离子特有的红色。随着聚合反应进行，直到单体消耗尽，红色也不消失，若再加入单体，聚合反应可继续进行，聚合物的相对分子质量也随之增加，聚合物仿佛是“活”的。

2.5.3.1　活性聚合的条件

无转移、无终止是实现活性聚合的保证。为此，体系应非常纯净无杂质，不存在向单体和溶剂的链转移，增长的活性链之间不存在双基终止。

阴离子聚合不存在双基终止，当用苯乙烯、丁二烯等非极性、低活性的单体时，亦不存在向单体的链转移反应。阴离子聚合的反离子 Na^+、K^+、Li^+ 等亲电性很弱，难以造成反离子结合终止或向反离子的转移终止。因此，阴离子聚合成为首次实现的活性聚合体系。

2.5.3.2　活性聚合的特点

活性聚合有 4 个特点：①聚合产物的相对分子质量呈单分散性(即每一个聚合物大分子几乎具有相同的长度)；②聚合产物具有活性端基，可以用于制备遥爪聚合物(两端带有官能团的聚合物)、嵌段聚合物；③可以实现化学计量聚合；④聚合动力学过程为快引发、慢增长、无终止、无转移。

2.5.4　影响阴离子聚合的因素

1. 温度的影响

一般情况下，阴离子聚合链增长活化能为较小的正值，如聚苯乙烯基钠在 THF 中的链增长活化能为 16.6(自由离子)～36 $kJ \cdot mol^{-1}$(紧密离子对)。因此，聚合速率对温度不敏感，随着温度的升高，略有增加。由于温度影响各种离子对形式的共存平衡，在各种离子对形式共存的体系中，则链增长活化能(表观活化能)随温度变化而变化，可以是负值，随温度升高聚合速率降低。

2. 溶剂的影响

与阳离子聚合相似，极性溶剂使松散离子对及自由离子浓度增多，将使聚合速率增大。

2.6　配位聚合

配位聚合在高分子材料合成史上具有非常重要的意义，它不但实现了丙烯的聚合、乙烯的低温低压聚合，而且获得了立构规整性极高的聚合物。同时，通过对聚合机理的探索、阐述，产生了一类新的聚合体系——配位聚合体系。配位聚合体系的建立在高分子科学领域里起着里程碑式的作用，用配位聚合方法合成的聚烯烃树脂已成为当今世界上最大品种的合成树脂。配位聚合的发明者德国的 Ziegler(1953 年)和意大利的 Natta(1954 年)也因在络合引发体系、配位聚合机理、有规立构聚合物的合成、表征等方面的研究成就而被授予 1963 年度的诺贝尔化学奖。

2.6.1 配位聚合引发体系

用于配位聚合的引发剂一般叫做络合催化剂，又称 Ziegler-Natta 催化剂。1952 年 Ziegler 用三乙基铝 $Al(C_2H_5)_3$ 与乙烯反应，发现三乙基铝的三个 $Al—C_2H_5$ 键可以插入乙烯结构单元，并得到三条长链的烷基铝，这一发现表明，乙烯可以在碳-铝键之间插入。1953 年，经过进一步的实验发现，当将三乙基铝与四氯化钛配合使用时，可得到聚乙烯的白色粉末。三乙基铝与四氯化钛的混合物就是著名的 Ziegler 催化剂。Natta 将 Ziegler 催化剂用于聚丙烯合成，结果得到的是橡胶状的产物，将橡胶状产物用溶剂萃取，得到一种白色粉末，熔点在 160 ℃以上，占全部产物的 40%。用 X 射线衍射分析发现，这种白色粉末有很高的结晶度。Natta 的研究小组认为，高结晶度的产生是由于生成了立构规整性相当高的聚丙烯，从而提出了立构规整聚合的概念(关于分子链结构单元的立体构型规整性的介绍详见 3.1.3 节)。Natta 发现立构规整性是基于固体催化剂表面的规则性而产生的。因此，用在溶剂中不溶的结晶性三氯化钛 $TiCl_3$ 代替四氯化钛 $TiCl_4$，使高度结晶的聚丙烯白色粉末的含量达到 85%。分析表明，此聚丙烯为全同立构。$Al(C_2H_5)_3$ 与 $TiCl_3$ 的混合物被称为 Natta 催化剂。后来的研究表明，周期表中各过渡金属的卤化物或卤氧化物与烷基铝或卤化烷基铝的混合物都有不同程度的定向聚合(立构规整性聚合)能力。因此，定向聚合引发体系是一大类引发体系。由于后来的研究表明，只有适当配比的烷基铝与过渡金属卤化物形成的络合物才有催化活性，所以这类催化剂又称络合催化剂。进一步的研究还发现，只有当单体与络合催化剂发生配位反应时，才有可能得到立构规整性的聚合产物。因此，采用 Ziegler - Natta 催化剂进行的聚合反应又称为配位聚合反应。

2.6.2 配位聚合机理

配位聚合机理认为：单体在进行聚合时，首先在络合催化剂的空位上配位，形成单体与催化剂的络合物(通常称作 $\sigma-\pi$ 络合物)，然后单体再插入到催化剂的金属-碳键之间，络合与插入不断重复进行，从而生成相对分子质量高的聚合产物。

单烯烃和双烯烃与催化剂的配位及插入过程不同，生成全同立构与间同立构聚合产物时，单体与催化剂的配位与插入过程也不同。配位聚合过程可示意如下：

$$\overset{\delta+}{M_t}-\overset{\delta-}{CH_2}-\underset{R}{\underset{|}{CH}}-P_n \xrightarrow{} \overset{\delta+}{M_t}\cdots\overset{\delta-}{CH_2}-\underset{R}{\underset{|}{CH_2}}-P_n \longrightarrow \overset{\delta+}{M_t}-\overset{\delta-}{CH_2}-\underset{R}{\underset{|}{CH}}-CH_2-\underset{R}{\underset{|}{CH}}-P_n$$

$$\left(\,\underset{R}{H_2C=CH}\ \text{配位于}\ M_t\,;\quad H_2C\cdots\underset{R}{\underset{|}{CH}}\ \text{过渡态};\quad \square\ \text{空位}\right)$$

其中，M_t 为过渡金属；虚方框为空位；P_n 为聚合物链。单体插入到金属-碳键之间后，腾出空位，下一个单体继续同样的过程，得到聚合物。

金属-碳键有一定程度的离子性质，增长链末端带有部分负电荷时，金属则带有部分正电荷，此时为配位阴离子聚合，反之为配位阳离子聚合。α-烯烃只能配位阴离子聚合，共轭二烯烃除能进行配位阴离子聚合外，也有按配位阳离子聚合机理聚合的情况。

上述过程可以概括成如下特点：

1．链引发

单体分子与催化剂配位，形成四中心（或六中心）过渡态，然后插入到金属-碳键之间。

2．链增长

单体分子以与链引发时相同的方式不断插入到金属-碳键之间。

3．链终止

主要以下列 3 种方式进行。

（1）与过剩烷基铝的交换反应

$$M_t-CH_2-\underset{CH_3}{\underset{|}{CH}}\!\left(CH_2-\underset{CH_3}{\underset{|}{CH}}\right)_{\!n}R + Al(C_2H_5)_3 \longrightarrow$$

$$M_t-CH_2CH_3 + (C_2H_5)_2-Al-CH_2-\underset{CH_3}{\underset{|}{CH}}\!\left(CH_2-\underset{CH_3}{\underset{|}{CH}}\right)_{\!n}R$$

络合物 $M_t-CH_2CH_3$ 可继续与单体发生聚合反应。因此，该反应属于动力学链不终止的转移终止。

（2）向单体的链转移

$$M_t-CH_2-\underset{CH_3}{\underset{|}{CH}}\!\left(CH_2-\underset{CH_3}{\underset{|}{CH}}\right)_{\!n}R + CH_2=\underset{CH_3}{\underset{|}{CH}} \longrightarrow M_t-CH_2CH_2CH_3 + CH_2=\underset{CH_3}{\underset{|}{C}}\!\left(CH_2-\underset{CH_3}{\underset{|}{CH}}\right)_{\!n}R$$

此过程动力学链同样未终止。

(3) 自发终止

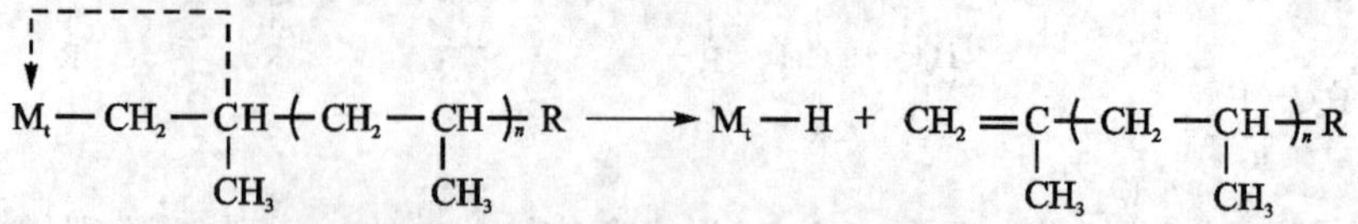

$$M_t-CH_2-\underset{\displaystyle CH_3}{\underset{|}{CH}}\left[CH_2-\underset{\displaystyle CH_3}{\underset{|}{CH}}\right]_n R \longrightarrow M_t-H+CH_2=\underset{\displaystyle CH_3}{\underset{|}{C}}\left[CH_2-\underset{\displaystyle CH_3}{\underset{|}{CH}}\right]_n R$$

M_t-H 可再与单体反应,重新形成活性中心,继续引发聚合。

实际上,上述三种过程并未使动力学链真正终止。虽然有上述的链转移终止反应发生,配位聚合反应中,活性链的寿命很长,可以是几分钟甚至几小时。因此,可以得到相对分子质量相当高的聚合产物。另外,由于不存在活性链向大分子链的链转移反应,聚合物几乎是无支链的、线形的、高度结晶的。由于相对分子质量巨大,工业上通常是向反应体系中通入氢气调节配位聚合产物的相对分子质量。

2.6.3 丙烯的配位聚合机理

2.6.3.1 Natta 的双金属机理

Natta 的双金属机理认为,过渡金属卤化物与烷基铝形成双金属碳桥络合物,然后引发聚合。

链引发:

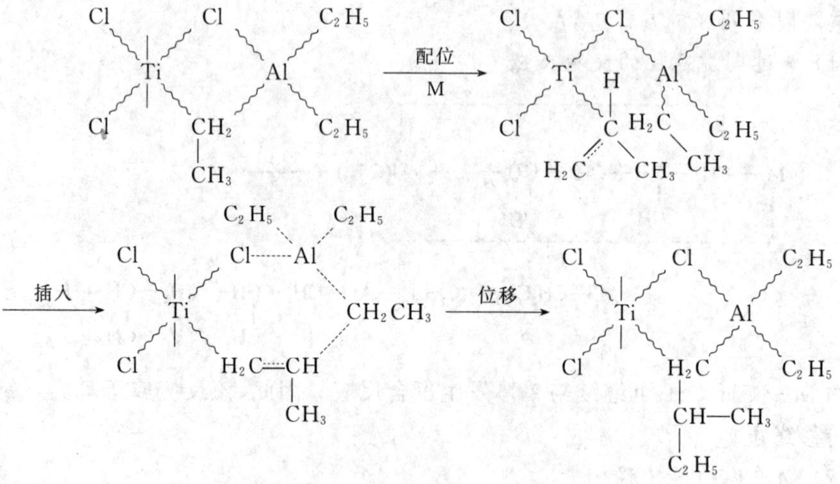

Cl Cl C_2H_5
Ti Al
Cl CH_2 C_2H_5
CH_3

$\xrightarrow[M]{配位}$

Cl Cl C_2H_5
Ti H Al
Cl C H_2C C_2H_5
H_2C CH_3 CH_3

$\xrightarrow{插入}$

C_2H_5 C_2H_5
Cl Cl┈Al
Ti CH_2CH_3
Cl H_2C═CH
CH_3

$\xrightarrow{位移}$

Cl Cl C_2H_5
Ti Al
Cl H_2C C_2H_5
CH—CH_3
C_2H_5

链增长:络合、插入、位移交替进行。

2.6.3.2 Cossee - Arlman 的单金属机理

Cossee - Arlma 的单金属机理认为,配位聚合的活性中心是由单一的过渡金属钛构成的,烷基铝的作用仅仅是将烷基转移到过渡金属钛上。

$$TiCl_4 + AlR_3 \longrightarrow \cdots \rightleftharpoons \cdots + AlR_2Cl$$

单体在活性中心的空位上配位，进而形成四元环过渡态，然后插入到 Ti－C 键之间，R 移位到单体的末端，留下空位。

$$Cl_4Ti(R)\,\boxed{a} + CH_2{=}CH{-}CH_3 \rightleftharpoons \cdots \longrightarrow Cl_4Ti(CH_2{-}CH(CH_3){-}R)\,\boxed{b}$$

如果链增长这样交替地在空位 a 和空位 b 进行，将得到间同立构的聚丙烯，而实际产物为全同立构聚丙烯。因此，Cossee－Arlman 的单金属机理假定，当出现空位 b 时，是不稳定的结构，在其引发聚合前，R 基团（或聚合物链）将移到空位 b，而空出空位 a，由空位 a 引发聚合。

无论是双分子机理还是单分子机理，各自都有与其相符的许多实验事实及不能解释的实验结果，目前还没有完全一致的理论。

2.7　自由基共聚合反应

两种或两种以上的单体共同参加的聚合反应叫做共聚合反应。相应地，聚合物含有两种或以上单体的结构单元称作共聚物。共聚物在性能上往往不同于一种单体构成的均聚物，而是具有两种单体均聚物共同的、综合的优越性能，甚至产生全新的聚合物品种。

2.7.1　二元共聚物的结构特点和分类

二元共聚物按其结构特点可分为无规共聚物、交替共聚物、嵌段共聚物和接枝共聚物，其结构见图 2－3。

1. 无规共聚物

共聚物中两种单体结构单元 M_1、M_2 无规则地排列在大分子链中。

2. 交替共聚物

M_1、M_2 交替地排列在大分子链中。

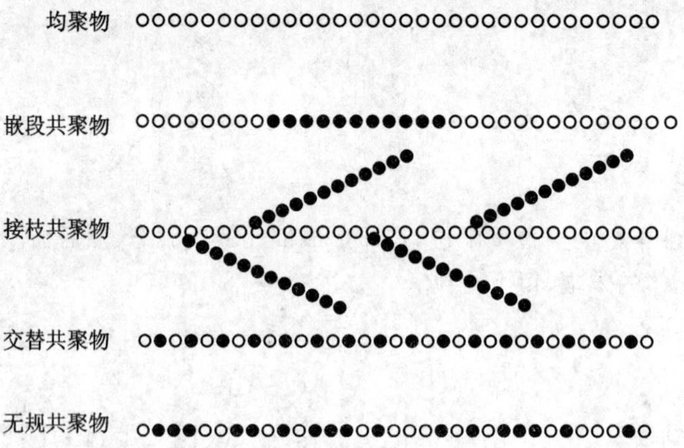

均聚物

嵌段共聚物

接枝共聚物

交替共聚物

无规共聚物

图 2-3　二元共聚物的结构示意图

3. 嵌段共聚物

共聚物中两种单体结构单元 M_1 与 M_2 成段出现。

4. 接枝共聚物

共聚物主链由一种单体的结构单元构成,支链由另一种单体的结构单元构成。

事实上,单一的均聚物很少,绝大多数高分子材料都是经过共聚改性或共混改性的。共聚合反应是高分子合成工业最重要的反应之一,在高分子材料设计方面正在起着越来越重要的作用,其中应用最广泛的是自由基共聚合,其次是活性阴离子共聚合及配位共聚合。本节仅介绍自由基共聚合反应。

2.7.2　共聚物组成方程

2.7.2.1　共聚合反应机理

链引发:

$$I \longrightarrow 2R\cdot \qquad \text{(初级自由基)}$$

$$R\cdot + M_1 \longrightarrow M_1\cdot \qquad \text{(单体 } M_1 \text{ 自由基)}$$

$$R\cdot + M_2 \longrightarrow M_2\cdot \qquad \text{(单体 } M_2 \text{ 自由基)}$$

链增长:

$$\sim\sim M_1\cdot + M_1 \xrightarrow{k_{11}} \sim\sim M_1M_1\cdot$$

$$\sim\sim M_1\cdot + M_2 \xrightarrow{k_{12}} \sim\sim M_1M_2\cdot$$

$$\sim\sim M_2\cdot + M_1 \xrightarrow{k_{21}} \sim\sim M_2M_1\cdot$$

$$\sim\sim M_1\cdot + M_2 \xrightarrow{k_{22}} \sim\sim M_2M_2\cdot$$

链终止：

$$\sim\sim M_1 \cdot + \sim\sim M_1 \cdot \longrightarrow P$$
$$\sim\sim M_1 \cdot + \sim\sim M_2 \cdot \longrightarrow P$$
$$\sim\sim M_2 \cdot + \sim\sim M_2 \cdot \longrightarrow P$$

除上述反应外，还有链转移反应。

末端为 M_1 单体的自由基～$M_1 \cdot$ 与两种单体 M_1、M_2 的加成反应活性将是不同的。同样，末端为 M_2 单体的自由基～$M_2 \cdot$ 与两种单体 M_1、M_2 的加成反应活性也是不同的。如果～$M_1 \cdot$、～$M_2 \cdot$ 都倾向于与 M_1 反应，则共聚反应开始以后，初期将有大量的 M_1 进入到共聚物分子链中，共聚物的组成将可能是如下形式：

初期共聚物组成

$$M_1M_1M_1M_1M_2M_1M_1M_1M_2M_1M_1M_1M_2M_1$$

中期共聚物组成

$$M_1M_1M_2M_2M_1M_2M_1M_1M_1M_2M_1M_1M_2M_2M_1M_1M_1M_2M_1$$

后期共聚物组成

$$M_2M_2M_2M_2M_1M_2M_2M_2M_1M_1M_2M_2M_2M_2M_2M_2$$

由于聚合初期、中期单体 M_1 大量进入共聚物分子链，到后期几乎没有 M_1 参加共聚合反应，得到的产物基本是 M_2 的均聚物。这是自由基共聚合反应的一个非常显著的特点：共聚物组成随反应时间而改变。产生的根源是不同自由基与不同单体的反应活性不同。

2.7.2.2　共聚物组成方程

共聚物组成方程可以由共聚动力学法推导，也可以由统计法推导。这里简要介绍动力学法建立共聚物组成方程。

基本假定：①等活性假定，即不同链长的自由基具有相同的活性；②倒数第二单元的结构对自由基活性无影响，即～$M_1M_1 \cdot$ 与～$M_2M_1 \cdot$ 有相同的活性；③无解聚反应，即是不可逆过程；④共聚物聚合度很大，引发和终止对共聚物组成无影响；⑤稳态假定，两种自由基都处于稳态，即两种自由基的浓度不随时间改变。

由链增长反应可知，M_1、M_2 单体的消耗速率分别为：

$$-\mathrm{d}[M_1]/\mathrm{d}t = k_{11}[M_1 \cdot][M_1] + k_{21}[M_2 \cdot][M_1]$$
$$-\mathrm{d}[M_2]/\mathrm{d}t = k_{22}[M_2 \cdot][M_2] + k_{12}[M_1 \cdot][M_2]$$

由于共聚物组成比等于两单体消耗速率之比，因此有：

$$\frac{\mathrm{d}[M_1]}{\mathrm{d}[M_2]} = \frac{k_{11}[M_1 \cdot][M_1] + k_{21}[M_2 \cdot][M_1]}{k_{22}[M_2 \cdot][M_2] + k_{12}[M_1 \cdot][M_2]} \tag{2-26}$$

设 $r_1 = k_{11}/k_{12}$，$r_2 = k_{22}/k_{21}$，代入上述方程，经整理得：

$$\frac{\mathrm{d}[M_1]}{\mathrm{d}[M_2]} = \frac{[M_1]}{[M_2]} \cdot \frac{r_1[M_1] + [M_2]}{r_2[M_2] + [M_1]} \tag{2-27}$$

即为共聚物组成微分方程。式中，$r_1 = k_{11}/k_{12}$，为同一种自由基 $M_1 \cdot$ 与单体 M_1、M_2

反应的速率常数之比，称为单体 M_1 的竞聚率。$r_2=k_{22}/k_{21}$，为同一种自由基 $M_2\cdot$ 与单体 M_2、M_1 反应的速率常数之比，称为单体 M_2 的竞聚率。如果 r_1、r_2 已知，且测得瞬时单体 M_1、M_2 的浓度 $[M_1]$、$[M_2]$，则根据式(2-27)可以得到该时刻进入共聚物中，M_1 单元与 M_2 单元的比值。

通常用 f 表示体系瞬时单体的摩尔分数，用 F 表示体系瞬时共聚物中两种结构单元的摩尔分数，则可以得到共聚物组成方程的另一种形式：

$$f_1=\frac{[M_1]}{[M_2]+[M_1]} \qquad F_1=\frac{d[M_1]}{d[M_1]+d[M_2]}$$

$$F_1=\frac{r_1f_1^2+f_1f_2}{r_1f_1^2+2f_1f_2+r_2f_2^2} \tag{2-28}$$

2.7.3 竞聚率的测定

竞聚率的测定方法之一是直接法（直线交叉法）。将共聚物组成微分方程改写为：

$$r_1=\frac{[M_2]}{[M_1]}\left[\frac{d[M_1]}{d[M_2]}\left(1+\frac{[M_2]}{[M_1]}r_2\right)-1\right] \tag{2-29}$$

式中，r_1 与 r_2 呈直线关系，测定时选取几种单体配料比 $[M_1]/[M_2]$，进行共聚合反应，并在低转化率下停止反应，将共聚物分离后测定其组成 $d[M_1]/d[M_2]$。例如，取 $[M_1]/[M_2]=0.5$，测得 $d[M_1]/d[M_2]=0.5$，则 $r_1=2r_2-1$；取 $[M_1]/[M_2]=0.2$，测得 $d[M_1]/d[M_2]=0.2$，则 $r_1=5r_2-4$；取 $[M_1]/[M_2]=0.25$，测得 $d[M_1]/d[M_2]=0.25$，则 $r_1=4r_2-3$。这样得到三条直线方程，三条直线交于一点（由于实验误差不一定完全交于一点），此交点即是 r_1、r_2 的值，$r_1=1$，$r_2=1$ 。

竞聚率的测定方法还有近似法、曲线拟合法、积分法、截距法、$Q-e$ 值计算等。用不同方法测定的值，因误差不同，所得到的 r_1、r_2 的值不尽相同。

2.7.4 单体活性和自由基活性

如果考察苯乙烯、乙酸乙烯酯各自的均聚合反应，可以发现，苯乙烯链增长速率常数($k_p=145$)比乙酸乙烯酯链增长速率常数($k_p=2300$)小很多。能说乙酸乙烯酯更活泼吗？事实上，苯乙烯才是典型的活泼单体，而乙酸乙烯酯却是典型的不活泼单体。由此看来，链增长速率常数并不能反映单体的反应活性。若将苯乙烯(M_1)与乙酸乙烯酯(M_2)进行共聚合反应，则测得 $r_1=55$，$r_2=0.01$，即苯乙烯自由基与苯乙烯单体反应的速率常数是其与乙酸乙烯酯单体反应速率常数的 55 倍，而乙酸乙烯酯自由基与苯乙烯单体反应的速率常数是其与乙酸乙烯酯单体反应速率常数的 100 倍，这可以说明苯乙烯单体比乙酸乙烯酯活泼得多。为什么苯乙烯均聚速率常数却小很多？单体聚合速率常数的大小不仅与单体的活性有关，更大程度上与自由基的活性有关，要得到自由基的活性，需用同一种单体与不同种自由基反应。研究共聚合反应可以获得单体和自由基活性的重要信息。

1. 单体的相对活性

由于不同自由基具有不同的活性，比较单体的活性时，应选取同一种自由基作参比。表 2－3 是同一种单体(M_1)与不同单体进行共聚反应时，竞聚率 r_1 的倒数值，意义是不同单体与同一种链自由基（～M_1 ·）反应时，速率常数的相对比值 k_{1x}/k_{11}，x 表示不同的单体。

表 2－3　乙烯基单体的相对活性比较($1/r_1$)

单　体	链自由基						
	B·	S·	VAc·	VC·	MMA·	MA·	AN·
B		1.7		29	4	20	50
S	0.4		100	50	2.2	6.7	25
MMA	1.3	1.9	67	10		1.2	6.7
AN	3.3	2.5	20	25	0.82		
MA	1.3	1.4	10	17	0.52		0.67
VDC		0.54	10		0.39		1.1
VC	0.11	0.059	4.4		0.10	0.25	0.37
VAc		0.019		0.59	0.05	0.11	0.24

注：表中数据仅纵向比较有效。

从表中可以看出，当用不同自由基作参比时，单体的活性排列顺序是有差别的。带有强吸电子取代基的自由基(缺电子自由基，如 AN·)易于和富电子的单体(如 B、S 等)反应。因此，当用丙烯腈链自由基 AN·作参比时，苯乙烯、丁二烯给出高的反应活性。同样，丁二烯等富电子的自由基 B·，则倾向于与缺电子的单体，如 AN、MA 等反应，所以当用丁二烯链自由基 B·作参比时，AN、MA 给出高的反应活性，即缺电子单体与富电子单体倾向于进行交替共聚合反应。这种现象又称作单体的极性效应。共轭效应也影响单体的聚合活性，共轭效应大的单体(如苯乙烯、丁二烯等)，反应活性高。MA、MMA 等单体也存在共轭效应，但程度低于苯乙烯、丁二烯，反应活性亦低于苯乙烯、丁二烯。

2. 自由基的相对活性

研究自由基的活性应选取同一单体作参比。为此，需获得不同单体(作为 M_1)与同一单体(作为 M_2)共聚反应时相应 k_{12} 的值(见表 2－4)。由表 2－4 可以看出，苯乙烯自由基、丁二烯自由基的活性最低，而氯乙烯自由基、乙酸乙烯酯自由基活性最高。共轭效应对自由基活性影响很大，共轭稳定的自由基活性低，未共轭稳定的自由基活性高。由于自由基活性大小对整个聚合反应影响更大，所以，乙酸乙烯酯均聚反应速率常数远大于苯乙烯均聚反应速率常数。

表 2-4　自由基相对活性比较(k_{12})

单　体	链自由基						
	B·	S·	MMA·	AN·	MA·	VAc·	VC·
B	100	246	2820	98000	41800		357000
S	40	145	1550	49000	14000	230000	615000
MMA	130	276	705	13100	4180	154000	123000
AN	330	435	578	1960	2510	46000	178000
MA	130	203	367	1310	2090	23000	209000
VC	11	8.7	71	720	520	10100	12300
VAc		2.9	35	230	230	2300	7760

注:表中数据仅横向比较有效。

2.8　高分子材料的合成方法

高分子材料的合成方法或聚合实施方法是实现聚合反应的重要方面,链式聚合反应采用的方法主要有本体聚合、悬浮聚合、乳液聚合和溶液聚合。自由基聚合可以采用这四种方法中的任何一种,离子聚合通常采用溶液聚合的方法,配位聚合可以采用本体聚合和溶液聚合。逐步聚合采用的主要方法有熔融缩聚、溶液缩聚、界面缩聚和固相缩聚。本节仅介绍链式聚合实施方法。

2.8.1　本体聚合法

不加其他介质,只有单体、引发剂或催化剂参加的聚合反应过程称为本体聚合。本体聚合的特点是不需要溶剂回收和精制工序,后处理简单,产品纯净,适合于制作板材、型材等透明制品。自由基聚合、配位聚合、离子聚合和缩聚反应都可选用本体聚合。链式聚合反应进行本体聚合时,由于反应热瞬间大量释放,且随聚合过程的进行,体系黏度大大增加,致使散热变得更加困难,故易产生局部过热,产品变色,甚至爆聚。如何及时排除反应热,是生产中的关键问题。

已工业化的本体聚合方法有:苯乙烯液相均相本体聚合(自由基聚合)、乙烯高压气相非均相本体聚合(自由基聚合)、乙烯低压气相非均相本体聚合(配位聚合)、丙烯液相淤浆本体聚合(配位聚合)、甲基丙烯酸甲酯液相均相本体浇铸聚合(自由基聚合)、氯乙烯液相非均相本体聚合(自由基聚合)等。

2.8.2　悬浮聚合法

悬浮聚合又称珠状聚合,是指在分散剂存在的条件下,经强烈机械搅拌使液态单体以微小液滴状分散于悬浮介质中,在油溶性引发剂引发下进行的聚合反应。悬浮介质通常是水,进行悬浮聚合的单体应呈液态或加压下呈液态且不溶于水(悬浮介质)。悬浮聚合产物可以是透明的小圆珠,也可以是无规则的固体粉末。当聚合物与单体互溶时,聚合产物就呈珠状,如苯乙烯、甲基丙烯酸甲酯的聚合产物。当聚合物与单体不互溶时,聚合产物就是无规则的固体粉末,如氯乙烯的聚合产物。

悬浮聚合过程中,选择适当的分散剂及强烈的机械搅拌是非常重要的,直接影响悬浮聚合反应能否进行(分散剂选择不当将产生聚合物结块、聚合热无法及时排除等生产事故)及产物的性能,如疏松程度、粒径分布等。

2.8.3　乳液聚合法

单体在乳化剂作用下,在水中分散形成乳状液,然后进行的聚合称为乳液聚合。分散成乳状液的单体,其液滴的直径仅在 1～10 μm 范围内,比悬浮聚合的单体液滴小很多。单体聚合后形成的聚合物则以乳胶粒的状态存在。乳液体系比悬浮体系稳定得多。因此,乳液聚合后需进行破乳,才能将聚合产物与水分离,而悬浮聚合仅需简单过滤即可将聚合产物与水分离。

乳液聚合体系中存在各种组分:① 胶束,平均每毫升乳液有 $10^{17\sim18}$ 个胶束,单体存在胶束中(增溶胶束);② 存在于水中的水溶性引发剂分子;③ 单体液滴,平均每毫升乳液有 $10^{10\sim12}$ 个单体液滴,直径大于 1000 nm;④ 溶解于水中的单体分子、游离的乳化剂分子。

若聚合发生在单体液滴中,称为液滴成核;若聚合发生在增溶胶束中,则称为胶束成核;若聚合发生在溶解于水中的单体分子处,则称为水相成核。乳液聚合机理认为聚合场所与单体的水溶性有关,若单体有强的疏水性,则聚合主要发生在增溶胶束中,即为胶束成核。若单体在水中有一定的溶解度,则可能以水相成核为主。

2.8.4　溶液聚合法

单体溶解在溶剂中进行的聚合称为溶液聚合。聚合产物能溶解在溶剂中时称为均相溶液聚合,聚合产物不能溶解在溶剂中时称为非均相溶液聚合。由于溶剂的存在,溶液聚合的反应热能够及时地排除,减少了局部过热现象,反应易控制。溶液聚合尤其适用于离子聚合与配位聚合。因为,用于离子聚合与配位聚合的催化剂通常要在特定的溶剂中才有催化活性。溶液聚合最大的弊端是增加了溶剂的分离、回收工序,增加了聚合操作的不安全性(溶剂毒性造成),增大了生产成本。

2.8.5　新合成方法及技术

如何及时排除聚合反应热和处理高黏度的聚合物体系,一直是聚合实施过程的主要问题,新的聚合实施技术一直在开发研究中。例如,在螺杆挤出机中进行的本体均聚合和本体共聚合将使橡胶的本体聚合成为可能(通常只能用溶液聚合、乳液聚合方法合成橡胶)。泡沫体系分散聚合在处理水溶性单体在高浓度、溶胶、凝胶、淤浆分散体系聚合方面有非常独到之处。泡沫体系分散聚合是用体系产生的或外部通入的气体(如 N_2、CO_2)将单体和聚合产物分隔成无数细小的泡沫表面膜,从而排除聚合热的聚合过程。因此,可以有效地处理高浓度体系聚合热的释放问题。

参考文献

1. 吴其晔,冯莺. 高分子材料概论[M]. 北京:机械工业出版社,2004.
2. 王槐三,王亚宁,寇晓康. 高分子化学教程[M].3 版. 北京:科学出版社,2011.
3. 潘祖仁. 高分子化学[M].5 版. 北京:化学工业出版社,2011.
4. 黄丽. 高分子材料[M]. 北京:化学工业出版社,2012.
5. 张留成,闫卫东,王家喜. 高分子材料进展[M]. 北京:化学工业出版社,2005.
6. 胡国文,周智敏,张凯,等. 高分子化学与物理学教程. 北京:科学出版社,2011.
7. 张留成,瞿雄伟,丁会利. 高分子材料基础[M].2 版. 北京:化学工业出版社,2007.

第3章　高分子材料的结构与性能

本章属于高分子物理学范畴。高分子物理学的核心内容是研究高分子材料的结构、分子运动以及它们与材料性能的关系。由于高分子的形状特殊(链状或网状)、相对分子质量巨大且具有多分散性,因此,高分子材料的结构及分子运动形式远比低分子材料复杂,高分子材料的性能也独具规律。

高分子材料的结构、分子运动的最大特点是具有多尺度性、多层次性。从结构上看,高分子的结构可分为两个主层次:分子链结构和凝聚态结构。分子链结构又细分为两个层次,一是近程结构,指结构单元的化学组成及立体化学结构;二是远程结构,指整条分子链的结构与形状。凝聚态结构又可分为均相体系的凝聚态结构(如结晶态、非晶态、高弹态、黏流态等)和多相体系的织态结构(共混态、共聚态等)。不同的结构层次具有不同的特征运动形式。因此,高分子物理的主要发展线索是研究大分子的多层次结构、多层次运动(化学键运动、链段运动、分子链运动)和多层次相互作用(分子内、分子间相互作用)的联系,以及各种结构因素对高分子材料使用性能和功能的影响。沿着“结构—分子运动—性能”这一思路,本章有选择地介绍高分子材料的分子链结构、凝聚态结构、分子运动、力学性能、物理性能和化学性能等,这对于合理选择、使用、改进和设计高分子材料,正确制定高分子制品的加工工艺和设计开发新型高分子材料和产品,具有重要的指导意义。

3.1　高分子链的近程结构

近程结构是指大分子中与结构单元相关的化学结构,包括构造与构型两部分。构造(construction)是指结构单元的化学组成、键接方式及各种结构异构体(支化、交联、互穿网络)等;构型(configuration)是指分子链中由化学键所固定的原子在空间的几何排列。近程结构属于化学结构,不通过化学反应,近程结构不会发生变化。

3.1.1　结构单元的化学组成

高分子链的结构单元或链节的化学组成,由参与聚合的单体化学组成和聚合方式决定。按主链化学组成的不同,高分子可分为碳链高分子、杂链高分子和元素有机高分子(详见1.2.2节)。需要指出的是,除主链结构单元的化学组成外,侧基和端基的组成对高分子材料性能的影响也相当突出。例如,聚乙烯是塑料,而氯磺化聚乙烯(部分—H被—SO_2Cl取代)成为一种橡胶材料。聚碳酸酯的羟端基和酰氯端基都会影响材料的热稳定性,若在聚合时加入苯酚类化合物进行“封端”,体系热稳定性显著提高。

3.1.2 结构单元的键接方式

键接方式是指结构单元在分子链中的连接形式。由缩聚或开环聚合生成的高分子,其结构单元键接方式是确定的。但由自由基或离子型加聚反应生成的高分子,结构单元的键接会因单体结构和聚合反应条件的不同而出现不同方式,对产物性能有重要影响。

结构单元对称的高分子,如聚乙烯,结构单元的键接方式只有一种。带有不对称取代基的单烯类单体($CH_2{=}CHR$)聚合生成高分子时,结构单元的键接方式则可能有头—头、头—尾、尾—尾三种不同方式:

(1) 头—头键接

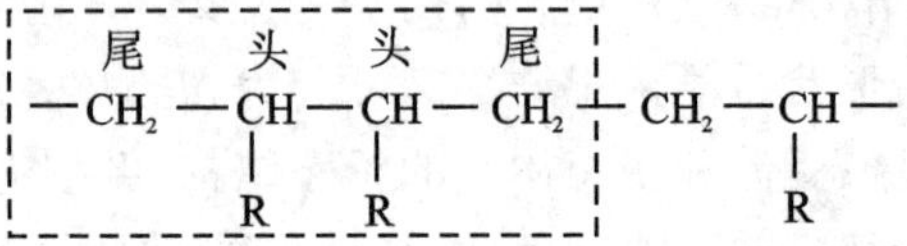

尾　头　头　尾

$—CH_2—CH(R)—CH(R)—CH_2—CH_2—CH(R)—$

(2) 头—尾键接

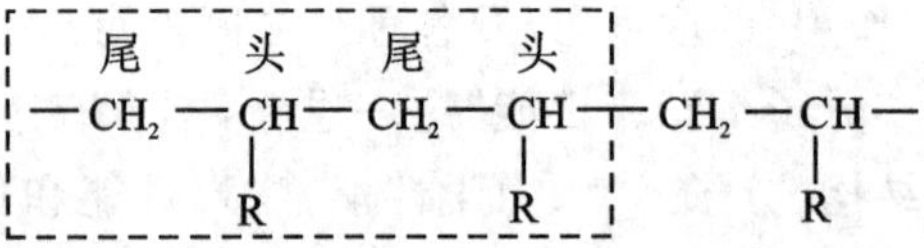

尾　头　尾　头

$—CH_2—CH(R)—CH_2—CH(R)—CH_2—CH(R)—$

(3) 尾—尾键接

头　尾　尾　头

$—CH(R)—CH_2—CH(R)—CH_2—CH_2—CH(R)—$

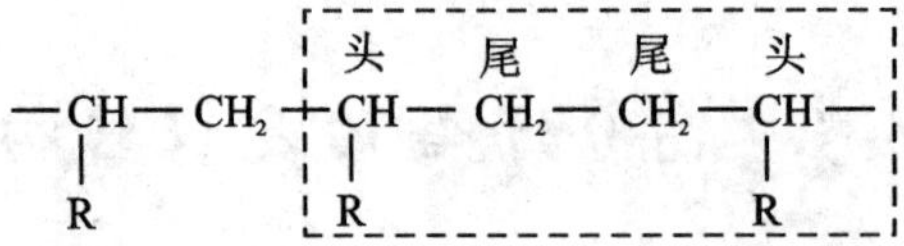

这种由键接方式不同而产生的异构体称顺序异构体。由于R取代基位阻较高,头—头键接所需能量大,结构不稳定,故多数自由基或离子型聚合生成的高分子采取头—尾键接方式,其中夹杂有少量(约1%)头—头或尾—尾键接方式。有些高分子,形成头—头键接方式的位阻比形成头—尾键接方式要低,则头—头键接方式的含量较高,如聚偏氟乙烯中,头—头键接方式含量可达8%。

双烯类单体(如$CH_2{=}CR-CH{=}CH_2$)聚合生成高分子,其结构单元键接方式更加复杂。首先,因双键打开位置不同而有1,4-加聚、1,2-加聚或3,4-加聚等几种方式。对1,2-加聚或3,4-加聚产物而言,键接方式又都有头—尾键接和头—头键接之分;对于1,4-加聚的聚异戊二烯,因主链中含有双键,又有顺式和反式几何异构体之分。

结构单元的键接方式可用化学分析法、X射线衍射法、核磁共振法测量。键接方式对高分子材料物理性质有明显影响,最显著的影响是不同键接方式使分子链具有不同的结构规整性，从而影响其结晶能力，影响材料性能。如用作纤维的高分子，通常希望分子链中结构单元排列规整，使结晶性好、强度高，便于拉伸抽丝。用聚乙烯醇制造维尼纶（聚乙烯醇缩甲醛）时，只有头—尾连接的聚乙烯醇才能与甲醛缩合而生成聚乙烯醇缩甲醛，头—头连接的羟基就不能缩醛化。这些不能缩醛化的羟基，将影响维尼纶纤维的强度，增加纤维的缩水率。

3.1.3　结构单元的立体构型

构型是指分子链中由化学键所固定的原子在空间的几何排列。这种排列是化学稳定的，要改变分子的构型必须经过化学键的断裂和重建。由构型不同而形成的异构体有两类：旋光异构体和几何异构体。在 2.6 节中介绍的 α-烯烃聚合得到的全同立构、间同立构和无规立构聚烯烃，属于旋光异构体。所谓旋光异构，是指饱和碳氢化合物分子中由于存在有不同取代基的不对称碳原子 C^*，形成两种互成镜像关系的构型，表现出不同的旋光性。这两种旋光性不同的构型分别用 d 和 l 表示。

例如$\left(CH_2-C^*HR \right)_n$型高分子，每一个结构单元均含有一个不对称碳原子 C^*，当分子链中所有不对称碳原子 C^* 具有相同的 d（或 l）构型时，就称为全同立构；d 和 l 构型交替出现的称为间同立构；d 和 l 构型任意排列就是无规立构，如图 3-1 所示。

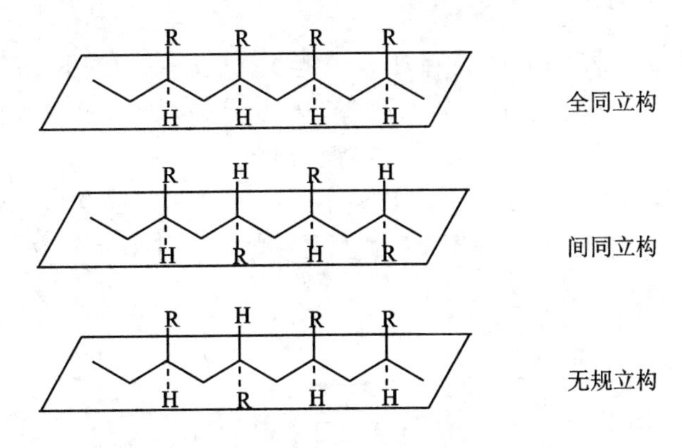

图 3-1　高分子链的立体构型

双烯类单体 1,4-加成聚合时，由于主链内双键不能旋转，故可以根据双键上基团在键两侧排列方式的不同，分出顺、反两种构型，称几何异构体。凡取代基分布在双键同侧者称顺式构型，在两侧者称反式构型。如 1,4 加聚的聚异戊二烯，顺式结构为：

$$\begin{array}{c} CH_3 \\ | \\ \diagdown CH_2 \diagup C{=}CH \diagdown CH_2 \diagup \end{array} \quad \begin{array}{c} CH_2 \diagdown C{=}CH \diagup CH_2 \\ | \\ CH_3 \end{array} \diagdown CH_2 \diagup$$

这是一种富有高弹性的橡胶材料。反式结构为：

$$-CH_2-CH_2-C(CH_3)=CH-CH_2-CH_2-C(CH_3)=CH-CH_2-$$

反式结构聚异戊二烯因等同周期小，结晶度高，常温下为一种硬韧状的类塑料材料。

具有完全同一种构型（完全有规或完全无规立构）的聚合物是极少见的，一般的情形是既有有规立构的短序列，也有无规立构的短序列。所以，表征一个聚合物的立构规整性，需要测定三个参数：立构规整度、立构类型及平均序列长度。测量方法有X射线衍射法、核磁共振法、红外光谱分析法。

大分子链的立构规整性对高分子材料的性能有很大的影响，例如，有规立构的聚丙烯容易结晶，熔融温度达175 ℃，可以纺丝或成膜，也可用作塑料；而无规立构聚丙烯呈稀软的橡胶状，力学性能差，是生产聚丙烯的副产物，多用作无机填料的改性剂。又如顺式1，4-聚丁二烯是一种富有高弹性的橡胶材料（顺丁橡胶），而反式1，4-聚丁二烯在常温下是弹性很差的塑料。

3.1.4　分子链支化与交联

大分子除线型链状结构外，还存在分子链支化、交联、互穿网络等结构异构体。支化与交联是由于在聚合过程中发生了链转移反应，或双烯类单体中第二双键活化，或缩聚过程中有三官能度以上的单体存在而引起的。

支化的结果使高分子主链带上了长短不一的支链。短链支化一般呈梳形，长链支化除梳形支链外，还有星形支化和无规支化等类型。图3-2给出了支化高分子的几种可能结构模型。

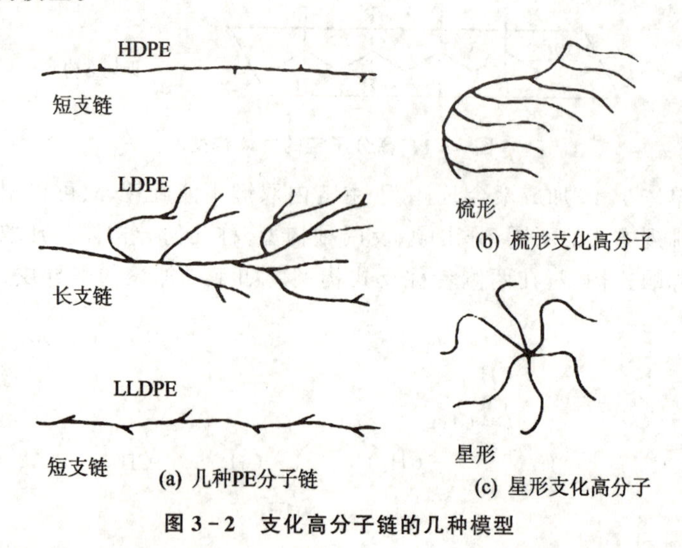

(a) 几种PE分子链　(b) 梳形支化高分子　(c) 星形支化高分子

图3-2　支化高分子链的几种模型

支化高分子与线型高分子的化学性质相同，但支化对材料的物理、力学性能影响很大。以聚乙烯为例，高压下由自由基聚合得到的低密度聚乙烯(LDPE)为长链支化型高分子。而在低压下，由 Ziegler - Natta 催化剂催化的配位聚合得到的高密度聚乙烯(HDPE)属于线型高分子，只有少量的短支链。两者化学性质相同，但其结晶度、熔点、密度等性质差别很大。如低密度聚乙烯的结晶度 X_c 约为 65%，熔点为 105 ℃，密度为 0.916 g・cm^{-3}。而高密度聚乙烯的 X_c 约为 95%，熔点为 135 ℃，密度为 0.964 g・cm^{-3}。这种性能上的差异主要是由于支化结构不同造成的。

支链的长短同样对高分子材料的性能有影响。一般短链支化主要对材料的熔点、屈服强度、刚性、透气性以及与分子链结晶性有关的物理性能影响较大，而长链支化则对黏弹性和熔体流动性能有较大影响。

表征支化结构的参数有：支化度、支链长度、支化点密度等。聚乙烯的支化度可用红外光谱法通过测定端甲基浓度求得。

大分子链之间通过支链或某种化学键相键接，形成一个分子量无限大的三维网状结构的过程称交联(或硫化)，形成的立体网状结构称交联结构。热固性塑料、硫化橡胶属于交联高分子，如硫化天然橡胶是聚异戊二烯分子链通过硫桥形成网状结构。交联后，整块材料可看成是一个大分子。交联高分子的最大特点是既不能溶解也不能熔融，这与支化结构有本质的区别。支化高分子能够溶于合适的溶剂，而交联高分子只能在溶剂中发生溶胀，其分子链间因有化学键联结而不能相对滑移，因而不能溶解。生橡胶在未经交联前，既能溶于溶剂，受热、受力后又变软发黏，塑性形变大，无使用价值；经过交联(硫化)以后，分子链形成具有一定强度的网状结构，不仅有良好的耐热、耐溶剂性能，还具有高弹性和相当的强度，成为性能优良的弹性体材料。

3.2　高分子链的远程结构

远程结构主要指高分子的大小(相对分子质量及相对分子质量分布)和大分子部分或整链在空间呈现的各种几何构象。

3.2.1　相对分子质量和相对分子质量分布

高分子的相对分子质量有两个基本特点，一是相对分子质量大，二是相对分子质量具有多分散性。高分子由大小不同的同系物组成，其相对分子质量只有统计平均意义，根据统计平均方法不同，可有数均相对分子质量、重均相对分子质量和黏均相对分子质量等。

假定高分子试样的总质量为 w，总摩尔数为 n，同系物种类序数用 i 表示，第 i 种分子的分子量为 M_i，摩尔数为 n_i，质量为 w_i，在整个试样中的质量分数为 W_i，摩尔分数为 N_i，则这些量之间存在如下关系：

$$\sum_i n_i = n \qquad \sum_i w_i = w \qquad \sum_i N_i = 1 \qquad \sum_i W_i = 1$$

$$N_i = \frac{n_i}{n} \qquad W_i = \frac{w_i}{w}$$

数均相对分子质量定义为：

$$\overline{M_n} = \frac{\sum_i n_i M_i}{\sum_i n_i} = \sum_i N_i M_i \tag{3-1}$$

重均相对分子质量定义为：

$$\overline{M_w} = \frac{\sum_i n_i M_i^2}{\sum_i n_i M_i} = \frac{\sum_i w_i M_i}{\sum_i w_i} = \sum_i W_i M_i \tag{3-2}$$

黏均相对分子质量定义为：

$$\overline{M_\eta} = (\sum_i W_i M_i^\alpha)^{1/\alpha} \tag{3-3}$$

通常 α 值在 0.5～1 之间，所以$\overline{M_\eta}$大于$\overline{M_n}$，小于$\overline{M_w}$，且更接近于$\overline{M_w}$。

相对分子质量分布是指相对分子质量的多分散性程度，又称为多分散性系数(polydispersity index，PDI)，定义为：

$$\text{PDI} = M_w / M_n \tag{3-4}$$

相对分子质量大小及其多分散性对高分子材料的性能有显著影响。一般而言，高分子材料的力学性能随相对分子质量的增大而提高。这里有两种基本情况：一是玻璃化转变温度(T_g)、拉伸强度、密度、比热容等性能，提高到一定程度会达到一极限值；二是黏度、弯曲强度等性能，随相对分子质量增加而不断提高，不存在上述的极限值。

3.2.2 高分子链的内旋转构象

构象(conformation)是指分子链中由单键内旋转所形成的原子(或基团)在空间的几何排列图像。大分子链的直径极细(约零点几纳米)，而长度很长(可达几百至几千纳米不等)。通常，在无扰状态下这样的链状分子不是笔直的，而呈现或伸展或紧缩的卷曲图像。这种卷曲成团的倾向与分子链上的单键发生内旋转有关。

碳链化合物中的C－C单键由 σ 电子构成，电子云呈轴对称分布。在分子运动时，C－C单键能够绕着轴线相对自由旋转，称为内旋转。已知两个相邻 C－C 键的键角为 109°28′，假设碳原子上不带任何其他原子或基团，则 C_2-C_3 单键可以在固定键角不变的情况下，绕 C_1-C_2 单键自由地旋转，其轨迹是一个圆锥面，如图 3-3 所示。换句话说，由于 C_1-C_2 单键旋转，C_3 原子有可能出现在圆锥底面圆周的任何位置上。同理 C_3-C_4 单键绕 C_2-C_3 单键旋转的轨迹也是一个圆锥面。由于分子链的每一根单键都在同时发生旋转，可以想象，整个分子链在空间的几何形态(构象)会有“无穷”多个。因此，一条大分子链的几何构象数非常大，分子链看来是相当柔顺的。

进一步看，分子链单键的内旋转实际上并不是完全自由的。由于分子链上的碳原子总带有其他原子或基团，这些非键合原子充分靠近时，外层电子云之间将产生斥

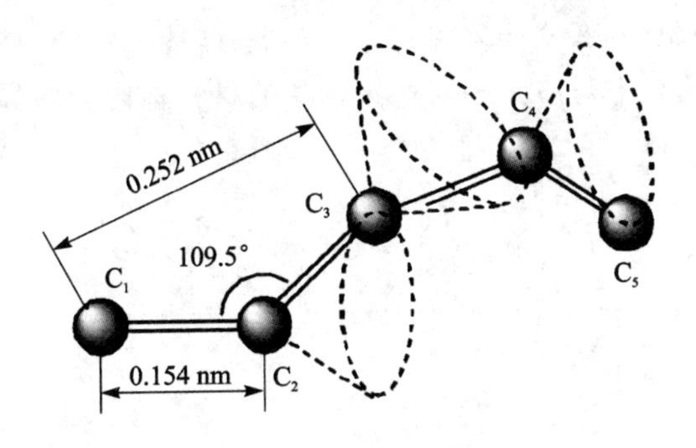

图 3-3　单键的内旋转

力，使单键的内旋转受阻，旋转时需要消耗一定能量以克服所受的阻力。

以乙烷分子 CH_3-CH_3 为例，当两个甲基上的氢原子处于相对交错位置时(见图 3-4)，氢原子间距离最远(0.25 nm)，相互之间斥力最小，乙烷分子的势能最低(U_1)，这种构象称反式构象。若从反式构象开始相对旋转，氢原子间的距离逐渐缩小，斥力逐渐增加，乙烷分子的势能也逐渐增加。当旋转角达到 60°时，两个甲基上的氢原子相互重叠，相距最近(0.228 nm)，斥力达到最大，乙烷分子的势能也最高(U_2)，与此对应的构象称顺式构象。反式构象与顺式构象的势能差 $\Delta U = U_2 - U_1$，称内旋转势垒，也称为内旋转活化能，它表征着分子内旋转的难易程度。显然顺式构象因能量高而不稳定，反式构象则相反。

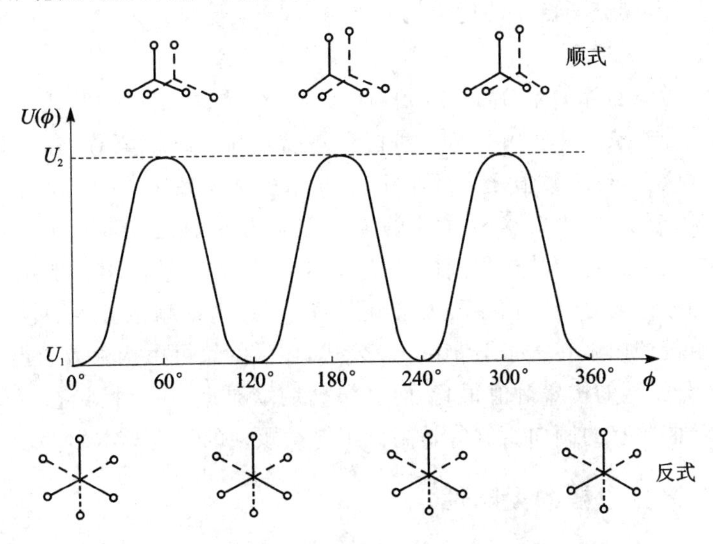

图 3-4　乙烷分子的内旋转势能曲线

如果乙烷分子中两个甲基各有一个氢原子被氯原子取代，变成 1,2-二氯乙烷 CH_2Cl-CH_2Cl。此时，C-C 单键的内旋转角度与势能的关系曲线变得复杂起来(见图 3-5)。假定以两个氯原子处于对位交叉时的旋转角 $\phi=0°$、$-120°$、$120°$三处出现势能谷，而在 $\phi=180°$、$-60°$、$60°$三处出现势能峰。其中势能谷对应的构象比较稳定，分别为反式构象、左旁式构象和右旁式构象；势能峰对应的构象不稳定，为顺式构象。在分子位能曲线上对应于相对稳定构象的材料称内旋转异构体，1，2－二氯乙烷有三种内旋转异构体。

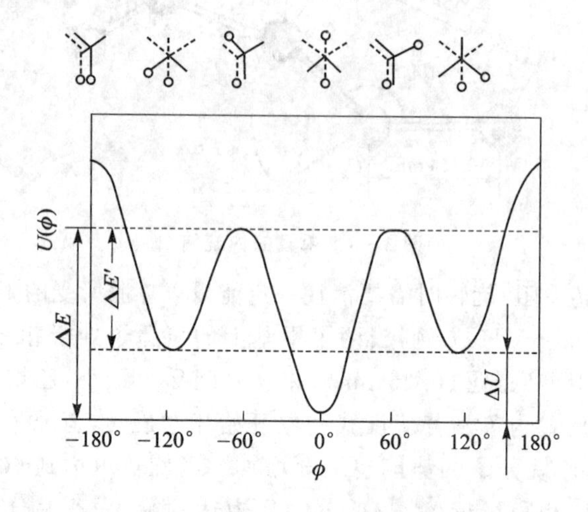

图 3－5　二氯乙烷分子的内旋转势能曲线

小分子是如此，对于含有成千上万碳原子（σ 单键）的大分子链，可以想象其稳定构象数是十分巨大的。计算表明，对于含 n 个单键的大分子链，若每个单键内旋转的稳定构象数为 m，则分子链总的稳定构象数 W 等于：

$$W = m^{n-1} \tag{3-5}$$

设一种线型聚乙烯的聚合度为 100，有近 200 个单键，按（3－5）式可求得理论上有 10^{94} 个分子链构象。尽管由于有各种阻碍单键内旋转的因素存在，实际出现的构象数不可能这么多，但其数值之大还是相当可观的（天文数字）。

一般来说，分子中反式、旁式构象的能量差与分子热运动能量 kT 的数量级相同。因此，温度较高时，两种构象间的转变大体平衡，大分子链不断地从一种构象转化为另一种构象。高分子链构象不断变化的性质，称为柔顺性。柔顺性产生的根源就是碳－碳单键的内旋转。按 Bolzmann 公式，体系的熵可由构象数求得，$S=k\ln W$。由此可见，大分子链的构象熵值很高，而且根据熵增原理，在无扰状态下分子链有自发地取混乱卷曲状态的倾向。这些是高分子链柔顺性的热力学本质。

3.2.3　高分子链的柔顺性

高分子链的柔顺性可以从静态柔顺性和动态柔顺性两方面来讨论。

3.2.3.1　静态柔顺性

静态柔顺性又称平衡态柔顺性，指大分子链在热力学平衡条件下的柔顺性。此种柔顺性的大小由分子链单键内旋转的反式和旁式构象势能差与热运动动能之比 $\Delta U/(kT)$ 决定（见图 3－5）。也就是说，单键内旋转取反式或旁式构象的几率，在热

力学平衡条件下取决于$\Delta U/(kT)$之值。当温度 T 一定时，仅取决于ΔU。ΔU 越小，反式与旁式构象出现的几率越相近，两者在分子链上无规排列，大分子链呈无规线团状，即柔顺性很好；反之，ΔU 较大，反式构象将占优势，大分子链呈伸展状态，柔顺性较差。

高分子链的平衡态柔顺性，通常用链段长度和均方末端距来表征。"链段"是一个统计概念，是指从分子链中划分出来的，可以任意取向的最小运动单元。大分子链中单键的内旋转是受阻的，但如果把若干个单键取作一个链段，把高分子视为由若干链段组成，只要每个链段中单键数目足够多，那么链段与链段之间的联结可看作是自由的，高分子链可视为以链段为运动单元的自由联接链。

链段长度可以表征分子链的柔顺性，链段越短，分子链柔顺性越好。假如所有单键原本都是自由联结的，链段长度就等于键长，这种高分子链为理想柔顺性链；假如分子链上所有单键都不允许内旋转，则链段长度等于整个分子链长度，这种高分子链为理想刚性链。实际上高分子的链段长度介于链节和分子长度之间，约包含几个至几十个结构单元。

分子链柔顺性也可用均方末端距表征。末端距 h 是指分子链两端点间的直线距离(见图 3-6)。均方末端距$\overline{h^2}$也是一个统计概念，指末端距的平方按构象分布求统计平均值。可以想象，高分子链越柔顺，卷曲得越厉害，均方末端距就越小。根据对高分子单键连接和旋转的自由程度的不同假定，高分子链可分别假定为自由连接链、自由旋转链、受阻旋转链等。不同的分子模型因构象不同，均方末端距的统计计算值也不同。一种大分子链的本征均方末端距，需将其溶于恰当溶剂中由实验测得。

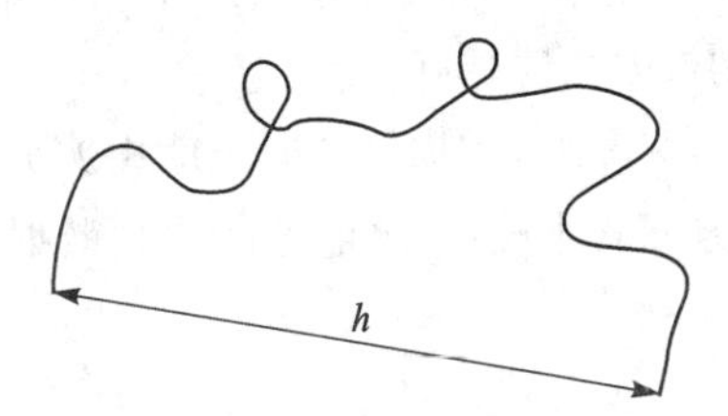

图 3-6　柔顺性高分子链的末端距

假定分子链中任何两个相邻键矢量所构成的夹角可以取任意值，即键的内旋转完全自由，这种分子链模型称自由连接链，其均方末端距$\overline{h^2_{f,j}}$为：

$$\overline{h^2_{f,j}} = nl^2 \tag{3-6}$$

式中，n 为分子链中单键的数目，l 为单键键长。

假定单键的内旋转是在保持键长和键角不变的情况下进行的，这种分子链模型称自由旋转链，其均方末端距$\overline{h^2_{f,r}}$为：

$$\overline{h^2_{f,r}} = nl^2\,\frac{1+\cos\theta}{1-\cos\theta} \tag{3-7}$$

式中，θ 为单键键角的补角，对于碳链高分子，$\theta=70°32'$，$\cos\theta\approx 1/3$，因此$\overline{h^2_{f,r}}=2nl^2$。

当单键的内旋转不仅要维持键角不变，还要受相邻链节非键合原子之间的耦合作用影响时，这种分子链模型称受阻旋转链，受阻旋转高分子链的均方末端距$\overline{h^2_\phi}$为：

$$\overline{h^2_\phi} = nl^2\,\frac{1+\cos\theta}{1-\cos\theta}\times\frac{1+\overline{\cos\phi}}{1-\overline{\cos\phi}} \tag{3-8}$$

其中
$$\overline{\cos\phi}=\frac{\int_0^{2\pi}\exp\left[-\frac{U(\phi)}{kT}\right]\overline{\cos\phi}\mathrm{d}\phi}{\int_0^{2\pi}\exp\left[-\frac{U(\phi)}{kT}\right]\mathrm{d}\phi}$$

式中，ϕ 为内旋转角，$U(\phi)$为内旋转势能。由于$\frac{1+\overline{\cos\phi}}{1-\overline{\cos\phi}}$大于 1，故$\overline{h_\phi^2}>\overline{h_{f,r}^2}$。

由此可见，对于碳链高分子，随着单键内旋转受阻程度的增大，分子链的柔顺性变差，均方末端距依次增大，即

$$\overline{h_{f,j}^2}<\overline{h_{f,r}^2}<\overline{h_\phi^2}$$

一种大分子链的本征尺寸（无扰尺寸$\overline{h_0^2}$），可以将其溶解于“理想”稀溶液中，使其处于无扰状态（θ 条件）下由实验测得。无扰尺寸$\overline{h_0^2}$由高分子本身真实结构特点决定，它与将分子链假定为理想自由旋转链所得的均方末端距$\overline{h_{f,r}^2}$比值的平方根，反映了真实分子链单键内旋转的受阻程度，称空间位阻参数 σ，定义为：

$$\sigma=(\overline{h_0^2}/\overline{h_{f,r}^2})^{1/2} \tag{3-9}$$

σ 也常用来表征大分子链的平衡态柔顺性，σ 值越小，说明分子链单键内旋转所受阻力小，柔顺性越好。

实际上，无扰尺寸$\overline{h_0^2}$不能由实验直接测定，能够测量的是大分子链在 θ 状态下的均方回转半径$\overline{\rho_0^2}$，测量方法为光散射法。$\overline{\rho_0^2}$定义为：

$$\overline{\rho_0^2}=\sum_{i=1}^{n}m_ir_i^2/\sum_{i=1}^{n}m_i \tag{3-10}$$

式中，r_i为分子链总质心 G 到各分质心 G'（质量为 m_i）的位置矢量（见图 3-7）。无扰尺寸$\overline{h_0^2}$由下式计算：

$$\overline{h_0^2}=6\,\overline{\rho_0^2} \tag{3-11}$$

均方回转半径$\overline{\rho_0^2}$也是表征大分子尺寸的常用参数，尤其对于支化型大分子，分子链有多个端点，末端距概念已失去意义，用均方回转半径表征分子尺寸更好。

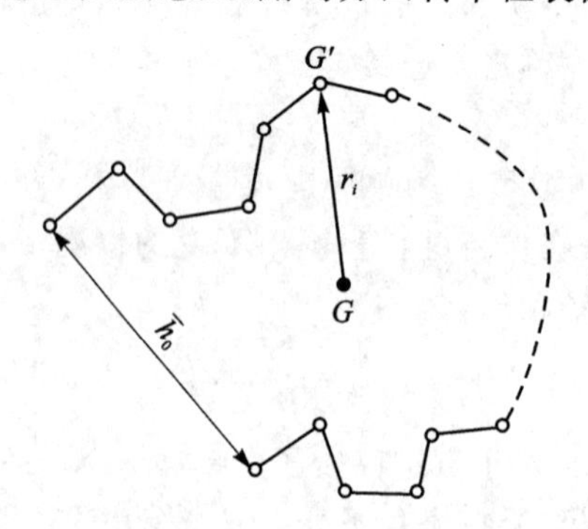

图 3-7　高分子链均方回转半径计算模型

3.2.3.2　动态柔顺性

动态柔顺性是指高分子链在一定外界条件下，从一种平衡态构象（比如反式）转变到另一种平衡态构象（比如旁式）的速度。构象间的转变需要一定时间 τ_p，τ_p的大小取决于内旋转势能曲线上的内旋转势能值 ΔE（见图 3-5）与外场作用能 kT 的关系：

$$\tau_p = \tau_0 \exp(\Delta E / kT) \tag{3-12}$$

式中，τ_p称持续时间。若 $\Delta E \ll kT$，以至于 τ_p很小，约 10^{-11} s，表明平衡态构象间的转变容易发生，则认为分子链的动态柔顺性好。

分子链的静态柔顺性和动态柔顺性是两个不同的概念。通常，我们所讨论的分子链柔顺性，一般是指静态柔顺性，当考虑高分子在加工条件下的黏性流动时，就需要考虑分子链动态柔顺性的影响。

3.2.3.3　影响分子链柔顺性的结构因素

1. 主链结构的影响

主链结构对分子链柔顺性的影响十分显著。不同的单键内旋转能力不同，碳链高分子（如 PE、PP 等）的柔性较好；而杂链高分子（如聚酯、聚酰胺、硅橡胶等）主链上的 C—O、C—N、Si—O 键，其内旋转位垒比 C—C 键更低，柔性更好。Si—O—Si 键比 C—C 键内旋转容易的原因有二：一则因为氧原子周围没有其他原子或基团，使非键合原子间距增大，内旋转位垒降低；二则因为 Si—O—Si 键的键长、键角均比 C—C 键大，使相互作用进一步减少（见图 3-8）。硅橡胶（聚二甲基硅氧烷）分子链柔性极好，是低温性能良好的橡胶品种。

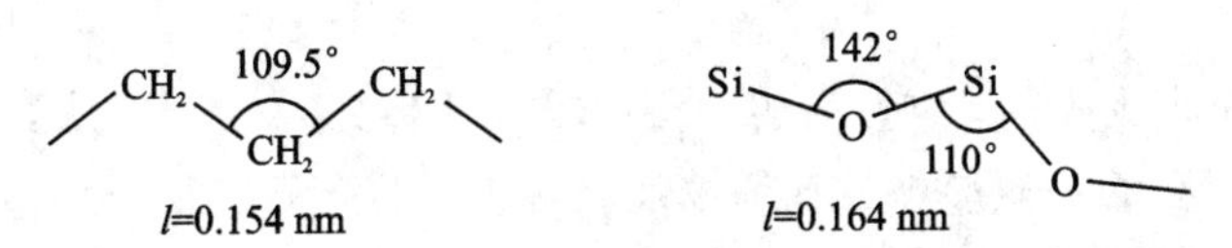

图 3-8　Si—O—Si 键与 C—C 键的对比

含孤立双键的双烯类高分子（—C—C═C—C—），虽然双键本身并不能旋转，但它使邻近单键的内旋转位垒减小，使内旋转容易，柔顺性变好。例如，顺式聚丁二烯的空间位阻参数 σ 仅为 1.68，比聚乙烯的 σ=1.84 还低。

含共轭双键的高分子，如聚乙炔、聚苯等，因其电子云相互交盖形成大 π 键，一旦发生内旋转会使双键电子云变形或破裂，故这类分子的化学键不能旋转，属于刚性链高分子。

2. 侧基的影响

侧基的影响主要取决于取代基的极性、体积、沿分子主链排布的距离和对称性等。

侧基的极性（偶极矩的大小）决定着分子内和分子间相互作用力的大小。极性弱，相互作用力小，内旋转势能低，分子链柔顺性好。如非极性的聚乙烯、聚丙烯、聚异丁烯等分子链柔顺性都很好。反之极性强,单键内旋转阻碍大,分子链柔顺性差。例如,聚丙烯腈为极性高分子,分子链柔顺性较差。

侧基的对称性分布对分子链柔顺性有一定的影响,一般侧基对称性分布的分子链柔顺性高于非对称性分布的分子链。例如聚偏氯乙烯的柔顺性高于聚氯乙烯分子链;聚异丁烯的柔顺性要好于聚丙烯。

3. 其他影响因素

实际上,影响大分子链柔顺性的因素还有很多。如分子间相互作用力的大小对分子链柔顺性有重要影响。分子间作用力越大,链的柔顺性越差。氢键、范德华作用力是分子间作用力的主要类型。比如,同是极性分子链,聚酰胺分子链的柔顺性比聚乙酸乙烯酯差,原因就在于聚酰胺的分子链之间存在大量氢键,强相互作用使分子链构象难以改变,导致刚性增大。

相对分子质量越大,柔顺性越好,这与 σ 单键数目增多有关。分子链规整性越好的分子链往往越容易结晶,致使柔顺性下降。如聚乙烯,从主链结构看应当具有较好的柔顺性,但由于其分子链简单规整,很容易结晶。一旦结晶,分子中的原子或基团被严格固定在晶格上,单键内旋转不能进行。因此,聚乙烯材料内部出现两相区,晶相的分子链呈刚性,非晶相的分子链呈柔性。这种结构特征使聚乙烯呈现塑料的性质,而不能作为橡胶使用。此外,交联、共混、增塑,甚至温度、外力作用速度等因素,都会不同程度地影响高分子链的柔顺性。

3.3 高分子材料的凝聚态结构

凝聚态是指由大量原子或分子以某种方式(结合力)聚集在一起,形成能够在自然界相对稳定存在的物质形态。普通物质在标准条件下存在固(晶)、液、气三态。从空间拓扑结构来看,固态材料的原子或分子的空间排列呈三维远程有序状;液态则只有近程有序,而无远程有序;气态既无近程有序,也无远程有序。与普通材料相比,高分子材料只有固、液两态而无气态(未曾加热到汽化已先行分解),但由于高分子链状分子结构的特殊性,其存在状态远比小分子材料更加丰富多彩,并更具特色。

高分子凝聚态结构也称超分子结构,其研究尺度大于分子链的尺度。主要研究分子链因单键内旋转和(或)环境条件(温度、受力情况)而引起分子链构象的变化和聚集状态的改变。在不同外部条件下,大分子链可能呈无规线团构象,也可能排列整齐,呈现伸展链、折叠链及螺旋链等构象。由此形成非晶态(包括玻璃态、高弹态、黏流态)、结晶态(包括不同晶型)、液晶态和取向态等聚集状态。这些状态下,因分子运动形式、分子间作用力形式及相态间相互转变规律均与小分子物质不同,高分子材料的结构和形态有其独自的特点。

本节主要研究高分子材料的非晶态、结晶态、取向态、液晶态和织态结构,讨论影响结构变化的因素及结构与材料性能、功能间的关系。

3.3.1　大分子间作用力

大分子中诸原子依靠化学键(主要是共价键)结合形成长链结构，这种化学键力为分子内作用力，也称主价键力。主价键完全饱和的原子，仍有吸引其他分子中饱和原子的能力，这种作用力为分子间作用力，称次价键力。分子间作用力有多种形式，它们具有不同的强度、方向性及对距离和角度的依赖性，是形成高分子多姿多彩凝聚状态的内在原因。

一般认为，分子间作用力比化学键力(离子键、共价键、金属键)弱得多，其作用能在几到几十 $kJ \cdot mol^{-1}$ 范围内，比化学键能(通常在 200～600 $kJ \cdot mol^{-1}$ 范围内)小 1～2 个数量级。作用范围大于化学键(在几百皮米范围内)，称为长程力。不需要电子云重叠，一般无饱和性和方向性。

分子间作用力本质上是静电作用，包括两部分：一是吸引力，如永久偶极矩之间的作用力(取向力)、偶极矩与诱导偶极矩的作用力(诱导力)、非极性分子之间的作用力(弥散力)；二是排斥力，它在分子间距离很小时表现出来。实际分子间作用力应是吸引作用和排斥作用之和，通称范德华(Van de waals)力。

除静电作用力外，分子间作用力还包括一些较弱的化学键作用，这种作用有饱和性和方向性，但作用能比化学键能小得多，键长较长。这类作用主要有氢键、分子间配位键作用(如 $\pi-\pi$ 相互作用、给体－受体相互作用等)及憎水相互作用等。

氢键是高分子材料中一种最常见也最重要的分子间相互作用。氢键的本质是氢分子参与形成的一种相当弱的化学键。氢原子在与电负性很大的原子 X 以共价键结合的同时，还可同另一个电负性大的原子 Y 形成一个弱键，即氢键，形式为 X—H…Y。氢键的强度一般在 10～50 $kJ \cdot mol^{-1}$，比化学键能小，比范德华力大。键长比范德华半径之和小，但比共价半径之和大得多。氢键与范德华力的重要差别在于有饱和性和方向性，每个氢在一般情况下，只能邻近两个电负性大的原子 X 和 Y。如图 3－9 所示为尼龙分子间的氢键和纤维素分子内的氢键。

在同系物中，分子间的次价键随相对分子质量增大而增多。高分子的相对分子质量一般是巨大的。因此，分子间的次价键力之和相当大，往往超过主链上的化学键力，在形成高分子材料凝聚态和决定材料基本性质方面起关键性作用。以聚乙烯为例，若其相对分子质量在十几万以上，有上千个结构单元，设每个结构单元与其他结构单元间的相互作用能为 4 $kJ \cdot mol^{-1}$，则大分子链间的次价键力总和在几千 $kJ \cdot mol^{-1}$ 以上，这比任何一种主价键能都大得多。因此，当高分子材料受外力作用发生破坏时，往往不是分子链间先发生滑脱，而是个别分子链的化学键因承受不住外力作用先断裂，由此引发材料破坏。

大分子间作用力通常用内聚能密度(CED)来表示。内聚能是指把 1 mol 液体或固体的分子分离到分子引力以外范围所需要的能量，大致相当于恒容下的汽化热，单位为 $kJ \cdot mol^{-1}$。单位体积物质的内聚能称内聚能密度，单位为 $kJ \cdot m^{-3}$。

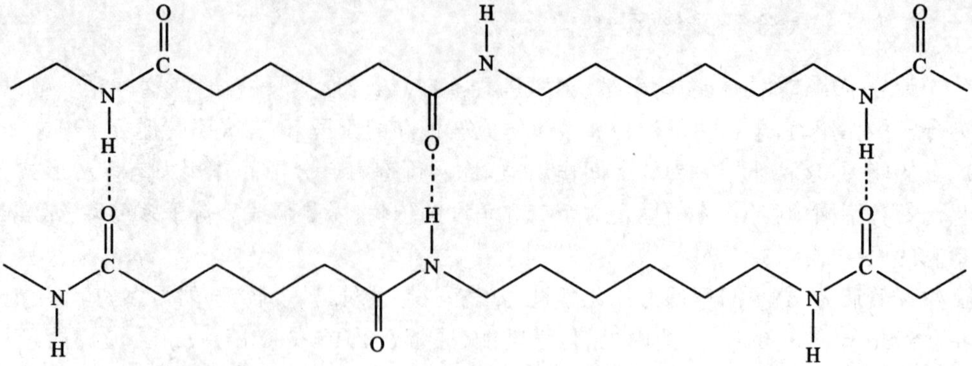

(a) 尼龙的分子间氢键

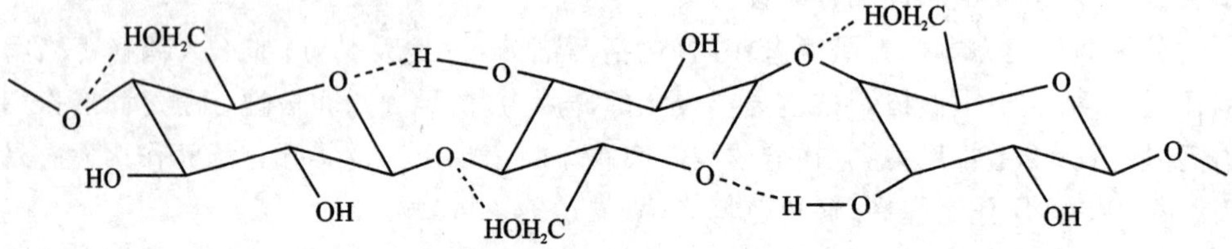

(b) 纤维素的分子内氢键

图 3-9　不同类型的氢键

$$CED = \frac{\Delta E}{\widetilde{V}} = \frac{\Delta H - RT}{\widetilde{V}} \tag{3-13}$$

式中，ΔE 为内聚能；ΔH 为摩尔汽化热；RT 为转化成气体时所做的膨胀功；$\widetilde{V}$为摩尔体积。

内聚能密度是描写分子间作用力大小的重要物理量。高分子材料的许多性质，如溶解度、相容性、黏度、弹性模量等都受分子间作用力的影响。因而，都与内聚能密度有关。分子链上有强极性基团，或分子链间易形成氢键的高分子，如聚酰胺、聚丙烯腈等，分子间作用力大，内聚能密度高，材料有较高的力学强度和耐热性，可作为优良纤维材料。内聚能密度在 300 $MJ \cdot m^{-3}$以下的多是非极性高分子，由于分子链上不含极性基团，分子间作用力较弱，加上分子链柔顺性较好，使这些材料易于变形，富于弹性，可作橡胶使用。内聚能密度为 300～400 $MJ \cdot m^{-3}$的高分子，分子间作用力居中，适于作塑料。由此可见，大分子间作用力的大小对材料凝聚态结构和材料的性能、用途有直接的影响。

对于低分子材料，只要测定汽化潜热，就可求出内聚能密度。对于高分子物质，由于不存在气态，不能用汽化方法求内聚能密度，只能用间接方法，如采用溶胀平衡法或溶解度参数法来测量。

3.3.2　高分子材料的非晶态结构

与小分子材料不同，固态高分子材料按其中分子链排列的有序性，可分成非晶态、结晶态、取向态等几种结构。若分子链按照三维有序的方式聚集在一起，可形成结晶态结构；若分子链取无规线团构象，杂乱无序地交叠在一起，则形成非晶态（或无定型态）结构；在外场作用下，若分子链沿一维或二维方向局部有序排列，则形成取向态结构。通常高分子材料中晶态与非晶态结构是共存的。以晶态结构为主的高分子材料，称结晶高分子材料；非晶态或以非晶态占绝对优势的高分子材料称非晶（或无定形）高分子材料。与小分子晶体相仿，结晶高分子材料在高温下（超过熔点）也会熔融，变为无规线团的非晶态结构。

高分子材料的非晶态结构是指玻璃态、高弹态、黏流态（或熔融态）及结晶高分子材料中的非晶区的结构。非晶态结构的主要特点是分子排列无长程有序，采用 X - 射线衍射测试得不到清晰的点阵图像。Flory 根据统计热力学理论推导并实验测量了大分子链的均方末端距和均方回转半径，提出非晶态结构高分子材料的无规线团模型。认为在非晶高分子材料本体中，大分子链以无规线团的方式互相穿插、缠结在一起，分子链构象与其在 θ 溶剂中的无扰分子链构象相似。后来，人们用中子小角散射技术测量非晶态聚苯乙烯固体和熔体中分子链均方回转半径，结果表明，其尺寸确实与聚苯乙烯分子链在 θ 溶剂中的均方回转半径相同，证实了非晶态高分子材料中分子排列呈无规线团状。

无规线团模型遇到的一个挑战是它不能解释有些高分子材料（如聚乙烯等）具有极快的结晶速度。人们很难设想原来处于熔融态的杂乱无序、无规缠结的分子链会在快速冷却过程中瞬间达到规则排列，形成结晶。另外，根据无规线团模型计算得到非晶态高分子材料的自由体积分数也比实测值大得多。为此，Yeh 等提出一种两相球粒模型。该模型认为，在非晶高分子材料中，除了无规排列的分子链之外，还存在局部“有序区”，在这些区域内，分子链折叠、排列比较规整，但比晶态的有序性差，有序区尺寸约 3～10 nm。

3.3.3　高分子材料的晶态结构

3.3.3.1　高分子晶体结构特点

与小分子晶体相似，高分子材料结晶时，分子链按照一定规则排列成三维长程有序的点阵结构，形成晶胞。但是，由于链状分子的结构特殊性，大分子结晶有其自身特点。一是由于分子链很长，一个晶胞无法容纳整条分子链，一条分子链可以穿过几个晶胞；二是一个晶胞中有可能容纳多根分子链的局部段落，共同形成有序的点阵结构。这种结构特点使高分子材料晶体具有不完善性，晶区缺陷多，结晶部分与非晶部分共存，熔点不确定，以及结晶速度较慢。

晶胞中，分子链采取链轴平行方式排列，规定分子链轴向为晶胞 c 轴，这使得晶体产生各向异性，沿晶胞 c 轴方向是化学键作用，而沿晶胞 a、b 轴方向只有范德华力作用。这种结构还造成结晶高分子材料无立方晶系，其他六种晶系在高分子晶体中都有可能存在。

聚乙烯的晶胞属于正交晶系，晶胞参数为：$a=0.736$ nm，$b=0.492$ nm，$c=0.2534$ nm，每个晶胞中含有两个结构单元（见图 3－10）；全同立构聚丙烯的晶胞属于单斜晶系，晶胞参数为：$a=0.665$ nm，$b=2.096$ nm，$c=0.650$ nm，$\beta=99°20'$。同种高分子，由于结晶条件不同，可能有多种晶型（即同质多晶现象）。如全同立构聚丙烯的晶胞有三种类型，α 型属单斜晶系，β 型属假六方晶系，γ 型属三斜晶系。

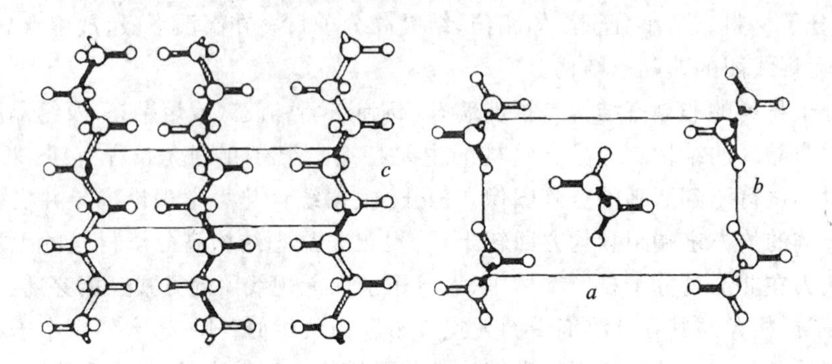

图 3－10　聚乙烯晶胞结构示意图

通常晶格中分子链所取的构象有两种：一是平面锯齿形的反式构象，一是反式一旁式相间的螺旋构象。对于没有取代基或取代基较小的碳链高分子，如聚乙烯、聚甲醛、聚酰胺、聚丙烯腈等，晶格分子链常取反式构象（见图 3－10）。对于分子链中有较大侧基的高分子，例如全同立构聚丙烯则取螺旋构象。聚丙烯晶胞中，每三个结构单元形成一个螺圈，重复出现，等同周期为 0.65 nm。这种螺旋结构用符号 H_{31} 表示，它表示一个等同周期中含有 3 个结构单元，形成一个螺圈（见图 3－11）。

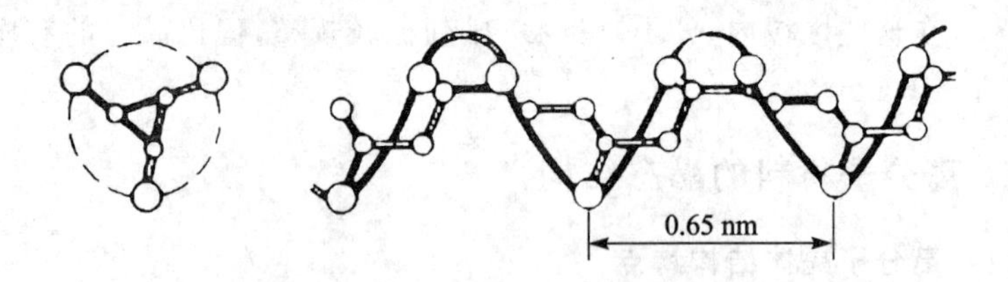

图 3－11　聚丙烯分子链的螺旋形构象

3.3.3.2　高分子的结晶形态

结晶高分子材料在不同条件下生成的晶体具有不同的形态。最基本的形态有分子链沿晶片厚度方向折叠排列的折叠链晶片和由伸展分子链组成的伸直链晶片。前者的结晶主要在温度场中，由热的作用引起，称热诱导结晶；后者结晶多在应力场中，应力起主导作用，称应力诱导结晶。折叠链晶片组成的晶体形态有单晶、球晶及其他形态的多晶聚集体，伸直链晶片组成的晶体形态有纤维状晶体和串晶等。

1. 单 晶

1957年，Keller等人首先从浓度0.01%的聚乙烯三氯甲烷溶液中培养出聚乙烯单晶，而后又得到其他高分子材料的单晶。这些单晶呈长方形、菱形或六角形片状，厚度均在10 nm左右。已知，分子链长度通常为几百纳米，它们在晶片中如何排列？电子衍射结果表明，分子链的链轴方向与片晶的平面垂直，由此可以推知，分子链只能以折叠方式排列在厚度仅10 nm左右的片晶中。对大分子链以折叠方式形成晶片的认识，是从发现高分子材料单晶开始的。

2. 球 晶

球晶是高分子材料在无应力状态下，在溶液或熔体结晶时得到的一种最为普遍的结晶形态。它是一种多晶聚集体，基本结构仍是折叠链片晶。结晶初期，首先生成的是一些晶核，也称“微球晶”，在适当条件下，晶体从晶核向四面八方生长，发展成球状聚集体，尺寸小的约0.1 μm，大的可达厘米数量级。

在正交偏光显微镜下球晶呈现特有的黑十字消光图（见图3-12）。用电子显微镜观察发现，球晶的亚结构单元晶片在径向生长过程以扭曲的形式出现，晶片中分子链的方向（c轴方向）总垂直于球晶的半径方向（见图3-13）。

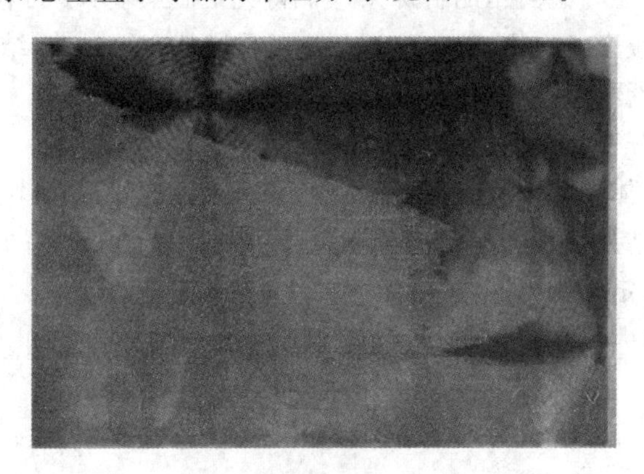

图3-12 全同立构聚丙烯球晶的偏光显微镜照片

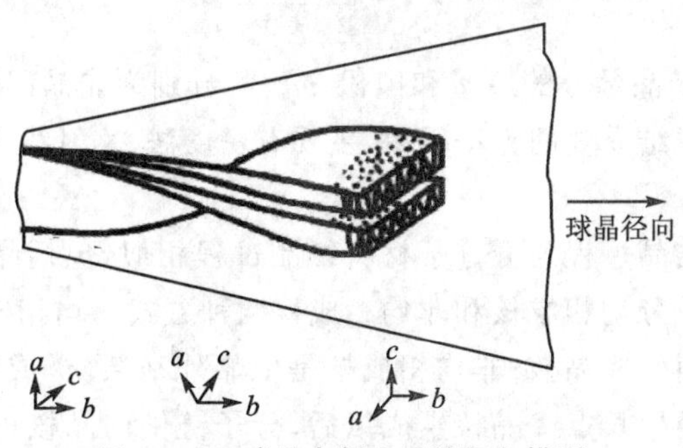

图3-13 球晶内部分子链取向模型

球晶在生长过程中，不断把小分子添加物、不结晶成分以及不结晶的分子链或链段排斥到片晶或片晶束或球晶之间，形成了大量的连接链，它们对高分子材料的性能，特别是力学性能有很大影响。在高分子材料加工过程中，由于加工条件的不同，会使球晶的尺寸、结构和类型发生变化，这些都对产品性能有显著的影响。

3. 伸直链晶体

在特定的应力环境中，如在高温高压条件下结晶，或在高速拉伸（10^5 m·min^{-1}）和快速淬火下纺丝，有可能得到纤维状的伸直链晶体。将柔性的线型聚乙烯在 500 MPa 静压下于 230 ℃结晶 8 h，可得到 PE 的伸直链晶片，其片晶密度高达 0.993 8 g·cm^3，结晶度为 97%，熔点 140 ℃，接近于理想 PE 晶体的数据。从热力学理论分析，伸直链晶体应是能量最低、最稳定的高分子晶体，其强度极大，伸直链晶体含量为 10%的聚乙烯纤维，抗拉强度达 480 MPa。

采用双折射仪测定聚乙烯伸直链片晶表明，聚乙烯分子链轴垂直于片晶表面，即和厚度方向一致。伸直链片晶的厚度在 100 nm 以上，厚度分布比较宽。另外，由于分子链长度不一，因此，在伸直链晶片中，分子链不可能 100%完全伸直，也有部分折叠链存在。

伸直链晶体是在高温高压的特殊条件下得到的，在高分子材料实际加工成型条件下，虽具有一定应力场作用，但强度远不足以形成伸直链晶体，结果，常常得到既有伸直链晶体又有折叠链片晶的串晶和柱晶。

3.3.3.3 高分子材料的结晶度和结晶过程

高分子材料晶体结构的特点之一是结晶不完善，既有结晶区域也有无定形区域，因此，需要确定其结晶程度。晶区部分在高分子材料总量中所占的质量分数或体积分数叫做结晶度。定义为：

质量结晶度

$$\chi_c^m = \frac{m_c}{m_c + m_a} \tag{3-14}$$

体积结晶度

$$\chi_c^V = \frac{V_c}{V_c + V_a} \tag{3-15}$$

式中，m_c、V_c分别为结晶部分的质量和体积，m_a、V_a分别为非晶部分的质量和体积。

测定高分子材料结晶度的方法很多，主要有密度法、X 射线衍射法、红外光谱法、热分析法等。

高分子材料的结晶过程与低分子材料结晶过程相似，包括晶核生成和晶粒生长两个阶段。晶核生成分均相成核和非均相成核两种方式。均相成核是指由热运动形成分子链局部有序而生成晶核；非均相成核是依靠外来杂质，或特意加入的成核剂，或容器壁作为晶体的生长点。晶核生成以后，分子链便向晶核进一步扩散并作规整堆砌使晶粒生长变大。

高分子材料的结晶过程按结晶时间可分为三部分:初始阶段为晶核生成阶段,结晶速度很慢,材料的体积收缩比例很小;中间阶段为晶粒生长阶段,材料体积明显收缩,结晶速度快;最后结晶趋于完成,结晶速度又降低。

影响高分子材料结晶过程的因素可以分为两大类,一类是结构因素,分子链结构的规整性是该类高分子材料能否结晶的前提条件;另一类是外部环境条件,主要指在恰当的温度、应力、溶剂、杂质(成核剂)等条件下,结晶过程容易发生,结晶速度快和结晶度高。

3.3.3.4　结晶高分子材料的熔融

结晶高分子材料的熔融是热力学相变过程,但不像低分子晶体那样有明确的熔点,它的熔化有一个较宽的温度范围,称作熔程,或熔限(见图 3-14)。熔限的宽度与晶体的结晶历程、结构与尺寸以及结晶完善程度有关。通常在较高的温度下形成的结晶,其熔融温度也高、熔限较窄;而在较低温度下形成的结晶,熔融温度低且熔限较宽。这是因为高温结晶时,成核数量较少,晶体长得大而完整,因此,熔限较窄。低温结晶时,成核数量多,晶粒尺寸小,晶体结构多处于初级阶段,故其熔融温度低而熔限宽。

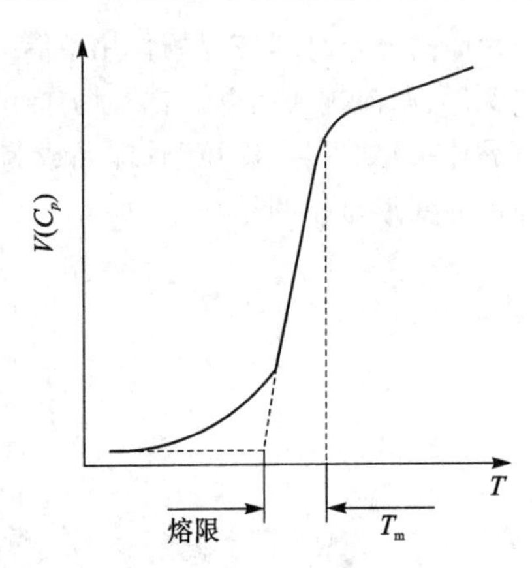

图 3-14　结晶高分子材料熔融过程中体积(或比热容)-温度曲线

高分子材料的熔点与材料化学结构有直接关系。分子间作用力强、链刚性大的材料熔点高,耐热性好。在高分子主链或侧链中含有极性基团、形成分子间或分子内氢键,增大了分子间作用力,熔点相应提高。主链上含共轭双键、叁键或环状结构,或侧链上含有庞大而刚性侧基的高分子材料,分子链刚性大,熔融熵低,熔点也高。

杂质对结晶高分子材料的熔融行为影响较大。高分子材料中的低分子添加剂,分子链中无规共聚的单体单元及分子链末端等都会影响结晶,也影响熔融,使熔点下降。

3.3.4　高分子材料的取向态结构

高分子材料在外力场,特别是拉伸场作用下,分子链、链段或晶粒沿某个方向或两个方向择优取向排列,使材料性能发生各向异性的变化。这种由大分子链取向所形成的聚集态结构称取向态结构(orientation)。

非晶态高分子材料的取向单元分两类:链段取向和分子链取向(见图 3-15)。链段取向时,链段沿外场方向平行排列,而分子链的排列可能是杂乱的;分子链取向时,整个分子链沿外场方向平行排列,链段未必都取向。取向过程是分子在外场作用下的有序化过程,外场除去后,分子热运动又会使分子重新回复无序化,即解取向。因此,非晶高分子材料的取向状态在热力学上是一种非平衡态。

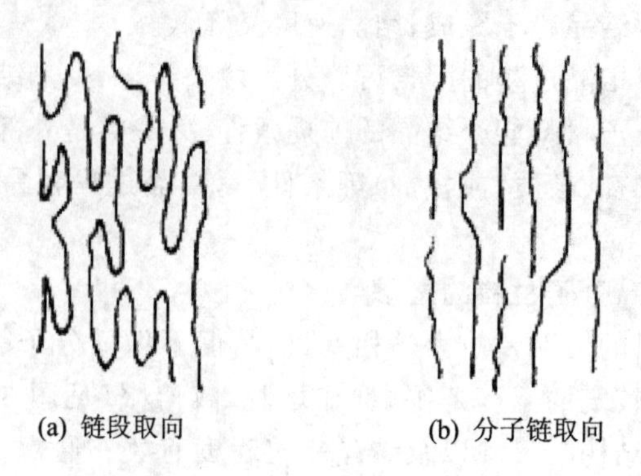

图 3-15 分子链取向示意图

结晶高分子材料在外场作用下除了发生非晶区的分子链或链段取向外,还有晶粒的变形、取向排列问题。在外场作用下,高分子材料球晶先变成椭圆形,继续拉伸时球晶伸长,到发生“冷拉”时球晶成为带状结构(见图 3-16)。球晶的外形变化是内部片晶变形重排的结果。

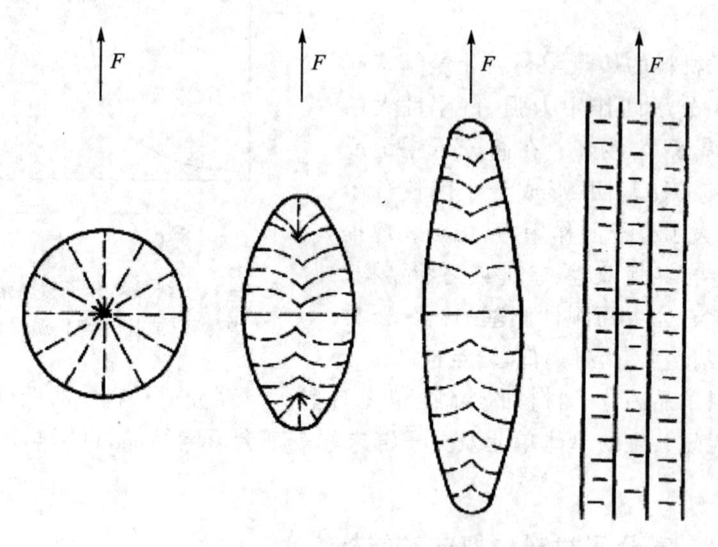

图 3-16 球晶拉伸形变时内部晶片变化示意图

按取向方向不同,高分子材料的取向可分单轴取向和双轴取向两种。单轴取向是指材料只沿一个方向拉伸,分子链或链段沿拉伸方向排列。双轴取向是指材料沿两个互相垂直的方向拉伸,分子链或链段处于与拉伸平面平行排列的状态,但平面内分子的排列可能是无序的。

高分子材料取向后,由于沿取向方向和垂直于取向方向的分子作用力不同,材料的力学、光学和热性能呈现各向异性。在力学性能上，取向方向上的模量、强度比未取向时显著增大，而在与取向方向垂直的方向上强度降低。例如尼龙纤维，未取向时抗拉强度为 70～80 MPa，经过拉伸取向的复丝，在拉伸方向上强度达 470～570 MPa。双轴拉伸一般是对薄膜、片材而言，材料经双向拉伸以后，在材料的平面方向上，强度和模量比未拉伸前提高，而在厚度方向上强度下降。电影胶卷、录像磁带等都是双向拉伸薄膜。

3.3.5　高分子材料的液晶态结构

液晶态(liquid crystal)是介于液相(非晶态)和晶相之间的中介状态。其表观状态呈液体状，内部结构却具有与晶体相似的有序性。根据分子排列方式的不同，液晶可分为近晶型、向列型、胆甾型三种类型(见图 3-17)。

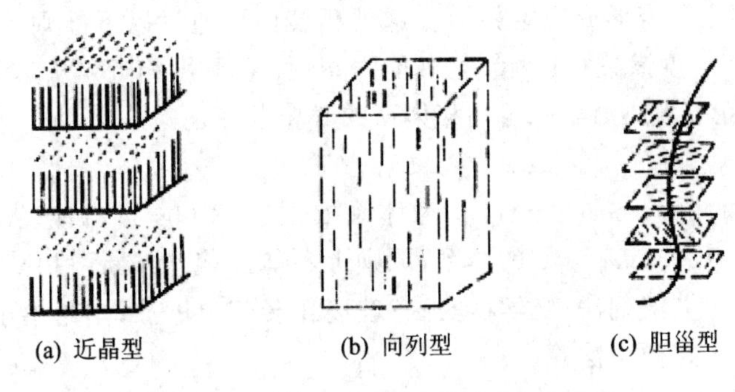

图 3-17　三种类型液晶示意图

某些结晶有机化合物熔融时，先经历液晶态，然后再变成各向同性的液态，这种液晶称热致型液晶。有些晶体在适当的溶剂中，三维有序结构受到部分破坏，形成液晶，这种液晶称溶致型液晶。高分子液晶一般都属于溶致型液晶，特别是刚性较大的分子链溶解时以棒状形式存在于溶液中，浓度较高时，分子链容易发生缔合，形成液晶有序区。如聚对苯二甲酰对苯二胺(PTTA)的浓硫酸溶液，室温下浓度达到一定程度时形成向列型液晶。

高分子液晶的最突出性质是其特殊的流动行为，即高浓度、低黏度及低剪切应力下的高取向度。利用这种性质采用液晶纺丝可获得高强度纤维，液晶纺丝法可克服通常情况下浓度高、黏度高的困难。如美国杜邦公司的 Kevlar 纤维就是采用液晶纺丝制得的高强度纤维，其抗拉强度高达 2815 MPa，弹性模量达 126.5 GPa。

3.3.6　高分子材料的织态结构

采用共聚、共混、填充、增强等方法将两种或两种以上的高分子组分混合，得到各种新型的材料，称为高分子合金(polymer alloy)，包括共聚物和共混物。高分子共混物包含很多类型，粗略地分有塑料并用(如 PS/PE)、橡胶并用(如 NR/SBR)、塑一橡共混(如 PVC/NBR)及共混型热塑性弹性体(如 EPDM/PP)等。

共混目的有增强、增韧、提高耐热性、耐寒性，提高加工流动性及赋予材料某些特殊性能和功能等。共混方式也多种多样，包括：① 机械共混法，采用开炼机、密炼机或挤出机等设备直接将两相高分子材料熔融混合；② 溶液共混法，首先将高分子材料配成溶液，将两种溶液混合，然后蒸发溶剂或沉淀得到两相共混物；③ 乳液共混法，将两种高分子胶乳混合，然后通过凝结得到混合物；④ 聚合共混法，首先将一种单体溶混于另一种高分子材料溶液中，然后使单体聚合得到两种高分子材料的混合物。注意聚合共混不同于共聚合，混合的两种大分子链间不存在化学键合。在制备高分子共混材料时，除去制备工艺条件等技术性问题外，人们感兴趣的科学问题集中在：共混物形态结构（Morphology），两相相容性（Compatibility），两相表面和界面（Surface and Interface）性质。

理论和实践都表明，两种高分子材料必须有一定程度的相容性，才能达到良好的共混目的，两相之间需形成稳定界面。这种相容性可通过以下准则予以判断：① 极性相匹配；② 溶解度参数相近；③ 扩散能力相近；④ 黏度相近。从热力学角度看，两相高分子能够互溶为热力学稳定均相体系的必要条件是：

$$\Delta G_m = \Delta H_m - T\Delta S_m < 0 \tag{3-16}$$

式中，$\Delta G_m = G_{混合体系} - G_{体系1} - G_{体系2}$ 为体系的混合 Gibbs 自由能，ΔH_m 为混合焓，ΔS_m 为混合熵。凡是 $\Delta G_m > 0$ 的体系，原则上不能互溶。判断两相高分子相容性常用的实验方法有：共溶剂法；光学透明法；玻璃化转变温度法；小角中子散射法；脉冲核磁共振法；电子显微镜法等。

两相高分子材料的共混结构称织态结构，研究织态结构就是研究两相体系混合后的分散状态和形态学特征。这不仅有助于判断两相体系的相容性，而且与共混材料的物理、力学性能直接相关。两相高分子材料共混体系的分散形态主要有两种类型：① 海-岛结构，两相中一相为连续相，称海相；一相为分散相，称岛相，分散相以不同的形状、大小散布在连续相之中。而究竟哪一相为连续相，哪一相为分散相，既取决于两相的体积比、黏度比、弹性比及界面张力，还取决于共混设备和共混条件。在某种条件下 α 相为连续相，β 相为分散相的共混体系；在另一条件下可能发生相转变，α 相变为分散相，β 相变为连续相。分散相的形状、尺寸、尺寸分布及相界面厚度主要取决于两相的相容性。一般相容性越好，分散相相畴越小，分散越均匀，两相界面越模糊，表明两相之间形成较稳定的界面层，两相的结合力强。共混设备与共混条件（时间、温度、剪切速度等）对分散相的形态也有重要影响。②两相互锁结构（interlocked），共混体系中两相均为连续相，形成交错性网状结构。此时两相互相贯穿，均连续性地充满全部试样。分不清哪个是分散相，哪个是连续相。互相贯穿的程度取决于两相的相容性，一般相容性越好，两相相互作用越强，两相互锁结构的相畴越小。

3.4 高分子的分子运动与力学状态

3.4.1 高分子运动的特点

与低分子材料相比，高分子材料的分子热运动主要有以下特点：

1. 运动单元和模式的多重性

高分子材料的结构是多层次、多类型的复杂结构，决定着其分子运动单元和运动模式也是多层次、多类型的，相应的转变和松弛也具有多重性。从运动单元来说，可以分为链节运动、链段运动、侧基运动、支链运动、晶区运动以及整个分子链运动等。从运动方式来说，有键长、键角的变化，有侧基、支链、链节的旋转和摇摆运动，有链段绕主链单键的旋转运动，有链段的跃迁和大分子的蠕动等。

在各种运动单元和模式中，链段的运动最为重要，高分子材料的许多特性均与链段的运动有直接关系。链段运动状态是判断材料处于玻璃态或高弹态的关键结构因素；链段运动既可以引起大分子构象变化，也可以引起分子整链重心位移，使材料发生塑性形变和流动。

2. 分子运动的时间依赖性

在外场作用下，高分子材料从一种平衡状态通过分子运动而转变到另一种平衡状态是需要时间的，这种时间演变过程称作松弛过程，所需时间称松弛时间。例如，将一根橡胶条一端固定，另一端施以拉力使其发生一定量变形。保持该形变量不变，但可以测出橡胶条内的应力随拉伸时间仍在变化。相当长时间后，内应力才趋于稳定，橡胶条达到新的平衡。

设材料在初始平衡态的某物理量(例如形变量、体积、模量、介电系数等)的值为 x_0，在外场作用下，到 t 时刻该物理量变为 $x(t)$，许多情况下 $x(t)$ 与 x_0 满足如下关系：

$$x(t) = x_0 \exp(-t/\tau) \tag{3-17}$$

式(3-17)实质上描述了一种松弛过程，式中，τ 称松弛时间。当 $t=\tau$ 时，$x(\tau)=x_0/\mathrm{e}$，可见松弛时间相当于 x_0 变化到 x_0/e 时所需要的时间。

低分子物质对外场的响应往往是瞬时完成的，因此松弛时间很短，而高分子材料的松弛时间可能很长。高分子的这种松弛特性来源于其结构特性，由于分子链的相对分子质量巨大，几何构型具有明显不对称性，分子间相互作用很强，本体黏度很大，因此，其松弛过程进行得较慢。

不同运动单元的松弛时间不同。运动单元越大，运动中所受阻力越大，松弛时间越长。比如键长、键角的变化与小分子运动相仿，其松弛时间与小分子相当，约 $10^{-8} \sim 10^{-10}$ s；链段运动的松弛时间较长，可达到分钟的数量级；分子整链的松弛时间更长，可长达几分钟、几小时，甚至几天、几个月。由于高分子材料结构具有多重性，因此，其总的运动模式具有一个广阔的松弛时间谱。

了解材料的松弛时间谱十分重要，因为材料的不同性质是在不同的松弛过程（它们具有不同的松弛时间）中表现出来的。在实际测试或使用材料时，只有那些松弛时间与外场作用时间数量级相当的分子运动模式（或性质）最早和最明显地被测试或表现出来。例如要研究链段的运动，实验进行的速度应当掌握在分钟数量级，太快或太慢的实验都不能测到链段的运动。如果要研究分子整链的运动（如材料的流动），实验时间必须长得多。换句话说，高分子材料的松弛特性使得其物理和力学性能与观察和测量的速度（或时间）相关。

3. 分子运动的温度依赖性

温度是分子运动激烈程度的描述，高分子材料的分子运动也强烈地依赖于温度的高低。一般规律是：温度升高，各运动单元热运动能力增强，同时由于热膨胀，分子间距增加，材料内部自由体积增加，有利于分子运动，使松弛时间缩短。松弛时间与温度的关系可用 Eyring 公式表示：

$$\tau = \tau_0 \exp(\Delta E/RT) \tag{3-18}$$

式中，τ_0 是常数，ΔE 是运动活化能，R 是气体常数，T 是热力学温度。由式（3－18）可见，温度升高，τ 变小，松弛过程加快。

由于高分子材料的分子运动既与温度有关，也与时间有关，因此，观察同一个松弛现象，升高温度和延长外场作用时间得到的效果是等同的，即“时－温等效原理”。这一性质也决定了我们在研究测量高分子材料物理性能时，或者规定好测量温度，或者规定好测量时间或速度，否则不易得到正确可靠的结果。

3.4.2 高分子材料的力学状态及转变

不同类型高分子材料的力学状态不同。下面按非晶态（无定型）高分子材料、结晶高分子材料、体型高分子材料分别介绍。

3.4.2.1 非晶态线型高分子材料的力学状态及转变

对尺寸确定的非晶态线型高分子材料试样施加一定的外力，并以一定的速度升温，测定试样发生的形变随温度的变化，得到材料的温度-形变曲线，又称热机曲线，如图 3－18 所示。整条曲线按温度高低可分为五个区，特点如下：

A 区：该区温度低，分子热运动能力小，链段运动处于冻结状态，只有侧基、链节、短支链等小运动单元的局部振动发生，因此，材料弹性模量高（$\approx 10^{10}$ N·m^{-2}），形变小（$\approx$0.1%～1%），外力撤去后，形变立即消失、恢复原状。材料无论在内部结构还是力学性质方面都类似于低分子玻璃，这种状态称为玻璃态。

B 区：该区称为玻璃化转变区，是一个对温度变化十分敏感的区域。在此区间，随温度升高，链段活动能力增加，链段可以通过绕主链上单键的内旋转而改变分子链构象，使形变迅速增加，模量下降 3～4 个数量级。该区域对应的转变温度称为玻璃化转变温度，记为 T_g。

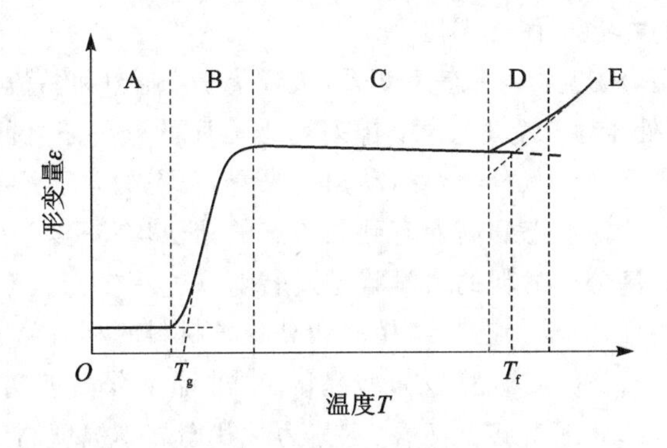

图3-18　非晶态线型高分子材料的温度-形变曲线

C区：温度进一步升高，链段具有充分的运动能力。在外力作用下，一方面通过链段运动使分子链呈现局部伸展的构象，材料可以发生大形变（≈100%～1000%）；另一方面，此时的热能还不足以使分子整链运动，分子链相互缠结形成网络，链段又有回复卷曲的趋势。这两种作用相互平衡，使温度－形变曲线出现一个平台区。处于该区间的高分子材料，模量低，仅为 10^6 N·m^{-2}左右，形变大，外力去除后，形变可以恢复。这种力学状态称为高弹态。

D区：这也是一个对温度十分敏感的转变区，称黏流转变区。由于温度升高，链段的热运动进一步加剧。链段沿外力方向的协同运动，不仅使分子链形态发生改变，而且导致分子链解缠结，分子链重心发生相对位移，宏观上表现为出现塑性形变和黏性流动，形变迅速增加，弹性模量下降到 10^4 N·m^{-2}以下。该区间对应的转变温度称为黏流温度，记为 T_f。

E区：温度高于 T_f后，大分子链重心发生相对位移的运动占绝对优势，形变继续发展，高分子材料呈黏稠液体状，这种状态称为黏流态。高分子制品的加工成型多在该区域内进行。

由上可见，在不同的外部条件下，非晶态线型高分子材料可以存在三种不同的力学状态——玻璃态、高弹态、黏流态，三态之间有两种状态转变过程——玻璃化转变、黏流转变。

与转变过程对应的两个转变温度——玻璃化转变温度 T_g和黏流温度 T_f是两个十分重要的物理量。从分子运动的观点看，玻璃化转变温度 T_g对应着链段的运动状态，温度小于 T_g时，链段运动被冻结，温度大于 T_g时链段开始运动。黏流温度 T_f对应着分子整链的运动状态，温度小于 T_f时分子链重心不发生相对位移，大于 T_f时分子链解缠结，出现整链滑移。

不同高分子材料具有不同的转变温度，在常温下处于不同的力学状态。橡胶的 T_g较低，一般是零下几十摄氏度，如天然橡胶 $T_g=-73$ ℃，顺丁橡胶 $T_g=-108$ ℃。常温下橡胶处于高弹态，表现出高弹性，T_g为其最低使用温度，即耐寒温度。塑料的 T_g较高，如聚氯乙烯 $T_g=87$ ℃，聚苯乙烯 $T_g=100$ ℃，常温下处于硬而脆的玻璃态，

T_g为其最高使用温度，也即耐热温度。

另外，必须指出，从热力学相态角度看，玻璃态、高弹态和黏流态均属液相，非晶态线型高分子材料处于这三态时，分子排列均是无序的。三态之间的差别主要是变形能力不同，即模量不同。从分子热运动角度来看，三态的差别只不过是分子运动能力不同而已。因此，从玻璃态到高弹态到黏流态的转变均不是热力学相变。

3.4.2.2　结晶高分子材料的力学状态及转变

结晶高分子材料的力学状态与结晶度和高分子材料的相对分子质量大小有关。

低结晶度高分子材料中结晶区小，非晶区大，非晶部分由玻璃化转变温度 T_g决定其力学状态，结晶部分则由熔点 T_m决定其力学状态。当温度高于 T_g而低于 T_m时($T_g<T<T_m$)，虽然非晶区的链段开始运动，但由于晶区尚未熔融，微晶限制了整链的运动，材料仍处于高弹态。只有当温度高于 T_m，晶区熔融，且分子整链相对移动($T>T_f$)时，材料才进入黏流态。

高结晶度高分子材料中(结晶度>40%)结晶相形成连续相，低温时处于类玻璃态，材料可作为塑料、纤维使用。温度升高，玻璃化转变不明显，而以晶区熔融为主要的状态转变。晶区熔融后或者直接进入黏流态(若材料相对分子质量低，$T_f<T_m$)；或先变为高弹态，继续升温超过黏流温度时再变为黏流态(若材料相对分子质量高，$T_f>T_m$)，如图 3-19 所示。

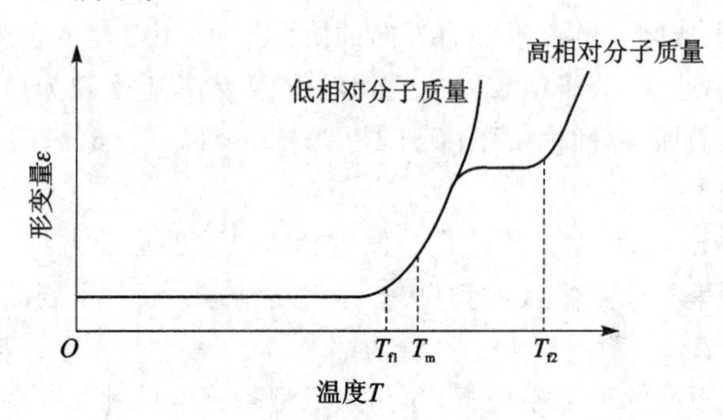

图 3-19　结晶高分子材料的温度-形变曲线

3.4.2.3　体型高分子材料的力学状态

体型高分子材料由于分子链间存在交联化学键，限制了整链运动，因此，其特点是不溶、不熔。尽管如此，在合适条件下，链段仍能运动，根据链段运动与否可判断其处于玻璃态或是高弹态。

当交联度较小时，网链较长，材料仍有玻璃化转变温度 T_g。根据环境温度高或低于 T_g，可判断材料处于高弹态或玻璃态。当交联度大时，链段运动困难，玻璃化转变难以发生，材料始终处于玻璃态。通常热固性树脂，如酚醛树脂、环氧树脂等，其交联度(固化程度)较高，它们是一类强度高、硬而脆的塑料。硫化橡胶作弹性体用，要求其处于高弹态，交联强度必须恰当控制。

3.4.3　高分子材料的玻璃化转变及次级转变

3.4.3.1　玻璃化转变

高分子材料的玻璃化转变是指从玻璃态到高弹态之间的转变。从分子运动的角度看，玻璃化转变温度 T_g 是大分子链段开始运动的温度。高分子材料发生玻璃化转变时，许多物理性能如模量、比体积、热焓、比热容、膨胀系数、折光指数、导热系数、介电常数、介电损耗、力学损耗、核磁共振吸收等都发生急剧变化。一般而言，所有这些在玻璃化转变时产生突变或不连续变化的物性都可用来测定聚合物的玻璃化转变温度。经常采用的方法是膨胀计法和差热分析法。

玻璃化转变是一个松弛过程。从松弛概念出发，T_g 可定义为外场作用的时间尺度 t 与过程的松弛时间 τ 相等时的温度。τ 随温度的下降而增大，随温度的升高而减小。因此，t 增加时，T_g 下降，t 减小时则 T_g 升高。例如，当时间尺度 t 增大 10 倍，T_g 可下降 5～8 ℃。所以测定 T_g 时，必须固定时间尺度。例如用膨胀计法测定 T_g 时，升温速度必须固定。

根据 William、Landel 和 Ferry 提出的玻璃化转变的自由体积理论，链段运动的速率或松弛时间 τ 主要决定于自由体积的大小，在相同的时间尺度下，各种聚合物在 T_g 时的自由体积分数相等。自由体积 V_f 为聚合物体积 V 与大分子固有体积 V_0 之差 $V_f = V - V_0$。单位体积的自由体积称为自由体积分数 f，$f = V_f/V_0$。实验表明，$T = T_g$ 时，$f_g = 0.025$。温度为高于 T_g 的某温度 T 时，自由体积分数 f 满足以下方程：

$$f_T = f_g + a_f(T - T_g) \tag{3-19}$$

据此可得著名的半经验方程——WLF 方程：

$$A_t = \lg \frac{\tau_T}{\tau_{T_g}} = \frac{-17.4(T - T_g)}{51.6 + (T - T_g)} \tag{3-20}$$

式中，A_t 为平移因子；τ_T 为温度 T 时链段运动的松弛时间；τ_{T_g} 为温度 T_g 时链段运动的松弛时间。WLF 方程定量地表达了时间尺度与 T_g 的关系。

如上所述，T_g 是链段运动松弛时间 τ 与外场作用时间尺度 t 相等时的温度。因此，在时间尺度不变时，凡使链段运动加速的因素，如高分子链柔顺性的增大、分子间作用力的减小等结构因素，都使 T_g 下降。当相对分子质量较低时，T_g 随分子量增加而提高，当相对分子质量增大到一定程度时，T_g 即与相对分子质量无关。一般作为高分子材料使用的聚合物，其相对分子质量都相当大，即与相对分子质量无关。交联度较小时，不影响链段运动，此时 T_g 与交联无关，但交联度较大时，随交联度的增加，T_g 提高。

3.4.3.2　T_g 以下的次级转变

从分子运动的观点看，玻璃化转变及结晶熔融都是由链段运动状态改变引起的，通常称为高分子材料的主转变，或 α 转变。在 T_g 以下，尽管链段运动被冻结了，但仍存在多种形式的分子运动。由小于链段的小尺寸结构单元（如链节、侧基、键长键角等)的运动状态改变引起的松弛过程,称为次级转变,或次级松弛。次级松弛过程的松弛时间较短,活化能较低,因而发生的温度较低。通常,按照转变出现的温度由高到低命名各次级转变为β、γ、δ…转变,这种命名并非严格地指明何种次级转变一定对应着何种结构单元的分子运动,有时在这种聚合物的β松弛与另一种聚合物的β松弛有完全不同的分子机理。

次级转变中,主要是β-转变对聚合物性能有明显影响。许多聚合物,如聚碳酸酯、PVC等,在室温下处于玻璃态,但韧而不脆,这和存在较强的β转变峰有关。但并非具有β转变的聚合物都具有韧性,如PS、PMMA在室温下是脆的。β-转变使玻璃态聚合物表现韧性的条件是,β转变峰要足够强、T_β低于室温以及β-转变起源于主链的运动。

研究高分子材料的次级转变有重要的实际意义和理论意义。由于次级转变反映了材料在低温区的分子运动状态,故借此可研究材料的低温物理性能,如低温韧性及耐寒性等。对塑料而言,只有具备良好的低温韧性,才有更高的使用价值。次级松弛现象通常用动态黏弹谱或动态介电谱来研究。

3.5 高分子材料的力学性能

材料的力学性能通常可分为形变性能和断裂性能两类,形变性能又可分为弹性、黏性和黏弹性,断裂性能包括强度和韧性。为了合理地选择和使用高分子材料,为了实现现有高分子材料的改性和发展新型高分子材料,必须全面掌握高分子材料力学性能的一般规律,深入了解力学性能与分子结构之间的内在联系。

3.5.1 高分子材料力学性能的基本指标

3.5.1.1 应力和应变

当材料受到外力作用而又不产生惯性移动时,其几何形状和尺寸会发生变化,这种变化称为应变或形变。材料宏观变形时,其内部分子及原子间发生相对位移,产生分子间及原子间对抗外力的附加内力,达到平衡时,附加内力与外力大小相等,方向相反。定义单位面积上的内力为应力,其值与外加的应力相等。材料受力的方式不同,发生形变的方式亦不同。对于各向同性材料,有三种基本类型。

1. 简单拉伸

材料受到的外力F是垂直于截面、大小相等、方向相反并作用于同一直线上的两个力,这时材料的形变称为张应变。伸长率较小时张应变$\varepsilon=(l-l_0)/l_0=\Delta l/l_0$,式中$l_0$为材料的起始长度,$l$为拉伸后的长度,$\Delta l$为绝对伸长。这种定义在工程上广泛采用,称为习用应变或相对伸长,又简称为伸长率。与习用应变相对应的应力σ称为习用应力,$\sigma=F/A_0$,A_0为材料的起始截面积。当材料发生较大形变时,材料的截面积亦有较大的变化。这时应以真实截面积A代替A_0,相应的真实应力σ'称为真

应力，$\sigma' = F/A$，A 为样品的瞬时截面积，相应的真应变 δ 为

$$\delta = \int_0^l \frac{\mathrm{d}l_i}{l_i} = \ln \frac{l}{l_0} \tag{3-21}$$

2. 简单剪切

当材料受到的力 F 是与截面相平行、大小相等、方向相反且不在同一直线上的两个力时，发生简单剪切。在此剪切力作用下，材料将发生偏斜，偏斜角 θ 的正切定义为切应变 $\gamma = \Delta l / l_0 = \tan\theta$。当切应变很小时，$\gamma \approx \theta$。相应的，剪切应力 σ_s 定义为 $\sigma_s = F/A_0$。

3. 均匀压缩

在均匀压缩（如液体静压）时，材料周围受到压力 P 而发生体积变化，体积由 V_0 缩小成 V，压缩应变 $\gamma_V = (V_0 - V)/V_0 = \Delta V / V_0$。

3.5.1.2　弹性模量

弹性模量，常简称为模量，是单位应变所需应力的大小，是材料刚性的表征。模量的倒数称为柔量，是材料容易形变程度的一种表征。以 E、G、B 分别表示与上述三种形变相对应的模量，则

$$E = \frac{\sigma}{\varepsilon}$$

$$G = \frac{\sigma_s}{\gamma}$$

$$B = \frac{P}{\gamma_V}$$

E 为拉伸模量又称为杨氏模量，G 为剪切模量，B 为体积模量亦称为本体模量。

3.5.1.3　硬　度

硬度是衡量材料表面抵抗机械压力的一种指标。硬度的大小与材料的抗张强度和弹性模量有关，所以，有时用硬度作为抗张强度和弹性模量的一种近似估计。

测定硬度有多种方法，按加荷方式分动载法和静载法两种。前者是用弹性回跳法和冲击力把钢球压入试样。后者是以一定形状的硬质材料为压头，平稳地逐渐加荷将压头压入试样。因压头形状和计算方法的不同又分为布氏、洛氏和邵氏法等。

3.5.1.4　强　度

1. 抗张强度

抗张强度亦称拉伸强度，是在规定的温度、湿度和加载速度下，在标准试样上沿轴向施加拉伸力直到试样被拉断为止。断裂前试样所承受的最大载荷 P 与试样截面积之比称为抗张强度。同样，若向试样施加单向压缩载荷则可测得压缩强度。

2. 抗弯强度

抗弯强度亦称挠曲强度，是在规定的条件下对标准试样施加静弯曲力矩，取直到试样折断为止的最大载荷 P，按式(3-22)计算抗弯强度：

$$\sigma_t = \frac{P}{2}\frac{l_0/2}{bd^2/6} = 1.5\frac{Pl_0}{bd^2} \tag{3-22}$$

弯曲模量为

$$E_t = \frac{\Delta P l_0^2}{4bd^3\delta_0} \tag{3-23}$$

式中，l_0、b、d 分别为试样的长、宽、厚；ΔP、δ_0 分别为弯曲形变较小时的载荷和挠度。

3. 抗冲击强度

抗冲击强度亦简称抗冲强度或冲击强度，是衡量材料韧性的一种强度指标。通常定义为试样受冲击载荷而破裂时单位面积所吸收的能量，按式(3-24)计算。

$$\sigma_i = \frac{W}{bd} \tag{3-24}$$

式中，W 为所消耗的功。冲击强度的测试方法很多，如摆锤法、落重法、高速拉伸法等。不同方法常测出不同的冲击强度数值。

3.5.2 高分子材料的高弹性和黏弹性

高弹性和黏弹性是高分子材料最具特色的性质。迄今为止，所有材料中只有高分子材料具有高弹性。处于高弹态的橡胶类材料在小外力下就能发生 100%～1000%的大变形，而且形变可逆，这种宝贵性质使橡胶材料成为国防和民用工业的重要战略物资。高弹性源自于柔性大分子链因单键内旋转引起的构象熵的改变，又称熵弹性。黏弹性是指高分子材料同时既具有弹性固体特性，又具有黏性流体特性，黏弹性结合产生了许多有趣的力学松弛现象，如应力松弛、蠕变、滞后损耗等行为。这些现象反映高分子运动的特点，既是研究材料结构和性能关系的关键问题，又对正确而有效地加工、使用高分子材料有重要指导意义。

3.5.2.1 高弹形变的特点

与金属、无机非金属材料的形变相比，高分子材料的典型高弹形变有以下几方面特点：

① 小应力作用下弹性形变很大，如拉应力作用下很容易伸长，伸长率达 100%～1000%(对比普通金属的弹性形变不超过 1%)；弹性模量低，约 10^{-1}～10 MPa(对比金属弹性模量，约 10^4～10^5 MPa)。

② 升温时，高弹形变的弹性模量与温度成正比，即温度升高，弹性应力也随之升高，而普弹形变的弹性模量随温度升高而下降。

③ 绝热拉伸(快速拉伸)时，材料会放热而使自身温度升高，金属材料则相反。

④ 高弹形变有力学松弛现象，而金属材料几乎无松弛现象。

高弹形变的这些特点源自于发生高弹性形变的分子机理与普弹形变的分子机理有本质的不同。

3.5.2.2 高弹性的热力学分析

取原长为 l_0 的轻度交联橡胶试样，恒温条件下施以定力 f，缓慢拉伸至 $l_0+\mathrm{d}l$。

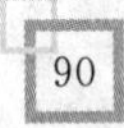

所谓缓慢拉伸指的是拉伸过程中，橡胶试样始终具有热力学平衡构象，形变为可逆形变，也称平衡态形变。

按照热力学第一定律，拉伸过程中体系内能的变化 dU 为：

$$dU = dQ - dW \tag{3-25}$$

式中，dQ 为体系吸收的热量，对恒温可逆过程，根据热力学第二定律有：

$$dQ = TdS \tag{3-26}$$

dW 为体系对外所做的功，包括拉伸过程中体积变化的膨胀功 PdV 和拉伸变形的伸长功 $-fdl$

$$dW = PdV - fdl \tag{3-27}$$

将 dQ、dW 两式代入式(3-25)中得

$$dU = TdS - PdV + fdl \tag{3-28}$$

设拉伸过程中材料的体积不变，$PdV=0$，则

$$dU = TdS + fdl \tag{3-29}$$

恒温恒容条件下，对 l 求偏微商得到：

$$\left(\frac{\partial U}{\partial l}\right)_{T,V} = T\left(\frac{\partial S}{\partial l}\right)_{T,V} + f \tag{3-30}$$

即

$$f = \left(\frac{\partial U}{\partial l}\right)_{T,V} - T\left(\frac{\partial S}{\partial l}\right)_{T,V} \tag{3-31}$$

上式称为橡胶等温拉伸的热力学方程，表明拉伸形变时，材料中的平衡张力由两项组成，分别由材料的内能变化 ΔU 和熵变化 ΔS 提供。

在拉力作用下，大分子链由原来卷曲状态变为伸展状态，构象熵减少；而由于热运动，分子链有自发地回复到原来卷曲状态的趋势，由此产生弹性回复力。这种构象熵的回复趋势，会由于材料温度的升高而更加强烈，因此温度升高，弹性应力也随之升高。另外构象熵减少，$dS<0$，由式(3-26)可知，dQ 是负值。这就是说，在拉伸过程中橡胶会放出热量，橡胶是热的不良导体，放出的热量使自身温度升高。

3.5.2.3　黏弹性

聚合物的黏弹性是指聚合物既有黏性又有弹性的性质，实质是聚合物的力学松弛行为。在玻璃化转变温度以上，非晶态线型聚合物的黏弹性表现最为明显。

对理想的黏性液体，即牛顿液体，其应力-应变行为遵从牛顿定律，$\sigma=\eta\gamma$。对虎克体，应力-应变关系遵从虎克定律，即应变与应力成正比，$\sigma=G\gamma$。聚合物既有弹性又有黏性，其形变和应力，或其柔量和模量都是时间的函数。多数非晶态聚合物的黏弹性都遵从 Boltzman 叠加原理，即当应变是应力的线性函数时，若干个应力作用的总结果是各个应力分别作用效果的总和。遵从此原理的黏弹性称为线性黏弹性。线性黏弹性可用牛顿液体模型及虎克体模型的简单组合来模拟。

温度提高会加速黏弹过程，即使过程的松弛时间减少。黏弹过程中时间-温度的

相互转化效应可用 WLF 方程表示(详见 3.4.3 节)。

1. 静态黏弹性

静态黏弹性是指在固定的应力(或应变)下形变(或应力)随时间延长而发展的性质。典型的表现是蠕变和应力松弛。

在温度、应变恒定的条件下,材料的内应力随时间延长而逐渐减小的现象称为应力松弛。线型聚合物的应力松弛现象可用 Maxwell 模型来形象地说明,它由一个胡克弹簧和一个牛顿黏壶串联而成。

在温度、应力恒定的条件下,材料的形变随时间的延长而增加的现象称为蠕变。对线型聚合物,形变可无限发展且不能完全回复,保留一定的永久形变。对交联聚合物,形变可达一平衡值。交联聚合物的蠕变可用 Kelvin 模型描述,它由一个胡克弹簧和一个牛顿黏壶并联而成,而线型聚合物的蠕变过程可用四元件模型来描述,它可以看作是 Maxwell 模型和 Kelvin 模型串联而成的。

2. 动态黏弹性

动态黏弹性是指在应力周期性变化作用下聚合物的力学行为,也称为动态力学性质。

聚合物在交变应力作用下形变落后于应力的现象称为滞后现象。由于滞后,在每一个循环中就有能量的损耗,称为力学损耗或内耗。

一个角频率为 ω 的简谐应力作用到试样上时,应变总是落后于应力一个相角 δ,称为内耗角。内耗角的正切值 $\tan\delta$ 是内耗值的量度,也称为阻尼因子。当外场作用的时间尺度与试样的松弛时间相近时,内耗达极大值,如图 3-20。阻尼因子与模量间满足如下关系式:

$$\tan\delta = E''/E' \quad (3-32)$$

式中,E''表示能量的损耗,通常称为损耗模量,E'表示应变作用下能量在试样中的储存,称为储能模量。

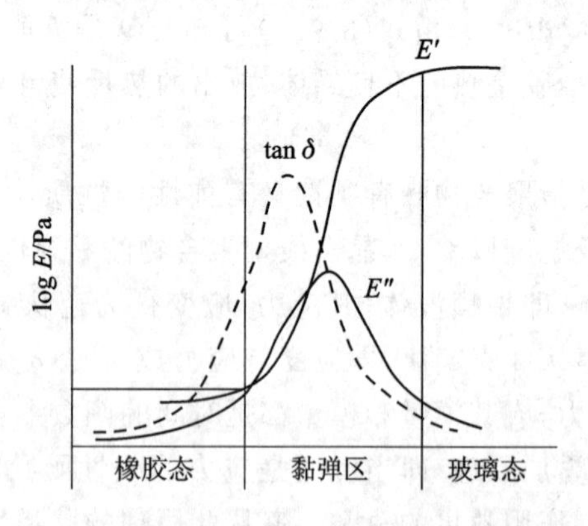

图 3-20 典型黏弹固体的 tan δ、E'及 E''与频率的关系

3.5.3　高分子材料的应力-应变曲线

测试材料的应力-应变特性是研究材料力学性能的重要实验手段。一般是将材料制成标准试样，以规定的速度均匀拉伸，测量试样上的应力、应变的变化，直到试样破坏。典型高分子材料拉伸应力-应变曲线，如图 3-21 所示。

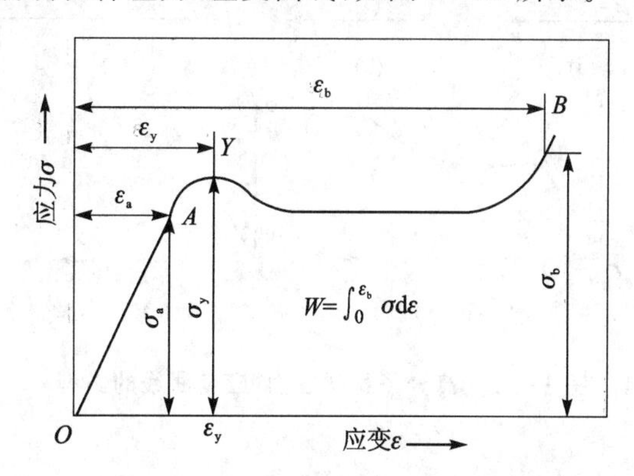

图 3-21　典型的拉伸应力-应变曲线

图中曲线有以下几个特征：*OA* 段，为符合胡克定律的弹性形变区，应力-应变呈直线关系变化，直线斜率 $d\sigma/d\varepsilon=E$ 相当于材料弹性模量。越过 *A* 点，应力-应变曲线偏离直线，说明材料开始发生塑性形变，极大值 *Y* 点称材料的屈服点，其对应的应力、应变分别称屈服应力（或屈服强度）σ_y 和屈服应变 ε_y。发生屈服时，试样上某一局部会出现"缩颈"现象，材料应力略有下降，发生"屈服软化"。而后随着应变增加，在很长一个范围内曲线基本平坦，"缩颈"区越来越大。直到拉伸应变很大时，材料应力又略有上升（成颈硬化），到达 *B* 点发生断裂。与 *B* 点对应的应力、应变分别称材料的拉伸强度（或断裂强度）σ_b 和断裂伸长率 ε_b，它们是材料发生破坏的极限强度和极限伸长率。曲线下的面积等于

$$W=\int_0^{\varepsilon_b}\sigma d\varepsilon \tag{3-33}$$

相当于拉伸试样直至断裂所消耗的能量，单位为 $J\cdot m^{-3}$，称断裂能或断裂功。它是表征材料韧性的一个物理量。

由于高分子材料种类繁多，实际得到的材料应力-应变曲线具有多种形状。归纳起来，可分为以下 5 类（见图 3-22）：

1. 硬而脆型

如图 3-22(a)所示，此类材料弹性模量高（*OA* 段斜率大）而断裂伸长率很小。在很小应变下，材料尚未出现屈服已经断裂，拉伸强度较高。在室温或室温之下，聚苯乙烯、聚甲基丙烯酸甲酯、酚醛树脂等表现出硬而脆的拉伸行为。

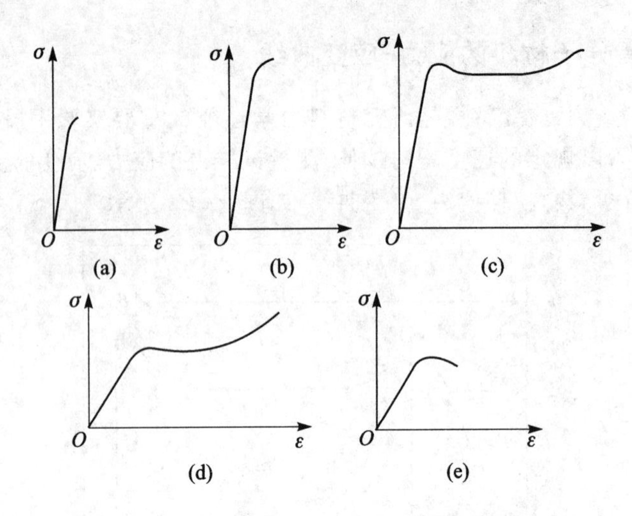

图 3－22 高分子材料应力-应变曲线的类型

2. 硬而强型

如图 3－22(b)所示，此类材料弹性模量高，拉伸强度高，断裂伸长率小。通常材料拉伸到屈服点附近就发生破坏(ε_b大约为 5%)。硬质聚氯乙烯制品属于这种类型。

3. 硬而韧型

如图 3－22(c)所示，此类材料弹性模量、屈服应力及拉伸强度都很高，断裂伸长率也很大，应力-应变曲线下的面积很大，说明材料韧性好，是优良的工程材料。硬而韧的材料，在拉伸过程中显示出明显的屈服、冷拉或缩颈现象，缩颈部分可产生非常大的形变。随着形变的增大，缩颈部分向试样两端扩展，直至全部试样测试区都变成缩颈。很多工程塑料如聚酰胺、聚碳酸酯以及醋酸纤维素、硝酸纤维素等属于这种材料。

4. 软而韧型

如图 3－22(d)所示，此类材料弹性模量和屈服应力较低，断裂伸长率大(20%～1000%)，拉伸强度可能较高，应力-应变曲线下的面积大。各种橡胶制品和增塑聚氯乙烯具有这种应力-应变特征。

5. 软而弱型

如图 3－22(e)所示，此类材料弹性模量低，拉伸强度低，断裂伸长率也不大。一些高分子材料软凝胶和干酪状材料具有这种特性。

实际高分子材料的拉伸行为非常复杂，可能不具备上述典型性，或是几种类型的组合。例如，有的材料拉伸时存在明显的屈服和“缩颈”，有的则没有；有的材料拉伸强度高于屈服强度，有的则屈服强度高于拉伸强度等。材料拉伸过程还明显地受环境条件(如温度)和测试条件(如拉伸速率)的影响，因此，规定标准的实验环境温度和标准拉伸速率是很重要的。

3.5.4　高分子材料的断裂和强度

3.5.4.1　脆性断裂和韧性断裂

从材料的承载方式来分，高分子材料的宏观破坏可分为快速断裂、蠕变断裂（静态疲劳）、疲劳断裂（动态疲劳）、磨损断裂及环境应力开裂等多种形式。从断裂的性质来分，高分子材料的宏观断裂可分为脆性断裂和韧性断裂两大类。发生脆性断裂时，断裂表面较光滑或略有粗糙，断裂面垂直于主拉伸方向，试样断裂后，残余形变很小。韧性断裂时，断裂面与主拉伸方向多成 45°角，断裂表面粗糙，有明显的屈服（塑性变形、流动等）痕迹，形变不能立即恢复。

不同的高分子材料本征地具有不同的抗拉伸和抗剪切能力，定义材料的最大抗拉伸能力为临界抗拉伸强度 σ_{nc}；最大抗剪切能力为临界抗剪切强度 σ_{tc}。若材料的 $\sigma_{nc}<\sigma_{tc}$，则在外应力作用下，材料的破坏主要表现为以主链断裂为特征的脆性断裂，例如聚苯乙烯、丙烯腈-苯乙烯共聚物的 $\sigma_{nc}<\sigma_{tc}$，为典型脆性高分子材料。若材料的 $\sigma_{tc}<\sigma_{nc}$，应力作用下材料往往首先发生屈服，分子链段相对滑移，沿剪切方向取向，继之发生的断裂为韧性断裂，例如聚碳酸酯、聚醚砜、聚醚醚酮的 σ_{tc} 远小于 σ_{nc}，为典型的韧性高分子材料。

另外，高分子材料在外力作用下发生脆性断裂还是韧性屈服，还依赖于实验条件，主要是温度、应变速率和环境压力。从应用观点来看，希望高分子材料制品受外力作用时先发生韧性屈服，即在断裂前能吸收大量能量，以阻碍和防止断裂，而脆性断裂则是工程应用中需要尽力避免的。

3.5.4.2　理论强度和实际强度

理论强度是从化学结构可能期望的材料极限强度，由于高分子材料的破坏是由化学键断裂引起的。因此，可从拉断化学键所需做的功计算其理论强度。

就碳链高分子材料而言，已知 C—C 键的键能约为 335～378 kJ · mol^{-1}，相当于每个键的键能为(5～6)×10^{-19} J。这些能量可近似看作为克服成键的原子引力 f，将两个 C 原子分离到键长的距离 d 所做的功 W。C—C 键长 $d=0.154$ nm，由此算出一个共价键力 f 为

$$f=\frac{W}{d}=(3\sim4)\times10^{-9}\ \mathrm{N} \tag{3-34}$$

由 X 射线衍射实验测定材料的晶胞参数，可求得大分子链的横截面积。如求得聚乙烯分子链横截面积为 $S_0=20\times10^{-20}\ \mathrm{m}^2$，由此得到高分子材料的理论强度 $\sigma_{theo}=2\times10^4$ MPa。

实际上，高分子材料的强度比理论强度小得多，仅为几个到几十 MPa。为什么实际强度与理论强度差别如此之大？研究表明，材料内部微观结构的不均匀和缺陷是导致强度下降的主要原因。实际高分子材料中总是存在这样那样的缺陷，如表面划痕、杂质、微孔、晶界及微裂纹等，这些缺陷尺寸很小但危害很大。实验观察到在玻

璃态高分子材料中存在大量尺寸在 100 nm 的孔穴,高分子材料生产和加工过程中又难免引入许多杂质和缺陷。在材料使用过程中,由于孔穴的应力集中效应,有可能使孔穴附近分子链承受的应力超过实际材料所受平均应力的几十倍或几百倍,以至达到材料的理论强度,使材料在这些区域首先破坏,继而扩展到材料整体。

影响高分子材料实际强度的因素包括相对分子质量、结晶度、晶粒尺寸、交联和取向等。为了提高高分子材料的力学强度,可通过填充、共混等复合方法,将增强材料加入到高分子材料基体中,对高分子材料进行增强改性。

3.5.5 高分子材料的抗冲击强度和增韧改性

3.5.5.1 高分子材料的抗冲击强度

高分子材料抗冲击强度是指标准试样受高速冲击作用断裂时,单位断面面积(或单位缺口长度)所消耗的能量。它描述了高分子材料在高速冲击作用下抵抗冲击破坏的能力,是衡量高分子材料韧性的一个重要指标。抗冲击强度的测试方法很多,应用较广的有摆锤式冲击试验、落锤式冲击试验和高速拉伸试验。经常使用的摆锤式冲击试验,根据试样夹持方式的不同,又分为悬臂梁式和简支梁式两种形式。

在 3.5.3 节已述及,高分子材料拉伸应力-应变曲线下的面积相当于试样拉伸断裂所消耗的能量,也表征材料韧性的大小。它与抗冲击强度不同,但两者密切相关。很显然,拉伸强度 σ_b 高和断裂伸长率 ε_b 大的材料韧性也好,抗冲击强度大。不同之处在于,两种实验的应变速率不同,拉伸速率慢而冲击速率极快;拉伸曲线求得的能量为断裂时材料单位体积所吸收的能量,而冲击实验只关心断裂区表面吸收的能量。

冲击破坏过程虽然很快,但根据破坏原理也可分为三个阶段:一是裂纹引发阶段,二是裂纹扩展阶段,三是断裂阶段。三个阶段中材料吸收能量的能力不同,有些材料如硬质聚氯乙烯,裂纹引发能高而扩展能很低,这种材料无缺口时抗冲击强度较高,一旦存在缺口则极容易断裂。裂纹扩展是材料破坏的关键阶段,因此,材料增韧改性的关键是提高材料抗裂纹扩展的能力。

3.5.5.2 高分子材料的增韧改性

橡胶增韧塑料的效果是十分明显的。无论是脆性塑料或韧性塑料,添加几份到十几份橡胶弹性体,基体吸收能量的本领会大幅度提高。尤其对脆性塑料,添加橡胶后基体会出现典型的脆-韧转变。橡胶增韧塑料的经典机理认为,橡胶粒子能提高脆性塑料的韧性,是因为橡胶粒子分散在基体中,形变时成为应力集中体,能促使周围基体发生脆-韧转变和屈服。屈服的主要形式有:引发大量银纹(应力发白)和形成剪切屈服带,吸收大量变形能,使材料韧性提高。剪切屈服带还能终止银纹,阻碍其发展成破坏性裂缝。

橡胶增韧塑料虽然可以使塑料基体的抗冲击强度大幅提高,但同时也伴随产生一些问题,主要问题有增韧同时使材料强度下降,刚性变弱,热变形温度下降及加工流动性变劣等。

由橡胶增韧塑料机理，增韧过程中体系吸收能量的本领提高，不是因为橡胶类改性剂吸收了很多能量，而是由于在受力时橡胶粒子成为应力集中体，引发塑料基体发生屈服和脆-韧转变，使体系吸收能量的本领提高。这一机理给我们启发，说明增韧的核心关键是如何诱发塑料基体屈服，发生脆-韧转变，无论是添加弹性体或是非弹性体，甚或添加空气（发泡）作为改性剂，只要能达到这个目的都应能实现增韧。基于此，塑料的非弹性体增韧改性逐渐发展起来，目前主要的非弹性体增韧改性塑料主要采用刚性有机填料和刚性无机填料两类。

采用刚性有机填料增韧改性时，要求基体有一定的韧性，易于发生脆-韧转变，不能是典型脆性塑料；增韧剂用量少时效果显著，用量增大效果反而降低；由于基体本身有较好韧性，因此，增韧倍率不像弹性体增韧脆性塑料那样大，一般只增韧几倍，但体系的实际韧性和强度都很高。关于增韧机理，一种说法是，刚性有机粒子作为应力集中体，使基体中应力分布状态发生改变，在很强压（拉）应力作用下，脆性有机粒子发生脆-韧转变，与其周围基体一起发生“冷拉”大变形，吸收能量。也有研究者认为，刚性有机填料一方面有改变基体应力分布状态，发生“冷拉”大变形作用；更重要的是它能促进基体发生脆-韧转变，提高基体发生脆-韧转变的效率，使基体中引发大量“银纹”或“剪切带”。两种增韧机理可以同时在一个体系中存在。

3.6　高分子材料的物理性能

3.6.1　高分子材料的溶液性质

多数线型或支化高分子材料置于适当溶剂并给予恰当条件（温度、时间、搅拌等），就可溶解而成为高分子溶液。高分子溶液可按浓度大小及分子链形态的不同分为：高分子极稀溶液、稀溶液、亚浓溶液、浓溶液、极浓溶液和熔体。稀溶液和浓溶液的本质区别在于稀溶液中单个大分子链线团是孤立存在的，相互之间没有交叠；而在浓厚体系中，大分子链之间发生聚集和缠结。

3.6.1.1　高分子材料溶解过程的特点

高分子材料因其结构的复杂性和多重性，溶解过程有自身特点。

1. 溶解过程缓慢，且先溶胀再溶解

由于大分子链与溶剂小分子尺寸相差悬殊，扩散能力不同，加之原本大分子链相互缠结，分子间作用力大，因此，溶解过程相当缓慢，常常需要几小时、几天甚至几星期。溶解过程一般为溶剂小分子先渗透、扩散到大分子之间，削弱大分子间相互作用力，使体积膨胀，称为溶胀；然后链段和分子整链的运动加速，分子链松动、解缠结；再达到双向扩散均匀，完成溶解。

2. 非晶态高分子材料比结晶高分子材料易于溶解

因为非晶态高分子材料分子链堆砌比较疏松，分子间相互作用较弱，因此，溶剂分子较容易渗入高分子材料内部使其溶胀和溶解。结晶高分子材料的晶区部分分子链排列规整,堆砌紧密,分子间作用力强,溶剂分子很难渗入其内部,因此,其溶解比非晶态高分子材料难。通常需要先升温至熔点附近,使晶区熔融,变为非晶态后再溶解。

3. 交联高分子材料只溶胀,不溶解

已知交联高分子材料分子链之间有化学键联结,形成三维网状结构,整个材料就是一个大分子,因此不能溶解。但是由于网链尺寸大,溶剂分子小,溶剂分子也能钻入其中,使网链间距增大,材料体积膨胀(有限溶胀)。

3.6.1.2　高分子材料的溶剂选择原则

根据理论分析和实践经验,溶解高分子材料时可按以下几个原则选择溶剂。

1. 极性相似原则

溶质、溶剂的极性(电偶极性)越相近,越易互溶,这条对小分子溶液适用的原则,一定程度上也适用于高分子溶液。例如非极性的天然橡胶、丁苯橡胶等能溶于非极性碳氢化合物溶剂(如苯、石油醚、甲苯、己烷等);分子链含有极性基团的聚乙烯醇不能溶于苯而能溶于水中。

2. 溶解度参数相近原则

这是一条热力学原则。溶解过程是溶质和溶剂分子的混合过程,在恒温恒压下,过程能自发进行的必要条件是混合自由能 $\Delta G_m<0$,即

$$\Delta G_m = \Delta H_m - T\Delta S_m < 0 \tag{3-35}$$

式中,T 是溶解温度,ΔS_m 和 ΔH_m 分别为混合熵和混合焓。

溶解过程中分子排列趋于混乱,熵是增加的,即 $\Delta S_m>0$。因此,ΔG_m 的正负主要取决于 ΔH_m 的正负及大小。有两种情况:若溶解时 $\Delta H_m<0$ 或 $\Delta H_m=0$,即溶解时系统放热或无热交换,必有 $\Delta G_m<0$,说明溶解能自发进行。若 $\Delta H_m>0$,即溶解时系统吸热,此时,只有当 $T|\Delta S_m|>|\Delta H_m|$ 溶解才能自发进行。显然 $\Delta H_m\to 0$ 和升高温度对溶解有利。

根据 Hildebrand 的半经验公式:

$$\Delta H_m = V_m \phi_1 \phi_2 [\delta_1 - \delta_2]^2 \tag{3-36}$$

式中,V_m 为溶液总体积,ϕ_1、ϕ_2 分别为溶剂和溶质的体积分数,δ_1 和 δ_2 为溶剂和溶质的溶解度参数。溶解度参数定义为溶剂(或溶质高分子材料)内聚能密度的平方根,单位为 $J^{\frac{1}{2}}\cdot cm^{-\frac{3}{2}}$。

由式(3-36)可见,δ_1 和 δ_2 的差越小,ΔH_m 越小,越有利于溶解,这就是溶解度参数相近原则。实验表明,对非晶态高分子材料来说,若分子间没有强极性基团或氢键作用,高分子材料与溶剂只要满足 $|\delta_1-\delta_2|<1.7\sim2.0\ J^{\frac{1}{2}}\cdot cm^{-\frac{3}{2}}$,高分子材料就能溶解。

3. 广义酸碱作用原则

一般来说,溶解度参数相近原则适用于判断非极性或弱极性非晶态高分子材料

的溶解性，若溶剂与高分子之间有强偶极作用或有生成氢键的情况则不适用。例如，聚丙烯腈的 $\delta=31.4$，二甲基甲酰胺的 $\delta=24.7$，按溶解度参数相近原则二者似乎不相溶，但实际上聚丙烯腈在室温下就可溶于二甲基甲酰胺，这是因为二者分子间生成强氢键的缘故。这种情况下，要考虑广义酸碱作用原则。广义的酸是指电子接受体（即亲电子体），广义的碱是电子给予体（即亲核体）。高分子材料和溶剂的酸碱性取决于分子中所含的基团。

3.6.1.3　高分子溶液的热力学性质

绝大多数高分子溶液，即使浓度很小（$<1\%$）时，也不符合理想溶液的规律。高分子溶液的依数性也与理想溶液有很大偏差，其根本原因在于大分子链的柔顺性。

1942 年，Flory 和 Huggins 分别用统计热力学的方法得到了高分子溶液的混合熵 ΔS_m 和混合热 ΔH_m 表达式，这就是所谓的“晶格模型”理论。根据此理论，混合熵可表示为：

$$\Delta S_m = -R(n_1 \ln \phi_1 + n_2 \ln \phi_2) \tag{3-37}$$

式中，ϕ_1 为溶剂的体积分数；ϕ_2 为溶质大分子的体积分数。

混合热可表示为：

$$\Delta H_m = \chi_1 RT n_1 \phi_2 \tag{3-38}$$

式中，χ_1 为 Huggins 参数，即高分子-溶剂相互作用参数，表征高分子与溶剂混合过程中相互作用能的变化或溶剂化程度，为无因次量。对于特定的高分子-溶剂体系，有一定的 χ_1 值。

由 ΔS_m 和 ΔH_m 表达式可得混合自由焓为：

$$\Delta G_m = RT(n_1 \ln \phi_1 + n_2 \ln \phi_2 + \chi_1 n_1 \phi_2) \tag{3-39}$$

上述的 Flory - Huggins 晶格模型理论没考虑到由于高分子链段间、溶剂分子间以及链段与溶剂分子间相互作用的不同会引起熵值的减小，也没考虑到高分子链段分布的不均匀性，在 20 世纪 50 年代又提出了稀溶液理论。

当 $\chi_1=1/2$ 时的稀溶液为 θ 溶液，微观状态和宏观热力学性质遵从理想溶液规律。此时，链段间的相互作用力接近或等于链段与溶剂间的相互作用力，那么链段之间就可彼此接近，相互贯穿，排斥体积接近于零，相当于高分子链处于无扰状态，这一状态即为 θ 溶液的微观状态。

利用高分子稀溶液的依数性来测定高分子的相对分子质量是经典的物理化学方法。由于高分子溶液的热力学性质与理想溶液的偏差很大，只有在无限稀释的条件下才符合理想溶液的规律，因此必须在若干浓度下测定其依数性，如沸点升高值、蒸汽压下降值、渗透压等，然后对浓度 c 作图并外推至 $c\to 0$ 时的依数性质的数值并计算出数均分子量 $\overline{M_n}$。

3.6.2 高分子材料的热性能

3.6.2.1 高分子材料的耐热性

高分子材料耐热性和热稳定性的高低，直接表现为材料和制品能保持外观形状和力学强度、化学组成和结构不改变所能够承受的温度的高低，是高分子材料最重要的质量指标之一。高分子材料的耐热性和热稳定性较金属和无机结构材料要低得多，决定高分子材料耐热性的关键因素是分子链化学组成和结构的热稳定性，同时也与高分子材料的凝聚态结构存在一定相关性。对于非晶态高分子材料而言，玻璃化转变温度的高低是其耐热性优劣的重要参数；对于晶态高分子材料而言，熔点的高低则是判断高分子材料耐热性的重要依据。

提高高分子材料耐热性的途径主要包括提高分子链的刚性、提高结晶度以及实施交联。

1. 提高高分子链的刚性

从高分子链的化学结构考虑，提高分子链刚性可以从三个方面入手：① 尽量减少主链的单键，尤其减少可赋予分子链柔顺性的单键，如 C－O 键；② 主链上引入共轭双键或叁键；③ 在主链上引入环状结构，如脂环、芳环和杂环，最好能使分子主链具有梯形结构。

2. 提高结晶度

晶态聚合物的熔点远高于同类非晶态聚合物的玻璃化转变温度，由此可见，设法使聚合物结晶并提高其结晶度，是提高高分子材料耐热性的重要途径之一。例如非晶态聚苯乙烯的玻璃化转变温度仅为 80 ℃，而全同立构聚苯乙烯的熔点却高达 243 ℃。

3. 交　联

在合成聚合物时，通过适当的手段使其发生适度交联，形成一定程度的交联网状结构，分子链间的化学交联键能够有效阻碍分子间的滑动，从而使材料耐热性和力学性能都得到显著地提高。例如，普通聚乙烯的软化温度稍高于 100 ℃，而辐照交联聚乙烯却能耐受 250 ℃的高温。

3.6.2.2 高分子材料的热稳定性

如果说材料的耐热性主要是指其形状、尺寸及其力学性能的稳定性，即物理稳定性的话，材料的热稳定性则主要是指其化学稳定性。聚合物在较高温度条件下除发生软化甚至熔融外，还常伴随着降解、交联或分解反应的发生，从而导致其各种性能的改变。虽然聚合物受热可能发生的交联反应能够在一定时间和温度范围内提高其强度，但是却更显著而持久地表现为材料变硬、变脆或者发黏。由此可见，单纯从提高聚合物玻璃化转变温度和结晶度的角度考虑，还不足以全面改善聚合物的耐热性和热稳定性。

由于聚合物的热降解或交联反应与受热条件下分子主链上或链间化学键的断裂

直接相关，所以组成聚合物分子链的化学键键能的高低客观地反映了材料热稳定性的优劣。差热分析和热重分析可用来测定聚合物的玻璃化转变温度、熔点和热分解温度等，是表征聚合物耐热性和热稳定性的重要方法。

提高高分子材料热稳定性的途径包括：① 在大分子中尤其是主链上避免弱化学键；② 在分子主链上引入苯环、杂环和梯形结构；③ 合成主链不含碳原子的元素有机高分子。

3.6.2.3　高分子材料的导热性

由于高分子材料的导热系数比金属低得多，即使其外层温度很高甚至达到使高分子材料燃烧的温度，其内层及被其覆盖的其他材料短时间内的温度也不会迅速升高，因此，高分子材料的这种绝热性能在航空航天领域得到广泛应用。

固态高分子材料的导热系数范围较窄，一般在 $0.22\ W \cdot m^{-1} \cdot K^{-1}$左右。结晶聚合物的导热系数稍高一些，而非晶聚合物的导热系数随相对分子质量增大而增大，这是因为热传递沿分子链进行比在分子间进行要容易。同样加入低分子的增塑剂会使导热系数下降。取向引起导热系数的各向异性，沿取向方向导热系数增大，垂直方向减小。微孔聚合物的导热系数非常低，一般为 $0.03\ W \cdot m^{-1} \cdot K^{-1}$左右，且随密度的下降而减小。

3.6.2.4　高分子材料的比热容及热膨胀性

高分子材料的比热容主要是由化学结构决定的，一般在 $1 \sim 3\ kJ \cdot kg^{-1} \cdot K^{-1}$之间，比金属及无机材料的大。

聚合物的热膨胀性比金属及陶瓷大，一般在 $4\times10^{-5} \sim 3\times10^{-5}$。聚合物的膨胀系数随温度的提高而增大，但一般并非温度的线性函数。

3.6.3　高分子材料的电性能

高分子材料，如聚四氟乙烯、聚乙烯、聚氯乙烯、环氧树脂、酚醛树脂等，是极好的电器材料。高分子材料的电性能主要由其化学结构所决定，受其微观结构影响较小。

3.6.3.1　导电性能

高分子材料的体积电阻率常随充电时间的延长而增加。因此，常规定采用 1 min 的体积电阻率数值。在各种电工材料中，高分子材料通常是电阻率非常高的绝缘体。要使聚合物具有导电性，就必须提升大分子主链上原子的电子能级，同时使禁带消失或变窄。例如，使大分子主链成为连续共轭体系的聚乙炔，开创了导电高分子材料研究和应用的新纪元。另外，具有平面共轭结构和环状共轭结构的高分子材料也具有较好的导电性。

3.6.3.2　介电性能

高分子材料的介电性能是指材料在电场中因极化作用而表现出对静电能的储存以及在交变电场中的损耗等性质。具有介电特性的材料称为电介质，一般电介质属于绝缘体，在电场中能够发生极化，但是不会产生荷电粒子。

1. 介电常数

设真空条件下平板电容器的电容值为 C_0，如果在其两极板之间施加直流静电场，设两个电极板上产生的感应电荷 Q_0。如果将电容器置于电介质之中，则由于电场作用使电容器两个极板上的感应电荷增加 Q'，导致电容器的实际电容 C 也随之增加，将电容器处于电介质中实际电容与处于真空条件下的电容之比值定义为介电常数。

$$\varepsilon = C/C_0 \tag{3-40}$$

介电常数反映电介质储存电能的能力大小，是电介质极化作用大小的宏观表现，其数值范围为 1～10。非极性高分子材料的介电常数为 2 左右，极性高分子材料为 3～9。

2. 介电损耗

电介质在交变电场作用下，由于发热而消耗的能量称为介电损耗。产生介电损耗的原因有两个：一是因电介质中微量杂质而引起的漏导电流；另一个原因是电介质在电场中发生极化取向时，由于极化取向与外加电场有相位差而产生的极化电流损耗，后者是主要原因。

在交变电场中，介电常数可用复数形式表示

$$\varepsilon = \varepsilon' - i\varepsilon'' \tag{3-41}$$

式中，ε'为与电容电流相关的介电常数，即实数部分，它是实验测得的介电常数，ε''为与电阻电流相关的分量，即虚数部分。损耗角 δ 的正切，$\tan\delta=\varepsilon''/\varepsilon'$，称为介电损耗。

聚合物的介电损耗即介电松弛与力学松弛原理上是一样的。介电松弛是在交变电场刺激下的极化响应。它决定于松弛时间与电场作用时间的相对值。当电场频率与某种分子极化运动单元松弛时间 τ 的倒数接近或相等时，相位差最大，产生共振吸收峰即介电损耗峰。从介电损耗峰的位置和形状可推断所对应的偶极运动单元的归属。聚合物在不同温度下的介电损耗叫介电谱。

对非极性聚合物，极性杂质常常是介电损耗的主要原因。非极性聚合物的 $\tan\delta$ 一般小于 10^{-4}，极性聚合物的 $\tan\delta$ 在 5×10^{-3}～10^{-1}。

3. 介电强度

当电场强度超过某一临界值时，电介质就丧失其绝缘性能，这称为电击穿。发生电击穿的电压称为击穿电压。击穿电压与击穿处介质厚度之比称为击穿电场强度，简称介电强度。

聚合物介电强度可达 1000 $\mathrm{MV\cdot m^{-1}}$。介电强度的上限是由聚合物结构内共价键电离能所决定的。当电场强度增加到临界值时，撞击分子发生电离，使聚合物击穿，称为纯电击穿或固有击穿。这种击穿过程极为迅速，击穿电压与温度无关。

3.6.3.3　高分子材料的静电现象

两种物体互相接触和摩擦时会有电子的转移而使一个物体带正电，另一个带负电，这种现象称为静电现象。高分子材料的高电阻率使它有可能积累大量静电荷，如聚丙烯腈纤维因摩擦可产生高达 1 500 V 的静电压。一般介电常数大的聚合物带正电,小的带负电。

可通过体积传导、表面传导等不同途径来消除静电现象,其中以表面传导为主。目前工业上广泛采用的抗静电剂都是用以提高聚合物的表面导电性。抗静电剂一般都具有表面活性剂的功能,常增加聚合物的吸湿性而提高表面导电性,从而消除静电现象。

3.6.4　高分子材料的光学性能

以聚甲基丙烯酸甲酯(又称有机玻璃)为代表的合成高分子材料是性能优良的光学材料,广泛用于航空航天和光导材料。通常情况下,非晶的均聚物具有良好的透明性,但大多数非均相的结晶聚合物和共混物则是不透明或半透明的。高分子材料的光学性能体现在材料的透明性、折射率、双折射、对光的反射、吸收和透射等。

3.6.4.1　高分子材料对光的折射与双折射

高分子材料的摩尔折光率具有加和性,这与其内聚能密度具有加和性相似。因此,可以按照聚合物大分子链所含原子和原子团对摩尔折光率的贡献值,直接应用加和规则计算聚合物的摩尔折光率。

光线通过各向异性介质时会折射成为传播方向不同的两束折射光,这种现象称为“双折射”现象。非晶聚合物和结晶聚合物的熔体属于各向同性物质,不会产生双折射现象,但它们经过取向处理后转变为各向异性,可以观察到双折射现象。结晶聚合物的双折射现象则更是普遍存在。

3.6.4.2　高分子材料对光的反射

被广泛用作光导纤维的高分子材料对光线具有良好的反射和传导功能,其对光的反射性能又直接关系到光导纤维对光信号的传输速率。

当一束光照射到均匀而透明的高分子材料时,一部分光线折射进入材料,另一部分光线会从材料表面或内部反射出来。当入射角接近某一临界角度时,反射光强会接近于入射光强;当入射角大于临界角时,入射光被全部反射,这就是全反射。对于高分子材料而言,其临界角约为41.8°,因此,当光线的入射角≥42°时,光线将在高分子材料与空气之间的界面上发生全反射,这就是高分子材料作为光导纤维能够高效率地传输光信号的原理。对于光导纤维,要充分保证全反射的条件还要求纤维的弯曲半径必须大于纤维直径的3倍,这样可以有效地避免光线在光导纤维弯曲的界面因透射作用而衰减。将光导纤维用于医学检测仪器如各种内腔镜导管,可以使光线沿着纤维任意“拐弯”,从而很方便地检查人体内部复杂的器官和组织的病变。

当光线在透明高分子材料中进行全反射时,高分子材料就显得极为明亮。利用这一原理可以制作各种照明器,如汽车尾灯、夜视路标等。

3.6.4.3　高分子材料的透明度

当光线照射到材料表面时,通过材料的透射光强与入射光强之比被称为透射比(或透过率或透明度)。材料的透明度取决于材料对光线的反射、吸收和散射这三个因素。透明材料对光线的吸收和散射相对于反射而言可以忽略不计;不透明材料对光线是高度散射的,其透射光强几乎为零;通常将对光线几乎不吸收、透过率却低于90%的材料归为半透明材料。

大多数非晶聚合物在可见光区并无特别选择性吸收,因此均表现为无色透明。部分结晶聚合物中由于存在光散射作用而使其透明性降低,多呈现半透明或乳白色,其内部微晶区与周围非晶区之间存在相对密度和取向度的差异,这是导致它们对光线产生散射的直接原因。结晶聚合物通常是不透明的,当晶粒尺寸大于可见光波长时,由于折光指数的局部差异而使聚合物不透明;随着晶粒尺寸的减小,聚合物的透明性增加;当晶粒尺寸小于可见光波长时,聚合物就成为透明的了。

3.7 高分子材料的化学性能

高分子材料的化学性能包括在化学因素和物理因素作用下所发生的化学反应。

3.7.1 聚合物的化学反应

由官能团等活性理论,官能团的反应活性并不受所在分子链长短的影响,因此,聚合物大分子链上官能团的性质与小分子上相应官能团的性质并无区别,带有官能团的小分子所进行的化学反应,大分子上相应的官能团也能进行。利用大分子上官能团的化学反应,可进行聚合物的改性、接枝、交联等反应,也可制备新的聚合物。例如乙烯醇因很易异构化为乙醛而不能单独存在,所以无法用乙烯醇制取聚乙烯醇。聚乙烯醇是通过聚乙酸乙烯酯中酯键的醇解反应而制得的。

由于聚合物相对分子质量高且具有多分散性、结构复杂,高分子的化学反应也具有自身的特征。

① 在化学反应中,扩散因素常常成为反应速度的决定步骤,官能团的反应能力受聚合物相态(晶相或非晶相)、大分子的形态等因素影响很大。

② 分子链上相邻官能团对化学反应有很大影响。分子链上相邻的官能团,由于静电作用、空间位阻等因素,可改变官能团反应能力,有时使反应不能进行完全。

典型的聚合物化学反应包括聚二烯烃的加成反应、聚α-烯烃的接枝反应、聚酯的醇解和水解、苯环侧基的取代反应、纤维素的化学改性、聚合物的降解和交联等。

3.7.2 高分子材料的老化

高分子材料及其制品在使用或贮存过程中由于环境(光、热、氧、潮湿、应力、化学侵蚀等)的影响,性能(强度、弹性、硬度、颜色等)逐渐变坏的现象称为老化。这种情况与金属的腐蚀是相似的。

1. 光氧化

聚合物在光的照射下,分子链的断裂取决于光的波长与聚合物的键能。各种键的离解能为 167～586 kJ · mol,紫外线的能量为 250～580 kJ · mol。在可见光的范围内,高分子材料一般不被离解,但呈激发状态。因此在氧存在下,高分子材料易于发生光氧化过程。

水、微量的金属元素特别是过渡金属及其化合物都能加速光氧化过程。

为延缓或防止聚合物的光氧化过程,需加入光稳定剂。常用的光稳定剂有紫外线吸收剂,如邻羟基二苯甲酮衍生物、水杨酸酯类等。光屏蔽剂,如炭黑金属减活性剂(又称淬灭剂),它是与加速光氧化的微量金属杂质起螯合作用,从而使其失去催化活性。能量转移剂,它从受激发的聚合物吸收能量以消除聚合物分子的激发状态,如镍、钴的络合物就有这种作用。

2. 热氧化

聚合物的热氧(老)化是热和氧综合作用的结果。热加速了聚合物的氧化,而氧化物的分解导致了主链断裂的自动氧化过程。氧化过程是首先形成氢过氧化物,再进一步分解而产生活性中心(自由基)。一旦形成自由基之后,即开始链式的氧化反应。

为获得对热、氧稳定的高分子材料制品,常需加入抗氧剂和热稳定剂。常用的抗氧剂有仲芳胺、阻碍酚类、苯醌类、叔胺类以及硫醇、二烷基二硫代氨基甲酸盐、亚磷酸酯等。热稳定剂有金属皂类、有机锡等。

3. 化学侵蚀

由于受到化学物质的作用,高分子材料发生化学变化而使性能变劣的现象称为化学侵蚀,如聚酯、聚酰胺的水解等。上述的氧化也可视为化学侵蚀。化学侵蚀所涉及的问题就是聚合物的化学性质。因此,在考虑高分子材料的老化以及环境影响时,要充分估计聚合物可能发生的化学变化。

4. 生物侵蚀

合成高分子材料一般具有极好的耐微生物侵蚀性。软质聚氯乙烯制品因含有大量增塑剂会遭受微生物的侵蚀。某些来源于动物、植物的天然高分子材料,如酪蛋白纤维素以及含有天然油的涂料,如醇酸树脂等,亦会受细菌和霉菌的侵蚀。某些高分子材料,由于质地柔软易受蛀虫的侵蚀。

3.7.3　高分子材料的燃烧特性

大多数聚合物都是可以燃烧的,尤其是目前大量生产和使用的高分子材料如聚乙烯、聚苯乙烯、聚丙烯、有机玻璃、环氧树脂、丁苯橡胶、丁腈橡胶、乙丙橡胶等都是很容易燃烧的材料。因此了解聚合物的燃烧过程和高分子材料的阻燃方法是十分重要的。

3.7.3.1 高分子材料的燃烧过程

燃烧通常是指在较高温度下物质与空气中的氧剧烈反应并发出热和光的现象。物质产生燃烧的必要条件是可燃、周围存在空气和热源。使材料着火的最低温度称为燃点或着火点。材料着火后，其产生的热量有可能使其周围的可燃物质或自身未燃部分受热而燃烧。这种燃烧的传播和扩展现象称为火焰的传播或延燃。若材料着火后其自身的燃烧热不足以使未燃部分继续燃烧则称为阻燃、自熄或不延燃。

高分子材料的燃烧过程包括加热、热解、氧化和着火等步骤。在加热阶段，高分子材料受热而变软、熔融并进而发生分解，产生可燃性气体和不燃性气体。当产生的可燃性气体与空气混合达到可燃浓度范围时即发生着火。着火燃烧后产生的燃烧热使气、液及固相的温度上升，燃烧得以维持。在这一阶段、主要的影响因素是可燃气体与空气中氧的扩散速度和高分子材料的燃烧热。延燃与高分子材料的燃烧热有关，也受高分子材料表面状况、暴露程度等因素的影响。

不同高分子材料，燃烧的传播速度也不同。燃烧速度是高分子材料燃烧性的一个重要指标，一般是指在有外部辐射热源存在下水平方向火焰的传播速度。一般而言，烃类聚合物燃烧热最大，含氧聚合物的燃烧热则较小。聚合物的燃烧速率与高反应活性的·OH自由基密切相关。若抑制·OH的产生，就能达到阻燃的效果。目前使用的许多阻燃剂就是基于这一原理。

在火灾中燃烧往往是不完全的，不同程度地产生挥发性化合物和烟雾。许多高分子材料在燃烧时产生有毒的挥发物质。含氮聚合物如聚氨酯、聚酰胺、聚丙烯腈，会产生氰化氢。氯代聚合物如PVC等，会产生氯化氢。

3.7.3.2 氧指数

所谓氧指数就是在规定的条件下，试样在氧气和氮气的混合气流中维持稳定燃烧所需的最低氧气浓度，用混合气流中氧所占的体积分数表示。氧指数是衡量高分子材料燃烧难易的重要指标，氧指数越小越易燃。

由于空气中含21%左右的氧，所以氧指数在22%以下的属于易燃材料；在22%～27%的为难燃材料，具有自熄性；27%以上的为高难燃材料。然而这种划分只有相对意义，因为高分子材料的阻燃性能还与其他物理性能如比热容、热导率、分解温度以及燃烧热等有关。

3.7.3.3 高分子材料的阻燃

高分子材料的阻燃性就是它对早期火灾的阻抗特性。含有卤素、磷原子等的聚合物一般具有较好的阻燃性。但大多数聚合物是易燃的，常需加入阻燃剂、无机填料等来提高聚合物的阻燃性。

阻燃剂，就是指能保护材料不着火或使火焰难以蔓延的试剂。阻燃剂的阻燃作用，是因其在高分子材料燃烧过程中能阻止或抑制其物理的变化或氧化反应速度。具有以下一种或多种效应的物质都可用作阻燃剂。

1. 吸热效应

其作用是使聚合物的温度上升困难。例如具有 10 个分子结晶水的硼砂，当受热释放出结晶水时需吸收 142 $kJ\cdot mol^{-1}$的热量，因而抑制聚合物温度的上升，产生阻燃效果。氢氧化铝也具有类似的作用。

2. 覆盖效应

在较高温度下生成稳定的覆盖层或分解生成泡沫状物质覆盖于聚合物表面，阻止聚合物热分解出的可燃气体逸出并起到隔热和隔绝空气的作用，从而产生阻燃效果。如磷酸酯类化合物和防火发泡涂料。

3. 稀释效应

如磷酸铵、氯化铵、碳酸铵等。受热时产生不燃性气体 CO_2、NH_3、HCl、H_2O 等，起到稀释可燃性气体作用，使其达不到可燃浓度。

4. 转移效应

如氯化铵、磷酸铵等可改变高分子材料热分解的模式，抑制可燃性气体的产生，从而起到阻燃效果。

5. 抑制效应（捕捉自由基）

如溴、氯的有机化合物，能与燃烧产生的·OH 自由基作用生成水，起到连锁反应抑制剂的作用。

6. 协同效应

有些物质单独使用并不阻燃或阻燃效果不大，但与其他物质配合使用就可起到显著的阻燃效果。三氧化二锑与卤素化合物的共用就是典型的例子。

目前使用的添加型阻燃剂可分为无机阻燃剂（包括填充剂）和有机阻燃剂。其中无机阻燃剂的使用量占 60%以上。常用的无机阻燃剂有氢氧化铝、三氧化二锑、硼化物、氢氧化镁等。有机阻燃剂主要有磷系阻燃剂，如磷酸三辛酯、三（氯乙基）磷酸酯等；有机卤系阻燃剂如氯化石蜡、氯化聚乙烯、全氯环戊癸烷以及四溴双酚 A 和十溴二苯醚等。

3.7.4　高分子材料的力化学性能

高分子材料的力化学性能是指高分子材料在机械力作用下所产生的化学变化。高分子材料在塑炼、挤出、破碎、粉碎、摩擦、磨损、拉伸等过程中，在机械力的作用下会发生一系列的化学过程，甚至在测试、溶胀过程中也会产生力化学过程。力化学过程对高分子材料的加工、使用和制备等方面均具有十分重要的作用和意义。

3.7.4.1　力化学过程

聚合物在力的作用下，由于内应力分布不均或冲击能量集中在个别链段上，首先达到临界应力使化学键断裂，形成自由基、离子、离子自由基之类的活性基团，多数情况下是形成大分子自由基。这种初始形成的自由基（或其他活性粒子）引发链式反应。依反应条件（温度、介质等）和大分子链及大分子自由基（或其他活性粒子）结构的不同，链增长反应可朝不同的方向进行，例如力降解、力结构化、力合成、力化学流动等。最后通过歧化或偶合反应发生链终止，生成稳定的力化学过程产物。

很多情况下，机械力并不直接产生活性基团，引发链式反应，而是产生力活化过程。所谓力活化是指在机械作用下加速了化学过程或其他过程，如光化学过程、物理化学过程等，其作用犹如化学反应中的催化剂。

力活化可与化学反应同时发生（自身力活化），也可在化学反应之前发生（后活化效应）。

力作用于聚合物时还常伴有一系列的物理现象。如发光、电子发射、产生声波及超声波、红外线辐射等。这些物理过程对力化学过程及其进行的方向会有不同程度的影响。因此，聚合物力化学过程是十分复杂的，目前尚处于研究的初期阶段。力化学过程可按转化方向和结果分为力降解、力结构化、力合成、力化学流动等不同类型。

3.7.4.2　力降解

聚合物在塑炼、破碎、挤出、磨碎、抛光、一次或多次变形以及聚合物溶液的强力搅拌中，由于受到机械力的作用，大分子链断裂、相对分子质量下降的力化学现象称为力降解。力降解的结果使聚合物性能发生显著变化。

① 聚合物相对分子质量下降，相对分子质量分布变窄　聚合物的相对分子质量越大，对力降解越敏感，降解速度越大，其结果是使相对分子质量分布变窄。

② 产生新的端基及极性基团　力降解后大分子的端基常发生变化。非极性聚合物中可能生成极性基团，碱性端基可能变成酸性，饱和聚合物中生成双键等。

③ 溶解度发生改变　例如高分子明胶仅在 40 ℃以上溶于水，而力降解后能完全溶于冷水。溶解度的变化是相对分子质量下降、端基变化及主链结构改变所致。

④ 可塑性改变　例如橡胶经过塑炼可改善与各种配合剂的混炼性以便于成型加工。这是相对分子质量下降引起的。

⑤ 力结构化和化学流动　某些带有双键、α-次甲基等的线型聚合物在机械力作用下会形成交联网络，称为力结构化作用。根据条件的不同，可能发生交联，或者力降解和力交联同时进行。由于力降解，不溶的交联聚合物可变成可溶状态并能发生流动，生成分散体，分散粒子为交联网络的片断。这些片断可在新状态下重新结合成交联网络，其结果是宏观上产生不可逆流动，此种现象称为力化学流动。马来酸聚酯、酚醛树脂、硫化橡胶等都能出现这种现象。

力降解的程度、速度及结果与聚合物的化学特性、链的构象、相对分子质量以及存在的自由基接受体特性、介质性质和机械力的类型等都有密切关系。玻璃态时，力降解温度系数为零，高弹态时为负值。随着温度升高，当热降解开始起作用时，温度系数按热反应的规律增大。温度系数为零或负值并不能证明力降解的活化能为零，只表明活化机理的特殊性。这与光化学过程是相似的。

3.7.4.3　力化学合成

力化学合成是指聚合物-聚合物、聚合物-单体、聚合物-填料等体系在机械力作

用下生成均聚物及共聚物的化学合成过程。

当一种聚合物遭受力裂解时，生成的大分子自由基与大分子中的反应中心作用进行链增长反应，产生支化或交联。两种以上的不同聚合物在一起发生力裂解时，则可形成不同类型的共聚物，如嵌段共聚物、接枝共聚物或共聚物网络。这种力化学合成过程对聚合物共混体系十分重要。例如聚氯乙烯与聚苯乙烯共混物生成的共聚物可改进加工性能。像聚乙烯和聚乙烯醇这类亲水性相差很大的聚合物在力化学共聚时能生成亲水的、透气的组分。

聚合物在一种或几种单体存在下，力裂解时可生成一系列嵌段或接枝的共聚物。例如马来酸酐与天然橡胶、丁苯橡胶等的力化学共聚物有十分重要的实用意义。

用机械力将固态高分子材料破碎时，依固体的不同，在新生成的表面上可产生不同特性的活性中心。在有单体或聚合物存在时，可在固体表面上结合制得与聚合物发生化学结合的聚合物-填料体系。例如，聚丙烯与磺化碱木质素在 25～250 ℃共同加工时可生成支化、接枝体系，具有高强度及其他宝贵性质，是很贵重的薄膜材料。又如在球磨或振动磨中，将丁苯橡胶或丁腈橡胶与温石棉一起加工时，橡胶在石棉粒子上接枝。

参考文献

1. 吴其晔，冯莺. 高分子材料概论[M]. 北京：机械工业出版社，2004.
2. 何曼君，张红东，陈维孝，等. 高分子物理[M]. 3 版. 上海：复旦大学出版社，2007.
3. 华幼卿，金日光. 高分子物理[M]. 4 版. 北京：化学工业出版社，2013.
4. 黄丽. 高分子材料[M]. 北京：化学工业出版社，2012.
5. 张留成，闫卫东，王家喜. 高分子材料进展[M]. 北京：化学工业出版社，2005.
6. 胡国文，周智敏，张凯，等. 高分子化学与物理学教程[M]. 北京：科学出版社，2011.
7. 张留成，瞿雄伟，丁会利. 高分子材料基础[M]. 2 版. 北京：化学工业出版社，2007.

第4章　通用高分子材料

本章对通用性强、用途较广的塑料、橡胶、纤维通用高分子材料进行阐述。

4.1　塑　　料

塑料是以聚合物为主要成分,在一定条件(温度、压力等)下可塑成一定形状并且在常温下保持其形状不变的材料,习惯上也包括塑料的半成品,如压塑粉等。

作为塑料基础组分的聚合物,不仅决定塑料的类型而且决定塑料的主要性能。一般而言,塑料用聚合物的内聚能介于纤维与橡胶之间,使用温度范围在其脆化温度和玻璃化温度之间。应当注意,同一种聚合物,由于制备方法、制备条件及加工方法的不同,常常既可作塑料用,也可作纤维或橡胶用。例如,尼龙既可作塑料用,也可作纤维用。

作为高分子材料主要品种之一的塑料,目前大批量生产的已有20余种,少量生产和使用的则有数十种。对塑料有各种不同的分类。例如,根据组分数目可分为单一组分的塑料和多组分塑料。单一组分塑料基本上是由聚合物构成或仅含少量辅助物料(染料、润滑剂等),如聚乙烯塑料、聚丙烯塑料、有机玻璃等。多组分塑料则除聚合物之外,尚包含大量辅助剂(如增塑剂、稳定剂、改性剂、填料等),如酚醛塑料、聚氯乙烯塑料等。

根据受热后形态性能表现的不同,可分为热塑性塑料和热固性塑料两大类。热塑性塑料受热后软化,冷却后又变硬,这种软化和变硬可重复、可循环,因此反复成型,这对塑料制品的再生很有意义。热塑性塑料占塑料总产量的70%以上,大吨位的品种有聚氯乙烯、聚乙烯、聚丙烯等。热固性塑料是由单体直接形成网状聚合物或通过交联线性预聚体而形成,一旦形成交联聚合物,受热后不能再回复到可塑状态。因此,对热固性塑料而言,聚合过程(最后的固化阶段)和成型过程是同时进行的,所得制品是不溶不熔的。热固性塑料的主要品种有酚醛树脂、氨基树脂、不饱和聚酯、环氧树脂等。

按塑料的使用范围可分为通用塑料和工程塑料两大类。通用塑料是指产量大,价格较低、力学性能一般,主要作非结构材料使用的塑料,如聚氯乙烯、聚乙烯、聚丙烯、聚苯乙烯等。工程塑料一般是指可作为结构材料使用,能经受较宽的温度变化范围和较苛刻的环境条件,具有优异的力学性能、耐热、耐磨性能和良好的尺寸稳定性。工程塑料的大规模发展只有20余年的历史。主要品种有聚酰胺、聚碳酸酯、聚甲醛等。最初,这类塑料的开发大多是为了某一特定用途而进行的,因此产量小,价格贵。

近年来随着科学技术的迅速发展，对高分子材料性能的要求越来越高，工程塑料的应用领域不断开拓，产量逐年增大，使得工程塑料与通用塑料之间的界限变得模糊，难以截然划分了。某些通用塑料，如聚丙烯等，经改性之后也可作满意的结构材料使用。

在以下的讨论中，将按热塑性和热固性进行分类，但鉴于工程塑料的发展迅速、应用广泛，所以单列一类做系统介绍。

塑料是一类重要的高分子材料，具有质轻、电绝缘、耐化学腐蚀、容易成型加工等特点。某些性能是木材、陶瓷甚至金属所不及的。各种塑料的相对密度大致为0.9～2.2，一般仅为钢铁的1/4～1/6。塑料为电的不良导体，表面电阻约为10^9～10^{10} Ω，因而广泛用作电绝缘材料。塑料中加入导电的填料，如金属粉、石墨等，或经特殊处理，可制成具有一定导电率的导体或半导体以供特殊需要。塑料也常用作绝热材料。许多塑料的摩擦系数很低，可用作制造轴承、轴瓦、齿轮等部件，且可用水作润滑剂。同时，有些塑料摩擦系数较高，可用于配制制动装置的摩擦零件。塑料可制成各种装饰品，制成各种薄膜、型材、配件及产品。塑料性能可调范围宽，具有广泛的应用领域。塑料的突出缺点是力学性能比金属材料差，表面硬度也低，大多数品种易燃，耐热性也较差。这些正是当前研究塑料改性的方向和重点。

4.1.1 塑料的组分及其作用

单组分的塑料基本上是由聚合物组成的，典型的是聚四氟乙烯，不加任何添加剂。聚乙烯、聚丙烯等只加少量添加剂，但多数塑料制品是一个多组分体系。除基本组分聚合物之外，尚包含各种各样的添加剂。聚合物的含量一般为40%～100%。通常最重要的添加剂可分成四种类型：有助于加工的润滑剂和热稳定剂；改进材料力学性能的填料、增强剂、抗冲改性剂、增塑剂等；改进耐燃性能的阻燃剂；提高使用过程中耐老化性的各种稳定剂。

主要的添加剂及其作用简单介绍如下。

(1) 填料及增强剂

为提高塑料制品的强度和刚性，可加入各种纤维状材料作增强剂，最常用的是玻璃纤维、石棉纤维。新型的增强剂有碳纤维、石墨纤维和硼纤维。填料的主要功能是降低成本和收缩率，在一定程度上也有改善塑料某些性能的作用，如增加模量和硬度，降低蠕变等。主要的填料种类有：硅石（石英砂）、硅酸盐（云母、滑石、陶土、石棉）、碳酸钙、金属氧化物、炭黑、玻璃珠、木粉等。增强剂和填料的用量一般为20%～50%。增强剂和填料的增强效果取决于它们与聚合物界面分子间相互作用的状况。采用偶联剂处理填料及增强剂，可增加其与聚合物之间的作用力，通过化学键偶联起来，更好地发挥其增强效果。

(2) 增塑剂

对一些玻璃化温度较高的聚合物，为制得室温下软质的制品和改善加工时熔体的流动性能，就需要加入一定量的增塑剂。增塑剂一般为沸点较高，不易挥发，与聚合物有良好混溶性的低分子油状物。增塑剂分布在大分子链之间，降低分子间作用力，因而具有降低聚合物玻璃化温度及成型温度的作用。通常玻璃化温度的降低值与增塑剂的体积分数成正比。同时，增塑剂也使制品的模量降低，也使刚性和脆性减小。

增塑剂可分为主增塑剂和副增塑剂两类。主增塑剂的特点是与聚合物的混溶性好，塑化效率高。副增塑剂与聚合物的混溶性稍差，主要是与主增塑剂一起使用，以降低成本，所以也称为增量剂。

在工业上使用增塑剂的聚合物，最主要的是聚氯乙烯，80%左右的增塑剂是用于聚氯乙烯塑料。此外还有聚醋酸乙烯以及以纤维素为基的塑料。常用的增塑剂多是碳原子数6～11的脂肪酸与邻苯二甲酸类合成的酯类。主要的增塑剂品种是邻苯二甲酸二辛酯(DOP)、邻苯二甲酸二丁酯(DBP)及邻苯二甲酸二甲酯、二乙酯。此外还有环氧类、磷酸酯类、癸二酸酯类增塑剂以及氯化石蜡类增塑剂。樟脑是纤维素基塑料的增塑剂。

(3) 稳定剂

为了防止塑料在光、热、氧等条件下过早老化，延长制品的使用寿命，常加入稳定剂。稳定剂又称为防老剂，它包括：抗氧剂、热稳定剂、紫外线吸收剂、变价金属离子抑制剂、光屏蔽剂等。

能抑制或延缓聚合物氧化过程的助剂称为抗氧剂。抗氧剂的作用在于它能消除老化反应中生成的过氧化自由基，还原烷氧基或羟基自由基等，从而使氧化的连锁反应终止。抗氧剂有取代酚类、芳胺类、亚磷酸酯类、含硫酯类等。一般而言，酚类抗氧剂对制品无污染和变色性，适用于烯烃类塑料或其他无色及浅色塑料制品。芳胺类抗氧剂的抗氧化效能高于酯类且兼有光稳定作用。缺点是有污染性和变色性。亚磷酸酯类是一种不着色抗氧剂，常用作辅助抗氧剂。含硫酯类作为辅助抗氧剂用于聚烯烃中，它与酚类抗氧剂并用有显著的协同效应。

热稳定剂主要用于聚氯乙烯及其共聚物。聚氯乙烯在热加工过程中，在达到熔融流动之前常有少量大分子链断裂放出 HCl，而 HCl 会进一步加速分子链断裂的连锁反应。加入适当的碱性物质中和分解出来的 HCl 可防止大分子进一步发生断链，这就是热稳定剂的作用原理。常用的热稳定剂有：金属盐类和皂类，主要的有盐基硫酸铅和硬脂酸铅。其次有钙、镉、锌、钡、铝的盐类及皂类；有机锡类是聚氯乙烯透明制品必须用的稳定剂，它还有良好的光稳定作用；环氧化油和酯类，是辅助稳定剂也是增塑剂；螯合剂，是能与金属盐类形成络合物的亚磷酸烷酯或芳酯，单独使用并不见效，与主稳定剂并用才显示其稳定作用。最主要的螯合剂是亚磷酸三苯酯。

波长为290～350 nm的紫外线能量达365～407 kJ·mol^{-1}，足以使大分子主链断裂，发生光降解。紫外线吸收剂是一类能吸收紫外线或减少紫外线透射作用的化学物质，它能将紫外线的光能转换成热能或无破坏性的较长光波的形式，从而把能量释放出来，使聚合物免遭紫外线破坏。各种聚合物对紫外线的敏感波长不同，各种紫外线吸收剂吸收的光波范围也不同，应适当选择才有满意的光稳定效果。常用的紫外线吸收剂有多羟基苯酮类、水杨酸苯酯类、苯并三唑类、三嗪类、磷酰胺类等。

变价金属离子如铜、锰、铁离子能加速聚合物(特别是聚丙烯)的氧化老化过程。变价金属离子抑制剂就是一类能与变价金属离子的盐联结为络合物,从而消除这些金属离子的催化氧化活性的化学物质。常用的变价金属离子抑制剂有醛和二胺缩合物、草酰胺类、酰肼类、三唑和四唑类化合物等。

光屏蔽剂是一类能将有害于聚合物的光波吸收,然后将光能转换成热能散射出去或将光反射掉,从而对聚合物起到保护作用的物质。光屏蔽剂主要有炭黑、氧化锌、钛白粉、锌钡白等黑色或白色的能吸收或反射光波的化学物质。

(4) 润滑剂

加入润滑剂是为了防止塑料在成型加工过程中发生黏模现象。润滑剂可分为内外两种。外润滑剂主要作用是使聚合物熔体能顺利离开加工设备的热金属表面,这有利于它的流动和脱模。外润滑剂一般不溶于聚合物,只是在聚合物与金属的界面处形成薄薄的润滑剂层。内润滑剂与聚合物有良好的相溶性,能降低聚合物分子间的内聚力,从而有助于聚合物流动并降低内摩擦所导致的升温。最常用的外润滑剂是硬脂酸及其金属盐类。内润滑剂是低分子量的聚乙烯等。润滑剂的用量一般为0.5%～1.5%。

(5) 抗静电剂

抗静电剂的作用是通过降低电阻来减少摩擦电荷,从而减少或消除制品表面静电荷的形成。大多数抗静电剂是吸水的化合物(电解质),基本上不溶于聚合物,易渗出到表面,形成亲水性导电层。抗静电剂一般是有机氮化物(如酰胺、胺类及季胺化合物)或具有醚结构的化合物。

(6) 阻燃剂

阻燃剂是用以减缓塑料燃烧性能的助剂。

(7) 着色剂

着色剂亦称色料,它赋予塑料制品各种色泽。着色剂分为染料和颜料两种。染料为有机化合物,常能溶于增塑剂或有机溶剂中。颜料可分为有机和无机化合物两类,其颗粒较大,通常不溶于有机溶剂。

(8) 发泡剂

发泡剂是一类受热时会分解放出气体的有机化合物,是制备泡沫塑料的助剂之一。发泡剂应具备以下条件:加热后短时间内即可放出气体,放气速度可以调节;分解出的气体应是CO_2、N_2之类无毒的惰性气体;在塑料中容易分散,分解温度适当,分解时发热量不大。最常用的发泡剂是偶氮二甲酰胺(AC)。

(9) 偶联剂

增强剂或填料用偶联剂处理后可提高其效能,改善塑料制品的性能。常用的偶联剂有有机硅烷、有机钛酸酯等。

(10) 变定剂(固化剂)

在热固性塑料成型时,线型的聚合物转变为体型交联结构的过程称为变定(固化)。在变定过程中加入的对变定起催化作用或本身参加变定反应的物质称为变定剂(固化剂)。例如酚醛压塑粉中所用的六次甲基四胺和不饱和树脂变定过程中加入的过氧化二苯甲酰。广义上,各种交联剂也都可视为变定剂。

上述各种组分的加入应根据塑料制品的性能和用途不同而定。如制造介电性能高,耐化学腐蚀性强、绝热好及光学透明的制品时,应尽可能少加或不加。

4.1.2 塑料的成型加工方法

塑料制品通常是由聚合物或聚合物与其他组分的混合物,受热后在一定条件下塑制成一定形状,并经冷却定型修整而成,这个过程就是塑料的成型与加工。热塑性塑料与热固性塑料受热后的表现不同,因此其成型加工方法也有所不同。塑料的成型加工方法已有数十种,其中最主要的是挤出、注射、压延、吹塑及模压,它们所加工的制品质量约占全部塑料制品的 80%以上。前四种方法是热塑性塑料的主要成型加工方法。热固性塑料则主要采用模压、铸塑及传递模塑等方法。

4.1.2.1 挤出成型

挤出成型又称挤压模塑或挤塑,是热塑性塑料最主要的成型方法,有一半左右的塑料制品是挤出成型的。挤出法几乎能成型所有的热塑性塑料,制品主要有连续生产的等截面的管材、板材、薄膜、电线电缆包覆以及各种异型制品。挤出成型还可用于热塑性塑料的塑化造粒、着色和共混等。

热塑性聚合物与各种助剂混合均匀后,在挤出机料筒内受到机械剪切力、摩擦热和外热的作用使之塑化熔融,再在螺杆的推送下,通过过滤板进入成型模具被挤塑成制品。

挤出机的特性主要取决于螺杆数量及结构。料筒内只有一根螺杆的称为单螺杆挤出机,它是当前最普遍使用的挤出机。料筒内有同向或反向啮合旋转的两根螺杆则称为双螺杆挤出机,其塑化能力及质量均优于单螺杆挤出机。

螺杆长度与直径之比称为长径比 L/D,是关系物料塑化好坏的重要参数,长径比越大,物料在料筒内受到混炼时间就越长,塑化效果越好。按螺杆的全长可分为加料段、压缩段、计量段,物料依此顺序向前推进,在计量段完全熔融后受压进入模具成型为制品。重要的是挤出物熔体黏度要足够高以免挤出物在离开口模时塌陷或发生不可控的形变,因此挤出物在挤出口模时应立即采取水冷或空气冷却使其定型。对结晶聚合物,挤塑的冷却速率影响结晶程度及晶体结构,从而影响制品性能。

4.1.2.2 注射成型

注射成型又称注射模塑或注塑,此种成型方法是将塑料(一般为粒料)在注射成型机料筒内加热熔化,当呈流动状态时,在柱塞或螺杆加压下熔融塑料被压缩并向前移动,进而通过料筒前端的喷嘴以很快速度注入温度较低的闭合模具内,经过一定时间冷却定型后,开启模具即得制品。

注射成型是根据金属压铸原理发展起来的。由于注射成型能一次成型制得外形复杂、尺寸精确，或带有金属嵌件的制品，因此得到广泛的应用，目前占成型加工总量的 20%以上。

注射成型过程通常由塑化、充模(即注射)、保压、冷却和脱模等五个阶段组成。

注射料筒内熔融塑料进入模具的机械部件可以是柱塞或螺杆，前者称为柱塞式注射机，后者称为螺杆式注射机。每次注射量超过 60 g 的注射机均为螺杆式注射机。与挤出机不同的是注射机的螺杆除了能旋转外还能前后往复移动。

一般的注射成型制品都有浇口、流道等废边料，需加以修整除去。这不仅耗费工时也浪费原料。近年来发展的无浇口注射成型不仅克服了上述弊端还有利于提高生产效率。无浇口注射成型是从注射机喷嘴到模具之间装置有歧管部分(也称流道原件)，流道分布在内。对热塑性塑料，为使流道内物料始终保持熔融状态，流道需加热，故称热流道。对热固性塑料应使流道保持较低的流动温度，故称为冷流道。无浇口注射成型所得制品一般不再需要修整。

注射成型主要应用于热塑性塑料。近年来，热固性塑料也采用了注射成型，即将热固性塑料在料筒内加热软化时应保持在热塑性阶段，将此流动物料通过喷嘴注入模具中，经高温加热固化而成型，又称喷射成型。如果料筒中的热固性塑料软化后用推杆一次全部推出，无物料残存于料筒中，则称之为传递模塑或铸压成型。图 4-1 为传递模塑成型原理示意图。

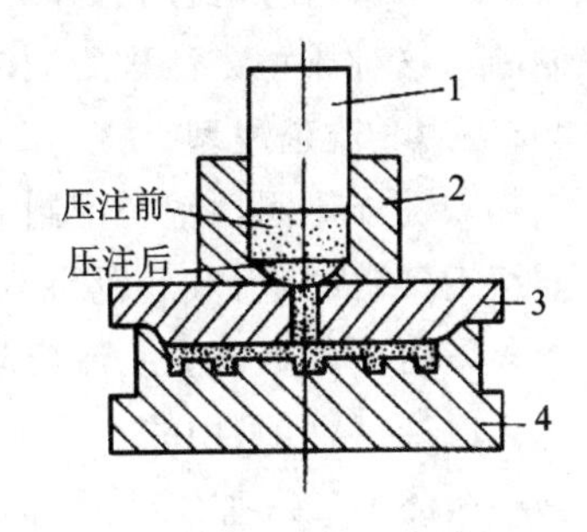

1—注压活塞；2—加料套；3—阳模；4—阴模

图 4-1　传递模塑成型原理示意图

随着注塑件尺寸和长径比的增大，在注塑期间要保证聚合物熔体受热的均匀性和足够的合模力就变得相当困难了。近年来发展的反应性注塑成型可克服这一困难。反应性注塑实质上是通过在模具中完成大部分聚合反应，使注射物料黏度可降低两个数量级以上。这种方法已被广泛用于制备聚氨酯泡沫塑料及增强弹性体制品。

4.1.2.3　压延成型

将已塑化的物料通过一组热辊筒之间使其厚度减薄，从而制得均匀片状制品的方法称为压延成型。压延成型主要用于制备聚氯乙烯片材或薄膜。把聚氯乙烯树脂与增塑剂、稳定剂等助剂捏和后，再经挤出机或两辊机塑化，得塑化料，然后直接喂入压延机的滚筒之间进行热压延。调节辊距就得到不同厚度的薄膜或片材。再经一系列的导向辊把从压延机出来的膜或片材导向有拉伸作用的卷取装置。压延成型的薄膜若通过刻花辊就得到刻花薄膜。若把布和薄膜分别导入压延辊经过热压后，就可制得压延人造革制品。

4.1.2.4　模压成型

在液压机的上下模板之间装置成型模具，使模具内的塑料在热与力的作用下成型，经冷却、脱模即得模压成型制品。对热固性塑料，模压时模具应加热。对热塑性塑料，模压时，模具应冷却。

4.1.2.5　吹塑成型

吹塑成型只限于热塑性塑料中空制品的成型。该法是先将塑料预制成片，冲成简单形状或制成管形坯后，置入模型中吹入热空气，或先将塑料预热吹入冷空气，使塑料处于高度弹性变形的温度范围内而又低于其流动温度，即可吹制成模型形状的空心制品。在挤出机前端装置吹塑口模，把挤出的管坯用压缩空气吹胀成膜管，经空气冷却后折叠卷绕成双层平膜，此即为吹塑薄膜的成膜工艺。用挤出机或注射机先挤成型胚，再置于模具内用压缩空气使其紧贴于模具表面冷却定型，这就是吹塑中空制品的成型工艺。

4.1.2.6　滚塑成型

把粉状或糊状塑料原料计量后装入滚塑模中，通过滚塑模的加热和纵横向的滚动旋转，聚合物塑化成流动态并均匀地布满滚塑模的每个角落，然后冷却定型、脱模即得制品。这种成型方法称为滚塑成型法或旋转模塑法。

4.1.2.7　流延成型

把热塑性或热固性塑料配制成一定黏度的胶液，经过滤后以一定的速度流延到卧式连续运转着的基材（一般为不锈钢带）上，然后通过加热干燥脱去溶剂成膜，从基材上剥离就得到流延薄膜。流延薄膜的最大优点是清洁度高，特别适于作光学用成型属于二次加工，所采用的工艺和设备类似于金属加工。

塑料制品的二次加工，一般都可采用同金属或木材加工相似的方法进行，例如，切削、钻、割、刨、钉等加工处理。此外，尚可进行焊接（黏接）、金属镀饰、喷涂、染色等处理，以适应各种特殊需要。

4.1.3　热塑性塑料

当前世界塑料总产量约 3×10^8 t，而热塑性塑料约占全部塑料产量的60%。产量最大、应用最广泛的是聚乙烯（PE）、聚丙烯（PP）、聚氯乙烯（PVC）和聚苯乙烯（PS），这四种产品占热塑性塑料总产量的80%以上。以下对各种热塑性塑料做一简要介绍，重点是上述四种塑料。

4.1.3.1　聚乙烯

聚乙烯（polyethylene，PE）是乙烯聚合而成的聚合物，分子式为 $\text{+}CH_2\text{—}CH_2\text{+}_n$ 。聚乙烯的产量自20世纪60年代中期以来一直高居首位，约占世界塑料总量的1/3。聚乙烯按照合成工艺不同分为低密度聚乙烯（LDPE）、中密度聚乙烯（MDPE）、高密度聚乙烯（HDPE）、线形低密度聚乙烯（LLDPE）。1937年首先工业化生产低密度聚乙烯；1965年工业化生产高密度聚乙烯和中密度聚乙烯；20世纪70年代中期实现了线形低密度聚乙烯的工业化生产。

(1) 合成方法

当前单体乙烯主要是由石油烷烃热裂解后,分离精制而得。次要的方法有乙醇脱水、乙炔加氢、天然气中分离出乙烯等。乙烯的聚合有四种方法。

高压聚合法(ICI法),在150～300 MPa的压力、180～200 ℃下,以氧气或有机过氧化物为引发剂,按自由基聚合机理使乙烯聚合而得聚乙烯。要求乙烯纯度达99%以上。所得聚乙烯支化度较大,密度较低(0.91～0.93 g/cm^3),结晶度为55%～65%。

中压法(菲利浦法),在压力为1.5～8.0 MPa、温度为130～270 ℃的条件下,以过渡金属氧化物为催化剂、烷烃为溶剂,按离子聚合机理聚合制得聚乙烯。中压法聚乙烯结晶度为90%。密度分为0.926～0.940 g/cm^{3}的中密度聚乙烯及0.94～0.96 g/cm^{3}的高密度聚乙烯。因催化剂效率及工艺流程都不及目前的高效催化剂,故中压法逐渐推出生产线。

低压聚合法(齐格勒法),以高纯度乙烯为原料,用Ziegler－Natta高效载体钛系做催化剂($Al(C_2H_5)_3+TiCl_4$体系),H_2做分子量调节剂,在汽油溶剂中进行聚合反应,制得密度为0.94～0.96 g/cm^{3}的高密度聚乙烯。

低压气相本体法,在沸腾床反应器中采用铬和钛氟化物催化剂附着于硅胶载体上组成的催化体系,以H_2为分子量调节剂,使乙烯与少量(约8%～12%)C4－C8的α－烯烃(如1－丁烯)进行共聚反应(压力为0.7～12.1 MPa,温度为85～95 ℃)制得线性低密度聚乙烯。

由于聚合方法不同,聚乙烯大分子的规整程度不同,表现在大分子的支化程度及结构有较大的差异,因而在性能上有明显不同。高压法是自由基聚合机理,在反应中容易发生大分子间和大分子内链转移反应,导致聚乙烯支化度高,长短支链不规整,呈树枝状,分子量低,分子量分布宽,故结晶度低、密度低,属于低密度聚乙烯,其制品柔软,透气性、透明度高,而熔点低、机械强度低。低压法是按照配位机理聚合,故聚乙烯支化度低,分子链排布规整,线形结构,分子量高,分子量分布窄,因而结晶度高、具有较高的密度,属于高密度聚乙烯,其制品耐热性好,机械强度高。低压气相本体法制备的聚乙烯,由于具有规整的短支链结构,称作线性低密度聚乙烯,虽然结晶度和密度与低密度相似,但由于分子间力加大,使其熔点与高密度聚乙烯相似,抗撕裂性和耐应力开裂性比低密度聚乙烯和高密度聚乙烯高。

(2) 性　能

聚乙烯为白色蜡状半透明材料,柔而韧,比水轻,无毒,具有优异的介电性能。易燃烧且离火后继续燃烧,火焰上端呈黄色而下端为蓝色,燃烧时产生熔融滴落。透水率低,对有机蒸气透过率则较大。聚乙烯的透明度随结晶度增加而下降,一般经退火处理后不透明而淬火处理后透明。在一定结晶度下,透明度随分子量增大而提高。线性高密度聚乙烯熔点范围为132～135 ℃,支化低密度聚乙烯熔点较低(112 ℃)且范围宽。

常温下聚乙烯不溶于任何已知溶剂中，仅矿物油、凡士林、植物油、脂肪等能使其溶胀并使其物性产生永久性局部变化。70 ℃以上可少量溶解于甲苯、乙酸戊酯、三氯乙烯、松节油、氯代烃、四氢化萘、石油醚及石蜡中。

聚乙烯有优异的化学稳定性。室温下耐盐酸、氢氟酸、磷酸、甲酸、氨、胺类、过氧化氢、氢氧化钠、氢氧化钾、稀硫酸和稀硝酸。而发烟硫酸、浓硝酸、硝化混酸、铬酸-硫酸混合液在室温下能缓慢作用于聚乙烯。但在 90 ℃以上，硫酸和硝酸能迅速破坏聚乙烯。

聚乙烯容易光氧化、热氧化、臭氧分解。在紫外线作用下容易发生光降解。炭黑对聚乙烯有优异的光屏蔽作用。聚乙烯受辐射后可发生交联、断链、形成不饱和基团等反应，但主要倾向是交联反应。

聚乙烯具有优异的力学性能。结晶部分赋予聚乙烯较高的强度，非结晶部分赋予其良好的柔性和弹性。聚乙烯力学性能随分子量增大而提高，分子量超过 150 万的聚乙烯是极为坚韧的材料，可作为性能优异的工程塑料使用。

聚乙烯主要制成板材、管材、薄膜、贮槽和容器，用于工业、农业和日常生活用品。根据聚乙烯品种不同，其用途亦有所不同。聚乙烯中大约 70%是低密度聚乙烯，而其中的 70%用来制作薄膜(包装、建筑、农用等)，大约 10%用作注射用品，其余用于其他方面(如电线、电缆包覆、中空制品)；高密度聚乙烯的 3/4 用于注射及吹塑中空制品(如玩具、工业容器、壳体、家用电器等)；线形低密度聚乙烯这个被称为第三代聚乙烯的新材料主要用于薄膜，代替低密度聚乙烯，这种薄膜冲击强度、拉伸强度和延展性很高，可以做得很薄。

4.1.3.2 聚丙烯

聚丙烯(polyproplene，PP)，$\left[CH_2 - \underset{\underset{CH_3}{|}}{CH} \right]_n$，相对分子质量一般为 10～50 万。1957 年意大利 Montecatini 公司首先生产了聚丙烯，经过十几年的发展，至 1975 年世界总产量已达 4×10^6 t。当前聚丙烯已成为发展速度最快的塑料品种，其产量仅次于 PE、PVC 和 PS 而居第四位。目前生产的聚丙烯 95%皆为等规聚丙烯。无规聚丙烯是生产等规聚丙烯的副产物。间规聚丙烯是采用特殊的齐格勒催化剂并于－78 ℃低温聚合而得。

(1) 合成方法

聚丙烯生产均采用齐格勒-纳塔催化剂，其聚合工艺基本上与低压聚乙烯相同。聚合过程中有 5%～7%的无规聚丙烯，可用已烷、庚烷溶剂进行萃取分离。等规聚丙烯结晶不溶，无规物溶解，因而，可进行分离。在正庚烷中不溶部分的质量分数作为聚丙烯的等规度。单体丙烯的制法大致与乙烯相仿，主要是从炼厂气、天然气、轻油、石脑油等石油馏分热裂解、分离、精制而得。

(2) 性　能

聚丙烯的主要物性及力学性能列于表 4－1。聚丙烯抗硫酸、盐酸及氢氧化钠的能力优于 PE 及 PVC，且耐热温度高，对 80%的硫酸可耐 100 ℃。由于叔碳原子上 H 的存在，聚丙烯在加工和使用中易受光、热、氧的作用发生降解和老化，所以一般要添加稳定剂。聚丙烯与 PE 一样，易燃，火焰有黑烟，燃烧后滴落并有石油味。

表 4－1　聚丙烯物理及力学性能

性　能	数　据	性　能	数　据
密度/(g・cm^{-3})	0.9	断裂伸长率/%	200～700
熔点/ ℃	165～170	抗弯强度×10^{-3}/kPa	49～58.8
脆折点/℃	＜－10	弹性模量×10^{-4}/kPa	98～980
抗拉强度×10^{-3}/kPa	29.4	缺口冲击强度(悬臂梁法)/(kJ・m^{-2})	5～10

聚丙烯由于软化温度高、化学稳定性好且力学性能优良，因此应用十分广泛。主要用于制造薄膜、电绝缘体、容器、包装品等，还可用作机械零件如法兰、接头、汽车零部件、管道等。聚丙烯还可拉丝成纤维。

4.1.3.3　聚氯乙烯

聚氯乙烯(polyvinyl chloride，PVC)，$\left[CH_2-\underset{\underset{Cl}{|}}{CH} \right]_n$，是氯乙烯的均聚物，是仅次于 PE 的第二位的大吨位塑料品种，PVC 的发展已有 100 年的历史。

(1) 合成方法

氯乙烯单体在过氧化物、偶氮二异丁腈之类引发剂作用下，或在光、热作用下按自由基型连锁聚合反应的机理聚合而成为聚氯乙烯。聚合实施方法可分为悬浮法、乳液法、溶液法和本体法四种。最初实现工业化的是乳液法，而当前是以悬浮法为主。

单体氯乙烯的制法分电石乙炔法、烯炔法、电石乙炔与二氯乙烷联合法及氧氯化法四种。以石油化工原料为基础的氧氯化法，由于成本比其他方法低，为当前生产氯乙烯的主要方法，世界上 82%左右的氯乙烯均为此法生产。

(2) 结构与性能

工业生产聚氯乙烯为无规结构，单体分子以头—尾方式连接，但用过氧化二苯甲酰为引发剂时，大分子上有相当数量头—头、尾—尾结构。数均分子量约 5～12 万。

由于 PVC 不溶于单体氯乙烯中，所以具有其自身较特殊的形态结构。尺寸小于 0.1 μm 的结构为亚微观结构，尺寸在 0.1～10 μm 的为微观结构，10 μm 以上则为宏观形态结构。对上述四种制备方法，PVC 的微观特别是亚微观形态结构基本上是相同的。宏观形态结构则依制备方法和聚合工艺条件的不同而异。悬浮法合成的 PVC 中有些颗粒难以塑化，在薄膜中是不易着色的亮点，俗称“鱼眼”，这种形态的颗粒可能是分子量过高的釜壁垢物造成的。PVC 颗粒宏观形态结构的一个重要参数是孔隙率，孔隙率大的为疏松型 PVC，小的为紧密型 PVC，前者吸收增塑剂容易，易塑化，后者则较难，这是由聚合条件所决定的。

PVC的脆化温度在−50 ℃以下，75～80 ℃变软。PVC的玻璃化温度T_g与聚合反应温度密切相关，−75 ℃聚合，T_g达105 ℃；125 ℃聚合降为68 ℃。通常T_g取80～85 ℃。温度超过170 ℃或受光的作用，PVC会脱去HCl而形成共轭键，这是PVC加工过程中变色的原因。PVC溶于四氢呋喃和环己酮。PVC为无定形聚合物，结晶度在5%以下，难燃，离火即灭。

(3) 成型加工及应用

一般首先将PVC与增塑剂、稳定剂、颜料等按一定配方比例均匀混合(固-固混合称混合，固-液混合称捏合)。第二步将混合料进行塑化。在挤出机或两辊机上进行塑化后的物料可直接成型(如压延)或经造粒后再成型(挤出、注射等)。

聚氯乙烯塑料主要应用于：① 软制品，主要是薄膜和人造革。薄膜制品有农膜、包装材料、防雨材料、台布等；② 硬制品，主要是硬管、瓦楞板、衬里、门窗、墙壁装饰物等；③ 电线、电缆的绝缘层；④ 地板、家具、录音材料等。

4.1.3.4 聚苯乙烯

聚苯乙烯(polystyrene，PS)，$\left[\!\!-CH_2-\underset{\underset{C_6H_5}{|}}{CH}-\!\!\right]_n$ 。1930年美国首先开始聚苯乙烯的工业生产，至今聚苯乙烯的产量仅次于PE和PVC而居第三位。

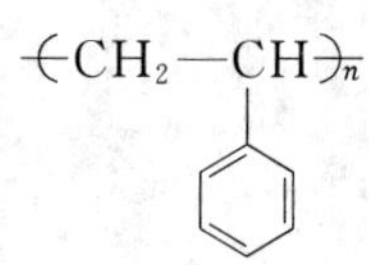

(1) 合成方法

聚苯乙烯是由单体苯乙烯通过连锁聚合反应制得的。

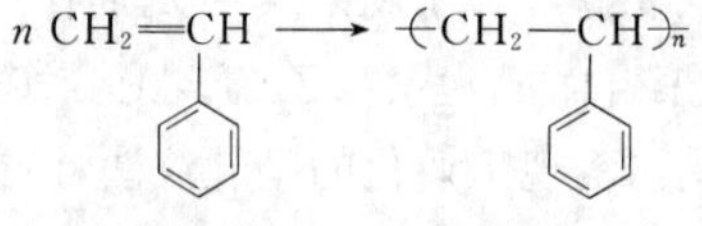

$$n\,CH_2=\underset{\underset{C_6H_5}{|}}{CH} \longrightarrow \left[\!\!-CH_2-\underset{\underset{C_6H_5}{|}}{CH}-\!\!\right]_n$$

用氧或过氧化物之类的引发剂，聚合反应按自由基聚合机理进行。一般工业上聚合实施方法有本体法、溶液法、悬浮法和乳液法四种方法，制得聚苯乙烯分子量一般为20万左右。

(2) 性　能

聚苯乙烯是非结晶聚合物，透明度达88%～92%，折光率为1.59～1.60。由于折光率高，所以具有良好的光泽。热变形温度为60～80 ℃，至300 ℃以上解聚，易燃烧。PS的导热系数不随温度而改变，因此是良好的绝热材料。PS具有优异的电绝缘性，体积电阻和表面电阻高，功率因数接近于0，是良好的高频绝缘材料。PS能耐某些矿物油、有机酸、盐、碱及其水溶液。PS溶于苯、甲苯及苯乙烯。

聚苯乙烯是最耐辐射的聚合物之一。大剂量辐射时发生交联而变脆。聚苯乙烯的主要缺点是性脆。由于聚苯乙烯具有透明、价廉、刚性大、电绝缘性好、印刷性能好等优点，所以广泛应用于工业装饰、照明指示、电绝缘材料以及光学仪器零件、透明模型、玩具、日用品等。另一类重要用途是制备泡沫塑料，聚苯乙烯泡沫塑料是重要的绝热和包装材料。

为克服聚苯乙烯脆性大、耐热性低的缺点，发展了一系列改性聚苯乙烯，其中主要的有 ABS、MBS、AAS、ACS、AS、EPSAN 等。ABS 是丙烯腈、丁二烯、苯乙烯三种单体组成的重要工程塑料，可用接枝共聚法、接枝混炼法制备。ABS 的名称来源于这三个单体的英文名字的第一个字母。AAS 亦称 ASA，是丙烯腈、丙烯酸酯和苯乙烯三种单体组成的热塑性塑料，它是将聚丙烯酸酯橡胶的微粒分散于丙烯腈-苯乙烯共聚物(AS)中的接枝共聚物，橡胶含量约 30 %。AAS 的性能、成型加工方法及应用与 ABS 相近。由于用不含双键的聚丙烯酸酯橡胶代替了 PB，所以 AAS 的耐候性要比 ABS 高 8～10 倍。ACS 是丙烯腈、氯化聚乙烯和苯乙烯构成的热塑性塑料，是将氯化聚乙烯与丙烯腈、苯乙烯一起进行悬浮聚合而得，ACS 的性能、加工及应用与 AAS 相近。EPSAN 是在乙烯-丙烯-二烯烃(简称 EPDM)橡胶上用苯乙烯-丙烯腈进行接枝的共聚物。MBS 是甲基丙烯酸甲酯、丁二烯和苯乙烯组成的热塑性塑料，其性能与 ABS 相仿，但透明性好，故有透明 ABS 之称。AS 及 BS，AS 亦称 SAN，是丙烯腈和苯乙烯的共聚物。

4.1.3.5　丙烯酸塑料

丙烯酸塑料(Acrylic)包括丙烯酸类单体的均聚物、共聚物及共混物为基的塑料。作塑料用的丙烯酸类单体主要有丙烯酸、甲基丙烯酸、丙烯酸甲酯、甲基丙烯酸甲酯、2-氯代丙烯酸甲酯、2-氰基丙烯酸甲酯，其通式为 $CH_2{=}C(R')-COOR$，其中以聚甲基丙烯酸甲酯最为重要。

聚甲基丙烯酸甲酯(PMMA)，俗称有机玻璃，是甲基丙烯酸甲酯(MMA)的均聚物：

$$n\,CH_2{=}C(CH_3)(COOCH_3) \longrightarrow \left[CH_2-C(CH_3)(COOCH_3)\right]_n$$

(1) 合成方法

MMA 可按自由基机理或阴离子机理聚合成 PMMA，相对分子质量一般为 50～100 万。按自由基聚合机理聚合得无规立构 PMMA，按阴离子机理聚合得有规立构、可结晶的 PMMA。当前工业生产的 PMMA 都是按自由基聚合机理聚合而得，可用引发剂引发亦可进行辐射、光及热聚合，聚合方式分本体聚合、悬浮聚合、溶液聚合及乳液聚合四种。乳液聚合主要用来制造胶乳，用于皮革和织物处理。单体 MMA 的制备主要有丙酮氰醇法和异丁烯氧化法两种方法。

(2) 性　能

PMMA 是透明性最好的聚合物，但表面硬度较低，易被硬物划伤起痕，有可燃性。但 PMMA 具有优良的耐气候性，耐稀无机酸、油、脂，不耐醇、酮，溶于芳烃及氯代烃，与显影液不起作用。MMA 具有某些独特的电性能，在很高的频率范围内其功率因数随频率升高而下降，耐电弧及不漏电性均良好。玻璃化温度为 104 ℃左右。PMMA 在飞机、汽车上用作窗玻璃和罩盖。在建筑、电气、光学仪器、医疗器械、装饰品等方面有广泛应用。

4.1.4 工程塑料

工程塑料的发展史较短，但其增长速度远远超过通用塑料。当前工程塑料的发展方向是对现有品种进行改性，进一步追求性能与价格之间的最佳平衡并开拓应用范围。由于工程塑料的综合性能优异，其使用价值远远超过通用塑料。当前工程塑料主要品种有聚酰胺(PA)、聚碳酸酯(PC)、聚甲醛(POM)、聚酰亚胺(PI)、聚苯醚(PPO)、聚砜(PSF)、聚苯硫醚(PPS)等，约 1100 多个品级牌号，总产量占全部塑料的 18 %左右。

4.1.4.1 聚酰胺

聚酰胺俗称尼龙(Nylon)，简记为 PA，是主链上含有酰胺基团($-\overset{\overset{\displaystyle O}{\|}}{C}-NH-$)的聚合物，可由二元酸和二元胺缩聚而成，也可由内酰胺自聚制得。尼龙首先是作为最重要的合成纤维原料而后发展为工程塑料。它是开发最早的工程塑料，产量居于首位，约占工程塑料总产量的三分之一。

(1) 主要品种

尼龙的品种很多，如尼龙 6(聚己内酰胺，俗称卡普龙)、尼龙 66(由己二酸和己二胺缩聚合成)、尼龙 610(由己二胺和癸二酸缩聚合成)、尼龙 612(由己二胺和十二碳二酸缩聚合成)、尼龙 1010(由癸二酸和癸二胺缩聚合成)等。其中尼龙 66 是产量最大的品种，其次是尼龙 6，再次是尼龙 610 和尼龙 1010。尼龙 1010 是中国 1958 年首先研究成功并于 1961 实现工业生产的。

(2) 性　能

尼龙是结晶性聚合物，半透明，乳白，或略带黄色。酰胺基团之间存在牢固的氢键，因而具有良好的力学性能。与金属材料相比，虽然刚性逊于金属，但比抗拉强度高于金属，比抗压强度与金属相近，因此可作代替金属的材料。抗弯强度约为抗张强度的 1.5 倍。尼龙有吸湿性，随着吸湿量的增加，尼龙的屈服强度下降，屈服伸长率增大。其中尼龙 66 的屈服强度较尼龙 6 和尼龙 610 大。加入 30%玻璃纤维的尼龙 6 其抗拉强度可提高 2～3 倍。尼龙的抗冲强度比一般塑料高得多，其中以尼龙 6 最好。与抗拉、抗压强度的情况相反，随着水分含量的增大、温度的提高，其抗冲强度提高。尼龙的疲劳强度为抗张强度的 20%～30%。其疲劳强度低于钢但与铸铁和铝合金等金属材料相近。疲劳强度随分子量增大而提高，随吸水率的增大而下降。尼龙具有优良的耐摩擦性和耐磨耗性，其摩擦系数为 0.1～0.3，约为酚醛塑料的 1/4，是巴比合金的 1/3。尼龙对钢的摩擦系数在油润滑下明显下降，但在水润滑下却比干燥时高。添加二硫化钼、石墨、PE 或聚四氟乙烯粉末可降低摩擦系数和提高耐磨耗性。各种尼龙中，以尼龙 1010 的耐磨耗性最好，约为铜的 8 倍。

尼龙的使用温度一般为－40～100 ℃。尼龙具有良好的阻燃性。在湿度较高的条件下也具有较好的电绝缘性。尼龙耐油、耐溶剂性良好。其缺点是吸水性较大，影响其尺寸稳定性。

(3) 成型加工与应用

尼龙可用多种方法成型，如注射、挤出、模压、吹塑、浇铸、流化床浸渍涂覆、烧结及冷加工等。其中以注射成型最重要。烧结成型法与粉末冶金法相似，是尼龙粉末压制后在熔点以下烧结。尼龙塑料也常加入各种添加剂。其中有：稳定剂，如炭黑、有机或无机类稳定剂；增塑剂，如脂肪族二醇、芳族氨磺酰化合物等，用于要求柔性好的制品，如软管、接头等；润滑剂，如蜡、金属皂类等。

由于尼龙具有优异的力学性能、耐磨、100 ℃左右的使用温度和较好的耐腐蚀性、无润滑摩擦性能，因此广泛地用于制造各种机械、电气部件，如轴承、齿轮、辊轴、滚子、滑轮、涡轮、风扇叶片、高压密封扣卷、垫片、阀座、储油容器、绳索、砂轮黏合剂、接头等。

(4) 改性和新型聚酰胺

1) 增强尼龙

尼龙虽有一系列优良性能，但与金属材料相比，还存在着强度较小、刚性较低、由吸湿而引起的尺寸变化较大等不足，使应用受到一定限制。因此开发了玻璃纤维、石棉纤维、碳纤维、钛金属晶须等增强的品种，在很大程度上弥补了尼龙性能上的不足。其中以玻璃纤维增强尼龙最重要。尼龙用玻璃纤维增强后力学强度、耐疲劳性、尺寸稳定性和耐热性、耐候性都有明显提高。

2) 单体浇铸尼龙(MC 尼龙)

单体浇铸尼龙(以下简称 MC 尼龙)是尼龙 6 的一种，所不同的是它采用了碱聚合法，加快了聚合速度，使己内酰胺单体能通过简便的聚合工艺直接在模具内聚合成型。MC 尼龙分子量比一般尼龙 6 高一倍左右，达 3.5 万～7.0 万，因此各项力学性能都比尼龙 6 高。MC 尼龙成型加工设备及模具简单，可直接浇铸，因而特别适用于大件、多品种和小批量制品的生产。

3) 反应注射成型(RIM)尼龙

反应注射成型尼龙(RIM 尼龙)是在 MC 尼龙基础上发展起来的，是把具有高反应活性的尼龙原料于高压下瞬间反应，再注入密闭的模具中成型的一种液体注射成型方法。目前较多的是采用尼龙 6 作为 RIM 尼龙原料，在单体熔点之上聚合物熔点之下，在模具内快速聚合成型。反应过程以钾为催化剂，N－乙酰基己内酰胺为助催化剂，反应温度在 150 ℃以上。与尼龙 6 相比，RIM 尼龙具有更高的结晶性和刚性、更小的吸湿性。

4) 芳香族尼龙

芳香族尼龙是 20 世纪 60 年代首先由美国杜邦公司开发成功的耐高温、耐辐射、耐腐蚀的尼龙新品种,目前主要有聚间苯二酰间苯二胺和聚对苯酰胺两种。

聚间苯二酰间苯二胺(商名品 Nomex),由间苯二甲酰氯和间苯二胺通过界面聚合法制备。Nomex 在 340～360 ℃很快结晶,晶体熔点为 410 ℃,分解温度 450 ℃,脆化温度－70 ℃,可在 200 ℃连续使用。Nomex 耐辐射,具有优异的力学性能和电性能,抗张强度为 80～120 MPa,抗压强度为 320 MPa,抗压模量高达 4 400 MPa。Nomex 通常用铝片浸渍后剥离的方法制取薄膜,亦可层压制取层压板,为 H -级绝缘材料。Nomex 结构式为

$$\left[\overset{O}{\overset{\|}{C}} - C_6H_4 - \overset{O}{\overset{\|}{C}} - \overset{H}{N} - C_6H_4 - \overset{H}{N} \right]_n$$

聚对苯酰胺(商名品 Kevlar)由对氨基苯甲酸或对苯二甲酰氯与对苯二胺缩聚而成。Kevlar 具有高强度、低密度、耐高温等一系列优异性能,主要用以制超高强度耐高温纤维,亦可用作塑料,制成薄膜和层压材料。Kevlar 结构式为

$$\left[HN - C_6H_4 - \overset{O}{\overset{\|}{C}} \right]_n$$

5) 透明尼龙

普通尼龙是结晶型聚合物,产品呈乳白色。要获得透明性,必须抑制晶体的生成,使其生成非结晶聚合物。一般采用主链上引入侧链的支化法及不同单体进行共缩聚法来实现。透明尼龙具有高度透明、低吸水性、耐热水性及耐抓伤性,并且仍有一般尼龙所具有的优良力学强度。目前主要品种是支化法透明尼龙 Trogamid - T 和共缩聚法透明尼龙 PACP - 9/6。

Trogamid - T 是采用支化法以三甲基己二胺(TMD)和对苯二甲酸为原料缩聚而成,为自熄材料,可采用注射、挤出和吹塑法成型。其结构式为

$$\left[OC - C_6H_4 - CONH - C(CH_3)_2 - CH_2 - CH(CH_3) - CH_2 - CH_2 - NH \right]_n$$

PACP - 9/6 是通过 2,2 -双(4 -氨基环己基)丙烷和壬二酸与己二酸共缩聚而得,玻璃化温度高达 185 ℃,热变形温度 160 ℃,可采用注射、挤出、吹塑等方法成型。其结构式为

$$\left[NH - C_6H_{10} - C(CH_3)_2 - C_6H_{10} - NH - \overset{O}{\overset{\|}{C}} - (CH_2)_x - \overset{O}{\overset{\|}{C}} \right]_n$$

6）高抗冲尼龙

高抗冲尼龙是以尼龙 66 或尼龙 6 为基体，通过与其他聚合物共混的方法来进一步提高抗冲强度的新品种。杜邦公司最早于 1976 年开发成功，商品名为 ZytelST。其抗冲强度比一般尼龙高 10 倍。Zytel ST 是以尼龙 66 为基体，近年来日本开发的 EX 系列则以尼龙 6 为基体。

7）电镀尼龙

过去电镀塑料主要为 ABS 塑料，近年来开发了电镀尼龙，如日本东洋纺织公司的 T－777 具有与电镀 ABS 相同的外观，但性能更为优异。尼龙电镀的工艺原理是，通过化学处理（浸蚀）先使制品表面粗糙化，再使其吸附还原催化剂（催化工艺），然后再进行化学电镀和电气电镀，使铜、镍、铬等金属在制品表面形成密实、均匀和导电性薄层。

4.1.4.2　聚碳酸酯

聚碳酸酯（PC）是分子主链中含有 $\left(\mathrm{ORO-\overset{\overset{\displaystyle O}{\|}}{C}}\right)$ 基团的线型聚合物。根据 R 基种类的不同，可分为脂肪族、脂环族、芳香族及脂肪族—芳香族聚碳酸酯等多种类型。目前用作工程塑料的聚碳酸酯只有双酚 A 型的芳香族聚碳酸酯。近年来研制了具阻燃性的卤代双酚 A 聚碳酸酯以及有机硅—聚碳酸共缩聚物，但尚未投入工业生产规模和应用。

当前生产聚碳酸酯的主要公司有西德的拜尔、美国的通用电器及莫贝、日本的帝人及三菱化成等。1983 年世界产量约 $3\times10^5\sim4\times10^5$ t。PC 的主要原料为双酚 A，合成方法分光气法和酯交换法两种。双酚 A 型芳香族聚碳酸酯结构式为

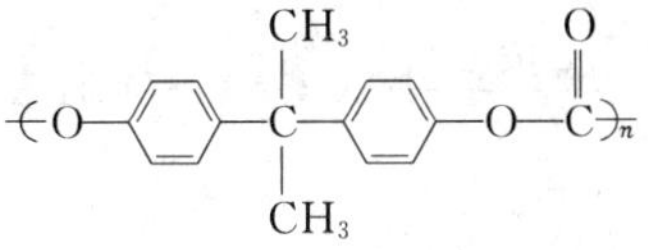

$$\left(\mathrm{O-C_6H_4-\underset{CH_3}{\overset{CH_3}{\overset{|}{\underset{|}{C}}}}-C_6H_4-O-\overset{\overset{O}{\|}}{C}}\right)_n$$

PC 的玻璃化温度为 145～150 ℃，脆化温度－100 ℃，最高使用温度为 135 ℃，热变形温度为 115～127 ℃（马丁耐热）。PC 呈微黄色，刚硬而韧，具有良好的尺寸稳定性、耐蠕变性、耐热性及电绝缘性。PC 透光率高，约为 86%～92%。缺点是制品容易产生应力开裂，耐溶剂、耐碱性能差，高温易水解，摩擦系数大、无自润滑性，耐磨性和耐疲劳性都较低。表 4－2 列举了 PC 在室温的力学性能。

由于 PC 具有优异的综合力学性能，又高度透明，可做透镜光学材料。纤维增强 PC 可部分取代钢、有色金属等制造仪器仪表的机械传动部件。未增强 PC 用于制作车灯罩、护目镜、安全帽、门窗玻璃甚至防弹玻璃等。PC 在电气、机械、光学、医药等工业部门都有广泛应用。

表 4-2 聚碳酸酯的力学性能

性 能	数 值	性 能	数 值
抗张强度×10^{-5}/Pa	610～700	剪切强度×10^{-5}/Pa	350
抗张模量×10^{-5}/Pa	21300	剪切模量×10^{-5}/Pa	7950
伸长率/%	80～130	抗冲强度×10^{-3}/J·m^{-2}	
抗弯强度×10^{-5}/Pa	1000～1100	无缺口	38～45
抗弯模量×10^{-5}/Pa	21000	缺口	17～24
疲劳强度×10^{-5}/Pa		抗压强度×10^{-5}/Pa	850
10^6周期	105	布氏硬度×10^{-7}/Pa	15～16
10^7周期	75		

4.1.4.3 聚甲醛

聚甲醛(POM)学名聚氧化次甲基，是分子链中含有 $\leftarrow CH_2—C \rightarrow_n$ 基团的聚合物。聚甲醛是一种高熔点、高结晶热塑性工程塑料，它分共聚甲醛和均聚甲醛两种。共聚甲醛是三聚甲醛与少量二氧五环的共聚物。均聚甲醛是1959年由美国杜邦公司首先实现工业化生产，商品牌号为Delrin。1961年美国制得共聚甲醛，商品牌号为Celcon。均聚甲醛力学性能稍高，但热稳定性不及共聚甲醛，并且共聚甲醛合成工艺简单，易于成型加工，所以共聚甲醛目前在产量和发展趋势上都占优势。聚甲醛1987年世界年生产量为3×10^5 t，在工程塑料中仅次于尼龙和PC而居第三位。

聚甲醛的生产工艺路线分为以甲醛为单体和以三聚甲醛为单体两种。均聚甲醛的端基—OH受热后易发生解聚，所以通常要进行乙酰化使其变成酯基，如

$$HOCH_2 \leftarrow CH_2—O \rightarrow_n CH_2OH \xrightarrow{\text{乙酰化}} H_3C—\underset{\underset{O}{\|}}{C}—OCH_2 \leftarrow CH_2—O \rightarrow_n CH_2O—\underset{\underset{O}{\|}}{C}—CH_3$$

聚甲醛的熔体流动性类似于聚苯乙烯。其熔体流动性对剪切速率较为敏感。成型加工方法有注射、挤出、吹塑、冷加工等。

聚甲醛具有优异的力学性能，是塑料中力学性能最接近金属材料的品种之一。可在100 ℃下长期使用。其比强度接近金属材料，达50.5 MPa，比刚度达2 650 MPa，可在许多领域中代替钢、锌、铝、铜及铸铁。POM具有优良的耐疲劳性和耐磨耗性，蠕变小、电绝缘性好且有自润滑性，尺寸稳定性好，耐水、耐油。其缺点是密度较大，耐酸性和阻燃性不很好。

聚甲醛可代替有色金属和合金在汽车、机床、化工、电气、仪表中应用，用来制造轴承、凸轮、辊子、齿轮、垫圈、法兰、各种仪表外壳、容器等。特别适用于某些不允许用润滑油情况下使用的轴承、齿轮等。由于聚甲醛对钢材的静、动摩擦系数相等，没有滑黏性，更加扩大了其应用范围。

4.1.5 热固性塑料

热固性塑料的基本组分是体型结构的聚合物，所以一般都是刚性的，而且大都含有填料。工业上重要的品种有酚醛塑料、氨基塑料、环氧塑料、不饱和聚酯塑料及有机硅塑料等。

热固性塑料成型加工的共同特点是，所用原料都是分子量较低的液态黏稠流体，脆性固态的预聚体或中间阶段的缩聚体，其分子内含有反应活性基团，为线型或支链结构。在成型为塑料制品过程中同时发生固化反应，由线型或支链型低聚物转变成体型聚合物。这类聚合物不仅可用来制造热固性塑料制品，还可做黏合剂和涂料，并且都要经过固化过程才能生成坚韧的涂层和发挥黏层作用。热固性塑料成型的一般方法是模压、层压及浇铸，有时亦可采用注射成型及其他成型方法。热固性聚合物的固化反应有两种基本类型：

① 固化过程中有小分子如 NH_3 或 H_2O 析出，即固化过程是由缩合反应进行的。这时，成型多应在高压条件下进行，以使小分子化合物逸出而不聚集成气孔，造成制件缺陷。但是在低温、固化反应较慢的情况下也可选用常压成型，此时小分子缓慢扩散蒸发而不致形成气孔。

② 固化过程是依聚合机理进行的，无小分子物析出，这时就不必虑及使小分子物逸出的措施。

4.1.5.1 酚醛塑料

以酚类化合物与醛类化合物缩聚而得的树脂称为酚醛树脂，其中主要是苯酚与甲醛缩聚物(PF)。酚醛塑料于1909年即开始工业生产，历史最为悠久。当前酚醛树脂世界总产量占合成聚合物的4%～6%，居第六位。近些年国外发展了酚醛树脂的改性聚合物 Xylok 树脂，它是苯酚与二甲氧基对二甲苯的缩聚物。

最常用的酚醛树脂单体是苯酚和甲醛，其次是，甲酚、二甲酚、糠醛等。根据催化剂是酸性或碱性的不同、苯酚/甲醛的比例不同，可生成热塑性或热固性树脂。热塑性酚醛树脂需以酸类为催化剂，酚与醛的比例大于1(6/5或7/6)，即在酚过量的情况下生成；若甲醛过量，则生成的线型低聚物容易被甲醛交联。热塑性酚醛树脂为松香状，性脆，可溶、可熔，溶于丙酮、醚类、酯类等。若甲醛过量，以酸或碱为催化剂，或甲醛虽不过量，但以碱为催化剂时都生成热固性酚醛树脂。

热塑性酚醛树脂与热固性酚醛树脂能相互转化。热塑性树脂用甲醛处理后可转变成热固性树脂。热固性树脂在酸性介质中用苯酚处理可变成热塑性酚醛树脂。

热固性酚醛树脂，由于缩聚反应推进程度的不同，相应的树脂性能亦不同。可将其分为三个阶段：甲阶树脂，能溶于乙醇、丙酮及碱的水溶液中，加热后可转变成乙阶和丙阶树脂；乙阶树脂，不溶于碱液但可全部或部分地溶于乙醇及丙酮中，加热后转变成丙阶；丙阶树脂为不溶不熔的体型聚合物。

酚醛塑料是以酚醛树脂为基本组分，加入填料、润滑剂、着色剂及固化剂等添加剂制成的塑料,填料用量可达50%以上。热塑性酚醛树脂分子内不含—CH_2OH基团,所以必须加固化剂(变定剂)才能进行固化。一般采用六亚甲基四胺为固化剂。按成型加工方法的不同,酚醛塑料可分为以下几种主要类型。

(1) 酚醛层压塑料

将各种片状填料(棉布、玻璃布、石棉布、纸等)浸以A阶热固性酚醛树脂,干燥、切割、送配,放入压机内层压成制品。

(2) 酚醛模压塑料

可分为粉状压塑料(压塑粉)和碎屑状压塑料两种。压塑粉所用的主要填料为木粉,其次是云母粉等,树脂为热塑性酚醛树脂或A阶热固性酚醛树脂。将磨碎后的树脂与填料混合均匀后就成为压塑粉。可采用模压成型,近年来发展了注射及挤出成型方法。碎屑状压塑料是由碎块状填料(布、纸、木块等)浸渍于A阶树脂而得,可用模压法成型。

(3) 酚醛泡沫塑料

热塑性或A阶热固性酚醛树脂,加入发泡剂、固化剂等,经起泡后使其固化,即得酚醛泡沫塑料,可用作隔热材料、浮筒、救生圈等。

酚醛塑料的主要特点是价格便宜、尺寸稳定性好、耐热性优良,根据不同的性能要求可选择不同的填料和配方以满足不同用途的需要。酚醛塑料主要用作电绝缘材料,故有“电木”之称。在宇航中可作为烧蚀材料以隔绝热量防止金属壳层熔化。

4.1.5.2　氨基塑料

氨基塑料是以氨基树脂为基本组分的塑料。氨基树脂是一种具有氨基官能团的原料(脲、三聚氰胺、苯胺等)与醛类(主要是甲醛)经缩聚反应而制得的聚合物,主要包括脲-甲醛树脂、三聚氰胺-甲醛树脂、苯胺-甲醛树脂以及脲和三聚氰胺与甲醛的共缩聚树脂,但最重要的是前两种,通常的氨基塑料一般就是指脲-甲醛塑料。

脲-甲醛树脂(UF)的单体是脲 $H_2N—\overset{\overset{\displaystyle O}{\|}}{C}—NH_2$ 和甲醛。脲与甲醛在稀溶液中于酸或碱催化下缩合成线型树脂,它在变定剂(固化剂),如草酸、邻苯二甲酸等存在下,在100 ℃左右可交联固化成体型结构。蜜胺-甲醛树脂(MF)是三聚氰胺(蜜胺)与甲醛的缩聚物,初聚物是线型或分枝结构,经变定后成为体型结构。苯胺-甲醛树脂(AF)是苯胺与甲醛的缩聚物。

氨基树脂加填料、固化剂、着色剂、润滑剂等即制得层压料或模塑料,经成型、固化即得氨基塑料制品。采用脲醛树脂水溶液浸渍填料纸粕(纸浆)等添加剂,经干燥、粉碎等过程制得的压塑粉称为电玉粉。以纸浆为填料的压塑粉是无色半透明粉末物,可加各种色料,制得各种鲜艳色彩的制品。氨基树脂的特点是无色,可制成各种色彩的塑料制品。氨基塑料制品表面光洁、硬度高。具有良好的耐电弧性,可用作绝缘材料。氨基塑料主要用作各种颜色鲜艳的日用品、装饰品以及电器设备等。

4.1.5.3　环氧树脂

分子中含有环氧基团 $\underset{\diagdown\ O\ \diagup}{CH_2\text{——}CH\text{—}}$ 的聚合物称为环氧树脂(EP)。环氧树脂自 1947 年首先在美国投产以来,世界年产量已达十几万吨。环氧树脂的品种很多,除通用的双酚 A 型环氧树脂外,其他品种有:卤代双酚 A 环氧树脂、有机钛环氧树脂、有机硅环氧树脂;非双酚 A 环氧树脂如甘油环氧树脂、酚醛环氧树脂、三聚氰胺环氧树脂、氨基环氧树脂以及脂环族环氧树脂等。虽然种类很多,各有特点,但 90% 以上的产量是由双酚 A 和环氧氯丙烷缩聚而成的环氧树脂,通常所说的环氧树脂一般就是指此种环氧树脂。

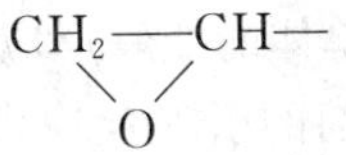

由双酚 A 和环氧氯丙烷所生成的环氧树脂分子结构为

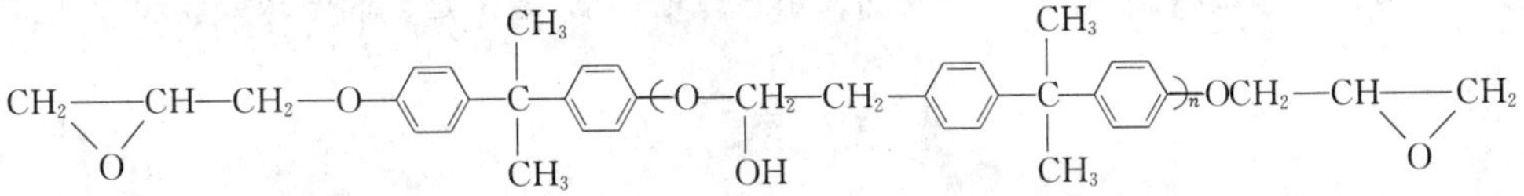

$$\underset{\diagdown\ O\ \diagup}{CH_2\text{——}CH}\text{—}CH_2\text{—}O\text{—}C_6H_4\text{—}\underset{CH_3}{\overset{CH_3}{\underset{|}{\overset{|}{C}}}}\text{—}C_6H_4\text{—}\!\left(O\text{—}\underset{OH}{\underset{|}{CH_2}}\text{—}CH_2\text{—}C_6H_4\text{—}\underset{CH_3}{\overset{CH_3}{\underset{|}{\overset{|}{C}}}}\text{—}C_6H_4\right)_{\!n}\!OCH_2\text{—}\underset{\diagdown\ O\ \diagup}{CH\text{——}CH_2}$$

在变定剂(固化剂)作用下,这种线型结构环氧树脂的环氧基打开相互交联而固化。环氧树脂固化后具有坚韧、收缩率小、耐水、耐化学腐蚀和优异的介电性能。

线型环氧树脂按其平均聚合度的大小可分为三种:$\bar{n}<2$ 的称为低分子量环氧树脂,其软化点在 50 ℃以下;$\bar{n}=2\sim5$ 的为中等分子量环氧树脂,软化点在 50～95 ℃;$\bar{n}>5$ 的称为高分子量环氧树脂,软化点在 100 ℃以上。不同种类其性能及应用情况亦有所不同。

环氧树脂的固化有两种情况:

① 通过与固化剂产生化学反应而交联为体型结构,所用固化剂有多元脂肪胺、多乙烯多胺、多元芳胺、多元酸酐等。

② 在催化剂作用下环氧基发生聚合而交联,催化剂不参与反应,催化剂有叔胺、路易氏酸等。

环氧树脂除作塑料外,另外的重要应用是作黏合剂,环氧树脂型黏合剂有“万能胶”之称。环氧塑料有增强塑料、泡沫塑料、浇铸塑料之分。增强塑料主要是用玻璃纤维增强,俗称环氧玻璃钢,是一种性能优异的工程材料。环氧泡沫塑料用于绝热、防震、吸音等方面。环氧浇铸塑料主要用于电气方面。

4.1.5.4　不饱和聚酯塑料

不饱和聚酯塑料是以不饱和聚酯树脂为基础的塑料。不饱和聚酯树脂亦称聚酯树脂,经玻璃纤维增强后的塑料俗称玻璃钢。不饱和聚酯通常由不饱和二元酸混以一定量的饱和二元酸与饱和二元醇缩聚获得线型初聚物,再在引发剂作用下固化交联即形成体型结构。所用的不饱和二元酸主要有顺丁烯二酸酐,其次是反丁烯二酸。饱和二元酸主要是邻苯二甲酸和邻苯二甲酸酐。二元醇可用丙二醇、丁二醇等,但一般是用丙二醇。加入饱和二元酸的目的是降低交联密度和控制反应活性。

在上述单体中还要加入交联单体如苯乙烯等并加入各种助剂，主要有：

① 引发剂，其作用是引发树脂与交联单体的交联反应；

② 加速剂又称促进剂，用以促进引发剂的引发反应，不同的引发剂要与不同的加速剂配套使用，常用的有胺类和钴皂类两种；

③ 阻聚剂，如对苯二酚、取代对苯醌、季胺碱盐、取代肼盐等，其作用是延长不饱和聚酯初聚物的存放时间；

④ 触变剂，如 PVC 粉、二氧化硅粉等，用量 1%～3%，其作用是能使树脂在外力(如搅拌等)作用下变成流动性液体，当外力消失时又恢复到高黏度的不流动状态，防止大尺寸制品成型时垂直或斜面树脂流胶。制备不饱和聚酯时，一般先将上述组分混合(不加交联剂)使达到一定反应程度，再加入交联剂，使在成型过程中发生交联固化反应。不饱和聚酯塑料制品，一般都要加入填料或增强剂，通常是玻璃微珠或玻璃纤维。

4.2 橡　胶

橡胶是有机高分子弹性化合物。在很宽的温度(−50～150 ℃)范围内具有优异的弹性，所以又称为高弹体。橡胶具有独特的高弹性。还具有良好的疲劳强度、电绝缘性、耐化学腐蚀性以及耐磨性等，使它成为国民经济中不可缺少和难以代替的重要材料。

橡胶按其来源，可分为天然橡胶和合成橡胶两大类。天然橡胶是从自然界含胶植物中制取的一种高弹性物质。合成橡胶是用人工合成的方法制得的高分子弹性材料。合成橡胶品种很多，按其性能和用途可分为通用合成橡胶和特种合成橡胶。凡性能与天然橡胶相同或相近、广泛用于制造轮胎及其他大量橡胶制品的，称为通用合成橡胶，如丁苯橡胶、顺丁橡胶、氯丁橡胶、丁基橡胶等。凡具有耐寒、耐热、耐油、耐臭氧等特殊性能，用于制造特定条件下使用的橡胶制品，称为特种合成橡胶。如丁腈橡胶、硅橡胶、氟橡胶、聚氨酯橡胶等。但是，特种橡胶随着其综合性能的改进，成本的降低以及推广应用的扩大，也可以作为通用合成橡胶使用，例如乙丙橡胶、丁基橡胶等。合成橡胶还可按大分子主链的化学组成的不同分为碳链弹性体和杂链弹性体两类。碳链弹性体又可分为二烯类橡胶和烯烃类橡胶等。

4.2.1　结构及其与性能的关系

4.2.1.1　结构特征

作为橡胶材料使用的聚合物，在结构上应符合以下要求才能充分表现橡胶材料的高弹性。

① 大分子链具有足够的柔性，玻璃化温度应比室温低得多。这就要求大分子链内旋转位垒较小，分子间作用力较弱，内聚能密度较小。橡胶类聚合物的内聚能密度一般在 290 kJ/cm^3 以下，比塑料和纤维类聚合物的内聚能密度低得多。

前已述及,只有在 T_g以上,聚合物才能表现出高弹性能,所以橡胶材料的使用温度范围在 T_g与熔融温度之间。表4-3列举了几种橡胶类聚合物的玻璃化温度及其使用温度范围。

表4-3 几种主要橡胶的玻璃化温度及使用温度范围

名称	T_g/℃	使用温度范围/℃	名称	T_g/℃	使用温度范围/℃
天然橡胶	−73	−50~120	丁腈橡胶(70/30)	−41	−35~175
顺丁橡胶	−105	−70~140	乙丙橡胶	−60	−40~150
丁苯橡胶(75/25)	−60	−50~140	聚二甲基硅氧烷	−120	−70~275
聚异丁橡胶	−70	−50~150	偏氟乙烯-全氟丙烯共聚物	−55	−50~300

② 在使用条件下不结晶或结晶度很小。例如聚乙烯、聚甲醛等,在室温下容易结晶,故不宜用作橡胶材料。但是,如天然橡胶等在拉伸时可结晶,而除去负荷后结晶又熔化,这是最理想的,因为结晶部分能起分子间交联作用而提高模量和强度,去载后结晶又熔化,不影响其弹性恢复性能。

③ 在使用条件下无分子间相对滑动,即无冷流,因此大分子链上应存在可供交联的位置,以进行交联,形成网络结构。也可采用物理交联方法,例如苯乙烯和丁二烯嵌段共聚物,由于在室温下苯乙烯段聚集成玻璃态区域,把橡胶链段的末端连接起来形成网络结构,故可作为橡胶材料使用。这类橡胶材料亦称为热塑性弹性体。

4.2.1.2 结构与性能的关系

橡胶的性能,如弹性、强度、耐热性、耐寒性等与分子结构和超分子结构密切相关。

(1) 弹性和强度

弹性和强度是橡胶材料的主要性能指标。分子链柔顺性越大,橡胶的弹性就越大。线型大分子链的规整性越好,等同周期越大,含侧基越少,链的柔顺性越好,其橡胶的弹性越好,例如高顺式聚1,4-丁二烯是弹性最好的橡胶。此外,分子量越高,橡胶的弹性和强度越大。橡胶的分子量通常为 10^5~10^6,比塑料类和纤维类要高。交联使橡胶形成网状结构,可提高橡胶的弹性和强度。但交联度过大时,交联点间网链分子量太小,强度大而弹性差。如前所述,橡胶在室温下是非晶态才具有弹性。但结晶对强度影响较大,结晶性橡胶拉伸时形成的微晶能起网络节点作用,因此纯硫化胶的抗张强度比非结晶橡胶高得多。

(2) 耐热性和耐老化性能

橡胶的耐热性主要取决于主链上化学键的键能。表4-4列出了一些典型链的离解能。可以看出,含有C—C、C—O、C—H和C—F键的橡胶具有较好的耐热性,如乙丙橡胶、丙烯酸酯橡胶、含氟橡胶和氯醇橡胶等。橡胶中的弱键能引发降解反应,对耐热性影响很大。不饱和橡胶主链上的双键易被臭氧氧化。次甲基的氢也易被氧化，因而耐老化性差。饱和性橡胶没有降解反应途径而耐热氧老化性好，如乙丙橡胶、硅橡胶等。此外，带供电取代基者容易氧化，如天然橡胶。而带吸电取代基者较难氧化，如氯丁橡胶，由于氯原子对双键和 α 氢的保护作用，使它成为双烯类橡胶中耐热性最好的橡胶。

表 4-4　一些主要化学键的离解能

键	平均键能 /(kJ·mol^{-1})	键	平均键能 /(kJ·mol^{-1})	键	平均键能 /(kJ·mol^{-1})
O—O	146	Si—C	301	C—O	358
Si—Si	178	C—N	305	Si—O	368
S—S	270	C—Cl	327	C=O	≈740
C—C	272	C—C	346	C≡N	890

(3) 耐寒性

当温度低于玻璃化温度(T_g)时，或者由于结晶，橡胶将失去弹性。因此，降低其T_g或避免结晶，可以提高橡胶材料的耐寒性。

降低 T_g的途径有：降低分子链的刚性；减小链间作用力；提高分子的对称性；与T_g较低的聚合物共聚；支化以增加链端浓度；减少交联键以及加入溶剂和增塑剂等诸方法。避免结晶，则可以通过以下方法使结构无规化：无规共聚；聚合之后无规地引入基团；进行链支化和交联，采用不导致立构规整性的聚合方法及控制几何异构等。

(4) 化学反应性

橡胶化学反应性有两个方面：一是可进行有利的反应，如交联反应或进行取代等改性反应；另一是有害的反应，如氧化降解反应等。上述两方面反应往往同时存在。例如二烯烃类橡胶主链上的双键一方面为硫化提供了交联的位置，同时又易受氧、臭氧和某些试剂所攻击。为了改变不利的一面，可以制成大部分结构的化学活性很低，而引入少量可供交联的活性位置的橡胶，例如丁基橡胶、三元乙丙橡胶、丙烯酸酯橡胶及氟橡胶等。

(5) 加工性能

结构对橡胶加工中熔体黏度、压出膨胀率、压出胶质量、混炼特性、胶料强度、冷流性以及黏着性有较大影响。

橡胶的分子量越大，则熔体黏度越大，压出膨胀率增加，胶料的强度和黏着强度都随之增大。橡胶的分子量通常大于缠结的临界分子量。分子链的缠结，引入少量共价交联键或离子键合键、早期结晶等热短效交联都可减少冷流和提高胶料强度。橡胶的分子量分布一般较宽，其中高分子量部分提供强度，而低分子部分起增塑剂作用，可提高胶料流动性和黏性，增加胶料混炼效果，改善混炼时胶料的包辊能力。同时，加宽分子量分布，可有效地防止压出胶产生鲨鱼皮表面和熔体破裂现象。长链支化也可改善胶料的包辊能力。

此外，胶料的黏着性与结晶性有关。结晶性橡胶，在界面处可以由不同胶块的分子链段形成晶体结构，从而提高了黏着程度；对于非结晶性橡胶，则需加入添加剂。

4.2.2　橡胶制品的原料

橡胶制品的主要原材料是生胶、再生胶以及各种配合剂。有些制品还需用纤维或金属材料作为骨架材料。

(1) 生胶和再生胶

生胶包括天然橡胶和合成橡胶。天然橡胶来源于自然界中含胶植物，有橡胶树、橡胶草和橡胶菊等，其中三叶橡胶树含胶多，产量大，质量好。从橡胶树上采集的天然胶乳经过一定的化学处理和加工可制成浓缩胶乳和干胶，前者直接用于胶乳制品，后者即作为橡胶制品中的生胶。再生胶是废硫化橡胶经化学、热及机械加工处理后所制得的，具有一定的可塑性，可重新硫化的橡胶材料。再生过程中主要反应称为"脱硫"，即利用热能、机械能及化学能(加入脱硫活化剂)使废硫化橡胶中的交联点及交联点间分子键发生断裂，从而破坏其网络结构，恢复一定的可塑性。再生胶可部分代替生胶使片用，以节省生胶、降低成本。还可改善胶料工艺性能，提高产品耐油、耐老化等性能。

(2) 橡胶的配合剂

橡胶虽具有高弹性等一系列优越性能，但还存在许多缺点，如机械强度低、耐老化性差等。为了制得符合使用性能要求的橡胶制品，改善橡胶加工工艺性能以及降低成本等，必须加入各种配合剂。橡胶配合剂种类繁多，根据在橡胶中所起的作用，主要有以下几种。

1) 硫化剂

在一定条件下能使橡胶发生交联的物质统称为硫化剂。由于天然橡胶最早是采用硫黄交联，所以将橡胶的交联过程称为"硫化"。随着合成橡胶的大量出现，硫化剂的品种也不断增加。目前使用的硫化剂有：硫黄、碲、硒、含硫化合物、过氧化物、醌类化合物、胺类化合物、树脂和金属化合物等。

2) 硫化促进剂

凡能加快硫化速度，缩短硫化时间的物质称为硫化促进剂，简称促进剂。使用促进剂可减少硫化剂用量，或降低硫化温度，并可提高硫化胶的物理机械性能。促进剂种类很多，可分为无机和有机两大类。无机促进剂有：氧化镁、氧化铅等，其促进效果小，硫化胶性能差，多数场合已被有机促进剂所取代。有机促进剂的促进效果大，硫化胶物理机械性能好，发展较快，品种较多。有机促进剂可按化学结构、促进效果以及与硫化氢反应呈现的酸碱性进行分类。目前常用的是按化学结构分为噻唑类、秋兰姆类、次磺酰胺类、胍类、二硫代氨基甲酸盐类、醛胺类、黄原酸盐类和硫脲类八大类。其中常用的有硫醇基苯并噻唑，商品名为促进剂M、二硫化二苯并噻唑（促进剂DM）、二硫化四甲基秋兰姆（促进剂TMTD）等。根据促进效果分类，国际上是以促进剂M为标准，凡硫化速度快于M的为超速或超超速级，相当或接近于M的为准超级，低于M的为中速及慢速级。

3）硫化活性剂

硫化活性剂简称活性剂，又称助促进剂。其作用是提高促进剂的活性。几乎所有的促进剂都必须在活性剂存在下，才能充分发挥其促进效能。活化剂多为金属氧化物，最常用的是氧化锌。由于金属氧化物在脂肪酸存在下，对促进剂才有较大活性，通常用氧化锌与硬脂酸并用。

4）防焦剂

防焦剂又称硫化延迟剂或稳定剂。其作用是使胶粉在加工过程中不发生早期硫化现象。但加入防焦剂会影响胶料性能，如降低耐老化性等，故一般不用。常用防焦剂有邻羟基苯甲酸、邻苯二甲酸酐等。

5）防老剂

橡胶在长期储存或使用过程中，受氧、臭氧、光、热、高能辐射及应力作用，逐渐发黏、变硬、弹性降低的现象称为老化。凡能防止和延缓橡胶老化的化学物质称为防老剂。防老剂品种很多，根据其作用可分为抗氧化剂、抗臭氧剂、有害金属离子作用抑制剂、抗疲劳老化剂、抗紫外线辐射防治剂等。按作用机理，防老剂可分为物理防老剂和化学防老剂两大类。物理防老剂如石蜡等，是在橡胶表面形成一层薄膜而起到屏障作用。化学防老剂可破坏橡胶氧化初期生成的过氧化物，从而延缓氧化过程。有胺类防老剂和酚类防老剂，其中胺类防老剂防护效果较为突出。

6）补强剂和填充剂

补强剂与填充剂之间无明显界限。凡能提高橡胶机械性能的物质称补强剂，又称为活性填充剂。凡在胶料中主要起增加容积作用的物质称为填充剂或增容剂。橡胶工业常用的补强剂有炭黑、白炭黑和其他矿物填料。其中最主要的是炭黑，用于轮胎胎面胶，具有优异的耐磨性。通常加入量为生胶的50%左右。白炭黑是水合二氧化硅（$SiO_2 \cdot nH_2O$），为白色，补强效果仅次于炭黑，故称白炭黑，广泛用于白色和浅色橡胶制品。橡胶制品中常用的填充剂有碳酸钙、陶土、碳酸镁等。

7）其他配合剂

除上述配合剂外，橡胶工业常用的配合剂还有软化剂、着色剂、溶剂、发泡剂、隔离剂等。品种很多，可根据橡胶制品的特殊要求进行选用。

（3）纤维和金属材料

橡胶的弹性大，强度低，因此很多橡胶制品必须用纤维材料或金属材料做骨架材料，以增大制品的机械强度，减小变形。

4.2.3　天然橡胶

天然橡胶的利用始于 15 世纪，主要来源于巴西等国。中国天然橡胶产量占世界第四位。天然橡胶的主要成分是橡胶烃，它是由异戊二烯链节组成的天然高分子化合物，其结构式为

$$\left[\mathrm{CH_2{-}\overset{\displaystyle CH_3}{\overset{|}{C}}{=}CH{-}CH_2}\right]_n$$

n 值约为 10000 左右，相对分子质量为 3 万～3000 万，多分散性指数为 2.8 万～10 万，并具有双峰分布规律。因此，天然橡胶具有良好的物理机械性能和加工性能。

橡胶树的种类不同，其大分子的立体结构也不同。巴西橡胶含 97% 以上顺式-1,4 加成结构（见图 4－2），在室温下具有弹性及柔软性，是名副其实的弹性体。而古塔波胶是反式-1,4 加成结构，室温下呈硬固状态。

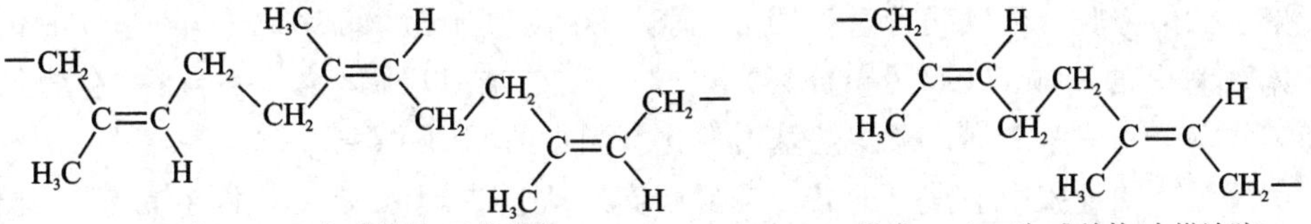

顺式，－1，4加成结构(天然橡胶)　　　反式，－1，4加成结构(古塔波胶)

图 4－2　天然橡胶结构

天然橡胶具有一系列优良的物理机械性能，是综合性能最好的橡胶：

① 具有良好的弹性，弹性模量约为钢铁的 1/30000，而伸长率为钢铁的 300 倍。回弹率在 0～100 ℃范围内可达 50%～80%。伸长率最大可达 1000%。

② 具有较高的机械强度。天然橡胶是一种结晶性橡胶，在外力作用下拉伸时可形成结晶，产生自补强作用。纯胶硫化胶的抗张强度为 17～25 MPa，炭黑补强硫化胶可达 25～35 MPa。

③ 具有很好的耐屈挠疲劳性能，滞后损失小，多次变形时生热低。此外，具有良好的耐寒性、优良的气密性、防水性、电绝缘性和绝热性能。

天然橡胶的缺点是耐油性差，耐臭氧老化性和耐热氧老化性差。天然橡胶为非极性橡胶，因此，易溶于汽油和苯等非极性有机溶剂。天然橡胶含有不饱和双键，因此化学性质活泼。在空气中易与氧进行自动催化氧化的连锁反应，使分子断链或过度交联，使橡胶发生黏化和龟裂，即发生老化现象，未加防老剂的橡胶曝晒 4～7 d 即出现龟裂；与臭氧接触几秒钟内即发生裂口。加入防老剂可以改善其耐老化性能。天然橡胶是用途最广泛的一种通用橡胶。大量用于制造各类轮胎，各种工业橡胶制品，如胶管、胶带和工业用橡胶杂品等。此外，天然橡胶还广泛用于日常生活用品，如胶鞋、雨衣等，以及医疗卫生制品。

4.2.4 合成橡胶

4.2.4.1 二烯类橡胶

二烯类橡胶包括二烯类均聚橡胶和二烯类共聚橡胶。属于前一类的有聚丁二烯橡胶、聚异戊二烯橡胶和聚间戊二烯橡胶等,属于后一类的主要是丁苯橡胶、丁腈橡胶等。二烯类共聚橡胶主要由自由基型聚合反应制得,发展较早,然而直到1954年发明了Ziegler-Natta催化剂后,才制成了立体规整性好的二烯类均聚橡胶。

(1) 聚丁二烯橡胶

聚丁二烯橡胶是以1,3-丁二烯为单体聚合而得的一种通用合成橡胶,1956年美国首先合成了高顺式丁二烯橡胶,中国于1967年实现顺丁橡胶的工业化生产。在世界合成橡胶中,聚丁二烯的产量和消耗量仅次于丁苯橡胶,居第二位。

按聚合方法不同,聚丁二烯橡胶可分为溶聚丁二烯橡胶、乳聚丁二烯橡胶和本体聚合丁钠橡胶三种。按分子结构分类,可分为顺式聚丁二烯和反式聚丁二烯。而顺式聚丁二烯橡胶又依顺式含量不同分三类:用钴或镍化物构成的Ziegler-Natta催化体系制得的高顺式(96%～98%)聚1,4-丁二烯,以钛化物体系制得的中顺式(86%～95%)聚丁二烯以及用烷基锂催化剂制得的低顺式(35%～40%)聚丁二烯。

聚丁二烯橡胶中最重要的品种是溶聚高顺式丁二烯橡胶。其性能特点是:弹性高,是当前橡胶中弹性最高的一种;耐低温性能好,其玻璃化温度为-105℃,是通用橡胶中耐低温性能最好的一种;此外,其耐磨性能优异;滞后损失小,生热性低;耐屈挠性好;与其他橡胶的相容性好。高顺式聚丁二烯橡胶的缺点是:抗张强度和抗撕裂强度均低于天然橡胶和丁苯橡胶;用于轮胎对抗湿滑性能不良;工艺加工性能和黏弹性能较差,不易包辊。由于高顺式聚丁二烯橡胶具有优异的高弹性、耐寒性和耐磨耗性能,主要用于制造轮胎,也用于制造胶鞋、胶带、胶辊等耐磨性制品。

近10多年来,针对顺丁橡胶的弱点,从结构上进行调整,出现一些新品种。① 中乙烯基丁二烯橡胶,含有35%～55%乙烯基结构(1,2-结构),其抗湿滑性能和热老化性能优于高顺式聚丁二烯,但强度和耐磨性稍有下降。② 高乙烯基丁二烯橡胶,其乙烯基含量为70%,它抗湿滑性高,适于制造轿车胎的胎面胶。③ 低反式丁二烯橡胶,含顺式-1,4为90%,反式-1,4为9%。不仅拉伸强度、撕裂强度有所提高,而且包辊性、压延性、冷流性也有改善。④ 超高顺式丁二烯橡胶,其顺式-1,4含量大于98%。拉伸时结晶速度快,结晶度高。分子量分布宽,因此黏着性、强度和加工性能好。

(2) 聚异戊二烯橡胶

聚异戊二烯橡胶简称异戊橡胶,其分子结构和性能与天然橡胶相似,故也称做合成天然橡胶。异戊橡胶是异戊二烯单体在催化剂作用下,经溶液聚合而制得的顺式聚1,4-异戊二烯。

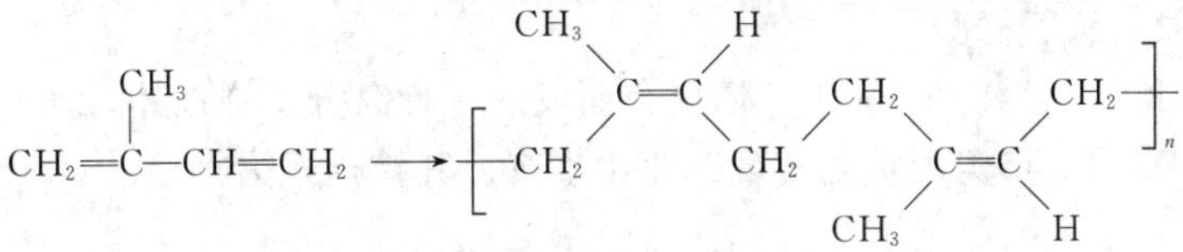

$$CH_2{=}\underset{\displaystyle CH_3}{\overset{}{C}}{-}CH{=}CH_2 \longrightarrow \left[CH_2-\overset{CH_3}{C}{=}\overset{H}{C}-CH_2-CH_2-\underset{CH_3}{C}{=}\underset{H}{C}-CH_2 \right]_n$$

用齐格勒型催化剂的异戊橡胶，其顺式-1,4 结构含量为 96%～98%；采用丁基锂催化时，顺式-1,4 结构含量为 92%～93%；中国 1966 年研制成功的采用有机酸稀土盐三元催化体系制得的异戊橡胶，其顺式-1,4 结构含量为 93%～94%。

异戊橡胶是一种综合性能最好的通用合成橡胶。具有优良的弹性、耐磨性、耐热性、抗撕裂及低温屈挠性。与天然橡胶相比，又具有生热小、抗龟裂的特点，且吸水性小，电性能及耐老化性能好。但其硫化速度较天然橡胶慢，此外，炼胶时易黏辊，成型时黏度大，而且价格较贵。异戊橡胶的用途与天然橡胶大致相同。用于制作轮胎、各种医疗制品、胶管、胶鞋、胶带以及运动器材等。

(3) 丁苯橡胶

丁苯橡胶是以丁二烯和苯乙烯为单体共聚而得的高分子弹性体，最早工业化的合成橡胶，1937 年德国首先实现工业化生产。目前丁苯橡胶的产量约占合成橡胶总产量的 55%，其产量和消耗量在合成橡胶中占第一位。其结构式为

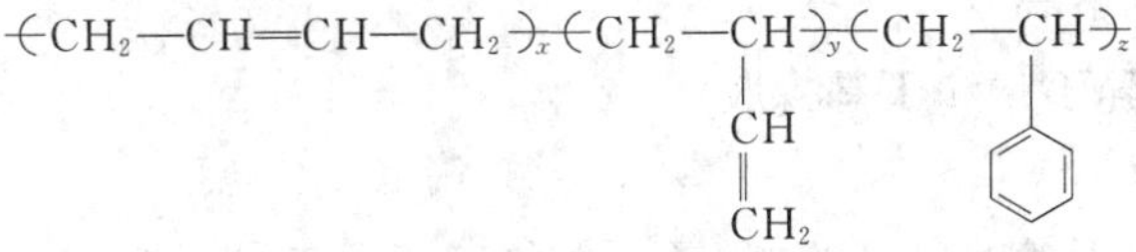

$$-(CH_2-CH{=}CH-CH_2)_x-(CH_2-\underset{\underset{\displaystyle CH_2}{\overset{\|}{CH}}}{CH})_y-(CH_2-\underset{C_6H_5}{CH})_z-$$

丁苯橡胶的耐磨性、耐热性、耐油性和耐老化性均比天然橡胶好，硫化曲线平坦，不容易焦烧和过硫，与天然橡胶、顺丁橡胶混溶性好。丁苯橡胶的缺点是弹性、耐寒性、耐撕裂性和黏着性能均较天然橡胶差，纯胶强度低，滞后损失大，生热高。而且由于含双键比天然橡胶少，硫化速度慢。

丁苯橡胶成本低廉，其性能不足之处可以通过与天然橡胶并用或调整配方得到改善。因此，至今仍是用量最大的通用合成橡胶。可以部分或全部代替天然橡胶，用于制造各种轮胎及其他工业橡胶制品，如胶带、胶管、胶鞋等。

(4) 丁腈橡胶

丁腈橡胶是以丁二烯和丙烯腈为单体经乳液共聚而制得的高分子弹性体，是以耐油性而著称的特种合成橡胶。1937 年德国首先投入工业化生产。其结构式为

$$\left[-(CH_2-CH{=}CH-CH_2)_x-(CH_2-\underset{CN}{CH})_y-\right]_n$$

丁腈橡胶中丙烯腈含量一般在 15%～50%范围内。固体丁腈橡胶分子量达几十万，门尼黏度在 20～140。

4.2.4.2 氯丁橡胶

氯丁橡胶是 2-氯-1,3-丁二烯聚合而成的一种高分子弹性体，是合成橡胶主要品种之一，于 1931 年美国首先实现工业化生产。其结构式为

$$-\!\!\left[CH_2-\underset{\underset{Cl}{|}}{C}=CH-CH_2\right]\!\!-_n$$

根据性能和用途氯丁橡胶分为通用型和专用型两大类。通用型氯丁橡胶又可分为硫黄调节型和非硫黄调节型。前者是以硫黄作调节剂，秋兰姆作稳定剂。后者系采用硫醇作调节剂。专用型氯丁橡胶是指用作黏合剂及其他特殊用途的氯丁橡胶。

氯丁橡胶普遍采用乳液聚合法进行生产。以松香酸皂为乳化剂，过硫酸钾为引发剂。硫调节型氯丁橡胶的聚合温度为 40 ℃，非硫调节型一般在 10 ℃以下。聚合后经凝聚、水洗、干燥而得成品。氯丁橡胶具有优异的耐燃性，是通用橡胶中耐燃性最好的，优良的耐油、耐溶剂、耐老化性能，其耐油性仅次于丁腈橡胶而优于其他通用橡胶，氯丁橡胶是结晶性橡胶，有自补强性，生胶强度高，还具有良好的黏着性、耐水性和气密性，其耐水性是合成橡胶中最好的，气密性比天然橡胶大 5～6 倍。氯丁橡胶的缺点是电绝缘性较差，耐寒性不好，密度大，储存稳定性差，储存过程中易硬化变质。氯丁橡胶广泛用于各种橡胶制品，如耐热运输带、耐油、耐化学腐蚀胶管和容器衬里、胶辊、密封胶条等。

4.2.4.3 聚异丁烯和丁基橡胶

(1) 聚异丁烯

聚异丁烯是异丁烯的聚合产物，接近无色或白色的弹性体。聚异丁烯是第一个实现工业化生产的聚烯烃，1931 年美国首先投入工业化生产。其结构式为

$$-\!\!\left[CH_2-\underset{\underset{CH_3}{|}}{\overset{\overset{CH_3}{|}}{C}}\right]\!\!-_n$$

聚异丁烯具有高度饱和结构，所以耐热性、耐老化性和耐化学腐蚀性好。分解温度达 300 ℃。聚异丁烯耐寒性好，−50 ℃下仍能保持弹性，此外，还具有优异的介电性能，优良的防水性和气密性，以及与橡胶和填料的混溶性。聚异丁烯耐油性差，还具有冷流性。由于分子链不含双键，所以不能用硫黄硫化。聚异丁烯广泛用来与天然橡胶、合成橡胶和填料并用。其硫化胶可用于制作防水布、防腐器材、耐酸软管、输送带等。

(2) 丁基橡胶

丁基橡胶是异丁烯和少量异戊二烯的共聚物，为白色或暗灰色透明弹性体。丁基橡胶于 1943 年美国开始工业生产。由于性能好，发展较快，已成为通用橡胶之一。其结构式为

$$\begin{array}{c} \left(\begin{array}{c} CH_3 \\ | \\ C \\ | \\ CH_3 \end{array} - CH_2\right)_x CH_2 - \begin{array}{c} CH_3 \\ | \\ C \end{array} = CH - CH_2 \left(\begin{array}{c} CH_3 \\ | \\ C \\ | \\ CH_3 \end{array} - CH_2\right)_y \end{array}$$

丁基橡胶是气密性最好的橡胶，其气透率约为天然橡胶的 1/20，顺丁橡胶的 1/30。丁基橡胶的耐热性、耐候性和耐臭氧老化性都很突出。最高使用温度可达 200 ℃，能长时间暴露于阳光和空气中而不易损坏。抗臭氧性能比天然橡胶、丁苯橡胶等不饱和橡胶约高 10 倍。丁基橡胶耐化学腐蚀性好，耐酸、碱和极性溶剂。此外，丁基橡胶的电绝缘性和耐电晕性能比一般合成橡胶好。耐水性能优异，水渗透率极低。减震性能好，在－30～50 ℃具有良好的减震性能，在玻璃化温度（－73 ℃）时仍具有屈挠性。丁基橡胶的缺点是硫化速度很慢，需要高温或长时间硫化，自黏性和互黏性差，与其他橡胶相容性差，难以并用，耐油性不好。

丁基橡胶主要用于气密性制品，如汽车内胎、无内胎轮胎的气密层等。也广泛用于蒸汽软管、耐热输送带、化工设备衬里、各种耐热耐水密封垫片、电绝缘材料及防震缓冲器材等。

4.2.4.4　其他合成橡胶

除上述合成橡胶外，还有一些品种的合成橡胶，其一般物理机械性能较差，但却具有某方面的独特性能，可满足某些特殊需要，所以尽管产量不大、用量不多，在技术上、经济上都具有特殊重要的意义。简要介绍如下。

(1) 聚氨基甲酸酯橡胶

聚氨基甲酸酯橡胶简称聚氨酯橡胶，是由聚酯或聚醚与异氰酸酯反应而得。它随原料种类和加工方法的不同而分为许多种类。这种橡胶的最大优点是具有优良的耐磨性，强度、弹性也很好。同时还具有良好的耐油、耐低温及耐臭氧老化等性能。因此，它主要用于耐磨制品、高强度耐油制品。聚氨酯橡胶的最大缺点是易于水解。其制品不宜在潮湿条件下应用。另外生热大，散热慢，耐热性不好。但可以利用聚氨酯橡胶水解反应放出二氧化碳的特点，制得密度很小的泡沫橡胶。

(2) 硅橡胶

硅橡胶是由环状有机硅氧烷开环聚合或以不同硅氧烷进行共聚而制得的弹性共聚物。硅橡胶分子主链含有硅氧结构（ $-\overset{|}{\underset{|}{Si}}-O-$ ），分子链柔性大，分子间作用力小。因而性能优异，其最大特点是耐热性、耐寒性好，可在很宽的温度（－100～300 ℃）范围内使用。还具有高度的电绝缘性和良好的耐候性和耐臭氧性能，并且无味、无毒。因此可用于制造耐高温、低温橡胶制品，如各种垫圈、密封件、高温电线、电缆绝缘层、食品工业耐高温制品及人造心脏、人造血管等人造器官和医疗卫生材料。硅橡胶主要缺点是抗张强度和撕裂强度低，耐酸碱腐蚀性差，加工性能不好，因而限制了它的应用。

(3) 氟橡胶

氟橡胶是含氟单体聚合或缩聚而得的高分子弹性体。氟橡胶品种很多,主要分为4大类:含氟烯烃类、亚硝基类、全氟醚类和氧化磷腈类。氟橡胶的突出特点是耐热、耐油及耐化学腐蚀。其耐热性可与硅橡胶媲美,对日光、臭氧及气候的作用十分稳定,对各种有机溶剂及腐蚀性介质的抗耐性,均优于其他各种橡胶。因此是现代航空、导弹、火箭、宇宙航行等尖端科学技术部门及其他工业部门不可缺少的材料,用作各种耐高温、耐特种介质腐蚀的制品。其主要缺点是弹性和加工性能较差。

(4) 丙烯酸酯橡胶

丙烯酸酯橡胶是丙烯酸烷基酯与其他不饱和单体共聚而得的一类弹性体。其中最主要的品种是丙烯酸丁酯与丙烯腈共聚物。这类橡胶的性能特点是具有较高的耐热性、耐油性和耐臭氧性以及良好的气密性。但耐寒、耐水及耐溶剂性较差。主要用于汽车的各种密封配件。

(5) 聚硫橡胶

聚硫橡胶是分子主链含有硫的一种橡胶。是以有机二卤化物和碱金属多硫化物缩聚而制得。有固态、液态橡胶和乳胶三种,其中以液态橡胶产量最大。由于其主链含硫原子,所以聚硫橡胶具有良好的耐油性、耐溶剂性和耐臭氧老化性,但强度较差。主要用于印刷胶辊等耐油制品和长效性油灰、泥子、油箱密封材料等。

(6) 氯醚橡胶

氯醚橡胶是环氧氯丙烷均聚或环氧氯丙烷与环氧乙烷共聚而制得的弹性体。又称氯醇橡胶。氯醚橡胶具有高度饱和结构,又含有氯甲基,因此兼具饱和橡胶和极性橡胶的特性。其耐热性、耐寒性、耐臭氧性、耐油性、耐燃性、耐酸碱和耐溶剂性能均较好。气密性也很好,因此用途广泛。可用作汽车、飞机和各种机械的配件,如各种垫圈、密封圈等,也可制作印刷胶辊、耐油胶管等。

4.2.5 热塑性弹性体

热塑性弹性体是指在高温下能塑化成型而在常温下能显示橡胶弹性的一类材料。

热塑性弹性体具有类似于硫化橡胶的物理机械性能,又有类似于热塑性塑料的加工特性,而且加工过程中产生的边角料及废料均可重复加工使用。因此这类新型材料自1958年问世以来,引起极大重视,被称之为“橡胶的第三代”,得到了迅速的发展。目前已工业化生产的有聚烯烃类、苯乙烯嵌段共聚物类、聚氨酯类和聚酯类。

4.2.5.1 结构特征

(1) 交联形式

热塑性弹性体和硫化橡胶相似,大分子链间也存在“交联”结构。这种“交联”结构可以是化学“交联”或是物理“交联”,其中以后者为主要交联形式。但这些“交联”均有可逆性,即温度升高时,“交联”消失,而当冷却到室温时,这些“交联”又都起到与

硫化橡胶交联键相类似的作用。图 4－3 是苯乙烯和丁二烯热塑性三嵌段共聚物结构示意图。

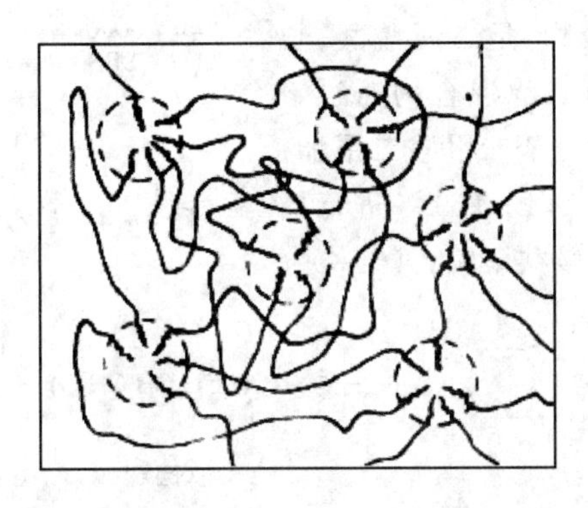

图 4－3　苯乙烯-丁二烯热塑性三嵌段共聚物结构图

（2）硬段和软段

热塑性弹性体高分子链的突出特点是它同时串联或接枝化学结构不同的硬段和软段。硬段要求链段间作用力足以形成物理“交联”或“缔合”，或具有在较高温度下能离解的化学键。软段则是柔性较大的高弹性链段。而且硬段不能过长，软段不能过短，硬段和软段应有适当的排列顺序和连接方式。

（3）微相分离结构

热塑性弹性体从熔融态转变成固态时，硬链段凝聚成不连续相，形成物理交联区域，分散在周围大量的橡胶弹性链段之中（见图 4－3），形成微相分离结构。

4.2.5.2　聚烯烃类热塑性弹性体

聚烯烃类热塑性弹性体主要指各种热塑性乙丙橡胶，此外还包括丁基橡胶接枝改性聚乙烯。热塑性乙丙橡胶是由二元或三元乙丙橡胶与聚烯烃树脂（聚丙烯或聚乙烯）共混而制得。共混比例随用途而异，100 份乙丙橡胶混入 25～100 份聚丙烯为最好。丁基橡胶接枝聚乙烯是将丁基橡胶用酚醛树脂接枝到聚乙烯链上而制得。聚烯烃类热塑性弹性体，具有良好的综合机械性能、耐紫外线和耐气候老化性。使用温度范围极宽，为－50～150 ℃。对多种有机溶剂和无机酸、碱具有化学稳定性。此外，电绝缘性能优异，但耐油性差。主要用于汽车车体外部配件、电线电缆、胶管、胶带和各种模压制品。

4.2.5.3　苯乙烯类热塑性弹性体

苯乙烯类热塑性弹性体是指聚苯乙烯链段和聚丁二烯链段组成的嵌段共聚物。1963 年美国 Philips 公司首先投入生产。线型三嵌段苯乙烯热塑性弹性体（SBS）采用单官能团引发的三步合成法，或采用双官能团引发的两步合成法，也可采用单官能团的两步合成加偶联反应制得。星型苯乙烯类热塑性弹性体 $(SB)_4R$ 采用单官能团活性双嵌段共聚物和多官能团偶联剂反应制得。如用四氯化硅作偶联剂，可得到四臂嵌段共聚物 $(SB)_4R$，如图 4－4 所示。

4.2.5.4 聚酯型热塑性弹性体

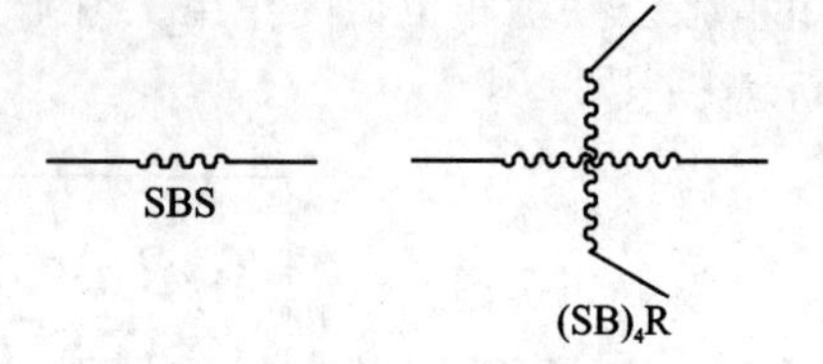

图 4-4 苯乙烯嵌段共聚物示意图

聚酯型热塑性弹性体是由长、短两种聚酯链段组成的嵌段共聚物，是二元羧酸、长链二醇及低相对分子量二醇混合物通过熔融酯交换反应制得。由对苯二甲酸二甲酯、聚四亚甲基乙二醇醚和1,4-丁二醇进行酯交换反应而制得无规嵌段共聚物，其结构为

$$\left[O-(CH_2)_4-O-\overset{O}{\overset{\|}{C}}-C_6H_4-\overset{O}{\overset{\|}{C}} \right]_m \left[O-(CH_2CH_2CH_2CH_2O)_x-\overset{O}{\overset{\|}{C}}-C_6H_4-\overset{O}{\overset{\|}{C}} \right]_n$$

硬链段　　　　软链段　　　　(m, n=16~40, x=10~50)

聚酯型热塑性弹性体弹性好，抗屈挠性能优异，耐磨，使用温度范围宽（-55～150 ℃），此外还具有良好的耐化学腐蚀、耐油、耐老化性能。可制作耐压软管、浇铸轮胎、传动带等。

4.2.5.5 热塑性聚氨酯弹性体

热塑性聚氨酯是最早开发的一种热塑性弹性体，1958年德国首先研制成功。热塑性聚氨酯是二异氰酸酯和聚醚或聚酯多元醇以及低分子量二元醇扩链剂反应而得，其结构为

$$\left(\underset{\underset{O}{\|}}{C}-NH-C_6H_4-CH_2-C_6H_4-NH-\underset{\underset{O}{\|}}{C}-O-CH_2CH_2CH_2CH_2 \right)_m \left(O-R \right)_n \quad (m=30\sim120,\ n=8\sim50)$$

硬链段　　　　软链段

聚醚或聚酯链段为软链段，而氨基甲酸酯基为硬链段，氨基甲酸酯基的高极性使分子间相互作用形成结晶区，起类似“交联”作用。热塑性聚氨酯弹性体具有较好的耐磨性、硬度和弹性，还具有良好的抗撕裂强度、抗臭氧性和对化学药品和溶剂的抗耐性。适用于汽车外部制件，电线电缆护套、胶管、鞋底、薄膜等。

4.3 纤　维

4.3.1 纤维概述

纤维是指长度比其直径大很多倍，并具有相当柔韧性和强度的纤细物质。供纺织应用的纤维，长度与直径之比一般大于1000∶1。典型的纺织纤维的直径为几至几十 μm，而长度超过25 mm。

纤维可分为两大类：一类是天然纤维，如棉花、羊毛、蚕丝和麻等，另一类是化学纤维，即用天然或合成高分子化合物经化学加工而制得的纤维。化学纤维可按高聚

物的来源、化学结构等进行分类，其主要类型如图 4－5 所示。

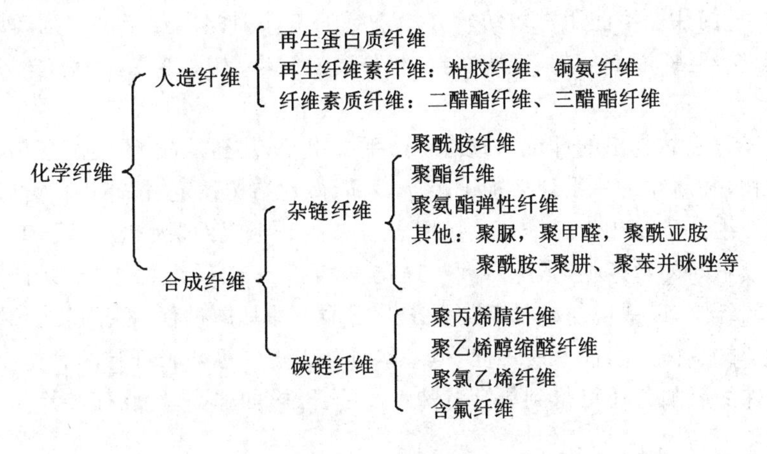

图 4－5　纤维的分类

人造纤维是以天然高聚物为原料，经过化学处理与机械加工而制得的纤维。其中以含有纤维素的物质如棉短绒、木材等为原料的，称纤维素纤维。以蛋白质为原料的，称再生蛋白质纤维。合成纤维是由合成的高分子化合物加工制成的纤维。根据大分子主链的化学组成，又分为杂链纤维和碳链纤维两类。合成纤维品种繁多，已经投入工业生产的约三四十种。其中最主要的是聚酯纤维（涤纶）、聚酰胺纤维（锦纶）和聚丙烯腈纤维（腈纶）三大类，这三大类纤维的产量占合成纤维总产量的 90％以上。

4.3.2　纤维加工的一般工艺

纤维加工过程包括纺丝液的制备、纺丝及初生纤维的后加工等过程。一般是先将成纤高聚物溶解或熔融成黏稠的液体（称纺丝液），然后将这种液体用纺丝泵连续、定量而均匀地从喷丝头小孔压出，形成的黏液细流经凝固或冷凝而成纤维。最后根据不同要求进行后加工。

工业上常用的纺丝方法主要是熔融纺丝法和溶液纺丝法。熔融纺丝法是将高聚物加热熔融制成熔体，并经喷丝头喷成细流，在空气或水中冷却而凝固成纤维的方法称熔融纺丝法。溶液纺丝法是将高聚物溶解于溶剂中以制得黏稠的纺丝液，由喷丝头喷成细流，通过凝固介质使之凝固而形成纤维，这种方法称为溶液纺丝法。根据凝固介质的不同又可分为两种。湿法纺丝，凝固介质为液体，故称湿法纺丝。它是使从喷丝头小孔中压出的黏液细流，在液体中通过，这时细流中的成纤高聚物便被凝固成细丝。干法纺丝，凝固介质为干态的气相介质。从喷丝头小孔中压出的黏液细流，被引入通有热空气流的甬道中，热空气将使黏液细流中的溶剂快速挥发，挥发的溶剂蒸汽被热空气流带走，而黏液细流脱去溶剂后很快转变成细丝。

合成纤维的主要纺丝方法除熔融纺丝、溶液纺丝等常规纺丝法外，随着航空、空间技术、国防等工业的发展，对合成纤维的性能提出了新的要求。合成了许多新的成纤高聚物，它们往往不能用常规纺丝方法进行加工。因此出现了一系列新的纺丝方法，如干湿纺丝法、液晶纺丝、冻胶纺丝、相分离法纺丝、乳液或悬浮液纺丝、反应纺丝法，等等。

用上述方法纺制出的纤维，强度很低，手感粗硬，甚至发脆，不能直接用于纺织加工制成织物，必须经过一系列后加工工序，才能得到结构稳定、性能优良、可以进行纺织加工的纤维。目前化学纤维还大量用于与天然纤维混纺，因此在后加工过程中有时需将连续不断的丝条切断，而得到与棉花、羊毛等天然纤维相似的、具有一定长度和卷曲度的纤维，以适应纺织加工的要求。后加工的具体过程，根据所纺纤维的品种和纺织加工的具体要求而有所不同，但基本可分为短纤维与长纤维两大类。另外，通过某些特殊的后加工还可得到具有特殊性能的纤维，如弹力丝、膨体纱等。

4.3.3 纤维的结构

纤维性质既取决于原料高聚物性质，也取决于纺丝成形及后加工条件所决定的纤维结构。

4.3.3.1 分子结构

纺织纤维用高聚物，即成纤高聚物的性质，系指能通过化学和机械加工而制成纤维、并使纤维具有一定的综合性能的高聚物。成纤高聚物一般应具备以下结构特征。

① 具有线型的可伸展大分子链，无庞大侧基，且大分子之间无化学键。这种大分子链能够沿纤维轴方向有序排列，因而使纤维具有较高的拉伸强度，延伸度及其他物理性能。

② 分子中有极性基团存在，使大分子间的相互作用增大，可提高纤维的强度和熔点，并对纤维的吸水性、吸湿性等有很大影响。例如天然纤维中含有极性基团，大分子之间能形成氢键而具有强烈的相互作用。

③ 高分子链立体结构具有一定的规整性。使其可能形成最佳的超分子结构。为了制得具有最佳综合性能的纤维，成纤高聚物应具有形成半结晶结构的能力。高聚物中无定形区决定了纤维的弹性、染色性、对各种物质的吸收性等重要性能。

④ 具有相当高的分子量和比较窄的分子量分布。一般来说，纤维的物理-机械性能随分子量的增大而提高，但提高的速度逐渐减小，最终达到一极限值，假定分子量为无穷大时的性能指标为 δ_∞，则

$$\delta = \delta_\infty - \frac{A}{\overline{M}_n} \tag{4-1}$$

式中，A 为常数，$\overline{M}_n$ 为数均分子量。

合成纤维的玻璃化温度、强度、密度等性能指标都符合这一关系式。

但是，随着高聚物分子量的增大，纺丝液的黏度大大增加，对纺丝及后加工不利，所以成纤高聚物的分子量有一个上限。另一方面，如果成纤高聚物的分子量低于一

定值，就不可能制得强度和弹性好的纤维。成纤高聚物的聚合度的下限与其化学结构有关，特别是随所含极性基团的种类及性质而变化，见表 4－5。

表 4－5　几种主要成纤高聚物的分子量　　万

成纤高聚物	平均相对分子量	成纤高聚物	平均相对分子量
聚酰胺 6 或 66	1.6～2.2	聚氯乙烯(PVC)	6～15
聚酯(PET)	1.9～2.1	聚乙烯醇(PVA)	6～8
聚丙烯腈(PAN)	5.3～10.6	等规聚丙烯(IPP)	18～30

由上表可知，聚酰胺 6 或 66，由于分子间有氢键作用，结合力较大，故分子量较低亦可纺丝。通常，成纤高聚物的聚合度比塑料或橡胶低。高聚物的分子量分布对纤维的性质也有很大影响。例如，采用多分散性大的 PET 时，所得纤维的强度较低，断裂伸长率大，耐疲劳性低。对于缩聚型的成纤高聚物，通常分子量多分散性指数(HI)为 1.5～3.0，而加聚型成纤高聚物分子量分散性则较大，例如，生产中采用的成纤聚丙烯其 HI 值可达 5～7。

4.3.3.2　形态结构

纤维的形态结构，包括多重原纤结构和表面形态，横截面形状和皮芯结构以及纤维中的孔洞等。它们对纤维的宏观性能有很大影响。

(1) 纤维的多重原纤结构和表面形态

1) 多重原纤结构

纤维是由线型大分子链排列、堆砌组合而成。其间有许多丝状结构，即为原纤结构，它们是通过分子间作用力相互结合而构成整根纤维单丝，原纤结构又由各级微结构组成，称多重原纤结构。原纤的最小单元称基原纤，一般是由几条线型长链分子互相平行地结合而成的很细的分子束，直径约为 1～3 nm。由若干根基原纤平行排列而成的大分子束称为微原纤。在微原纤中基原纤之间存在着一些缝隙和孔洞。通常，微原纤是直径约为 10～50 nm 的可挠性棒状物。若干根微原纤基本平行排列结合组成原纤。微原纤是依靠分子间作用力和穿越多少微原纤分子链的横向联结而构成原纤。若干根基本平行排列的原纤可堆砌成较粗大的大原纤，其直径可达 1～3 μm。由大原纤堆砌而成纤维。在这些排列和堆砌组合中，必然存在多重原纤结构结合，使纤维中存在松懈、缝隙、孔洞，以及大小不等，排列方式不同的晶区和非晶区。纤维的吸附性质、光学性质、各种物理机械性质以及这些性质在纤维中所表现出来的各向异性，都与纤维的多重原纤结构有关。

在化学纤维纺丝过程中，纺丝细流的大分子取向程度很低，而在拉伸、热定型过程中大分子沿纤维轴方向择优排列，而结合成基原纤、微原纤等，使纤维具有较高的取向度和适当的结晶度。因此，化学纤维的多重原纤结构以及由其所决定的纤维性质，在很大程度上取决于纺丝工艺条件。

2）表面形态

化学纤维的表面形态取决于纤维品种、成型方法和纺丝工艺条件。一般来说，与天然纤维相比，化学纤维具有连续光滑和较规整的表面形态，这种表面对光线的反射比较均匀，因而纤维表面具有明显的光泽。生产中为了获得消光或半消光纤维，往往通过改变成型条件或进行后处理来破坏纤维的光滑表面，以及在纺丝液中添加与成纤高聚物折射率不同的物质，以减弱纤维表面的光泽，例如，在聚酯纤维中添加二氧化钛。

（2）纤维横截面形状和皮芯结构

1）横截面形状

在熔融纺丝中，熔体温度变化及结晶作用而引起的丝条体积变化很小，纤维的横截面接近喷丝孔形状。在使用圆形喷丝孔时，熔纺形成的纤维如聚酯、聚酰胺等都具有圆形或接近圆形的横截面。湿法纺丝成形的纤维，其横截面形状与所用溶剂有关。通常有机溶剂的固化速率较快，并且皮层凝固程度高于芯层，当芯层收缩时，皮层收缩率较小，导致纤维的横截面呈肾形。而用无机溶剂湿纺时，纺丝细流固化慢，皮层与芯层一起均匀收缩，使纤维横截面保持圆形。纤维横截面形状对其性能有很大影响。棉花是一种具有天然卷曲的空心纤维，具有良好的保暖性和吸湿性，蚕丝的横截面是三角形的，使其具有柔和的光泽和舒适的手感；而羊毛则是由两种吸水能力不同的组分所组成的双组分纤维，使它具有稳定的卷曲与良好的蓬松性和弹性。化学纤维通常具有圆形或近似圆形的横截面，使纤维表面光滑、抱合力、光泽不好。近年来出现的异形纤维、空心纤维以及复合纤维等新型化学纤维，具有类似天然纤维的形态结构，其性能有很大的改善。

2）皮芯结构

是湿纺纤维的结构特征之一。由于湿纺中凝固液在纺丝液细流内外分布不均匀，使细流内部和周边的高聚物以不同的机理进行相分离和固化，从而导致纤维沿径向有结构上的差异。纤维外表有一层极薄的皮膜，皮膜内部是纤维的皮层，里边是芯层。皮层中一般含有较小的微晶，并具有较高的取向度。芯层结构较疏松，微晶尺寸也较大，皮层含量一般随凝固液的组分而改变。纤维的皮芯结构对吸附性能、染色性、强度及断裂伸长等影响较大。例如，高强力黏胶纤维的特征之一是具有全皮层结构，所以，机械性能较好。

（3）纤维中的孔洞

在微原纤和原纤等结构中均存在着缝隙和孔洞。这些微孔结构是在纺丝过程中形成的。在化学纤维中，以湿纺聚丙烯腈纤维的微孔结构最典型。尺寸较大的孔洞可达几微米以上。纤维中的微孔、缝隙往往是造成纤维结构不均匀、强度不高的重要原因。但是，纤维中存在一定数量的孔洞对改善纤维的吸湿性、染色性等是有利的。例如，近年来出现的多孔聚丙烯腈纤维、多孔聚酯纤维等，都是含有大量微孔的纤维，这种纤维具有较高的保水性及吸湿性。

4.3.4　人造纤维

人造纤维是以天然聚合物为原料，经过化学处理与机械加工而制得的化学纤维。人造纤维一般具有与天然纤维相似的性能，有良好的吸湿性，透气性和染色性，手感柔软，富有光泽，是一类重要的纺织材料。

人造纤维按化学组成可分为：再生纤维素纤维、纤维素酯纤维、再生蛋白质纤维三类。再生纤维素纤维是以含纤维素的农林产物，如木材、棉短绒等为原料制得，纤维的化学组成与原料相同，但物理结构发生变化。纤维素酯纤维也以纤维素为原料，经酯化后纺丝制得的纤维，纤维的化学组成与原料不同。再生蛋白质纤维的原料则是玉米、大豆、花生以及牛乳酪素等蛋白质。下面介绍几种主要的人造纤维。

(1) 黏胶纤维

黏胶纤维于 1905 年开始工业化生产，是化学纤维中发展最早的品种。由于原料易得，成本低廉、应用广泛，至今，在化学纤维生产中仍占有相当重要的地位。

黏胶纤维是以木材、棉短绒、甘蔗渣、芦苇为原料，以湿法纺丝制成的。先将原料经预处理提纯，得到 α-纤维素含量较高的“浆粕”，再依次通过浓碱液和二硫化碳处理，得到纤维素磺原酸钠，再溶于稀氢氧化钠溶液中而成为黏稠的纺丝液，称为黏胶。黏胶经过滤、熟成（在一定温度下放置约 18～30 h，以降低纤维素磺原酸酯的酯化度）、脱泡后，进行湿法纺丝，凝固浴为硫酸、硫酸钠和硫酸锌组成。其纤维素磺原酸钠与硫酸作用而分解，从而使纤维素再生而析出。最后经过水洗、脱硫、漂白、干燥即得到黏胶纤维。

黏胶纤维的基本化学组成与棉纤维相同，因此某些性能与棉相似，如吸湿性与透气性，染色性以及纺织加工性等均较好。但由于黏胶纤维的大分子链聚合度较棉纤维低，分子取向度较小，分子链间排列也不如棉纤维紧密，因此某些性能较棉纤维差，如干态强度比较接近于棉纤维，而湿态强度远低于棉纤维。棉纤维的湿态强度往往大于干态强度，约增加 2%～10%，而黏胶纤维湿态强度大大低于干态强度，通常只有干态强度的 60%左右。另外，黏胶纤维缩水率较大，可高达 10%。同时由于黏胶纤维吸水后膨化，使黏胶纤维织物在水中变硬。此外，黏胶纤维的弹性、耐磨性、耐碱性较差。

黏胶纤维可以纯纺，也可以与天然纤维或其他化学纤维混纺。黏胶纤维应用广泛，黏胶纤维长丝又称人造丝，可织成各种平滑柔软的丝织品。毛型短纤维俗称人造毛，是毛纺厂不可缺少的原料。棉型黏胶短纤维俗称人造棉，可以织成各种色彩绚丽的人造棉布，适用于做内衣、外衣以及各种装饰织物。

近年来发展起来的新型黏胶纤维——高湿模量黏胶纤维，我国称之为富强纤维。其大分子取向度高、结构均匀。在坚牢度、耐水洗性、抗皱性和形状稳定性方面更接近优质棉。黏胶强力丝则有高的强度，适用于轮胎的帘子线。

(2) 醋酯纤维

醋酯纤维又称醋酸纤维素纤维,是以醋酸纤维素为原料经纺丝而制得的人造纤维。醋酸纤维素是以精制棉短绒为原料,与醋酐进行酯化反应得到三醋酸纤维素(酯化度为 280～300)。将三醋酸纤维素用稀醋酸液进行部分水解,可得到二醋酸纤维素(酯化度为 200～260)。因此,醋酸纤维依所用原料醋酸纤维素的酯化度不同,分为二醋酯纤维和三醋酯纤维两类。通常醋酯纤维即指二醋酯纤维。

(3) 铜铵纤维

铜铵纤维是经提纯的纤维素溶解于铜铵溶液中,纺制而成的一种再生纤维素纤维。与黏胶纤维相同,一般采用经提纯的 α-纤维素含量高的"浆粕"作原料,溶于铜氨溶液中,制成浓度很高的纺丝液,采用溶液法纺丝。由喷丝头的细口压入纯水或稀酸的凝固浴中,在高度拉伸(约 400 倍)的同时,逐渐固化形成纤维。可制得极细的单丝。

铜铵纤维在外观、手感和柔软性方面与蚕丝很近似,它的柔韧性大,富有弹性和极好的悬垂性。其他性质和黏胶纤维相似。纤维截面呈圆形。一般铜铵纤维纺制成长纤维,特别适合于制造变形竹节丝,纺成很像蚕丝的粗节丝。铜铵纤维适于织成薄如蝉衣的织物和针织内衣,穿用舒适。

(4) 再生蛋白质纤维

再生蛋白质纤维简称蛋白质纤维,是用动物或植物蛋白质为原料制成。主要品种有酪朊纤维、大豆蛋白质纤维、玉米蛋白质纤维和花生蛋白质纤维。其物理和化学性质与羊毛相近似,染色性能很好。但一般强度较低,湿强度更差,因而应用不广泛。通常切断成短纤维。可以纯纺或与羊毛、黏胶纤维和锦纶短纤维等混纺。

4.3.5 合成纤维

合成纤维工业是 20 世纪 40 年代才发展起来的,由于合成纤维性能优异、用途广泛、原料来源丰富易得,其生产不受自然条件限制,因此合成纤维工业发展速度十分迅速。

合成纤维具有优良的物理、机械性能和化学性能,如强度高、密度小、弹性高、耐磨性好、吸水性低、保暖性好、耐酸碱性好、不会发霉或虫蛀等。某些特种合成纤维还具有耐高温、耐辐射、高强力、高模量等特殊性能。因此,合成纤维应用之广泛已远远超出了纺织工业的传统概念的范围,而深入到国防工业、航空航天、交通运输、医疗卫生、海洋水产、通信联络等重要领域,成为不可缺少的重要材料。不仅可以纺制轻暖、耐穿、易洗快干的各种衣料,而且可用作轮胎帘子线、运输带、传送带、渔网、绳索、耐酸碱的滤布和工作服等。高性能的特种合成纤维则用做高空降落伞、飞行服、飞机、导弹和雷达的绝缘材料、原子能工业中作特殊的防护材料等。合成纤维品种繁多,但从性能、应用范围和技术成熟程度方面看,重点发展的是聚酰胺、聚酯和聚丙烯腈三类。

4.3.5.1　聚酰胺纤维

聚酰胺纤维是世界上最早投入工业化生产的合成纤维，是合成纤维中的主要品种。

聚酰胺纤维是指分子主链含有酰胺键（$-\overset{\overset{\displaystyle O}{\|}}{C}-NH-$）的一类合成纤维。中国商品名称为锦纶，国外商品名有“尼龙”“耐纶”“卡普隆”等。聚酰胺纤维品种很多，中国主要生产聚酰胺6、聚酰胺66和聚酰胺1010等。后者以蓖麻油为原料，是中国特有的品种。

聚酰胺纤维是合成纤维中性能优良、用途广泛的品种之一。其性能特点有以下几点：

① 耐磨性好，优于其他一切纤维，比棉花高10倍，比羊毛高20倍。

② 强度高、耐冲击性好，它是强度最高的合成纤维之一。

③ 弹性高，耐疲劳性好。可经受数万次双曲挠，比棉花高7～8倍。

④ 密度小，除聚丙烯和聚乙烯纤维外，它是所有纤维中最轻的，相对密度为1.04～1.14。此外，耐腐蚀、不发霉，染色性较好。聚酰胺纤维的缺点是弹性模量小，使用过程中易变形，耐热性及耐光性较差。

聚酰胺纤维可以纯纺和混纺做各种衣料及针织品，特别适用于制造单丝、复丝弹力丝袜，耐磨义耐穿。工业上主要用作轮胎帘子线、渔网、运输带、绳索以及降落伞、宇宙飞行服等。

4.3.5.2　聚酯纤维

聚酯纤维是由聚酯树脂经熔融纺丝和后加工处理制成的一种合成纤维。聚酯树脂是由二元酸和二元醇经缩聚而制得。其大分子主链中含有酯基（$-\overset{\overset{\displaystyle O}{\|}}{C}-O-$），故称聚酯纤维。

聚酯纤维于1953年投入工业化生产，由于性能优良，用途广泛，是合成纤维中发展最快的品种，产量居第一位。聚酯纤维的品种很多，但目前主要品种是聚对苯二甲酸乙二酯纤维，由对苯二甲酸或对苯二甲酸二甲酯和乙二醇缩聚制得的。中国聚酯纤维的商品名称为“涤纶”，俗称“的确良”。国外商品名称有“达柯纶”“帝特纶”“特丽纶”“拉芙桑”等。

以对苯二甲酸二甲酯为原料生产涤纶纤维，主要经过酯交换、缩聚、纺丝、纤维后加工四个步骤。首先将对苯二甲酸二甲酯溶于乙二醇，进行酯交换反应，生成的对苯二甲酸乙二酯，在高真空度下于265～285 ℃进行缩聚，然后将聚合物熔体铸带、切片。聚酯纤维纺丝通常采用挤压熔融纺丝法进行。

聚酯纤维具有一系列优异性能：

① 弹性好，聚酯纤维的弹性接近羊毛，耐皱性超过其他一切纤维，弹性模量比聚

酰胺纤维高。

② 强度大，湿态下强度不变。其冲击强度比聚酰胺纤维高 4 倍，比黏胶纤维高 20 倍。

③ 吸水性小，聚酯纤维的回潮率仅为 0.4%～0.5%，因而，电绝缘性好，织物易洗易干。

④ 耐热性好，聚酯纤维熔点 255～260 ℃，比聚酰胺耐热性好。此外，耐磨性仅次于聚酰胺纤维，耐光性仅次于聚丙烯腈纤维。还具有较好的耐腐蚀性。

由于聚酯纤维弹性好、织物有易洗易干、保形性好、免熨等特点，所以是理想的纺织材料。可纯纺或与其他纤维混纺制作各种服装及针织品。在工业上，可作为电绝缘材料、运输带、绳索、渔网、轮胎帘子线、人造血管等。

4.3.5.3 聚丙烯腈纤维

聚丙烯腈纤维是以丙烯腈（ $CH_2=\underset{\underset{CN}{|}}{CH}$ ）为原料聚合成聚丙烯腈，而后纺制成的合成纤维。中国商品名称为“腈纶”，国外商品名称有“奥纶”“开司米纶”等。聚丙烯腈纤维自 1950 年投入工业生产以来，发展速度一直很快，目前产量仅次于聚酯纤维和聚酰胺纤维，其产量居合成纤维第三位。

目前大量生产的聚丙烯腈纤维，是由 85%以上的丙烯腈和少量其他单体的共聚物纺制而成的。因为丙烯腈均聚物纺制的纤维硬脆，难于染色。这是由于大分子链上的氰基极性大，使大分子间作用力强、分子排列紧密所致。为了改善纤维硬脆的缺点，常加入 5%～10%的丙烯酸甲酯、醋酸乙烯等“第二单体”进行共聚。改善染色性常加入 1%～2%的甲叉丁二酸、丙烯磺酸钠等“第三单体”共聚。

聚丙烯腈纤维无论外观或手感都很像羊毛，因此有“合成羊毛”之称。而且某些质量指标已超过羊毛。纤维强度比羊毛高 1～2.5 倍；密度（相对密度 1.14～1.17）比羊毛小（相对密度 1.30～1.32）；保暖性及弹性均较好。聚丙烯腈纤维的弹性模量高，仅次于聚酯纤维，比聚酰胺纤维高 2 倍，保型性好。聚丙烯腈纤维的耐光性与耐气候性能，除含氟纤维外，是天然纤维和化学纤维中最好的。在室外曝晒一年强度仅降低 20%，而聚酰胺纤维、黏胶纤维等则强度完全破坏。此外，聚丙烯腈纤维具有很高的化学稳定性，对酸、氧化剂及有机溶剂极为稳定。其耐热性也较好。因此，聚丙烯腈纤维广泛地用来代替羊毛，或与羊毛混纺，制成毛织物、棉织物等。还适用于制作军用帆布、窗帘、帐篷等。

4.3.5.4 其他纤维

(1) 聚丙烯纤维

聚丙烯纤维是 1957 年投入工业化生产的。中国商品名为“丙纶”，国外称“帕纶”“梅克丽纶”等。近年来发展速度亦很快，产量仅次于涤纶、锦纶和腈纶，是合成纤维第四大品种。目前聚丙烯纤维的工业生产是采用连续聚合的方法进行定向聚合，得到等规聚丙烯树脂。由于熔体黏度较高，普遍采用熔融挤压法纺丝。

（2）聚乙烯醇纤维

聚乙烯醇纤维是将聚乙烯醇纺制成纤维，再用甲醛处理而制得的聚乙烯醇缩甲醛纤维。中国商品名为“维纶”，国外商品名有“维尼纶”“维纳纶”等。聚乙烯醇纤维于1950年投入工业化生产，目前世界产量在合成纤维中占第五位。聚乙烯醇性能近似棉花，因此有“合成棉花”之称。最大特点是吸湿性好，可达5%，与棉花（7%）接近。聚乙烯醇纤维是高强度纤维，强度为棉花的1.5～2倍，不亚于以强度高著称的锦纶与涤纶。此外，耐化学腐蚀、耐日晒、耐虫蛀等性能均很好。聚乙烯醇纤维的缺点是弹性较差，织物易皱，染色性能较差，并且颜色不鲜艳；耐水性不好，不宜在热水中长时间浸泡。聚乙烯醇纤维的最大用途是与棉混纺制成维棉混纺布或针织品。长丝可用于人力车胎帘子线。

（3）聚氯乙烯纤维

聚氯乙烯纤维是用聚氯乙烯树脂采用溶液纺丝法制得的纤维。中国商品名为“氯纶”，国外商品名有“天美纶”“罗维尔”等。通常将氯乙烯为基本原料制成的纤维统称为含氯纤维。其中主要包括聚氯乙烯纤维、过氯乙烯纤维（过氯纶）、偏二氯乙烯和氯乙烯共聚物纤维（偏氯纶）等。聚氯乙烯纤维突出的优点是：耐化学腐蚀性、保暖性和难燃性；耐晒、耐磨和弹性都很好；它的吸湿性很小，电绝缘性强；其强度接近棉纤维。缺点是耐热性差，沸水收缩率大和染色困难。

（4）特种合成纤维

特种合成纤维具有独特的性能，产量较小，但起着重要的作用。特种合成纤维品种很多，按其性能可分为耐高温纤维、耐腐蚀纤维、阻燃纤维、弹性纤维等。

参考文献

1. 张留成，瞿雄伟，丁会利. 高分子材料基础[M]. 北京：化学工业出版社，2006.
2. 黄丽. 高分子材料[M]. 2版. 北京：化学工业出版社，2012.
3. 许江菱，钟晓萍，殷荣忠，等. 2011—2012年世界塑料工业进展[J]. 塑料工业. 2013，40(3)：1-39.
4. 钱伯章. 工程塑料的新发展新应用[J]. 国外塑料. 2011，29(7)：38-42.
5. 陈新民. 橡胶助剂现状与发展趋势[J]. 橡胶科技. 2013，(9)：5-7.
6. 魏栋，姚薇，贺爱华. EPDM/iPB共混型热塑弹性体的制备与性能[J]. 山东化工. 2011，(6)：7-9.
7. 韩凤山. 合成纤维产业现状和未来发展方向[J]. 合成纤维工业. 2006，29(6)：32-35.
8. W. Liu，X. Zhang，Z. Bu，etc. Elastomeric properties of ethylene/1-octene random and block copolymers synthesized from living coordination polymerization[J]. Polymer，2015，72(18)：118-124.

第5章 功能高分子材料

5.1 概 述

5.1.1 功能高分子材料概念和分类

5.1.1.1 功能高分子材料的概念

功能高分子材料，简称功能高分子(Functional Polymers)，又称特种高分子(Speciality Polymers)或精细高分子(Fine Polymers)。但究竟什么是功能高分子，如何界定功能高分子材料的范围，这一问题长期以来未能得到解决，目前仍是一个值得探讨的问题。

性能和功能，这两个词的科学概念，在中文中没有十分明确的界限。但英语中的Performance与Function和德语中的Eigenschaft与Function，其含义则有较严格的区分。一般说来，性能是指材料对外部作用的抵抗特性。例如，对外力的抵抗表现为材料的强度模量等；对热的抵抗表现为耐热性；对光、电、化学药品的抵抗，则表现为材料的耐光性、绝缘性、防腐蚀性等。功能则是指从外部向材料输入信号时，材料内部发生质和量的变化而产输出的特性。例如，材料在受到外部光线的输入时，材料可以输出电性能，称为材料的光电性能；材料在受到多种介质作用时，能有选择地分离出其中某些介质，称为材料的选择分离性。此外，如压电性、药物缓释放性等，都属于"功能"的范畴。

功能高分子材料目前尚无严格的定义。一般认为，是指除了具有一定的力学性能之外，还具有某些特定功能(如化学性、导电性、磁性、光敏性、生物活性等)的高分子材料。所谓材料的功能，从本质上来说是指向材料输入某种能量和信息，经过材料的储存、传输或转换等过程，再向外输出的一种特性。因此材料的功能和性能之间存在着一定的区别，但材料在具备功能的同时，必须具有一定的性能。

根据功能的定义可以将材料的功能进一步分为一次功能和二次功能。

(1) 一次功能

当向材料输入的能量和信息与从材料输出的能量和信息属于同一形式时，即材料仅起能量和信息传递作用时，材料的这种功能称为一次功能。它包括：

① 声学功能，如吸音性、隔音性等；

② 热学功能，如隔热性、传热性、吸热性等；

③ 电磁学功能，如导电性、磁性；

④ 光学功能，如透光性、遮光性、反射和折射光性、偏振光性、聚光性、分光性等；

⑤ 化学功能，如催化作用、吸附作用、生化反应、酶反应、气体吸收等；

⑥ 其他功能，如电磁波特性、放射特性等。

按一次功能的概念，材料的力学性能也属于一次功能，但通常不包括在功能性中。

(2) 二次功能

当向材料输入和输出的能量不同形式时，材料起能量转换作用，这种功能称为二次功能。有人把只具有二次功能的材料称为功能材料。二次功能按能量交换形式又可分为：

① 机械能与其他形式能量的交换，如压电效应、反压电效应、磁致伸缩效应、反磁致伸缩效应、摩擦发热效应、热弹性效应、形状记忆效应、摩擦发光效应、机械化学效应、声光效应、光弹性效应等；

② 电能和其他能量的转换，如电磁效应、电阻发热效应、热电效应、光电效应、电化学效应等；

③ 磁能和其他形式能量的转换，如热磁效应、磁冷冻效应、光磁效应等；

④ 热能和其他形式能量的转换，如激光加热、热刺激发光、热化学反应等；

⑤ 光能和其他形式能量的转换，如光化学反应、光致抗蚀、光合成反应、光分解反应、化学发光、光电效应等。

5.1.1.2　功能高分子材料的分类

通常人们对功能高分子材料的划分普遍采用按其性质、功能或实际用途划分的方法，可以将其划分为8种类型：

① 反应性高分子材料，包括高分子试剂、高分子催化剂和高分子染料，特别是高分子固相合成试剂和固定化酶试剂等；

② 光敏性高分子，包括各种光稳定剂、光刻胶、感光材料、非线性光学材料、光导材料和光致变色材料等；

③ 电性能高分子材料，包括导电聚合物、能量转换型聚合物、电致发光和电致变色材料以及其他电敏感性材料等；

④ 高分子分离材料，包括各种分离膜、缓释膜和其他半透性膜材料、离子交换树脂、高分子螯合剂、高分子絮凝剂等；

⑤ 高分子吸附材料，包括高分子吸附性树脂、高吸水性高分子等；

⑥ 高分子智能材料，包括高分子记忆材料、信息存储材料和光、磁、pH、压力感应材料等；

⑦ 医药用高分子材料，包括医用高分子材料、药用高分子材料和医药用辅助材料等；

⑧ 高性能工程材料，如高分子液晶材料、耐高温高分子材料、高强高模量高分子材料、阻燃性高分子材料和功能纤维材料、生物降解高分子等。

在实际应用中,对功能高分子材料的分类更着眼于高分子材料的实际用途,因此可划分成更多的类型,至今尚无权威的定论。本教材中将按照人们习惯的分类方法,即按材料的实际用途介绍几种重要的高分子材料。

5.1.2 功能高分子材料结构与性能关系

材料的性能和功能是通过其不同层次的结构反映出来的。不同的功能高分子材料因其展现的功能不同,依据的结构层次也有所不同。其中有比较重要影响的结构层次包括材料的化学组成、官能团的种类、聚集态结构、超分子组装结构等。

1. 化学组成对高分子材料功能性的影响

化学组成是区别不同高分子材料的最基本要素。不同化学组成的高分子材料有不同的性能和功能,这在功能高分子中表现得尤为突出。聚乙烯和聚乙炔均为由碳氢元素构成的聚合物,但组成两者的元素数量不同,构成化学键的电子结构也不同,导致性能截然不同。前者是一种应用广泛的通用高分子材料,后者则表现出良好的导电性能,属功能高分子范畴。

2. 官能团的种类对高分子材料功能性的影响

功能高分子表现出来的特殊性质往往主要取决于分子中的官能团的种类和性质。如具有相同高分子骨架(如交联的聚苯乙烯),但所连接的官能团分别为季氨基和磺酸基时,前者可作为强碱型离子交换树脂,后者则为强酸型离子交换树脂。可见其性质主要依赖于结构中的官能团的性质,高分子骨架仅仅起支撑、分隔、固定和降低溶解度等辅助作用。

又如在聚乙烯醇骨架上连接过氧酸基团,可制备具有氧化性能的高分子氧化剂;而连接上N,N-二取代联吡啶基团后,则具有电致发光功能。这些官能团常常在小分子中也表现出类似作用。功能高分子材料的研究就是通过聚合、接枝、共混等高分子化过程将这些官能团接入高分子中,赋予高分子材料以特殊的功能。

在某些情况下,功能高分子的功能必须由官能团和高分子骨架协同作用而完成。如固相合成用高分子试剂是比较具有代表性的例子。固相合成试剂是带有化学反应活性基团的高分子,可用作固相合成的载体。固相试剂与小分子试剂进行单步或多步高分子反应形成化学键,过量的试剂和副产物通过简单的过滤方法除去,得到的合成产物通过化学键的水解从载体上脱下。显然,在固相合成过程中,高分子试剂的功能是通过高分子骨架和官能团共同完成的。没有聚合物骨架的参与,就没有固相合成,有的只是小分子酯化反应;而没有官能团,聚合物中就没有反应活性点,固相反应也无从发生。

而在某些情况下,官能团在功能高分子中只起辅助作用。利用官能团的引入改善高分子的溶解性能、降低玻璃化转变温度、改变表面润湿性和提高机械强度等。例如,在高分子分离膜中引入极性基团,可提高膜材料的润湿性。但膜材料的分离功能并不是极性基团提供的,官能团在这里只是起了次要的作用。

在功能高分子中,一种特殊的情况是官能团与聚合物骨架不能区分,官能团是聚合物骨架的一部分,或者说聚合物骨架本身起着官能团的作用。这方面的典型例子有主链型聚合物液晶和导电聚合物。在主链型高分子液晶中,在形成液晶时起主要作用的刚性结构处在聚合物主链上。聚合物骨架本身起着官能团的作用。电子导电型聚合物是由具有线性共轭结构的大分子构成,如聚乙炔和聚苯胺等。线性共轭结构在提供导电能力的同时,也是高分子骨架的一部分。

3. 高分子骨架对高分子材料功能性的影响

在很多情况下,小分子物质本身并没有特殊的功能性。但转变为高分子后,却表现出良好的功能性。显然,高分子骨架或高分子结构对材料的功能性起了关键的作用。

例如,不少聚氨基酸具有良好的抗菌活性,但其相应的低分子氨基酸却并无药理活性。实验结果显示,2.5 μg/ml 的聚 L-赖氨酸可以抑制 E. coli 菌(大肠杆菌),但小分子的 L-赖氨酸却无此药理活性;而 L-赖氨酸的二聚体的浓度要高至聚 L-赖氨酸的 180 倍才显示出相同的效果。对 S. aureus 菌(金黄色葡萄球菌)的抑制能力基本上也遵循此规律。

相反的情况也同样存在。在有些情况下,低分子药物高分子化后,药效随高分子化而降低,甚至消失。例如,著名的抗癌药 DL-对(二氯乙基)氨基苯丙氨酸在变成聚酰胺型聚合物后,完全失去药效。

上述例子表明,高分子骨架对高分子材料功能性有十分重要的影响。功能高分子材料中的骨架结构主要有两类,一类是线性结构,另外一类是交联结构。作为功能高分子材料的骨架,这两种聚合物骨架具有明显不同的性质,因此其使用范围也不同。线性聚合物溶解性能较好,能够在适宜的溶剂中形成分散态溶液,在制备和加工过程中易于选择适当的溶剂;玻璃化温度较低,黏弹性好,易于小分子和离子扩散其中,适合于作反应性材料和聚合物电质。交联型聚合物骨架具有耐溶剂性,便于高分子试剂的回收,同时有利于提高机械强度。交联型骨架的功能高分子有微孔型或凝胶型离子交换树脂和吸附树脂、高吸水性树脂、医用高分子、组织工程材料等。

高分子骨架的性质除了赋予功能高分子材料多孔性、稳定性、透过性之外,还可提供溶剂化性能和反应性能等性质。如反应性功能高分子材料要求聚合物有一定的溶胀性能以及一定的空隙率和孔径,以满足反应物质扩散的需要。高分子功能膜材料要求聚合物骨架有微孔结构和扩散功能,用以满足其他被分离物质在膜中的选择透过功能。骨架的稳定性包括机械稳定性和化学稳定性。有些场合其机械稳定性是关键的,如高分子液晶材料。有些场合骨架的化学稳定性更为重要,如反应性高分子试剂和高分子催化剂等。

带有某种官能团的高分子化合物与相应的小分子化合物在物理、化学性质上有明显的不同,如挥发性、溶解性以及结晶度下降,高分子骨架对官能团的高度浓缩作用和模板作用等。由于引入高分子骨架而引起的这些明显的性质变化称为高分子效应。下面是几种常见的高分子效应。

(1) 高分子骨架的支撑作用

大部分功能高分子材料中的官能团是连接到高分子骨架上的，骨架的支撑作用对材料的性质产生很多影响。如官能团稀疏地连接到刚性的骨架上制成的高分子试剂具有类似合成反应中的“无限稀释”作用，使得每个官能团之间没有相互干扰，从而在固相合成中能得到高纯度的产物。高分子骨架的构象、结晶度、次级结构都对功能基团的活性和功能产生重要的影响。

(2) 高分子骨架的物理效应

由于高分子骨架的引入使得材料的挥发性、溶解性都大大下降。当引入某些交联聚合物作骨架时，材料在溶剂中只溶胀不溶解。挥发性的降低可以提高材料的稳定性。在制备某些氧化还原试剂时，由于克服了小分子试剂的挥发性，从而降低了材料的毒性，消除了一些生产过程中的不良气味。溶解度的降低使高分子试剂便于再生利用，使固相合成变为现实。利用功能化高分子的不溶性质，可将其应用于水处理、化学分析等方面。

(3) 高分子骨架的模板效应

模板效应是利用高分子骨架的空间结构，通过其构型和构象建立起的独特的局部空间环境，为有机合成提供一个类似于工业浇铸过程中模板的作用，从而有利于立体选择性合成乃至光学异构体的合成。

(4) 高分子骨架的稳定作用

由于引入高分子骨架后，材料的熔点和沸点均大大上升，挥发性则大大下降，扩散速率也随之下降。因此可以提高某些敏感型小分子试剂的稳定性。此外，高分子化后分子间的作用力增加，材料的力学性能也会提高。

(5) 高分子骨架的其他作用

由于高分子骨架结构的特殊性，它还会引起其他一些特殊的功能。例如，利用聚合物主链的刚性结构可以直接参与主链型聚合物液晶的形成；利用高分子链的线性共轭结构，使聚乙炔、聚芳杂环等材料成为聚合物导电体；利用大多数高分子骨架在生物体内的不可吸收性，可以将某些对人体有害的食用添加剂，如食用色素、甜味剂等高分子化，以降低对人体的毒害；将有机染料高分子化不仅能降低染料的迁移性，提高色牢度，还可降低其毒性。

4. 聚集态结构对高分子材料功能性的影响

高分子材料的性能在很大程度上依赖于其聚集态结构，这一点已成为大家的共识。同样，聚集态结构对高分子材料的功能性也有极其重要的作用。同一种材料处于不同的聚集态结构时，其表现的功能性可能差别很大。例如，作为高分子分离膜的材料必须具有一定的结晶性，而且在形成膜以后，膜的表面层必须存在一定的结晶，否则选择性分离效果大大下降。

高分子液晶更是一类强烈依赖聚集态结构的功能高分子材料。由对羟基苯甲酸

(PHB)与聚对苯二甲酸乙二醇酯(PET)共聚制得的 PET/PHB 共聚酯在加热到 300 ℃左右后快速冷却,可得到分子排列较规整的高分子液晶材料,具有十分优异的力学性能。而若将其加热到 400 ℃以上再快速冷却,得到的是无定型的高分子材料,性能与普通的 PET 材料差别并不十分明显。聚集态结构在此充分显示了它的作用。

5. 超分子结构对高分子材料功能性的影响

超分子结构在生物体中到处可见,如骨组织就是自组装的超分子结构的典型例子。骨组织中最基本的材料为胶原微纤和羟基磷灰石(HA)结晶。胶原微纤由胶原分子通过三重螺旋自组装形成,而 HA 纳米晶体的 c 轴沿胶原微纤长轴取向,在微纤内生长,最终形成具有很高力学强度的骨结构。根据骨组织的结构,人们开始研究人工仿生股骨材料,通过制备有机纳米相,控制无机组分结晶的成核与生长。这些都是超分子结构在功能高分子材料中的具体应用。

5.2　反应性高分子材料

反应性高分子是指可以参加化学反应或催化化学反应的一类高分子,主要包括高分子试剂和高分子催化剂。反应性高分子主要用于化学合成和化学反应,有时也利用其反应活性制备化学敏感器和生物敏感器。

高分子试剂和高分子催化剂的研究和开发是在小分子化学反应试剂和催化剂的基础上,通过高分子化过程,使其分子量增加,溶解度减小,获得聚合物的某些优良性质。在高分子化过程中,人们希望得到的高分子试剂和催化剂能够保持或基本保持其小分子试剂的反应性能或催化性能,将某些均相反应转化成多相反应,简化分离纯化等后处理过程,或者借此提高试剂的稳定性和易处理性,从而克服小分子试剂和催化剂反应后的分离、纯化等困难。今天,随着人们对多相反应和高分子反应机理认识的深入,目前高分子试剂和高分子催化剂的研制,已经不满足于仅仅追求上述目的。在化学反应中高分子骨架和邻近基团的参与,使有些高分子试剂和催化剂表现出许多在高分子化之前没有的反应性能或催化活性;表现出所谓的无限稀释效应、立体选择效应、邻位协同效应等由于高分子骨架的参与而产生的特殊性能。在化学合成反应研究中开辟一个全新领域,使高分子试剂和高分子催化剂在功能上已经大大超过小分子试剂。反应性高分子试剂的不溶性、多孔性、高选择性和化学稳定性等性质,大大改进了化学反应的工艺过程。高分子试剂和高分子催化剂的可回收再利用性质也符合绿色化学的宗旨,使其获得了迅速发展和应用。

5.2.1　高分子试剂

高分子试剂是通过高分子功能基化的方法或小分子高分子化的方法使高分子骨架与化学反应活性官能团相连接,得到的具有化学试剂功能的高分子化合物。高分子化的化学试剂,除了必须保持原有试剂的反应性能,不因高分子化而改变其反应能力之外，同时还应具有更多新的性能。

高分子试剂在有机合成中的应用开始于 1963 年 R. B. Merrifield 发明的固相肽合成法，此方法是将氨基酸固定到交联的高分子载体上以便使反应产物和过量的反应物分离。在肽合成的所有步骤中，由于增长中的链共价结合在不溶的聚合物载体上，因此这种被结合的肽具有适宜的物理状态，可以快速过滤和洗涤。所以，每一反应步骤完成后，混合物可以过滤并彻底洗涤以除去过量的反应物和副产物。因而可以使用大大过量的反应物以使反应得到近 1.0％的转化率。在合成中产生的中间肽就可以用这样简单而快速的操作进行纯化而不必采用常规的冗长的结晶法，也避免因中间体的分离纯化而造成的损失。1964 年该小组又以 32％的收率合成了 9 个氨基酸残基，以及具有降低血压功能的舒缓激肽。整个合成时间只用了 81 天时间，如果用当时的溶液法技术需用一年的时间。肽的固相合成法的发明为有机合成开辟了一条全新的途径。原则上，单体单元可以是任何双功能基团的化合物，一端保护，而另一端活化后固载到聚合物上。然后，除去保护基经过一定的反应得到产物，再从载体上解脱下来。类似地用这种方法可以合成聚酰胺、寡聚核苷酸和多糖等。因此，Merrifield 于 1984 年获得了诺贝尔化学奖。从 20 世纪 70 年代起，在普通有机合成领域广泛开展了使用高分子试剂的研究。如今已经开发出的高分子试剂的种类很多，应用范围几乎涉及有机化学反应的所有类型，并且高分子试剂仍以非常快的速度在发展，每年都有大量的文献报道，商品化的高分子试剂也以空前的速度不断涌现。

5.2.1.1 高分子试剂的作用原理及特点

1. 高分子试剂的作用原理

常规的有机合成过程中一般包括三个阶段：反应、分离和纯化。在低分子有机合成体系中，只有经过这三步过程才能得到纯化的产物（见图 5－1），其中化学反应过程可能时间较短，但是分离提纯过程往往需要数倍于反应的时间。而高分子试剂参与的有机合成反应是将反应试剂通过适当的化学反应固载到聚合物载体上得到聚合物支载的试剂。然后这种高分子试剂与低分子试剂反应得到聚合物支载的产物。经一定的化学反应方法将产物从聚合物上解脱下来，滤去用过的高分子载体，粗产物留在滤液中，经简单的纯化后得到所需的产物（见图 5－2）。经过再生后的高分子试剂可循环使用。

2. 高分子试剂的特点

与常规的有机合成方法相比，高分子试剂进行有机化学反应具有如下优点：

① 高分子试剂在反应完成以后可以很容易地通过过滤的方法与其他的反应组分分离，大大简化了反应操作。

② 高分子试剂可以再生，重复使用，在经济上有一定的优势。

③ 反应过程可能实现连续自动化操作。对于反应速率较快的反应，可用一根装填有高分子试剂的反应柱，其他的反应物依次通过反应柱即可完成反应过程。

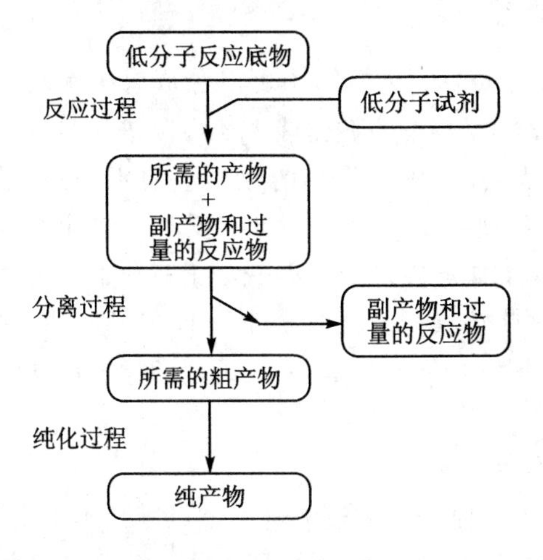

图 5－1　常规有机合成过程

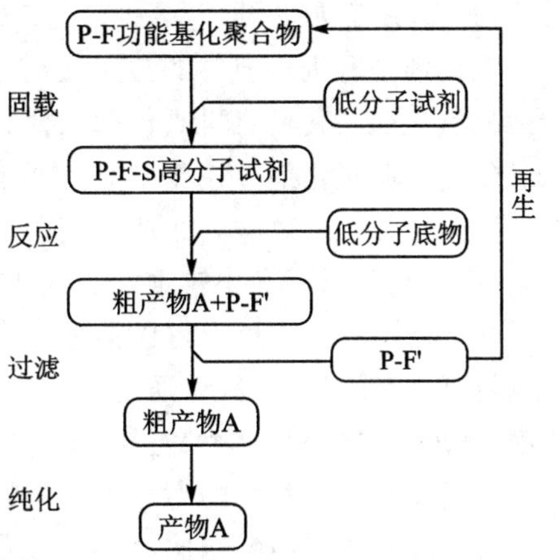

P-F功能基化聚合物
固载
低分子试剂
P-F-S高分子试剂
再生
反应
低分子底物
粗产物A+P-F'
过滤
P-F'
粗产物A
纯化
产物A

图 5－2　高分子试剂参与的有机合成过程

④ 由于聚合物一般不溶、不挥发、无毒无嗅，因此聚合物支载的硫醇、硒类等高分子试剂对环境是友好的。

⑤ 一些低分子试剂制成高分子试剂以后，其活性和选择性会提高。

尽管高分子试剂在有机合成中有其显著的优点，但是其本身也存在一些不足：

① 由于高分子试剂的制备需要经过多个步骤的处理过程，其成本比低分子试剂高得多。一般来说，普通聚合物经过一次处理后的成本要增加 30％左右，这在工业生产上是必须认真考虑的问题。高分子试剂的再生和重复使用能否弥补制备成本增加是决定高分子试剂能否实用化的关键因素。

② 低分子试剂经过固载化后，聚合物骨架的位阻作用会阻碍反应试剂的扩散。

③ 一些在聚合物上反应生成的副产物难于从聚合物骨架上分离，鉴定也较困难。

④ 有机高分子载体的耐热性较差，在高温下反应不适用。

5.2.1.2　重要的高分子试剂

自从肽的固相合成法发明近 40 多年来，高分子试剂的开发和应用已得到了很大的发展。新型的高分子试剂不断地被研制出来，高分子试剂的应用范围也不断地扩大。下面介绍一些有机化学反应常用的高分子试剂。

1. 高分子氧化、还原剂

在高分子试剂参与的化学反应中，反应物之间有电子转移过程发生，即反应前后反应物中某些原子氧化数发生变化的反应称为氧化还原反应。参与氧化反应发生的高分子试剂称为高分子氧化试剂，参与还原反应发生的高分子试剂称为高分子还原试剂。有一些高分子试剂在不同的场合既可以作为氧化试剂，也可以作为还原试剂，称为高分子氧化还原试剂。

(1) 高分子氧化剂

氧化剂是有机合成中的常用试剂，根据其试剂的化学结构可以分成有机氧化剂和无机氧化剂。其中有机氧化剂根据其在化学反应中的氧化能力还可以进一步分成强氧化剂和弱氧化剂。由于氧化剂的自身特点，多数氧化剂的化学性质不稳定，易爆、易燃、易分解失效。因此造成储存、运输和使用上的困难。有些低分子氧化剂的沸点较低，在常温下有比较难闻的气味，恶化工作环境。而这些低分子氧化剂经过高分子化之后在一定程度上可以消除或减弱这些缺点。氧化剂高分子化的主要作用是在保持试剂活性的前提下，通过高分子化提高相对分子质量，减低试剂的挥发性和敏感度，增加其物理和化学稳定性。

下面介绍几种常用的高分子氧化剂结构特点及应用。

过氧酸与常规羧酸相比，羧基中多含一个氧原子构成过氧键。过氧基团不稳定，易与其他化合物发生氧化反应失掉一个氧原子，自身转变成普通羧酸。低分子过氧酸极不稳定，在使用和储存的过程中容易发生爆炸或燃烧。而高分子化的过氧酸则克服了上述缺点，其稳定性好，不会爆炸，在 20 ℃下可以保存 70 天，−20 ℃时可以保持 7 个月无显著变化。高分子过氧酸可以使烯烃氧化成环氧化合物（采用芳香族骨架过氧酸）或邻二羟基化合物（采用脂肪族骨架过氧酸）：

$$\text{[cyclohexene]} + \left[\text{CH—CH}_2\right]_n\text{–C}_6\text{H}_4\text{–COOOH} \xrightarrow{40\ ℃,\ 4\ \text{h}} \text{[cyclohexene oxide]} + \left[\text{CH—CH}_2\right]_n\text{–C}_6\text{H}_4\text{–COOH}$$

$$\text{[cyclohexene]} + \left[\text{CH—CH}_2\right]_n\text{(COOOH)} \xrightarrow[\text{H}_2\text{O}]{40\ ℃,\ 4\ \text{h}} \text{[cyclohexane-1,2-diol (OH, OH)]} + \left[\text{CH—CH}_2\right]_n\text{(COOH)}$$

高分子硒试剂是一类最新发展起来的高分子氧化剂，它不仅消除了低分子有机硒化合物的毒性和令人讨厌的气味，而且还具有良好的选择氧化性。这种高分子氧化剂可以选择性地将烯烃氧化成为邻二羟基化合物，或者将芳甲基氧化成醛：

Reagent: $\left[\text{CH—CH}_2\right]_n$–C$_6H_4$–Se = O (–C$_6H_5$)

$$\text{[alkene]} \longrightarrow \text{[diol: OH, OH]}$$

$$\text{[2-methylnaphthalene, CH}_3\text{]} \longrightarrow \text{[2-naphthaldehyde, CHO]}$$

特别是后者，要使氧化反应既不停止在醇的阶段，又不继续氧化成酸，而是以氧化性和还原性都很强的醛为主产物，是有机合成中致力解决的难题之一。

（2）高分子还原剂

与高分子氧化剂类似，高分子还原剂是一类主要以小分子还原剂（包括无机试剂和有机试剂）经高分子化之后得到的仍保持有还原特性的高分子试剂。这种高分子也具有同类型低分子还原剂所不具备的如稳定性好、选择性高、可再生等优点。这种试剂在有机合成和化学工业中很有发展前途。

下面介绍较为重要的高分子硒还原剂高分子磺酰肼还原剂。高分子锡还原试剂可以将苯甲醛、苯甲酮和叔丁基甲酮等邻位具有能稳定碳正离子基团的含羰基化合物还原成相应的醇类化合物，并具有良好的反应收率。特别是对此类化合物中的二元醛有良好的单官能团还原选择性。如对苯二甲醛经与此高分子还原剂反应后，产物中留有单醛基的还原产物（对羟甲基苯甲醛）占到86%：

$$\text{OHC-C}_6\text{H}_4\text{-CHO} \xrightarrow{\left[\text{CH}-\text{CH}_2\right]_n\text{-C}_6\text{H}_4\text{-}n\text{Bu}^-\text{SnH}_2} \underset{14\%}{\text{HOH}_2\text{C-C}_6\text{H}_4\text{-CH}_2\text{OH}} + \underset{86\%}{\text{HOH}_2\text{C-C}_6\text{H}_4\text{-CHO}}$$

该还原剂还能还原脂肪族或芳香族的卤代烃类化合物，使卤素基团定量地转变成氢原子。与相应的低分子锡的氢化物还原试剂相比，这种高分子化的还原剂稳定性更好，却无气味、低毒性。高分子磺酰肼反应试剂主要用于对碳碳双键的加氢反应，在加氢反应过程中对同为不饱和双键的羰基没有影响，是一种选择型还原剂：

$$\text{(双环烯基)-C(=O)-CH}_3 \xrightarrow{\left[\text{CH}-\text{CH}_2\right]_n\text{-C}_6\text{H}_4\text{-SO}_2\text{NHNH}_2} \text{(双环烷基)-C(=O)-CH}_3$$

（3）高分子氧化还原剂

高分子氧化还原剂是一类既有氧化功能又有还原功能、自身具有可逆氧化还原特性的一类高分子试剂，能够在不同情况下表现出不同反应活性。经过氧化或还原反应后，试剂易于根据其氧化还原反应的可逆性将试剂再生使用。根据这一类高分子试剂分子结构中活性中心的结构特征，最常见的高分子氧化还原剂可以分成以下五种结构类型，即含醌式结构的高分子试剂、含硫醇结构的高分子试剂、含吡啶结构的高分子试剂、含二茂铁结构的高分子试剂和含多核杂环芳烃结构的高分子试剂。

2. 高分子卤代试剂

卤化反应是有机合成和石油化工中常见反应之一，包括卤元素的取代反应和加成反应，用于该类反应的化学试剂称为卤代试剂。在这类反应中，要求卤代试剂能够将卤素原子按照一定要求有选择性地传递给反应物的特定部位。其重要的反应产物为卤代烃，是重要的化工原料和反应中间体。常用的卤化试剂挥发性和腐蚀性较强，容易恶化工作环境并腐蚀设备。高分子化后的卤代试剂除了克服上述缺点之外，还可以简化反应过程和分离步骤。卤代试剂中高分子骨架的空间和立体效应也使其具有更好的反应选择性，因而在有机合成反应中获得了日益广泛的应用。目前常见高分子卤代试剂主要包括二卤化磷型、N-卤代酰亚胺型及多卤化物型。

卤代反应在有机合成方法中占有重要地位。很多卤代产物是重要的化工产品，如氟利昂制冷剂和六氯苯农药等。但是更多的应用是作为化学反应中间体和化学反应试剂，在制药工业和精细化工工业中使用广泛。这方面的例子很多，如高级醇中的羟基不很活泼，从醇制备胺常常要先制备反应活性较强的卤代烃，由卤素原子代替羟基，然后再与胺反应，可以比较容易地得到产物。再比如羧酸与醇的酯化反应，反应中由于有水生成，促进逆反应水解反应的进行，使酯化反应常常不能进行到底。而将羧基中的羟基卤代后得到的酰卤则反应活性很强，与醇的酯化反应可以进行到底。二氯化磷型的高分子氯化试剂的主要用途之一是用于从羧酸制取酰氯和将醇转化为氯代烃：

$$-\!\!\left[CH-CH_2\right]_n\!\!-\ (\text{苯环}-PPh_2Cl_2) + ROH \longrightarrow -\!\!\left[CH-CH_2\right]_n\!\!-\ (\text{苯环}-P(=O)Ph_2) + RCl$$

$$-\!\!\left[CH-CH_2\right]_n\!\!-\ (\text{苯环}-PPh_2Cl_2) + RCOOH \longrightarrow -\!\!\left[CH-CH_2\right]_n\!\!-\ (\text{苯环}-P(=O)Ph_2) + RCOCl$$

其优点是反应条件温和，收率较高，试剂回收后经再生可以反复使用。

在溴元素的取代或加成反应中经常用到 N-溴代酰亚胺(NBS)反应试剂，该试剂与其他卤代试剂不同，在反应过程中不产生卤化氢气体，因而保护了环境；反应后溶液的酸度亦不发生变化，反应易于进行到底。高分子化的 NBS 不仅可以对羟基等基团进行溴代反应，而且对其他活泼氢也可以进行溴代反应：

$$C_6H_5-CH(CH_3)_2 \xrightarrow{\text{高分子 NBS}} C_6H_5-CBr(CH_2Br)_2$$

对不饱和烃的加成反应是高分子 N-卤代酰亚胺试剂的另一种应用，产物为饱和双取代卤代烃。总体来讲，与小分子同类试剂相比，经过高分子化的 NBS 试剂的转化率有所降低，原因可能是高分子骨架对小分子试剂有屏蔽作用。但是经过高分子化后 NBS 试剂的选择性有所提高：

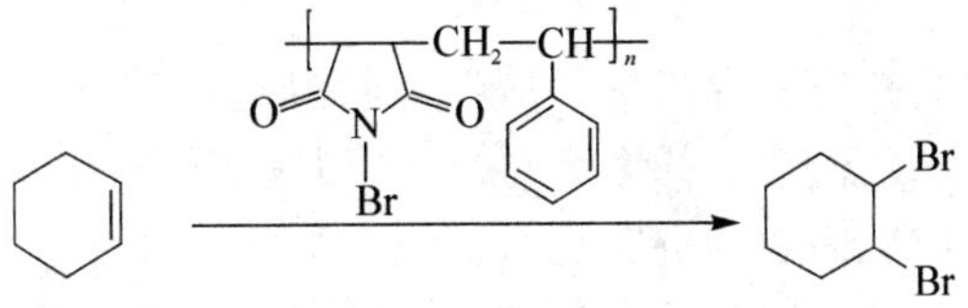

多卤化物试剂是在高分子试剂结构中含有两种或多种卤原子，是新型的高分子卤化剂。该类高分子试剂的制备是以四氯化碳为溶剂使三乙胺与氯甲基化聚苯乙烯微球进行季铵化反应，得到的阴离子交换树脂在冰醋酸中分别与冷的氯化碘或三氯化碘反应，制备聚合物负载多卤化物试剂。

3. 高分子酰基化反应试剂

酰基化反应是有机反应中的另一种重要反应类型，主要指对有机化合物中氨基、羧基和羟基的酰化反应，分别生成酰胺、酸酐和酯类化合物。酰基化反应广泛用于有机合成中的活泼官能团的保护。在肽的合成、药物合成方面都是极重要的反应步骤。化合物中的极性基团通过酯化反应，可以改变化合物的极性，增加其脂溶性和挥发性。因此常用于天然产物中有效成分的分离提取过程，特别是极性产物的气相色谱分析。由于这一类反应常常是可逆的，为了使反应进行得完全，往往要求加入的试剂过量。这样反应后过量的试剂和反应产物的分离就成了合成反应中比较耗时的步骤。在这方面，高分子化的酰基化试剂由于其在反应体系中的难溶性，使其在反应后的分离过程中具有明显的优势。常用小分子酰基化反应试剂中大部分可以实现高分子化。目前应用较多的高分子酰基化试剂有高分子活性酯和高分子酸酐。

高分子活性酯酰基化试剂主要用于肽的合成，高分子化的活性酯可以将溶液合成转变为固相合成，从而大大提高合成的效率。在高分子活性酯参与的肽合成反应中，首先活性酯前体与肽序列中的第一个氨基酸反应生成活性酯；再与羧基受保护的第二个氨基酸反应，使两个氨基酸按预定顺序联结，形成肽键。完成预定序列的肽合成之后水解酯键，分别得到合成肽和高分子活性酯前体。为了提高收率，活性酯的用量是大大过量的，反应过后多余的高分子试剂用比较简单的过滤方法即可分离，试剂的回收、再生容易，可重复使用，反应选择性好。

含有酸酐结构的高分子酰基化试剂可以使含有硫和氮原子的杂环化合物上的氨基酰基化，而对化合物结构中的其他部分没有影响。这种试剂在药物合成中已经得到应用。如经酰基化后对头孢菌素中的氨基进行保护，可以得到长效型抗菌药物：

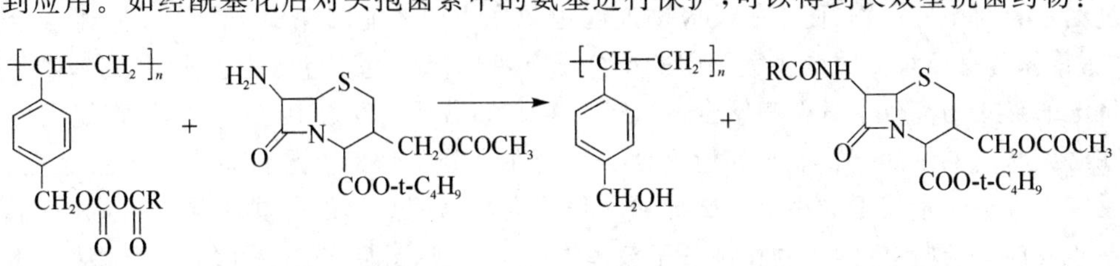

4. 高分子烷基化试剂

高分子烷基化试剂在有机合成中的应用比较普遍，如硫甲基锂型高分子烷基化试剂可用于碘代烷和二碘代烷的同系列化反应，用以增长碘化物中的碳链长度，可以得到较好的收率。反应后回收的烷基化试剂与丁基锂反应再生后可以重复使用。带有叠氮结构的高分子烷基化试剂与羧酸反应可以制备相应的酯，副产物氮气在反应中自动除去，使反应很容易进行到底，反应过程如下：

$$\underset{\text{SCH}_3}{\underset{|}{\underset{\text{C}_6\text{H}_4}{\underset{|}{\text{+CH—CH}_2\text{+}_n}}}} \xrightarrow{n-\text{BuLi}} \underset{\text{SCH}_2^- \text{Li}^+}{\underset{|}{\underset{\text{C}_6\text{H}_4}{\underset{|}{\text{+CH—CH}_2\text{+}_n}}}} \xrightarrow{\text{R(CH}_2)_n\text{CH}_2\text{I}} \underset{\text{SCH}_2(\text{CH}_2)_{n+1}\text{R}}{\underset{|}{\underset{\text{C}_6\text{H}_4}{\underset{|}{\text{+CH—CH}_2\text{+}_n}}}} \xrightarrow{\text{NaI/CH}_3\text{I/DMF}} \text{R(CH}_2)_{n+1}\text{CH}_2\text{I}$$

$$\underset{\text{NH}_2}{\underset{|}{\underset{\text{C}_6\text{H}_4}{\underset{|}{\text{+CH—CH}_2\text{+}_n}}}} \longrightarrow \underset{\text{N}=\text{N}-\text{N(H)CH}_3}{\underset{|}{\underset{\text{C}_6\text{H}_4}{\underset{|}{\text{+CH—CH}_2\text{+}_n}}}} + \text{RCOOH} \longrightarrow \text{RCOOCH}_3 + \text{N}_2\uparrow$$

5. 高分子亲核反应试剂

亲核反应是指在化学反应中试剂的多电子部位（邻近有给电子基团）进攻反应物中的缺电子部位（邻近有吸电子基团）的化学反应。亲核试剂多为阴离子或者带有孤对电子和多电子基团的化合物。许多高分子化的亲核试剂是用离子交换树脂作为阴离子型亲核试剂的载体，高分子载体与亲核试剂之间以离子键结合。高分子亲核试剂多与含有电负性基团的化合物反应，如卤代烃中卤素原子的电负性使得相邻的碳原子上的电子云部分地转移到卤元素一侧，使该碳原子易受亲核试剂的攻击。带有氰负离子的高分子亲核试剂在一定的有机溶剂中与卤代烃一起搅拌加热，可以得到多一个碳原子的腈化物（氰基被转递到反应物碳链上），完成亲核反应。

5.2.1.3 高分子试剂参与的固相有机合成

固相有机合成是指在合成过程中采用在反应体系中不溶的高分子试剂作为载体进行的有机合成反应。与常规的高分子试剂不同的是整个固相反应过程自始至终在高分子骨架上进行，在整个多步合成反应过程中，中间产物始终与高分子载体相连接。高分子载体上的活性基团往往只参与第一步反应和最后一步反应；在其余反应过程中只对中间产物，而不是反应试剂起担载作用和官能团保护作用。在固相合成中，首先含有双官能团或多官能团的低分子有机化合物通过与高分子试剂反应，以共价键的形式与高分子骨架相结合。这种一端与高分子骨架相接，另一端的官能团处在游离状态的中间产物能与其他小分子试剂在高分子骨架上进行单步或多步反应。反应过程中过量使用的小分子试剂和低分子副产物用简单的过滤法除去，再进行下一步反应，直到预定的产物在高分子载体上完全形成，最后将合成好的化合物从载体上脱下即完成固相合成任务。在图 5-3 中给出最简单的固相合成反应示意图。图中Ⓟ—X 表示高分子固相有机合成试剂，X 表示连接官能团。

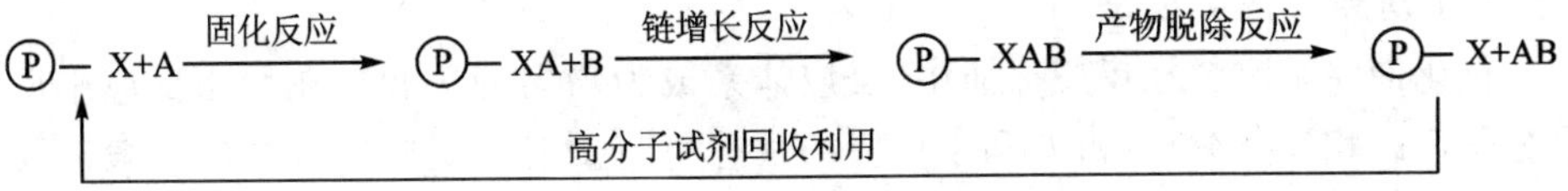

Ⓟ— X+A —固化反应→ Ⓟ— XA+B —链增长反应→ Ⓟ— XAB —产物脱除反应→ Ⓟ— X+AB

高分子试剂回收利用

图 5-3　固相合成反应示意图

根据上述介绍可以看出，固相有机合成用的高分子试剂必须具备以下结构：即对有机合成反应起担载作用，在反应体系中不溶解的载体和连接反应性小分子和高分子载体，并能够用适当化学方法断键的连接结构。

1963 年，Merrifield 首次报道了在高分子载体上利用高分子反应合成肽的固相合成法（Solid Phase Synthesis），从而为有机合成史揭开了新的一页。该方法被命名为梅里菲尔德（Merrifield）固相肽合成法。肽的固相合成是一种多步重复偶联反应的过程。聚合物支载的有机小分子化合物的固相合成，是功能基化的高分子作为有机化合物分子的保护基团或载体。在这一过程中，首先通过一定的反应将一种反应物固载到聚合物上制得高分子试剂，然后与另一种试剂反应，或经过多步化学反应得到聚合物支载的产物，最后将产物从载体上解脱下来。经纯化后得到最终产物。利用这与方法可得到许多溶液法难以得到的产物，如对称二醇单醚和单酯以及对称二醛的单保护等。

5.2.2　高分子催化剂

高分子催化剂是对化学反应具有催化作用的高分子，包括无机和有机高分子。有机高分子催化剂大体分为两类：一是不含有金属的高分子聚合物，二是含有金属活性物种的高分子配合物。前者的典型代表是离子交换树脂，利用离子交换树脂本身的酸、碱特性，在一些有酸碱催化的化学反应中得到很好的使用，如缩合反应（Knoevenagel 反应、酯化、缩醛化、羟醛缩合反应等）、加成反应（Michael 加成、氰醇合成、硝基醇的合成、烯烃参与的烷基化反应、环氧化合物的加成反应）、消除反应、分子重排反应及某些高分子合成反应。酸性和碱性离子交换树脂作为催化剂在前述反应中使用时，不仅得到了较高的催化速率，而且将许多均相反应变为多相反应，达到了将催化剂与产物简单分离、催化剂反复使用的目的。

含有活性金属的高分子催化剂又被称为高分子负载催化剂。负载型催化剂是以有机或无机高分子材料为催化剂载体，将活性金属或其配合物采用共价键或非共价键形式负载于载体的表面。这类催化剂在加氢、硅氢加成、羰基化、分解、齐聚及聚合等反应中的使用研究比较活跃。这类催化剂多采用非均相反应体系，其主要出发点是采用多相体系有利于催化剂的回收利用，也有利于产品的分离及纯化，通过多年的研究，取得了一些很好的结果。

催化反应可以按照反应体系的外观特征分为以下两大类：

(1) 均相催化反应

催化剂完全溶解在反应介质中,反应体系成为均匀的单相。在均相反应中反应物分子可以相互充分接触,有利于反应的快速进行。但是反应完成之后一般需要较复杂的分离纯化等后处理步骤将产品与催化剂分开。而在处理过程中常常会造成催化剂失活或损失。

(2) 多相催化反应

与均相催化反应相反,在多相催化中催化剂自成一相,反应后通过简单过滤即可将催化剂分离回收。这种催化剂最初大多由过渡金属和它们的氧化物组成,不溶于反应介质是由于它们的物理化学性质所决定。

由于多相反应后处理简单,催化剂与反应体系分离容易(简单过滤),回收的催化剂可以反复多次使用,因此近年来受到普遍关注和欢迎。特别是对于那些制造困难、价格昂贵、又没有理想替代物的催化剂,如稀有金属配合物等,实现多相催化是非常有吸引力的,对工业化大生产更是如此。为此人们开始研究将均相催化转变成多相催化反应,其主要手段之一就是将可溶性催化剂高分子化,使其在反应体系中的溶解度降低,而催化活性又得到保持。在这方面最成功的例证是用于加氢和氧化等催化反应的高分子负载催化剂、用于酸碱催化反应的离子交换树脂催化剂和高分子相转移催化剂。

5.2.2.1 高分子负载催化剂

将具有催化活性的金属离子和金属配合物以化学作用或物理作用方式固定于聚合物载体上所得到的具有催化功能的高分子材料称为高分子负载金属或金属配合物催化剂,简称高分子负载催化剂。高分子负载催化剂的研究起步于20世纪60年代末期,当时均相配合催化已经取得了极其引人注目的成就。具有高度催化活性、催化选择性和极温和反应条件的wilkinson配合物类均相催化剂在引起化学家青睐的同时,如何克服其缺点(价格昂贵、容易流失、与产物及反应物的分离比较困难、不稳定及对设备有一定的腐蚀等)也成了迫切希望解决的课题。受Merrifield肽固相合成的启发,20世纪60年代末期有机聚合物(聚苯乙烯磺酸)负载的配合物($[Pt(NH_3)_4]^{2+}$)催化剂终于问世。这一研究工作立即激起世界各国催化学家广泛的关注和兴趣,从此高分子负载催化几乎成了化学界的一个独立的交叉学科研究领域。我国化学家从20世纪70年代末期开始进行高分子负载催化方面的研究,虽起步较晚但发展迅速,许多研究工作的理论水平已达到世界先进水平。

在过去的30年里采用了各种各样的方法来制备高分子负载金属催化剂。这些方法可大致划分为两类:化学法和物理法。

(1) 化学法

具有催化活性的金属原子通过离子键、共价键或配位键固载于聚合物载体上,这是高分子负载催化剂最主要的制备方法。

1）离子键固载法

金属的配离子可采用离子交换的原理被固载于聚合物载体上。羰基化催化剂和是高效环氧化催化剂的合成反应式为：

$$\text{Ⓟ}-Ph-SO_3^- H^+ + Pd(NH_3)_4^{2+} \longrightarrow (\text{Ⓟ}-Ph-SO_3^-)_2[Pd(NH_3)_4]^{2+}$$

$$\text{Ⓟ}-Ph-CH_2-N^+R_3Cl^- + (HWO_4)^- \longrightarrow \text{Ⓟ}-Ph-CH_2-N^+R_3(HWO_4)^-$$

利用高分子磺酸的固定化氢离子与氨基膦类小分子配体反应可制得一种高分子氨基膦配体，后者再与金属配合物反应即可制得高分子固载化配合催化剂。

$$\text{Ⓟ}Ph-SO_3^- H^+ \xrightarrow{(Me_2NC_6H_4)_3P} \text{Ⓟ}-Ph-SO_3^-[HP^+(C_6H_4NMe_2)_3]$$

$$\xrightarrow{Co_2(CO)_8} \text{Ⓟ}-Ph-SO_3^-[HP^+(C_6H_4NMe_2)_2] \quad (\text{P 上连有 } Ph-NMe_2-Co(CO)_4Co(CO)_4)$$

$$\text{Ⓟ}Ph-SO_3^- H^+ \xrightarrow{(i-Pr_2N)_3P} \text{Ⓟ}-Ph-SO_3^-[H(i-Pr_2N^+)(i-Pr_2N)_2P]$$

$$\xrightarrow{Rh_2(CO)_4Cl_2} \text{Ⓟ}-Ph-SO_3^-[H(i-Pr_2N^+)(i-Pr_2N)_2P]-Rh(CO)_2Cl$$

上述两个反应得到的催化剂是烯烃氢甲酰化反应催化剂，其中后者得到的催化剂可用于二异丁烯的氢甲酰化反应，不仅催化活性高而且选择性好（成醛选择性100 %）。

2）共价键固载法

催化活性中心金属原子可通过共价键被固载于聚合物上。通常是先制备聚合物载体，再经系列功能基化反应制成带配位功能基的高分子配体，后者与金属盐或其配合物反应即可制得高分子共价键连金属配合物催化剂。

$$St+DVB \xrightarrow{BPO} \text{Ⓟ}-Ph \xrightarrow[\text{[}ZnCl_2\text{]}]{ClCH_2OCH_3} \text{Ⓟ}-Ph-CH_2Cl \xrightarrow{Ph_2PLi} \text{Ⓟ}-Ph-CH_2-P(Ph)_2$$

$$\xrightarrow{Rh_2(CO)_4Cl_2} \text{Ⓟ}-Ph-CH_2-P(Ph)_2-Rh(CO)_2Cl$$

$$\text{Ⓟ}-Ph-CH_2Cl+ \xrightarrow{MeNH_2} \text{Ⓟ}-Ph-CH_2-NHMe \xrightarrow{Rh_2(CO)_4Cl_2}$$

$$\text{Ⓟ}-Ph-CH_2-N(H)(Me)-Rh(CO)_2Cl$$

$$\text{Ⓟ}-Ph-CH_2Cl+ \xrightarrow{EtNH_2} \text{Ⓟ}-Ph-CH_2-NHEt \xrightarrow{(Et_3N)_2PCl} \text{Ⓟ}-Ph-N(Et)-P(NEt_2)_2$$

$$\xrightarrow{Rh_2(CO)_4Cl_2} \text{Ⓟ}-Ph-N(Et)-P(NEt_2)_2-Rh(CO)_2Cl$$

上述三个反应所得到的催化剂可用作烯烃氢甲酰化反应催化剂，其中催化剂 $\text{Ⓟ}-Ph-CH_2-P(Ph)_2-Rh(CO)_2Cl$ 还可用作多烯烃选择加氢催化剂。

3）配位键固载法

高分子配体与金属离子直接进行配位配合作用是制备高分子负载金属催化剂的一种简易的方法。反应所得产物是不饱和有机物加氢催化剂。

$$\text{Ⓟ}-Ph\cdot CH_2Cl \begin{cases} \xrightarrow{Me_2NH} \text{Ⓟ}-Ph-CH_2-N(Me)_2 \begin{cases} \xrightarrow{Pd(OAc)_2} \text{Ⓟ}-Ph-CH_2-N(Me)_2-Pd(OAc)_2 \\ \xrightarrow{PdCl_2} \text{Ⓟ}-Ph-CH_2-N(Me)_2-PdCl_2 \end{cases} \\ \xrightarrow{Ph_2PLi} \text{Ⓟ}-Ph-CH_2-P(Ph)_2 \xrightarrow{PdCl_2} \text{Ⓟ}-Ph-CH_2-P(Ph)_2-PdCl_2 \end{cases}$$

高分子配位体与金属配合物发生配位体取代反应是制备高分子固载金属配合物催化剂最常用的方法。例如：

$$\text{Ⓟ}-Ph-CH_2-P(Ph)_2+RuCl_2(PPh_3)_3 \longrightarrow \text{Ⓟ}-Ph-CH_2-P(Ph)_2-RuCl_2(PPh_3)_3+PPh_3$$

上述反应式所得到的高分子催化剂是环十二碳三烯选择加氢制备环十二碳一烯的高活性、高选择性催化剂。

高分子膦配体与铑配合物 $Rh_2(CO)_4C1_2$ 反应时后者发生桥键开裂并以单核配合物形式键连于高分子上，反应后制得了高活性、高选择性羰基合成催化剂：

$$\text{Ⓟ}-Ph-CH_2-P(Ph)_2+ \begin{matrix} CO & & Cl & & CO \\ & Ru & & Ru & \\ CO & & Cl & & CO \end{matrix} \longrightarrow \text{Ⓟ}-Ph-CH_2-P(Ph)_2-Rh(CO)_2Cl$$

（2）物理法

物理法是制备高分子负载催化剂的最简单的方法，又分干法和湿法。所谓干法是将金属盐或配合物溶于易挥发性溶剂中，然后把多孔性聚合物载体（如微孔，高比表面积交联聚苯乙烯、碳化树脂、活性硅胶等）加入其中，搅拌下浸渍一段时间，过滤后干燥（驱走挥发性溶剂）即得。另一种方法是湿法，即将金属盐或配合物溶于由易挥发性溶剂（苯、丙酮、氯仿等）和非挥发性溶剂（二苯醚、三氯苯等）组成的混合溶剂中，然后将多孔性载体加入其中浸渍一段时间。过滤后驱除挥发性溶剂，溶于非挥发性溶剂的金属配合物即以溶液状态被吸附在多孔性载体的孔壁上。浸渍法虽然简单易行，但催化活性组分与载体的结合不甚牢固，在使用过程中金属往往容易脱落流失，这是其主要缺点。

以上简要介绍了制备高分子负载金属催化剂的各种方法，这些方法各有特色。由于离子交换树脂已经商品化，因此离子键固载化法简单易行，但此类催化剂使用时的反应介质（溶剂）应加以认真选择，以防止在实际催化过程中发生两次离子交换而导致催化活性物种的脱落。一般说来，共价键固载化法制备的催化剂其金属键合较为牢固。但使用时也应严格控制反应条件（适宜温度、惰性气体保护等）。由带乙烯基配体金属配合物为单体直接聚合法制备的高分子负载金属催化剂可达到较高的功能度、其催化活性高、配合物锚定结构确切，但催化剂制作成本较高。由交联有机聚合物为载体制备的负载催化剂的催化性能不仅与催化活性物种有关，而且载体的结构(孔径、比表面积、交联度等)也会对高分子负载催化剂的催化性能有较大影响。因此一种具有优良催化性能的高分子负载催化剂的合成不仅要注意催化活性物种在聚合物上固载、锚定的方法，而且也应认真对载体结构进行裁制。

5.2.2.2 高分子酸碱催化剂

有机反应中有很大一部分可以被酸或碱所催化，如常见的水解反应等都可以由酸或碱作为催化剂促进其反应。这一类小分子酸碱催化剂多半可以由阳离子或阴离子交换树脂所替代，原因是阳离子交换树脂可以提供质子，其作用与酸性催化剂相同；阴离子交换树脂可以提供氢氧根离子，其作用与碱性催化剂相同。同时由于离子交换树脂的不溶性，可使原来的均相反应转变成多相反应。目前已经有多种商品化的具有不同酸碱强度的离子交换树脂作为酸碱催化剂使用，其中最常用的是强酸、强碱型离子交换树脂。最常见的聚苯乙烯型酸、碱催化用离子交换树脂。

高分子酸碱催化剂的制备多数是以苯乙烯为主要原料，二乙烯苯作为交联剂，通过乳液等聚合方法形成多孔性交联聚苯乙烯颗粒。通过控制交联剂的使用量和反应条件达到控制孔径和比表面积的目的。得到的交联树脂在溶剂中一般只能溶胀，不能溶解。然后再通过不同高分子反应，在苯环上引入强酸性基团——磺酸基，或者强碱性基团——季氨基，分别构成酸性阳离子交换树脂催化剂和碱性阴离子交换树脂催化剂。

5.2.2.3 高分子相转移催化剂

在化学反应中如果在同一反应体系中两种反应物的极性差别较大，必须分别溶解在两种溶液中，而这两种液体又互不相溶，那么发生在两液相之间的反应，其反应速率一般是很小的。因为在每一相中总有一种反应物的浓度是相当低的，造成两种分子碰撞概率很低，而这种碰撞对于化学反应是必需的。在这种情况下，反应主要发生在两相的界面上。要增加反应速度，虽然可以采用增加搅拌速度以增大两相的接触面积，提高界面反应比例。然而这种方法的作用都是相当有限的。当然，也可以使用非质子极性溶剂增加对离子型化合物的溶解度，如二甲基亚砜(DMSO)、二甲基甲酰胺(DMF)、乙腈和六甲基磷酰胺(HMPA)等。除了上述溶剂比较昂贵之外，它们的高沸点造成的难以蒸除，溶剂污染也是应用方面的一大障碍。在这方面近年来迅速发展的相转移催化反应是比较理想的解决办法。

相转移催化剂(Phase Transfer Catalysts，简称 PTC)一般是指在反应中能与阴离子形成离子对，或者与阳离子形成配合物，从而增加这些离子型化合物在有机相中的溶解度的物质。这类物质主要包括亲脂性有机离子化合物(季铵盐和磷鎓盐)和非离子型的冠醚类化合物。一般认为相转移有如下反应过程：

有机相　$Q^+Y^- + R-X \longrightarrow R-Y + Q^+X^-$

$\Updownarrow$　　　　　　　$\Updownarrow$

水相　$Q^+Y^- + M^+X^- \rightleftharpoons M^+Y^- + Q^+X^-$

其中，Q^+Y^- 和 Q^+X^- 分别表示相转移催化剂形成的离子对，承担反应中离子在两相之间的传递和离子交换作用。

冠醚类相转移催化剂借助于阳离子间的螯合作用完成上述过程。相转移催化剂也有小分子和高分子两类。与小分子相转移催化剂相比，高分子相转移催化剂不污染反应物和产物，催化剂的回收比较容易，因此可以采用比较昂贵的催化剂，同时还可以降低小分子冠醚类化合物的毒性，减少对环境的污染。总体来讲，磷鎓离子相转移催化剂的稳定性和催化活性都要比相应季铵盐型催化剂要好，而聚合物键合的高分子冠醚相转移催化剂的催化活性最高。这是得益于阳离子被配合之后，增强了阴离子的亲核反应能力。

5.3　液晶高分子

5.3.1　基本概念

物质在晶态和液态之间还可能存在某种中间状态，此中间状态称为介晶态（mesophase），液晶态是一种主要的介晶态。液晶（liquid crystal）即液态晶体，既具有液体的流动性又具有晶体的各向异性特征。事实上，物质中存在两种基本的有序性：取向有序和平移有序，晶体中原子或分子的取向和平移（位置）都有序，将晶体加热，它可沿着两个途径转变为各向同性液体，一是先失去取向有序保留平移有序而成为塑晶，只有球状分子才可能有此表现；另一途径是先失去平移有序而保留取向有序，成为液晶，但这时平移有序未必立即完全丧失，所以某些液晶还可能保留一定程度的平移有序性。

胆甾醇苯甲酸酯是于 1888 年最早发现的液晶物质并于 1904 年被 Lehman 称之为液晶，从此开始了液晶领域的研究。

根据液晶分子在空间排列的有序性不同，液晶相可分为向列型、近晶型、胆甾型和碟型液晶态四类，如图 5-4 所示。向列型（nematic state）常以字母 N 表示，此种液晶中分子排列只有取向有序，无分子质心的远程有序，分子排列是一维有序的。近晶型（smectic state）除取向有序外还有由分子质心组成的层状结构，分子呈二维有序排列，根据层内排列的差别，近晶型液晶还可细分为不同的子集相结构，这些子集相分别标注为 S_A、S_H、S_C、S_D、S_E、S_F、S_G、S_H、S_I、S_J、S_K 及 S_M 等。如果这类液晶分子中含有不对称碳原子则会形成螺旋结构，因而生成相应的具有手征性的相，这种手征性相常用星号“*”表示。例如，S_C^*、S_G^* 即分别表示具有手征性的近晶 C 相和近晶 G 相。

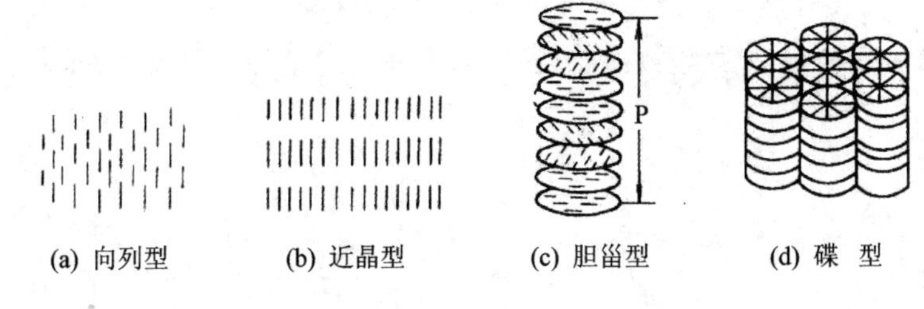

图 5－4　液晶态类型

胆甾型液晶态(cholesteric state)具有扭转分子层结构，在每一层分子平面上分子以向列型方式排列，而各分子层又按周期扭转或螺旋方式上下叠在一起，使相邻各层分子取向方向间形成一定的夹角。此类液晶分子都具有不对称碳原子因而具有手征性。此类液晶常用字母 C^* 表示。

除以上三种基本类型外，1977 年还发现了一类称之为碟状液晶态(discotic state)的物质。此外，有些物质虽然本身不是液晶物质，但在一定外界条件(压力、电场、光照等)下，可形成液晶相，此类物质可称为感应性液晶物质。

根据液晶相形成的条件不同，液晶物质可分为热致型液晶和溶致型液晶两种类型。对溶致型液晶，一个重要的物理量是形成液晶的临界浓度，即在此浓度以上液晶相才能形成。当然，临界浓度也是温度的函数。热致液晶是指相态间的转变是由温度变化引起的。相变点温度是表征液晶态的重要物理量。从晶体到液晶态的转变温度称为熔点或转变点，由液晶态转变为各向同性液体的温度称为澄清点或清亮点。有些物质如 N－对戊苯基－N′－对丁苯基对苯二甲胺(TBPA)，在不同温度下可呈不同的液晶态结构。例如，TBPA 的相变序为 $I_{233}\,N_{212}\,S_{A179}\,S_{C149}\,S_{F140}\,S_{G61}\,S_{H}\rightarrow Cr$。其中 S_A、S_C、S_F、S_C、S_H 分别表示近晶 A 相、C 相、F 相、G 相和 H 相，Cr 表示晶相，I 表示各向同性的液相，数字表示相应的相转变温度。

大多数液晶物质是由棒状分子构成的。其分子结构常常具有两个显著的特征。一是分子的几何形状具有不对称性，即有大的长径比(L/D)，一般 L/D 都大于 4。二是分子间具有各向异性的相互作用。Gray 和 Brown 指出，多数液晶物质具有如下的分子结构：

$$R-C_6H_4-X-C_6H_4-R'$$

即此类分子由三部分构成：由两个或多个芳香环组成的核，最常见的是苯环，有时为杂环或脂环；核之间有一个桥键 X，例如 $-CH_2{=}N-$、$-N{=}N-$、$-N{=}N(O)-$、$-COO-$、$-\overset{\displaystyle O}{\overset{\|}{C}}-NH-$、$-C{\equiv}C-$ 等；分子的尾端含有较柔顺的极性或可极化的基团—R、—R′，例如酯基、氰基、硝基、氨基、卤素等，分子的中

间部分，如 $-C_6H_4-X-C_6H_4-$，也常称为介晶单元。

除刚棒状分子外，近来发现，盘状或碟状分子也可能呈液晶态，如苯-六正烷基羟酸酯：

$$C_6(OOCR)_6$$

这些"碟子"状的分子一个个重叠起来形成圆柱状的分子聚集体，组成一类称之为柱状相的新的液晶相。还有一类液晶是双亲分子的溶液，如正壬酸钾溶液。

5.3.2 液晶高分子的类型及合成方法

与一般小分子液晶类似，液晶高分子同样具有近晶态、向列态、胆甾型和碟状液晶，其中以具有向列态或近晶态的液晶高分子居多。

液晶高分子分类方法有两种。从应用的角度出发可分为热致型和溶致型两类；从分子结构出发可分为主链型和侧链型两类。这两种方法是相互交叉的。例如，主链型液晶高分子既有热致型液晶也有溶致型液晶；热致型液晶高分子既含有主链型的也含有侧链型的。为便于结构与性能关系的研究，常按分子结构进行分类，即分为主链型液晶高分子和侧链型液晶高分子两类。

5.3.2.1 主链型液晶高分子

主链型液晶高分子是指介晶基元处于主链中的一类高分子。主链型液晶高分子又分为热致型和溶致型两种情况。

1. 溶致主链型液晶高分子

最先发现的溶致主链型液晶高分子是天然存在的聚(L-谷氨酸-γ苄酯)，而最先受到普遍关注的合成溶致主链液晶高分子是聚对苯甲酸胺(PBA)和聚对苯二甲酸对苯二胺(PPTA)。

在合成的溶致液晶高分子中，最重要的类型是芳香族聚酰胺。溶剂可以是强质子酸，也可以是酰胺类溶剂，一般常需加2%～5%的LiCI或$CaCl_2$以增加聚合物的溶解性。吲哚类高分子也能形成溶致型液晶。广泛采用的制备可溶型芳族聚酰胺的方法是胺和酰氯的缩合反应，例如：

$$H_2N-Ar-COOH \xrightarrow{SOCl_2} O{=}S{-}N-Ar-COCl$$

$$\xrightarrow{HCl} HClH_2N-Ar-COCl \longrightarrow \left[NH-Ar-CO \right]_n$$

其他的缩合方法，如界面缩聚、使用缩合磷酸盐和吡啶混合物等亦有文献报道。除缩合聚合反应外，还有氧化酰化反应、酯的氨解以及在有咪唑存在下的酰胺反应也被用来制备芳族酰胺液晶。

吲哚类聚合物也可形成溶致液晶，吲哚类聚合物具有梯形结构，多用于制备耐热材料，但被称为PBZ的一类吲哚聚合物例外，它用于制备超强纤维，即通过由它们形成的溶致液晶进行抽丝制得高模量高强度的纤维。此类聚合物的结构为：

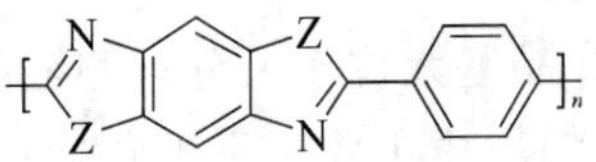

其中，按Z代表的原子不同又可分为：聚对苯撑苯并二噻唑(PBT)(当Z=S时)和聚对苯撑苯并二噁唑(PBO)(当Z=O时)以及聚对苯撑苯并二咪唑(PBI)(当Z=N时)，其中研究较多的是反式PBT，其合成反应式如下：

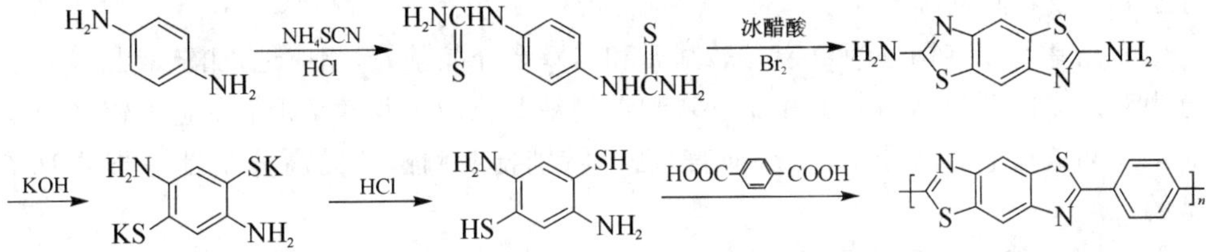

NH_4SCN / HCl；冰醋酸 / Br_2；KOH；HCl；HOOC—⟨⟩—COOH

除了上述两类在应用中取得很大成功的溶致主链液晶高分子外，还有很多液晶高分子也能形成此类液晶，如聚肽、共聚酯类等。纤维素及其衍生物如二羟丙基纤维素等也能形成溶致液晶，所形成的液晶一般是胆甾型的。聚有机磷嗪、含有金属的聚炔烃可形成溶致液晶。

2. 热致主链型液晶高分子

热致主链型液晶高分子多是由聚酯类高分子形成的。由于缺少酰胺键中的氮原子，此类高分子很难形成溶致液晶。此种聚酯类高分子一般为芳香族聚酯及共聚酯。此外，还有含有偶氮苯、氧化偶氮苯和苄连氮等特征基团的共聚酯。

由于主链的刚性和不溶解的性质，此类高分子的合成比较困难。改进的办法是，先制备分子量较小的中间体，然后在此中间体熔点附近进行固态聚合，进一步缩聚成高分子量的芳香族聚酯。有四个基本反应可用于芳香族聚酯的合成：① 芳香族酰氯与酚类的Schotten－Baumann反应；② 高温酯交换反应；③ 氧化酯化，其反应机理可表示为：$ArOH + Ar'COOH + (C_6H_5)_3P + C_2Cl_6 \rightarrow ArCOOAr' + (C_6H_5)_3PO + C_2Cl_4 + HCl$；④ 通过新的酸酐进行聚合，此反应是酯与酚交换反应的改进，例如：

$$RCOOH + ArSO_2Cl \longrightarrow RCOOSO_2Ar \xrightarrow{R'OH} RCOOR' + ArSO_3H$$

工业上广泛应用的是高温酯交换反应。

除上述的主链液晶高分子外，已有报道表现热致液晶行为的主链液晶高分子还有：聚醚 $\lbrack$—CH=N—O—$(CH_2)_x$—O$\rbrack_n$（苯环上分别带有取代基R′和R）、聚对二甲苯 $\lbrack CH_2CH_2$—⟨⟩$\rbrack_n$ 以及聚二

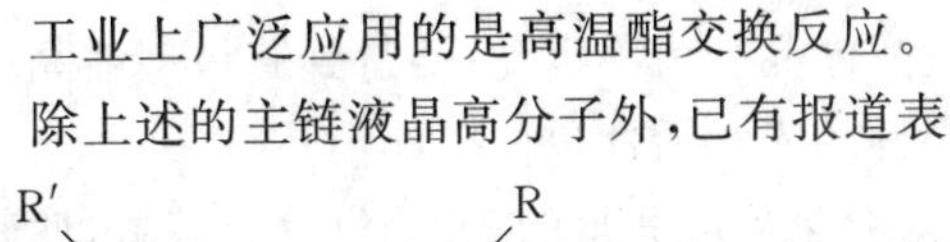

$$\text{甲基硅氧烷}\ \left[\begin{array}{c}CH_3\\|\\ Si-O\\|\\CH_3\end{array}\right]_n\ \text{等。}$$

5.3.2.2　侧链型液晶高分子

侧链型液晶高分子是指介晶基元位于大分子侧链的液晶高分子。与主链型液晶高分子不同,侧链液晶高分子的性质主要决定于介晶基元,受大分子主链的影响程度较小。对侧链液晶高分子,液晶态的形成并不要求大分子链处于取向态而完全由介晶基元的各向异性排列决定。由于介晶基元多是通过柔性链与聚合物主链相接,所以其行为接近于小分子液晶。主链型液晶高分子主要用于高强材料,而侧链液晶高分子则主要用作功能材料。

介晶基元按结构分为双亲介晶基元和非双亲介晶基元,相应地,侧链液晶高分子分为双亲侧链型液晶高分子和非双亲侧链型液晶高分子两类,研究和应用较多的是非双亲侧链型液晶高分子,一般而言,若不特别指明侧链液晶高分子都是指非双亲型的。

1. 非双亲侧链型液晶高分子

侧链型液晶高分子的主链一般都是柔性大分子链,主要有聚丙烯酸酯类、聚硅氧烷、聚苯乙烯及聚乙烯醇 4 类。由于聚硅氧烷链柔性较大,是受到重视的一类主链。

介晶基元与主链的连接方式有端接(end-on)、侧接(side-on)两种和一根侧链上并列接上两个介晶基元的孪生(twin)侧链型液晶高分子。侧链型液晶高分子的分子结构可分为主链、间隔链(spacer)和介晶基元三个部分:

$$\left[\begin{array}{c}R\\|\\C-CH_2\end{array}\right]_n \longleftarrow \text{主链}$$
$$\wr\ \longleftarrow \text{间隔链}$$
$$\square\ \longleftarrow \text{介晶基元}$$

间隔链的作用十分重要。当无柔性的间隔链时,由于受大分子主链构象的影响,介晶基元取向困难,难于出现液晶相;同时又由于介晶基元的影响,整个大分子链刚性增大,T_g 提高。这种现象也称为大分子主链与侧链间的偶合(coupling)作用,间隔链,即柔性连接链,可消除或大大减弱此种偶合作用,称之为去偶合(decoupling)作用。

侧链型液晶高分子可通过加聚、缩聚及大分子反应制得,如图 5－5 所示。

需要指出,各向异性单体的聚合过程对液晶有序性有影响,例如,无论单体是胆甾型单体或近晶型单体,聚合后均表现近晶液晶行为。因此,要得到胆甾型液晶高分子,就必须采用能形成液晶而处于各向同性的光学活性单体。

丙烯酸酯类聚合物多是通过自由基聚合物反应获得的,分子量分布较宽,使其光电转换的效率受到限制。近年来,采用阳离子聚合方法制备侧链型液晶高分子以控

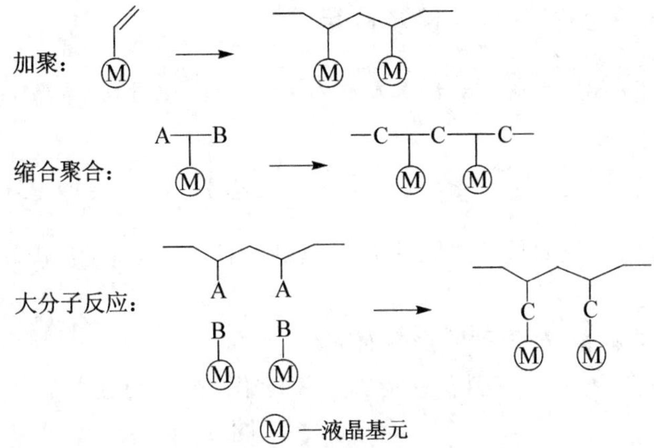

加聚：Ⓜ ⟶ Ⓜ Ⓜ

缩合聚合：A—B（Ⓜ） ⟶ —C—C—C—（Ⓜ Ⓜ）

大分子反应：A A / B B Ⓜ Ⓜ ⟶ C C Ⓜ Ⓜ

Ⓜ—液晶基元

图 5－5　侧链型液晶高分子合成反应示意图

制分子量分布受到重视。活性开环反应也用以制备分子量分布较窄的液晶高分子。

共聚合反应是制备侧链液晶高分子最有效的方法。两种共聚单体或者都含有介晶基元或者其中一种单体不含介晶基元。采取共聚的方法可有效地调节聚合物的结构和性质。由于含有胆甾型介晶基元的单体得到的均聚体一般只表现近晶态，所以含有介晶基元的单体共聚是制备胆甾型液晶高分子的唯一办法。

除聚合反应外，另一种方法是使用含有活性功能团的聚合物链与含有介晶基元的小分子进行反应。例如：

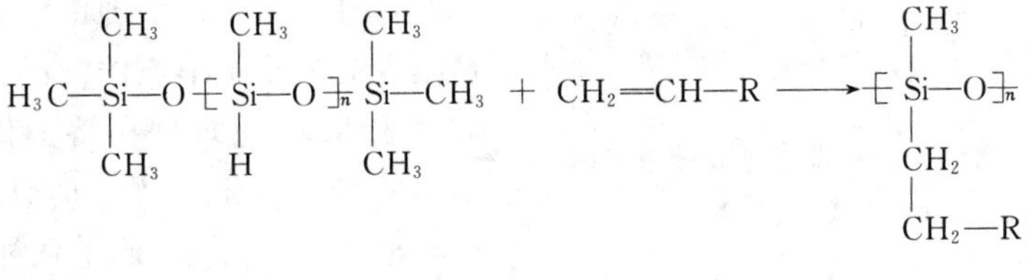

$$H_3C-\underset{CH_3}{\overset{CH_3}{Si}}-O\left[\underset{H}{\overset{CH_3}{Si}}-O\right]_n\underset{CH_3}{\overset{CH_3}{Si}}-CH_3 + CH_2{=}CH-R \longrightarrow \left[\underset{CH_2-CH_2-R}{\overset{CH_3}{Si}}-O\right]_n$$

缩聚反应是合成侧链型液晶高分子的另一类重要反应。通过缩聚反应还可制得主链上和侧链上都含有介晶基元的混合结构的液晶高分子。对同一高分子物，两种不同介晶基元的相互作用会引起性质的变化，使液晶的分子设计增加了新途径。

基团转移聚合反应也是制成侧链液晶高分子的有效方法，目前此类反应主要合成聚甲基丙烯酸酯类为主链的侧链液晶高分子。

2. 双亲聚合物

双亲单体进行聚合可得双亲聚合物，亦称“聚皂”。此类溶致液晶是由 Friberg 等首先提出的。由单体至聚合物的转变伴随着由单体六方相到聚合物片晶相(Lamellar)的转变。此类液晶的相结构与双亲介晶基元与大分子主链的连接方式有关。一般而言，有以下两种连接方式：A 型，憎水一端与主链相接；B 型，亲水一端与主链相接。

5.3.3 液晶高分子的特性及应用

液晶中分子的取向程度可用有序参数 S 来表征。对向列态,液晶体系是轴对称的,S 可表示为:

$$S = < P_2 > = < \frac{3}{2}\cos^2\theta - \frac{1}{2}$$

式中,θ 为主链方向与取向方向之间的夹角。如果不是向列态,液晶系不是轴对称,S 必须用张量表示。

S 是一个重要参数,随温度的提高而减小。

在液晶的许多特性中,特别有意义的是它的独特的流动性。

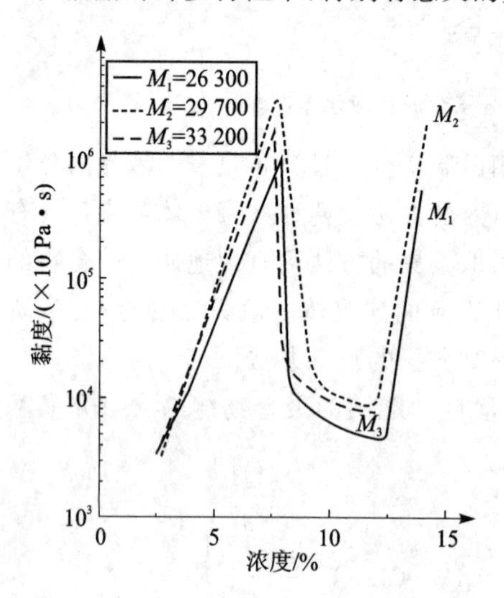

图 5-6 聚对苯二甲酰对苯二胺浓硫酸溶液的黏度-浓度曲线(20 ℃)

图 5-6 中给出了聚对苯二甲酰对苯二胺(简称 PPTA)溶液的黏度-浓度关系曲线。可以看到,这种液晶态溶液的黏度随浓度的变化规律与一般高分子浓溶液体系不同,一般体系的黏度是随浓度增加而单调增大的,而这个液晶溶液在低浓度范围内黏度随浓度增加急剧上升,出现一个黏度极大值。随后浓度增加,黏度反而急剧下降,并出现了一个黏度极小值。最后,黏度又随浓度的增大而上升。这种黏度随浓度变化的形式是刚性高分子链形成的液晶态溶液体系的一般规律,它反映了溶液体系内区域结构的变化。浓度很小时,刚性高分子在溶液中均匀分散,无规取向,形成均匀的各向同性溶液,此时该溶液的黏度.浓度关系与一般体系相同,随着浓度的增加,黏度迅速增大,黏度出现极大值的浓度是一个临界浓度 c_1^*。达到这个浓度时,体系开始建立起一定的有序区域结构,形成向列型液晶,使黏度迅速下降。这时,溶液中各向异性相与各向同性相共存。浓度继续增大时,各向异性相所占的比例增大,黏度减小,直到体系成为均匀的各向异性溶液时,体系的黏度达到极小值,这时溶液的浓度是另一个临界值 c_2^*。临界浓度 c_1^*、c_2^* 的值与高聚物的分子量和体系的温度有关,一般随分子量增大而降低,随温度升高而增大。

液晶态溶液的黏度-温度之间的变化规律也不同于一般高分子浓溶液体系。随着温度的升高,黏度出现极大和极小值。

根据液晶态溶液的浓度-温度-黏度关系,已创造了新的纺丝技术——液晶纺丝。该技术解决了通常情况下难以解决的高浓度必然伴随高黏度的问题。同时由于液晶分子的取向特性，纺丝时可以在较低的牵伸倍率下获得较高的取向度，避免纤维在高倍拉伸时产生内应力和受到损伤，从而获得高强度、高模量、综合性能好的纤维。

此外，大家熟悉的液晶显示技术是利用向列型液晶的灵敏的电响应特性和光学特性的例子。把透明的向列型液晶薄膜夹在两块导电玻璃板之间，施加适当电压，很快变成不透明的，因此，当电压以某种图形加到液晶薄膜上，便产生图像。这一原理可以应用于数码显示、电光学快门，甚至可用于复杂图像的显示，做成电视屏幕、广告牌等。还有胆甾型液晶的颜色随温度变化的特征，可用于温度的测量，对小于0.1℃的温度变化，就可以借液晶的颜色用视觉辨别。胆甾型液晶的螺距会因某些微量杂质的存在而受到强烈的影响，从而改变颜色，这一特性可用作某些化合物痕量存在的指示剂。

5.4　电功能高分子材料

5.4.1　概　述

自从人类发明电以来，电已经成为人类生活中最常见的能源和控制手段。那些在电参数作用下，由于材料本身组成、构型、构象或超分子结构发生变化，因而表现出特殊物理和化学性质的高分子材料被称为电活性高分子材料，也称为电功能高分子材料。

根据施加电参量种类和材料表现出的性质特征，可将电活性高分子材料分为以下类型：

① 导电高分子材料，指施加电场作用后，材料内部有明显电流通过，或者电导能力发生明显变化的高分子材料；

② 电极修饰材料，是用于对各种电极表面进行修饰，改变电极性质，从而达到扩大使用范围、提高使用效果的高分子材料；

③ 高分子电致变色材料，材料内部化学结构在电场作用下发生变化，因而引起可见光吸收波谱发生变化的高分子材料；

④ 高分子电致发光材料，在电场作用下分子生成激发态，能够将电能直接转换成可见光或紫外光的高分子材料；

⑤ 高分子介电材料，电场作用下材料具有较大的极化能力，以极化方式储存电荷的高分子材料；

⑥ 高分子驻极体材料，材料荷电状态或分子取向在电场作用下发生变化，引起材料永久性或半永久性极化，因而表现出某些压电或热电性质的高分子材料。

本节将介绍部分重要的电活性高分子材料的特点、作用原理、制备及应用等。

5.4.2 导电高分子材料

导电高分子是指自身具有导电功能的高分子。传统的高分子是以共价键相连的一些大分子，组成大分子的各个化学键是很稳定的，形成化学键的电子不能移动，分子中无很活泼的孤对电子或很活泼的成键电子，为电中性，因此，高分子一直被视为绝缘材料。20 世纪 70 年代以 TCNQ 电荷转移络合物为代表的有机晶体半导体、导体、超导体，以聚乙炔为代表的导电高分子的研究，彻底改变了高分子聚合物为绝缘材料的观念，从此聚合物导电性能的研究成了热门领域，并取得了较大的进展。为此日本筑波大学白川英树(H. Shirakawa)、美国宾夕法尼亚大学艾伦·马克迪尔米德(A. G. Macdiarmid)和美国加利福尼亚大学的艾伦·黑格尔(A. J. Heeger)，荣获瑞典皇家科学院的 2000 年诺贝尔化学奖，以表彰他们在导电聚合物这一新兴领域所做的开创性工作。在导电聚合物众多物理和化学性能中，电化学性质(如化学活性、氧化还原可逆性、离子掺杂/脱掺杂机制)以及稳定性是决定其许多应用成功与否的关键，是该领域的一个热点研究课题。

5.4.2.1 导电高分子的主要类型及导电机理

导电高分子材料不仅具有聚合物的特征，也具有导电的特征。虽然导电高分子可以导电，但导电的机理与常规的金属及非金属不同，它是分子导电材料(金属及非金属导体与聚合物的复合材料除外)，而金属及非金属是晶体导电材料。导电高分子根据其组成可分为复合型和本征型两大类。复合型导电聚合物，即导电聚合物复合材料，是指以通用聚合物为基体，通过加入各种导电性物质(金属及非金属导体、本征型导电高分子)，采用物理化学方法复合后而得到的既具有一定导电功能又具有良好力学性能的多相复合材料。本征型导电聚合物是指聚合物本身具有导电性或经掺杂处理后才具有导电功能的聚合物材料。

复合型导电聚合物与本征型导电聚合物的导电机理是不同的。复合型导电聚合物的导电机理还与其组成有关。复合型导电聚合物可分成两大类：

① 在基体聚合物中填充各种导电填料；

② 将本征型导电聚合物或亲水性聚合物与基体聚合物的共混。导电聚合物复合材料的导电机理比较复杂，通常包括导电通道、隧道效应和场致发射三种机理，复合材料的导电性能是这三种导电机理作用的结果。在填料用量少、外加电压较低时，由于填料粒子间距较大，形成导电通道的概率较小，这时隧道效应起主要作用；在填料用量少、但外加电压较高时，场致发射机理变得显著；而随着填料填充量的增加，粒子间距相应缩小，则形成链状导电通道的概率增大，这时导电通道机理的作用更为明显。

本征型导电聚合物根据其导电机理的不同又可分为：载流子为自由电子的电子

导电聚合物；载流子为能在聚合物分子间迁移的正负离子的离子导电聚合物；以氧化还原反应为电子转移机理的氧化还原型导电聚合物。

(1) 电子导电聚合物的导电机理及特点

在电子导电聚合物的导电过程中，载流子是聚合物中的自由电子或空穴，导电过程中载流子在电场的作用下能够在聚合物内定向移动形成电流。电子导电聚合物的共同结构特征是分子内有大的线性共轭 π 电子体系，给自由电子提供了离域迁移条件。作为有机材料，聚合物是以分子形态存在的，其电子多为定域电子或具有有限离域能力的电子。π 电子虽然具有离域能力，但它并不是自由电子。当有机化合物具有共轭结构时，π 电子体系增大，电子的离域性增强，可移动范围增大。当共轭结构达到足够大时，化合物即可提供自由电子，具有了导电功能。电子导电聚合物的导电性能受掺杂剂、掺杂量、温度、聚合物分子中共轭链的长度的影响。常见导电高分子的名称及结构通式如图 5－7 所示。掺杂类型、最大导电率及其典型应用如表 5－1 所列。

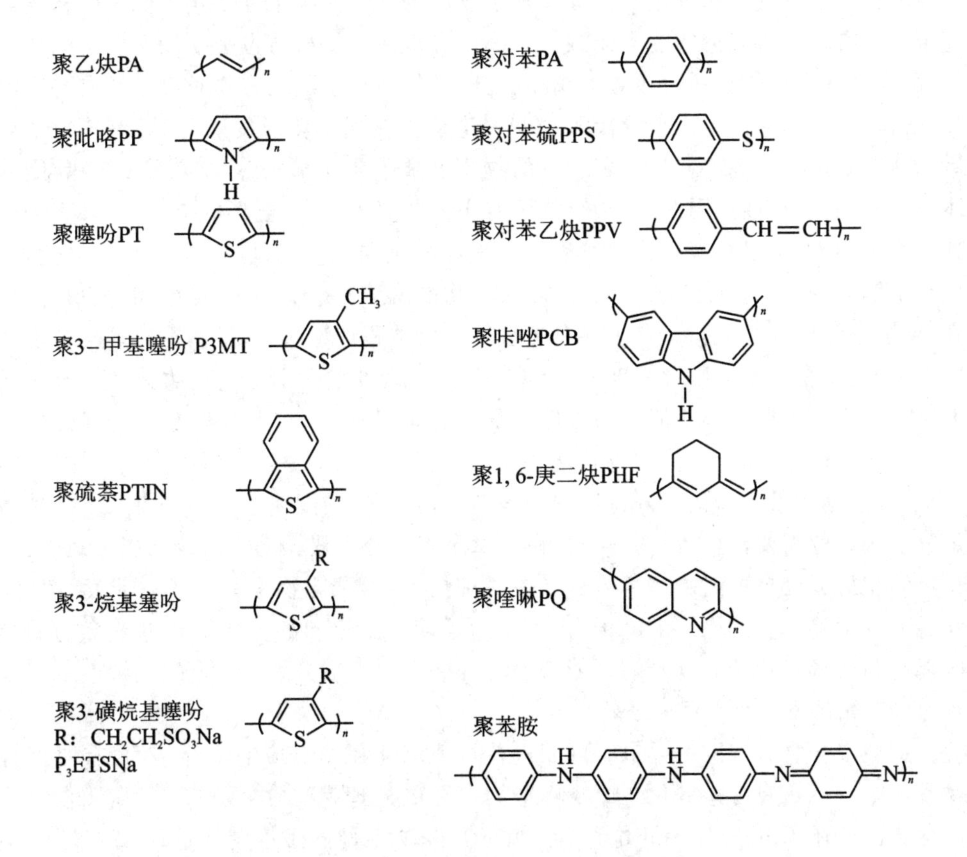

图 5－7　常见导电高分子的名称及结构通式

表 5-1 常见导电高分子的最大电导率、掺杂类型及应用

导电聚合物	最大电导率 /(S/cm²)	掺杂类型	应用装置
聚苯胺,取代聚苯胺	5	n, p	电致变色显示器,影印底片,充电电池,电化学电容器,抗腐蚀剂,传感器
聚吡咯,取代聚吡咯	40～200	p	电致变色显示器,轻重量电池,太阳能电池,传感器
聚噻吩,取代聚噻吩	10～100	p	电发光体,电池阳极材料,微电子电路,电化学电容器,抗腐蚀剂
聚对苯乙炔	1～1000	p	电发光体, 充电电池, 太阳能电池,激光材料

(2) 离子型导电聚合物的导电机理

离子导电机理的理论中比较受大家认同的有非晶区扩散传导离子导电理论、离子导电聚合物自由体积理论等。固体离子导电的两个先决条件是具有能定向移动的离子和具有对离子有溶解能力的载体。离子导电高分子材料也必须满足以上两个条件,即含有并允许体积相对较大的离子在其中"扩散运动";聚合物对离子具有一定的"溶解作用"。非晶区扩散传导离子导电理论认为在玻璃化温度以下时,聚合物主要呈固体性质,但在此温度以上,聚合物的物理性质发生了显著变化,类似于高黏度液体,有一定的流动性。因此,当聚合物中有小分子离子时,在电场的作用下,该离子受到一个定向力,可以在聚合物内发生一定程度的定向扩散运动,因此具有导电性,呈现出电解质的性质。随着温度的提高,聚合物的流动性愈显突出,导电能力也得到提高,但力学强度有所下降。离子导电聚合物自由体积理论认为,虽然在玻璃化转变温度以上时,聚合物呈现某种程度的"液体"性质,但是聚合物分子的巨大体积和分子间力使聚合物中的离子仍不能像在液体中那样自由扩散运动,聚合物本身呈现的仅仅是某种黏弹性,而不是液体的流动性。在一定温度下聚合物分子要发生一定振幅的振动,其振动能量足以抗衡来自周围的静电力,在分子周围建立起一个小的空间来满足分子振动的需要,这一小的空间来源于每个聚合分子热振动。当振动能量足够大,自由体积可能会超过离子本身体积。在这种情况下,聚合物中的离子可能发生位置互换而发生移动。如果施加电场力,离子的运动将是定向的。离子导电聚合物的导电能力与玻璃化转变温度及溶剂能力等有着一定的关系。

(3) 氧化还原型导电聚合物

这类聚合物的侧链上常带有可以进行可逆氧化还原反应的活性基团,有时聚合物骨架本身也具有可逆氧化还原反应能力。导电机理为:当电极电位达到聚合物中活性基团的还原电位(或氧化电位)时,靠近电极的活性基团首先被还原(或氧化),从电极得到(或失去)一个电子,生成的还原态(或氧化态)基团可以通过同样的还原反应(氧化反应)将得到的电子再传给相邻的基团,自己则等待下一次反应。如此重复,

直到将电子传送到另一侧电极，完成电子的定向移动。

5.4.2.2　导电高分子的掺杂

纯净或未“掺杂”聚合物分子中各 π 键分子轨道之间还存在着一定的能级差。而在电场作用下，电子在聚合物内部迁移必须跨越这一能级，这一能级差的存在造成 π 电子还不能在共轭聚合中完全自由跨越移动，因此，聚合物的导电性一般不高。降低这一能垒的是提高其导电性的一种有效的方法。“掺杂”这一术语来源于半导体科学，掺杂的作用是在聚合物的空轨道中加入电子，或从占有的轨道中拉出电子，进而改变现有 π 电子能带的能级，出现能量居中的半充满能带，减小能带间的能量差，使得自由电子或空穴迁移时的阻碍力减小因而导电能力大大提高。电子导电聚合物的导电性能受掺杂剂、掺杂量、温度、聚合物分子中共轭链的长度的影响。掺杂有物理化学掺杂、电化学掺杂、质子酸掺杂及其他的物理掺杂等。典型聚合物的掺杂示意图如图 5-8 所示。

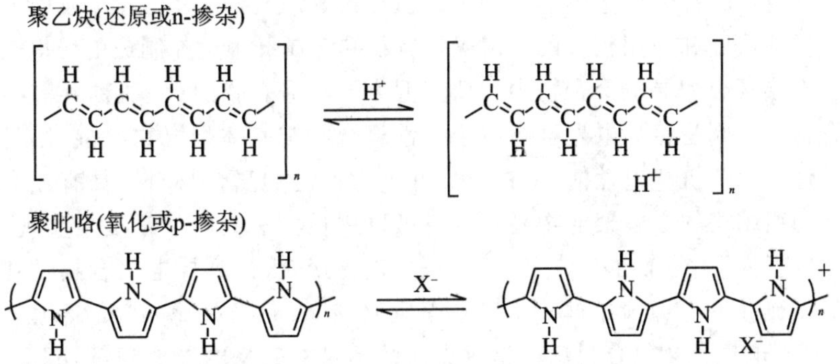

聚乙炔(还原或n-掺杂)

H^+

聚吡咯(氧化或p-掺杂)

X^-

图 5-8　典型聚合物的掺杂示意图

(1) 物理化学掺杂

可给出电子或接受电子的物质与共轭聚合物的相互作用，导致电荷的转移，提高了导电性。接受电子的物质(如 I_2、AsF_5等)与共轭聚合物的掺杂为氧化掺杂或 p 型掺杂；给电子的物质(如 Na、K 等)与共轭聚合物的掺杂为还原掺杂或 n 型。掺杂剂的量不同，其掺杂效果不同，不同的共轭聚合物与掺杂剂的相互作用不同，其掺杂性能也不同，有些共轭聚合物可进行氧化掺杂，有些共轭聚合物可进行还原掺杂，有些共轭聚合物两种掺杂都可进行。

(2) 电化学掺杂

将导电聚合物或其单体涂在电极上，在一定的电场下，单体可发生电化学聚合，所得聚合物或涂上的聚合物在电场下的作用下，发生氧化(掺杂阴离子 ClO_4^-，BF_4^-，PF_6^-，$CF_3SO_3^-$，卤离子及高分子阴离子)、还原反应(掺杂阳离子 NR_4^+，Li^+)，形成一定掺杂的导电聚合物。掺杂程度与电极间的电位有关。电化学聚合制备导电聚合物具有很大优点，合成与掺杂可同时进行，且可形成很好的膜。

(3) 质子酸掺杂

有些聚合物可与质子酸反应,被质子酸质子化,从而提高了其导电性,这种掺杂为质子酸掺杂,如聚苯胺、聚吡咯等。为了提高材料的性能,有机酸代替无机酸作为掺杂酸成为人们研究的热点。

(4) 其他的物理掺杂

如导电聚合物材料在光及其他因素的作用下,体系达到激发态,导电性得以提高。

5.4.2.3 导电高分子材料的制备

导电高分子可分为自身导电的高分子和将导电材料加入到高分子中制备的复合高分子材料。自身导电的高分子可分为离子导电聚合物和电子导电聚合物。在复合高分子材料中,所加入的导电材料也可以导电高分子。不同类型的导电高分子的制备方法不同。当复合型导电聚合物中的填充型为无机导电填料时,一般是将不同性能的无机导电填料掺入到基体聚合物中,经过分散复合或层积复合等成型加工方法而制得。目前研究和应用较多的是由炭黑颗粒和金属纤维填充制成的导电聚合物复合材料。而当复合型导电聚合物中的填充型为导电聚合物时(一般称共混型导电聚合物复合材料),则是将导电聚合物或亲水性聚合物与基体聚合物共混,制备出既有一定导电性或永久抗静电性能,又具有良好力学性能的复合材料。具有互穿网络或部分互穿网络结构的导电聚合物复合材料可以用化学法或电化学法来实现,即将单体可在一定条件下,分散在基体聚合物中,再进行聚合,得到导电聚合物。利用这一方法已经得到了 PAN/聚甲醛(POM)、聚吡咯(PPY)/聚(乙烯接枝磺化苯乙烯)、PPY/PI 等导电聚合物复合材料。这种方法的不足之处是电导率相对较低。而电化学法制备互穿网络或部分互穿网络结构的导电聚合物复合材料的原理,是将两种可聚合的单体在电极上同时聚合或一种单体分散到另一种导电聚合物中进行聚合。

本征型导电高分子可通过化学法及电化学法合成。聚乙炔(PA)是研究最早,也是迄今为止实测导电率最高的电子聚合物。它的聚合方法比较有影响的有白川英树方法、Naarman 方法、Durham 方法和稀土催化体系。白川英树采用高浓度的 Ziegler - Natta 催化剂,由气相乙炔出发,直接制备出自支撑的具有金属光泽的聚乙炔膜,在取向了的液晶基体上成膜,PA 膜也高度取向。Naarman 方法的特点是对聚合催化剂进行了“高温陈化”,因而聚合物力学性质和稳定性有明显的改善,高倍拉伸后具有很高的导电率。1983 年 MacDiarmid 用聚苯胺(PAN)与碱的反应,合成出可导电的高分子。由于原料廉价、合成容易、稳定性好,聚苯胺很快成为导电高分子研究的热点之一。聚对苯(PPP)也是研究较早的共轭高分子,但因为不能加工,一直未得到重视。上述的本征性电子导电聚合物很多都是不溶不熔的固体,加工很困难。合理解决加工性能与导电性能是今后工作的一个重点。现在许多人致力于可溶型导电聚合物的合成与性能的研究,以期得到更多的应用。通过引入大的取代基或共聚的方式可加大聚合物的溶解性。李永舫等利用钯催化的 Suzuki 偶联反应合成出具有光、电性质的芴(PF)共聚物，其结构如图 5-9 所示。

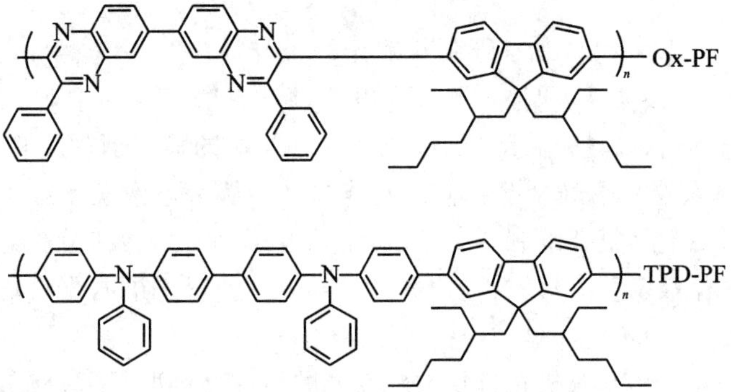

图 5-9　PF 及其共聚物的结构

电化学方法可以制备出导电膜，是一种导电高分子制备的好方法。表 5-2 列出一些杂环及芳香单体的电化学数据，这些单体可用于电化学方法合成导电聚合物。

表 5-2　一些杂环及芳香单体生物电化学数据

单　体	氧化电位 (vs SEC)/V	单　体	氧化电位 (vs SEC)/V	单　体	氧化电位 (vs SEC)/V
吡咯	1.20	二噻吩	1.31	咔唑	1.82
二吡咯	0.55	三噻吩	1.05	芴	1.62
三吡咯	0.26	甘菊环	0.91	荧蒽	1.83
噻吩	2.07	芘	1.30	苯胺	0.72

聚吡咯(PPY)很容易电化学聚合，形成致密薄膜。其导电率高达 100 S/cm 数量级，仅次于聚乙炔和聚苯胺，稳定性比聚乙炔好。吡咯在酸性溶液中即可电化学聚合，其中的酸可以是盐酸、硝酸、硫酸、高氯酸等无机酸，也可是对甲苯磺酸、十二烷基苯磺酸等有机酸。聚合电极可以是 Pt、Pd 等贵金属或不锈钢、碳等。聚合溶液中的支持电解质可以是 KCl 等。值得一提的是我国南京大学学者薛奇和石高全做的工作，他们用中等酸度的 Lewis 酸做溶剂，利用溶剂和噻吩间的络合以及噻吩环 π 电子对金属电极的配位作用，制成的分子链定向排列、高分子量、堆砌致密的聚噻吩薄膜。其拉伸强度超过普通铝箔，薄膜厚度方向和平面方向的导电率相差上万倍。电化学聚合具有一些非常重要的特点，一是聚合物生成后，掺杂与加工同时进行，二是电解质具有两重功效，即具有导电性和电解质中的离子对聚合物的掺杂作用。电化学聚合需要电解池、电极、电解质、溶剂等。溶剂及电解质对电化学聚合产生很大影响。通常用亲核性小的非质子溶剂如乙腈、苯腈、二甲基甲酰胺、二甲基亚砜、六甲基磷酰胺。电解质选择在非质子溶剂中有较大溶解度的盐，如季铵盐 $R_4N^+X^-$。

5.4.3 电致发光高分子材料

长期以来，人们一直致力于研究开发无机半导体电致发光器件，因为它们在通信、光信息处理、视频器件、测控仪器等光电子领域有着广泛而重要的应用价值。特别是伴随着全球信息高速公路的发展，作为信息终端的显示器件必将呈现蓬勃发展的势头。无机半导体二极管、半导体粉末、半导体薄膜等电致发光器件尽管已取得了巨大的成功，但由于其复杂的制备工艺、高驱动电压、低发光效率、不能大面积平板显示、能耗较高以及难以解决短波长（如荧光）等问题，使得无机电致发光材料的进一步发展受到影响。

经过十几年的研究，有机化合物电致发光的研究已经取得了令人瞩目的成就，有机化合物可通过分子设计的方法合成数量巨大、种类繁多的有机化合物发光材料，使得由有机材料构成的电致发光器件有着众多的优势：可实现红绿蓝多色显示；具有面光源共同的特点，亮度高；不需要背景照明，可实现器件小型化；驱动电压较低（直流10 V左右），节省能源；器件很薄，附加电路简单，可用于超小型便携式显示装置；响应速度快，是液晶显示器的1 000倍；器件的像元素为320个，显示精度超过液晶显示器的5倍；寿命可达10 000 h以上。但是用有机小分子制备的电致发光器件的发光稳定性差，距实用要求还相差甚远。

自从1990年以来，英国剑桥大学Friend首次报道Al/PPV/SnO_2夹心电池在外加电压的条件下可发出黄绿光以来，聚合物发光二极管（LED）已成为全世界发光材料研究的热点。聚合物发光二极管不仅具有小分子有机电致发光材料的特点，而且有可弯曲、大面积、低成本的优点，尤其以聚苯亚乙烯（PPV）及其衍生物为代表的聚合物发光材料更为突出，其潜在市场前景已吸引了众多的国际著名公司，如美国的柯达、日本的先锋与TDK、荷兰的Philip等相继投入巨资进行研究和开发，相信在不远的将来，它可能使显示领域出现新的突破性进展。

5.4.3.1 电致发光的机理

共轭结构高分子的另一个特性是它的发光性能，包括光致荧光和电致发光。一般说来，电子聚合物的光致荧光与一般有机化合物的光致荧光没有多大的区别，都是在吸收一定波长的光后，发射出较长波长的光。与荧光有机化合物相比，共轭结构高分子的共轭程度大得多，因而能隙相对较小，吸收可以覆盖从紫外线到红光的很宽光谱范围。由于吸收的干扰，大多数共轭聚合物颜色很深，不表现出有价值的荧光。但对于聚苯亚乙烯（PPV）等聚合物，荧光波段和吸收波段没有重叠或重叠很小，则表现出独特的荧光性质，甚至在一定条件下还表现出受激辐射和激光现象。

与光致发光相比，电致发光具有更大的实用价值。20世纪80年代以8-羟基喹啉铝为发光物质的有机发光二极管（OLED）取得重大突破，展现了OLED平板显示的可能，同时暴露了在稳定性方面的某些不足。因此当1990年Friend小组观察到PPV的电致发光特性后，很快出现了研究聚合物发光二极管（PLED）的热潮。

OLED和PLED研究相互借鉴、相互促进,在短短的10年内,在理论上和技术上两者都有了长足的发展。

所谓电致发光,就是在两电极间施加一定电压后,电极间的聚合物薄膜发出一定颜色的光,其原理如图5-10所示。图中的ITO(掺铟氧化锡)和Ca(金属钙)电极分别是正、负电极,ITO是透明的,因而从ITO侧可以进行颜色和强度的观测。

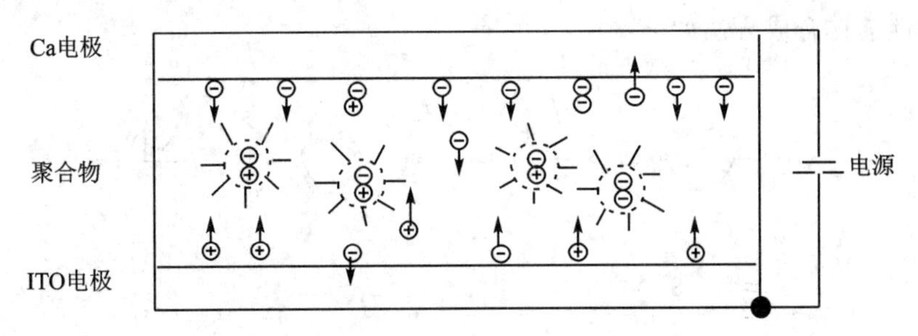

图5-10 聚合物电致发光原理示意图

一般说来,发光聚合物的电致发光与光致荧光的光谱非常相似。据此有理由认为,两者具有类似的发光机理,即"激子"机理。光致荧光的激子是光照形成的,而电致发光的激子是从正负极注入的载流子复合形成的。所以整个PLED的发光过程可概括为:载流子注入→载流子迁移→载流子复合即激子形成→激子辐射跃迁而发光。到目前为止,发光聚合物中的载流子以及它们复合所形成的激子的本质,还没有一个公认的确切说法。基于对聚合物电子结构的认识,一般认为电极注入的是电荷的极化子(polaron),正负极化子相遇、复合而形成激子。但由于习惯的原因,在许多文献中,都简单地将这些载流子称为电子和空穴,将它们的复合产物称为电子一空穴对。其过程如图5-11所示。

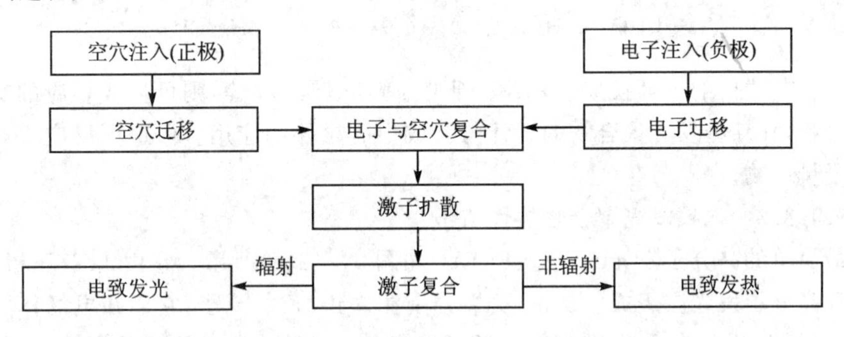

图5-11 电致发光示意图

5.4.3.2 电致发光高聚物PPV

从结构上看,PPV(polyphenylenevinylene)是苯和乙炔的交替共聚物,因而有人也称它聚苯乙炔。在20世纪80年代后期,人们对PPV产生研究兴趣,主要有三个原因:一是它有苯环和乙烯交替结构,具有导电性,而且掺杂方法比较简单易行;二是它用“可溶性前体”方法来制备，方法比 PPP 容易得多；三是它是为数不多的浅颜色的导电聚合物之一，可能比其他的导电聚合物有更广泛的应用。所以，它在当时被认为是导电性、溶解加工性、应用诸方面兼备的导电高分子品种。

大约在 1990 年，在测定 PPV 的电流-电压曲线的实验中，意外地发现加到一定的电压后，样品发出了黄绿色的光线，从此揭开了高分子 LED 研究的新篇章。PPV 的可溶性前体合成方法如下：

$$XH_2C-C_6H_4-CH_2X \xrightarrow{\text{四氢噻吩}} X^-\,{}^+S(C_4H_8)-H_2C-C_6H_4-CH_2-S^+(C_4H_8)\,X^- \xrightarrow{NaOH}$$

$$\left[-C_6H_4-CH(S^+(C_4H_8)X^-)-CH_2-\right]_n \ (\mathrm{I}) \xrightarrow{\text{加热}} \left[-C_6H_4-CH=CH-\right]_n$$

其中，卤素 X 可以是 Br 或 Cl，四氢噻吩可以用二甲基硫醚或二乙基硫醚代替。前体聚合物(Ⅰ)溶在水中，用渗析法除去反应中生成的 NaX，浇铸成膜或旋涂成膜后，在 150～300 ℃范围内真空处理，即转化为最终产物 PPV。显然，热处理的条件和时间将决定转化的程度和产品的纯度，决定 PPV 中有效共轭长度的大小，不但影响 PPV 发光的颜色，而且影响 PPV 的发光效率。

为了获得严格的苯环-乙烯交替结构，人们发展了一系列 PPV 制备方法，主要是 Wittig 反应，利用醛基—CHO 与甲基—CH_3 的缩合反应，形成亚乙烯基(—CH=CH—)：

$$-C_6H_4-CHO + H_3C-C_6H_4- \longrightarrow -C_6H_4-CH=CH-C_6H_4-$$

将反应式中的苯环换成联苯、萘、吡咯、噻吩、噁二唑等，则可生成相应的交替结构聚合物，在新型发光聚合物的设计与合成中有重要的应用。但这个反应很难获得高分子量产物。

5.4.3.3 电致发光聚合物器件

最简单的高分子发光二极管(PLED)如图 5-12(a)所示。它由 ITO 正极、金属负极和高分子发光层组成。从正、负极分别注入正、负载流子，它们在电场作用下相向运动，相遇形成激子，发生辐射跃迁而发光。PLED 的发光效率取决于正、负极上的注入效率及正、负载流子数的匹配程度、载流子的迁移率、载流子被陷阱截获的概率等，这些都与 PLED 的结构和操作条件密切相关。

为提高发光效率，从器件设计上主要有两个方向。一是由单层结构变成多层结构，如图 5-12(b)所示。即在发光层两侧，各增加一个载流子传输层，它们的作用为：与相关电极能级匹配，提高注入效率；传输相应载流子；阻挡相反的载流子。采用这种结构，可以确保载流子的复合发生在发光层内或发光层与传输层的界面上，远离电极表面，既改善载流子数的匹配程度，又减少了被电极表面陷阱截获的可能性。这种多层结构设计，弥补了一种高分子材料不能同时与两种电极材料能级相匹配、不能有效传输两种载流子的缺点，使器件的发光效率与单层结构相比，有数量级的提高；另一方面，多层结构在工艺上的复杂性和各层之间的扩散和干扰，也带来了相应的问题。应当指出，在图 5－12 中所画的是三层结构，在实际器件中，如果一种材料同时兼具发光和一种载流子传输功能，相关的两层合二为一，器件则简化为双层结构。第二种方向是改变电极材料或进行电极表面修饰，以便减小与相邻有机层之间的注入位垒，提高注入效率。有机 LED 在这方面的经验值得借鉴，如用金属酞菁聚合物修饰 ITO，可改善正极注入效率；Al 电极表面用 LiF 修饰，可达到 Ca 电极的注入效率。高分子修饰电极的主要报道有以下几种情况：用聚苯胺电极代替或修饰 ITO 电极，可显著改善注入效率；将 PAN 沉积在可翘曲基材上，可制成柔性或可翘曲 PLED。在负极方面，用 Ca 电极代替 Al 电极，电子注入效率有大幅度提高；Mg－Ag 合金电极稳定性较好，又有较高的电子注入效率。

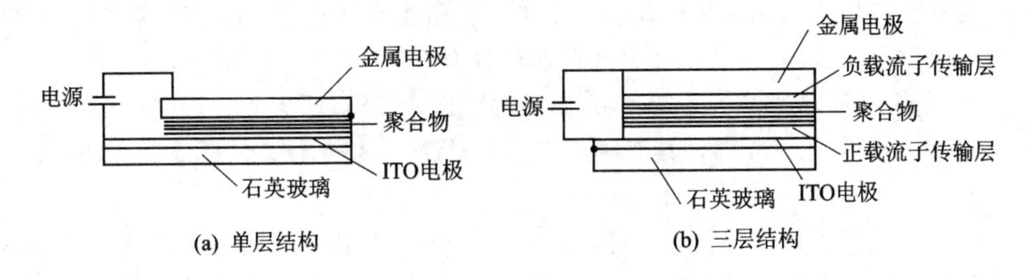

图 5－12　单层和多层结构 PLED 示意图

PLED 使用的材料，除了正、负极材料外，还包括发光材料和载流子传输材料。发光材料研究最多的是 PPV 类高分子，包括取代的 PPV、PPV 的共聚物。其中最有名的取代 PPV 是 MEH－PPV，即 2－甲氧基－5－(2－乙基)己氧基取代的 PPV，它能够溶解在普通的有机溶剂中，因而可以用旋涂法成膜，比它的母体 PPV 要方便得多。苯环上的烷基取代或烷氧基取代，除了增溶作用外，还有隔离发色团的作用，减小了激基缔合物生成的概率，有利于提高发光效率。CN－PPV，即苯环上双己氧基取代，乙烯上氰基取代的 PPV，发光波长在 710 nm（红光），它与 PPV 组成双层 PLED，发光量子效率高达 4%。除了 PPV 类聚合物外，还研究过取代聚对苯、取代聚吡啶、聚吡咯－亚乙烯、聚噻吩－亚乙烯、聚吡啶－亚乙烯、取代聚乙炔、取代聚芴等品种。连同 PPV 在内，这些聚合物在发光颜色上，覆盖了可见光的各个波段，显示了有机聚合物在发光颜色调节上的灵活性。但在发光效率上，目前仍以 PPV 类聚合物为最佳。但 PPV 类聚合物的发光稳定性尚不能令人满意，主要原因是分子链上的亚乙烯基不够稳定，容易氧化或电化学氧化。

5.4.3.4 高分子电致发光材料的应用

高分子电致发光材料自问世以来就备受瞩目，已经对传统的显示材料构成强有力的竞争与挑战。许多国家都将其作为重要的新型材料展开研究和开发。高分子电致发光材料主要应用于平面照明和新型显示装置。如仪器仪表的背景照明、广告等大面积显示照明等、矩阵型信息显示器件（如计算机、电视机、广告牌、仪器仪表的数据显示窗等场合）。

1. 在平面照明方面的应用

有机电致发光材料是近年来发展非常迅速的照明材料，已经广泛应用到仪器仪表和广告照明等领域。与传统照明材料相比，有机电致发光材料具有以下特点。

① 有机电致发光材料是面发光器件。如果把第一代电光源白炽灯称为点光源，把第二代电光源日光灯称为线光源，那么电致发光将成为第三代电光源——面光源。这种发光器件的发光面积大，亮度均匀，但是发光亮度不及某些高照度的发光器件。

② 多数有机电致发光材料发出特定颜色的光线，颜色纯度高，颜色可调节范围大，视觉清晰度好，特别适合仪器、仪表、广告照明和需要营造特定气氛的节日照明场合。目前已应用于汽车和飞机仪表和手机背光照明等领域。但是这种照明场合容易造成物体颜色失真，不适合需要普通照明的场合。

③ 有机电致发光属于冷光照明，驱动功率低，对环境产生的热效应很小。

④ 高分子电致发光器件具有制作工艺相对简单，超薄、超轻、低能耗等特点。

2. 在显示装置方面的应用

显示器是信息领域的主要部件，承担着信息显示和人机交互的重要任务，同时还是电视机、手机等消费品的主要组成部分。目前大量使用的仍然是阴极射线管(CRT)等第一代显示装置，体积大、耗电高、制作工艺复杂。液晶和等离子体显示装置在相当程度上已经克服了上述缺点，被称为第二代显示装置，但制造成本高昂，具有视角限制。很多科学家预测，有机电致发光器件很有可能成为新一代显示装置。

同液晶显示器相比，有机电致发光显示器具有主动发光、亮度更高、质量更轻、厚度更薄、响应速度更快、对比度更好、视角更宽、能耗更低的优势。如果能够采用柔性电致发光材料代替目前使用的玻璃体 ITO 电极，将获得柔性电致发光显示器件，使显示器的质量更轻、更耐冲击、成本更低，甚至可以发展成为电子报纸和杂志。

5.4.4 电致变色高分子材料

颜色是区分识别物质的重要属性之一，是物质内部微观结构对光的一种反应。变色性质是指物质在外界环境的影响下，其吸收光谱或者反射光谱发生改变的一种现象，其本质是构成物质的分子结构在外界条件作用下发生了改变，因而其对光的选择性吸收或者反射特性发生改变所致。目前人们研究的变色材料，根据施加变色条件的不同，可以分为电致变色材料、光致变色材料、热致变色材料、压致变色材料和气致变色材料等。变色材料在生产实践中有着广泛的应用潜力。

关于电致变色现象的研究已经有相当长的历史。早在 20 世纪 30 年代就出现了关于电致变色的报道。20 世纪 60 年代 Platt 对有机颜料的电致变色性能进行了系统研究。从 70 年代起,出现了大量关于电致变色机理和新型电致变色材料的报道,相继研究出薄膜型电致变色器件和环保节能的智能窗。

电致变色材料的显著特征是当施加外加电压时,材料表现出色彩的变化。其本质是材料的化学结构在电场作用下发生改变,进而引起材料吸收光谱的变化。根据变化过程划分,电致变色现象包括颜色单向变化的不可逆变色和颜色可以双向改变的可逆变色两大类。其中颜色可以发生双向改变的可逆电致变色材料更具有应用价值。

从材料的结构上划分,电致变色材料可以分为无机电致变色材料和有机电致变色材料。目前发现的无机电致变色材料主要是一些过渡金属的氧化物和水合物。有机电致变色材料又可以分为有机小分子变色材料和高分子变色材料。有机小分子电致变色材料主要包括有机阳离子盐类和带有有机配位体的金属络合物。高分子变色材料将在本节中重点介绍。

作为有应用价值的电致变色材料,要求其光谱吸收变化范围要在可见光范围内,即波长为 350～800 nm,而且要有比较大的消光系数改变,这样才能获得明显的颜色改变。处在该能量范围的化学结构对应于部分金属盐、金属配合物和共轭型 π 电子结构。结构稳定、本底颜色较浅、反应速率较快的电致变色材料具有更广泛的应用。

5.4.4.1　高分子电致变色材料及其变色机理

通常所指的电致变色现象是指材料的吸收光谱在外加电场或电流作用下产生可逆变化的一种现象。从本质上说,电致变色是一种电化学氧化还原反应。材料在电场作用下发生了化学变化,化学结构发生相应改变,反应后材料在可见光区其最大吸收波长或者吸收系数发生了较大改变,在外观上表现出颜色的可逆变化。物质的吸收光谱取决于其分子结构中的分子轨道能级,处在分子低能级轨道上的电子吸收特定能量(表现为特定频率或者颜色)的光子,跃迁到高能级轨道,两个能级之间的能级差与吸收的光子能量相对应。

相对于稳定性较差和力学性能存在缺陷的无机和小分子电致变色材料,有机高分子电致变色材料因具有良好的使用和加工性能而成为人们研究的重点。目前人们研究的高分子电致变色材料按结构类型划分主要包括三种类型:主链共轭型导电高分子材料、侧链带有电致变色结构的高分子材料、高分子化的金属配合物和小分子电致变色材料与聚合物的共混物和接枝物。

1. 主链共轭型导电高分子材料

主链共轭型导电高分子材料在发生氧化还原掺杂时,分子轨道能级发生改变,引起颜色发生变化,而这种掺杂过程完全是可逆的。因此所有的导电高分子材料都是潜在的电致变色材料。特别是聚吡咯、聚噻吩、聚苯胺和它们的衍生物,在可见光区都有较强的吸收带,吸收光谱变化范围处在可见光区。同时,这些线性共轭聚合物发生氧化还原掺杂时，由于分子电子轨道能级的变化，其最大吸收波长将发生改变，因此在掺杂和非掺杂状态下颜色要发生较大变化。例如，聚吡咯的氧化态呈蓝紫色，还原态呈黄绿色。导电聚合物可以用电化学聚合的方法直接在电极表面成膜，制备工艺简单、可靠，有利于电致变色器件的生成制备。导电聚合物既可以氧化(p-型)掺杂，也可以还原(n-型)掺杂。在作为电致变色材料使用时，两种掺杂方法都可以使用，但是以氧化掺杂比较常见。

电致变色材料的颜色取决于导电聚合物中价带和导带之间的能量差，颜色变化的幅度取决于在掺杂前后能量差的变化。在这类高分子电致变色材料中聚噻吩和聚苯胺化学稳定性好，电致变色性能优良。聚噻吩的氧化态呈蓝色，还原态呈红色。聚苯胺膜由于存在多种不同的掺杂状态，在电场作用下可以发生多种颜色变化，其氧化还原变色机理还涉及质子化/脱质子化或电子转移过程。表5-3是部分导电高分子材料的颜色变化。

表5-3　部分导电高分子材料的颜色变化

高分子材料	氧化态颜色	还原态颜色
聚吡咯	蓝紫色	黄绿色
聚噻吩	蓝色	红色
聚苯胺	深蓝	绿色

聚吡咯化学稳定性较差，颜色变化有限，所以实际应用较少。聚噻吩电致变色性能比较显著，响应速度较快。取代基对聚噻吩的颜色影响较大，如3-甲基-噻吩在还原态呈红色，在氧化态呈深蓝色。而3,4-二甲基-噻吩在还原态时呈淡蓝色。调节噻吩环上的取代基还可以改善其溶解性能。以聚噻吩低聚物作为聚乙烯侧链，可以得到柔性薄膜，其吸收光谱带变窄，颜色更纯。

聚苯胺的最大优势在于它的在改变电极电位过程中，聚苯胺可以呈现多种颜色变化。在−0.2～1.0 V电压范围内，聚苯胺颜色变化依次为淡黄—绿—蓝—深蓝(黑)；常用的稳定变色是在蓝—绿之间。聚苯胺通常在酸性溶液中利用化学或电化学方法制备，其电致变色性与溶液的酸度有关。引入樟脑磺酸，可有效降低聚苯胺的溶解，提高使用寿命。在苯环上，或者在氨基氮原子上引入取代基是调节聚苯胺电致变色性能和使用性能的主要方法。视取代基的不同，可以分别起到提高材料的调节性能、调整吸收波长、增强化学稳定性等作用，如聚邻苯二胺(淡黄—蓝)、聚苯胺(淡黄—绿)、聚间氨基苯磺酸(淡黄—红)。三者的变色态可以分别作为全彩色显示所必需的三基色RGB显示材料，将可以用于有机全彩色显示装置的制备。相对于电致发光材料制成的全彩色显示装置，两者的主要不同在于，电致变色是利用光吸收产生的色彩变化，需要有光源照射，属于被动显示装置；而电致发光则是利用了发射光谱的变化，直接产生色彩，不需要光源，属于主动发光过程。

属于主链共轭型的电致发光材料还有聚硫芴和聚甲基吲哚等。在这类材料中由于苯环参与到共轭体系中，显示出独特性质。苯环的存在允许醌型和苯型结构共振，在氧化时因近红外吸收而经历有色-无色的变化。这种颜色变化与其他导电聚合物相反。

2. 侧链带有电致变色结构的高分子材料

侧链带有电致变色结构的高分子材料的主链通常是由柔性较好的饱和碳链构成，主要起固定小分子的结构，并调节材料的力学性能和改进可加工性作用；侧链是具有电致变色性能的小分子结构，起电致变色作用。两者之间通过共价键连接。这种电致变色材料是通过接枝或共聚反应等高分子化手段，将小分子电致变色化学结构组合到聚合物的侧链上。

通过高分子化处理后，一般原有小分子的电致变色性能基本保留，或者改变很小。相对于主链共轭的电致变色材料，这种类型的电致变色材料集小分子变色材料的高效率和高分子材料的稳定性于一体，因此具有很好的发展前途。这种材料的电致变色原理与其带有的电致变色小分子相同，如带有紫罗精（1,1′-双取代基-4,4′-联吡啶）结构的高分子材料是由于不同氧化态时，紫罗精吸收光谱发生如同小分子状态时同样的变化而出现颜色变化。通过高分子化方法，可以将小分子电致变色材料的高效性和高分子材料的稳定性相结合，提高器件的性能和寿命。当采用导电高分子材料作为聚合物骨架时，还可以提高材料的响应速度。

3. 高分子化的金属配合物电致变色材料

将具有电致变色作用的金属配合物通过高分子化方法连接到聚合物主链上可以得到具有高分子特征的金属配合物电致变色材料。同侧链带有电致变色结构的高分子材料一样，其电致变色特征主要取决于金属络合物，而力学性能则取决于高分子骨架。高分子化过程主要通过在有机配体中引入可聚合基团，采用先聚合后络合或者先络合后聚合方式制备。其中采用后者时，聚合反应容易受到配合物的中心离子的影响；而采用前者，高分子骨架对络合反应的动力学过程会有干扰，均是必须考虑的不利因素。

目前该类材料中使用比较多的是高分子酞菁。当酞菁上含有氨基和羟基时，可以利用其化学特性，采用电化学聚合方法得到高分子化的电致变色材料。如4,4′,4″,4-四氨酞菁镥、四(2-羟基-苯氧基)酞菁钴等通过氧化电化学聚合都得到了理想的高分子产物。含有氨基和苯胺取代的2,2′-联吡啶，及氨基和羟基取代的2,2′,6′,2″-三联吡啶与Fe(II)和Ru(II)形成的配合物通过氧化聚合直接在电极表面形成电致变色膜，在通过电极进行氧化时膜电极从紫红色变为桃红色。当金属配合物电致变色材料带有端基双键时还可以用还原聚合法实现高分子化。

4. 共混型高分子电致变色材料

将各种电致变色材料与高分子材料共混进行高分子化改性也是制备高分子电致变色材料的方法之一。其混合方法包括小分子电致变色材料与常规高分子混合，高分子电致变色材料与常规高分子混合，高分子电致变色材料与其他电致变色材料的混合,以及与其他功能助剂混合四种。经过这种混合处理之后,材料的电致变色性质、使用稳定性、可加工性等可以得到一定程度的改善。特别是可以通过这种简单方法使原来不易制成器件使用的小分子型电致变色材料获得广泛应用。

5.4.4.2 电致变色高分子材料的应用

电致变色材料的基本性能是其颜色可以随着施加电压的不同而改变,其变化既可以是从透明状态到呈色状态,也可以是从一种颜色转变成另一种颜色。而表现出的颜色实质上是对透射光或者反射光的选择性吸收造成的。光作为一种能量、信息的载体,已经成为当代高技术领域中的主要角色。具有实用价值的电致变色高分子材料必须具备颜色变化的可逆性、颜色变化的方便性和灵敏性、颜色深度的可控性、颜色记忆性、驱动电压低、多色性和环境适应性强的特点。近年来研制开发的主要有信息显示器、智能调光窗、无眩反光镜、电色信息存储器等。此外,在变色镜、高分辨率光电摄像器材、光电化学能转换和存储器、电子束金属版印刷技术等高新技术产品中也获得应用。

1. 信息显示器

电致变色材料最早凭借其电控颜色改变用于新型信息显示器的制作,如机械指示仪表盘、记分牌、广告牌、车站等公共场所大屏幕显示器等。与其他类型显示器如液晶显示器相比,具有无视盲角、对比度高、易实现灰度控制、驱动电压低、色彩丰富的特点。与阴极射线管器件相比,具有电耗低、不受光线照射影响的特点。矩阵化工艺的开发,直接采用大规模集成电路驱动,很容易实现超大平面显示。日本夏普公司目前正在研究电致变色型计算机显示屏。

2. 智能调光窗

某些导电高分子在电化学掺杂时伴随着颜色的变化。这一特性可以用作电致变色器。这种器材不仅可用于军事上的伪装隐身,而且还可作为节能玻璃窗的涂层。在炎热的夏季,借助玻璃窗上的导电高分子涂层阻止太阳能热辐射到室内和汽车内,从而降低空调费用。

智能调光窗(smart window)也被称为灵巧窗,是指可以通过主动(电致变色)或被动(热致变色)作用来控制颜色,达到对热辐射(特别是太阳光辐射)光谱的某区段产生反射或吸收,有效控制通过窗户的光线频谱和能量流,实现对室内光线和温度的调节。用于建筑物及交通工具,不但能节省能源,而且可使室内光线柔和,环境舒适,具有经济价值与生态意义。采用电致变色材料可以制作主动型智能调光窗。

3. 电色信息存储器

由于电致变色材料具有开路记忆功能,因此可用于存储信息。利用多色性材料,以及不同颜色的组合(如将三原色材料以不同比例组合),甚至还可以用来记录彩色连续的信息,其功能类似于彩色照片。可擦除和改写的性质又是照相底片类信息记忆材料所不具备的。

4. 无眩反光镜

在电致变色器件中设置一反射层，通过电致变色层的光选择性吸收特性，调节反射光线，可以做成无眩反光镜。用于制作汽车的后视镜，可避免强光刺激，从而增加交通的安全性。Mino Green 等利用紫罗精衍生物制作了商业化的后视镜，其结构为一块涂在玻璃上的ITO导电层和反射金属层作为电池的两极，中间加入电致变色材料。其中紫罗精阳离子作为阴极着色物质，噻嗪或苯二胺作为阳极着色物质。当施加电压使其发生电致变色时，可以有效减少后视镜中光线的反射。

5.5 光功能高分子材料

5.5.1 光功能高分子材料及其分类

光功能高分子材料是指能够对光能进行传输、吸收、储存、转换的一类高分子材料，在光作用下能够表现出特殊的性能。光功能高分子材料研究是光化学和光物理科学的重要组成部分，近年来有了快速发展，在功能材料领域占有越来越重要的地位。以此为基础，已经开发出众多具有特殊性质的光功能高分子材料产品，并在各个领域获得广泛应用。

光功能高分子有不同的分类方法，根据高分子材料在光的作用下发生的反应类型以及表现出的功能分类，光功能高分子可以分成以下几类。

① 当聚合物在光照射下可以发生光聚合或者光交联反应，有快速光固化性能时，这种可以作为材料表面保护的特殊材料称为光敏涂料。

② 在光的作用下可以发生光化学反应（光交联或者光降解），反应后其溶解性能发生显著变化的聚合材料，具有光加工性能，可以作为用于集成电路工业的材料称为光刻胶或光致抗蚀剂。

③ 有光致发光功能的光功能高分子材料是荧光或磷光量子效率较高的聚合物，可用于各种分析仪器和显示器件的制备，通常称为高分子荧光剂和高分子夜光剂。

④ 能够吸收太阳光，并具有能将太阳能转化成化学能或者电能的装置，称为光能转换装置，其中起能量转换作用的聚合物称为光能转换聚合物。可用于制造聚合物型光电池和太阳能水解装置。

⑤ 在光的作用下电导率能发生显著变化的高分子材料称为光导电材料，这种材料可以制作光检测元件、光电子器件和用于静电复印、激光打印。

⑥ 在光的作用下其吸收波长发生明显变化，从而材料外观颜色发生变化的高分子材料称为光致变色高分子材料。

光功能高分子材料是一种用途广泛，具有巨大应用价值的功能材料，其研究与生产发展的速度都非常快。随着具有新功能的新型光功能高分子材料的不断出现，或者对已有光功能高分子材料新功能的再认识，无论是相关的理论研究，还是应用开发领域，都在不断得到拓展。可以相信，随着光化学和光物理研究的深入，各种新型光功能高分子材料和产品将会层出不穷。本章将根据光功能高分子材料的具体用途，对其中的一些光功能高分子材料的作用机理、研究方法、制备技术和实际应用等方面的内容进行讨论。

5.5.2 感光高分子体系的设计与构成

从高分子设计角度考虑，有下面一些方法构成感光高分子体系。

(1) 将感光性化合物添加入高分子中的方法。常用的感光性化合物有：重铬酸盐类、芳香族重氮化合物、芳香族叠氮化合物、有机卤素化合物和芳香族硝基化合物等。其中偶氮与叠氮化合物体系尤为重要。例如，由环化橡胶与感光性叠氮化合物构成的体系是具有优异抗蚀性、成膜性的负性光刻胶，其感度与分辨率好，价格也便宜。

(2) 在高分子主链或侧链引入感光基团的方法。这是广泛使用的方法。引入的感光基团种类很多，主要有：光二聚型感光基团、重氮或叠氮感光基团(如邻偶氮醌磺酰基)、丙烯酸酯基团以及其他具有特种功能的感光基团(如具有光色性、光催化性和光聚合物组成型等；

(3) 由多组分构成的光聚合体系。鉴于以单体和光敏剂所组成的光聚合体系在光聚合过程中收缩率大，实用性受到限制。因此，将乙烯基、丙烯酰基、烯丙基、缩水甘油基等光聚合集团引入到跟中单体和预聚物中，作为体系的主要组分，再配以光引发剂、光敏剂、偶联剂等各种组分构成。这类体系的组分和配方可视用途不同而设计，配方多变，便于调整。在光敏涂料、光敏黏合剂和光敏油墨等的制造中常用这种方法。这种体系的缺点是不宜用作高精细的成像材料。

5.5.3 光敏涂料及光敏胶

光敏涂料是光化学反应的具体应用之一。光敏涂料和传统的自然干燥或热固化涂料相比，具有下列优点：① 固化速率快，可在数十秒时间内固化，适于要求立刻固化的场合；② 不需要加热，耗能少，这一特点尤其适于不宜高温烘烤的材料；③ 污染少，因为光敏涂料从液体转变为固体是分子量增加和分子间交联的结果而不是溶剂挥发所造成的；④ 便于组织自动化光固化上漆生产流水作业线，从而提高生产效率和经济效益。需要指出的是，光敏涂料不可避免地存在一些缺点，诸如，受到紫外线穿透能力的限制，不适合于作为形状复杂物体的表面涂层。

光敏涂料体系主要是由光敏预聚物、光引发剂和光敏剂、活性稀释剂(单体)以及其他添加剂(如着色剂、流平剂及增塑剂)等构成。光敏预聚物是光敏涂料中最重要的成分之一。涂层最终的性能，如硬度、柔韧性、耐久性及黏附性等，在很大程度上与预聚物有关。

光敏预聚物其相对分子质量一般为1000～5000，其分子链中应具有一个或多个

可供进一步聚合的反应性基团。光固化速率一般随着预聚物分子量、反应性基团(官能团)数目和黏度的增加而提高。但从使用角度看,往往又希望预聚物的黏度不要太高以便减少活性稀释剂的用量。然而这样又可能导致光固化速率下降。因此,在制备光敏涂料时,各组分的优化组合和仔细的工艺试验是必不可少的。

5.5.3.1　环氧树脂及丙烯酸酯化环氧树脂

带有环氧结构的低聚物是比较常见的光敏涂料预聚物,为增加光聚合能力,在其中也常引入丙烯酸酯或甲基丙烯酸酯,以引入适量的双键作为光引发活性点。丙烯酸酯化环氧树脂是目前应用较多的一种光敏预聚物。其预聚物的合成路线有三种。

① 环氧树脂与丙烯酸或甲基丙烯酸直接进行开环加成反应：

$$\underset{\text{(环氧)}}{H_2C\!-\!CH}\!-\!\overset{H_2}{C}\!-\!O\!-\!C_6H_4\!-\!C(CH_3)_2\!-\!C_6H_4\!-\!O\!-\!\overset{H_2}{C}\!-\!\underset{H}{C}\!-\!CH_2\,(\text{环氧}) + 2H_2C\!=\!CHCOOH \longrightarrow$$

$$H_2C\!=\!\underset{H}{C}\!-\!\overset{O}{\overset{\|}{C}}\!-\!O\!-\!\overset{H_2}{C}\!-\!\overset{OH}{\overset{|}{CH}}\!-\!\overset{H_2}{C}\!-\!O\!-\!C_6H_4\!-\!C(CH_3)_2\!-\!C_6H_4\!-\!O\!-\!\overset{H_2}{C}\!-\!\underset{H}{\overset{OH}{\overset{|}{C}}}\!-\!\overset{H_2}{C}\!-\!O\!-\!\overset{O}{\overset{\|}{C}}\!-\!\underset{H}{C}\!=\!CH_2$$

② 丙烯酸羟乙酯与马来酸酐反应生成半酯,然后再与环氧树脂反应可得到含更多光敏性不饱和基团的丙烯酸酯化环氧树脂：

$$\underset{\text{半酯}}{ROOC\!-\!CH\!=\!CHCOOH} + \underset{\text{环氧树脂}}{H_2C\!-\!\underset{H}{C}\!-\!\overset{H_2}{C}\sim\sim} \longrightarrow ROOC\!-\!CH\!=\!CHCOOCH_2\overset{OH}{\overset{|}{CH}}\overset{H_2}{C}\sim\sim$$

③ 丙烯酸缩水甘油酯与双酚 A 的加成反应亦可制得丙烯酸酯化环氧树脂。

以上三种合成路线,通常①用得最多,操作简单。为了进一步提高丙烯酸酯化环氧树脂预聚物的性能,可在此基础上,加入丙烯酸酰氯或顺丁烯二酸酐封闭其中的羟基,既提高了疏水性,又可引入更多的光敏基团。

5.5.3.2　不饱和聚酯

不饱和聚酯是最早用作光敏涂料的预聚物,典型的不饱和聚酯是 1,2 -丙二醇、邻苯二甲酸酐和顺丁烯二酸酐组成,一般羟基是过量的：

$$CH_3\!-\!CHOH\!-\!CH_2OH_2 + C_6H_4(CO)_2O + \underset{HC-C(=O)}{\overset{HC-C(=O)}{\|}}\!\!>O \longrightarrow$$

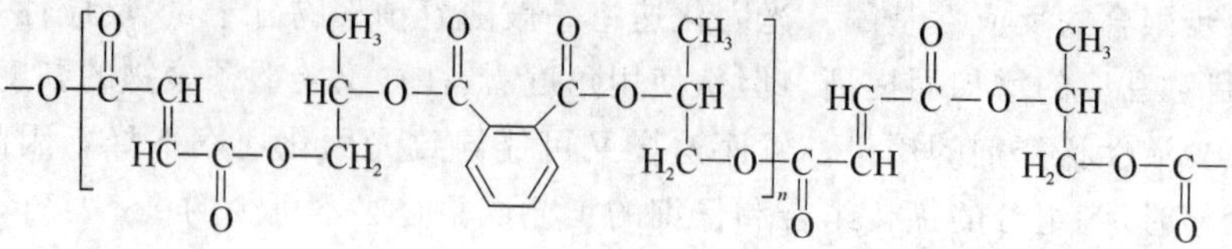

$$-O\!\left[\!-\overset{O}{\overset{\|}{C}}-CH=CH-\overset{O}{\overset{\|}{C}}-O-CH_2-\underset{}{CH}(CH_3)-O-\overset{O}{\overset{\|}{C}}-C_6H_4-\overset{O}{\overset{\|}{C}}-O-CH(CH_3)-CH_2-O-\right]_n\overset{O}{\overset{\|}{C}}-CH=CH-\overset{O}{\overset{\|}{C}}-O-CH(CH_3)-CH_2-O-\overset{O}{\overset{\|}{C}}-$$

不饱和聚酯经紫外线照射后能形成较坚硬的涂膜，但附着力和柔韧性不好，在金属、塑料及纸张的涂饰中用得不多。不饱和聚酯常用苯乙烯作为活性稀释剂，但后者沸点低，光固化速率慢。因此，有必要对不饱和聚酯进行改性，如为了改善涂料的力学性能，增加硬度，可由三羟基丙烷、丙烯酸及丙烯酸预聚物合成低分子量的不饱和聚酯；选用苯乙烯以外的活性稀释剂，如丙烯酸酯类，它们固化速率快，且可减少单体挥发的损失。

5.5.3.3 聚氨酯

聚氨酯型光敏预聚物通常是由双或多异氰酸酯与不同结构和分子量的双或多羟基化合物反应生成端基为异氰酸酯基的中间化合物，再与含羟基的丙烯酸或甲基丙烯酸反应，获得带丙烯酸基的聚氨酯。

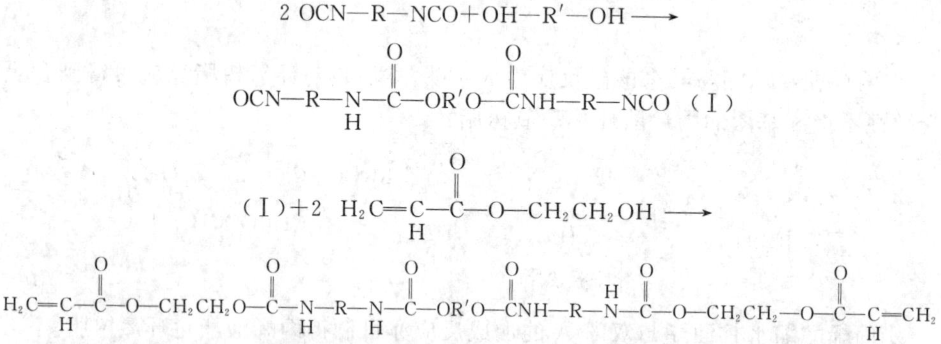

$$2\ OCN-R-NCO+OH-R'-OH\longrightarrow$$

$$OCN-R-\underset{H}{N}-\overset{O}{\overset{\|}{C}}-OR'O-\overset{O}{\overset{\|}{C}}NH-R-NCO\quad(\text{Ⅰ})$$

$$(\text{Ⅰ})+2\ H_2C=\underset{H}{C}-\overset{O}{\overset{\|}{C}}-O-CH_2CH_2OH\longrightarrow$$

$$H_2C=\underset{H}{C}-\overset{O}{\overset{\|}{C}}-O-CH_2CH_2O-\overset{O}{\overset{\|}{C}}-\underset{H}{N}-R-\underset{H}{N}-\overset{O}{\overset{\|}{C}}-OR'O-\overset{O}{\overset{\|}{C}}NH-R-\overset{H}{N}-\overset{O}{\overset{\|}{C}}-O-CH_2CH_2-O-\overset{O}{\overset{\|}{C}}-\underset{H}{C}=CH_2$$

聚氨酯涂层具有黏结力强、耐磨、坚韧而柔软的特点。主要缺点是太阳光长时间照射易使其漆膜发黄，这可能是聚氨酯分子中含氮原子发色团所造成的。

5.5.3.4 多硫醇/多烯光固化树脂体系

这类光敏涂料的突出优点：一是空气对其没有阻聚作用；二是选用不同结构的硫醇与多烯基分子（如多硫醇的丙烯酸酯）反应可以获得某些特殊性能的树脂，例如，选用低黏度树脂可提高漆膜的柔顺性而不必加入低分子量的稀释剂，这是因为硫醚键在交联网状结构中旋转位垒较低的缘故。多硫醇价格较贵且有气味，使用上受到一定限制，目前在纸张、涂料、地板漆及织物涂层中有一定用途。

当硫醇和烯烃都是双官能团时反应产物是线形聚合物。

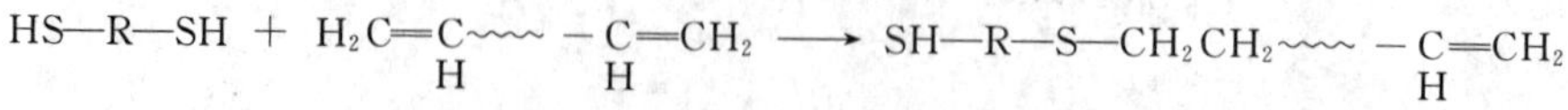

$$HS-R-SH\ +\ H_2C=\underset{H}{C}\sim\sim\sim-\underset{H}{C}=CH_2\longrightarrow SH-R-S-CH_2CH_2\sim\sim\sim-\underset{H}{C}=CH_2$$

若硫醇和烯烃含有两个以上官能团，则生成交联网络。通过控制单体结构和原料摩尔比可调节交联度。除上述讨论的光敏预聚物外，还有聚酯丙烯酸酯、聚醚丙烯酸酯及醇酸聚丙烯酸酯等。

5.5.4　光致变色高分子材料

含有光色基团的化合物受一定波长的光照射时发生颜色变化，而在另一波长的光或热的作用下又恢复到原来的颜色，这种可逆的变色现象称为光色互变或光致变色。有一些聚合物在光的作用下可以表现出其他物理或者化学性质。其中在光作用下发生可逆颜色变化的聚合物被称为光致变色高分子。这类聚合物材料在光照射下，因化学结构会发生可逆性变化，从而对可见光的吸收光谱发生相应改变，即外观产生相应颜色变化。

20 世纪初人们在对染料的研究中发现有些物质在光照射时颜色发生变化，光照停止后又可恢复本来的颜色，这些现象引起了高分子学者们的注意。于是，具有光致变色功能的染料被引入到高分子结构中，或混入高分子材料中，从而开发出一系列具有光致变色特性的新型高分子材料。光致变色染料是小分子化合物难于制成器件，而光致变色高分子的出现极大地解决了这个问题。迄今为止，光致变色高分子的应用开发工作尚处在起步阶段，但其应用前景是十分诱人。例如，作为可调节室内光线的窗玻璃或涂层；可作为伪装色或密写信息材料；还可作为信息存储的可逆存储介质等。

通常在光照下材料的颜色由无色或浅色转变成深色的光致变色现象被称为正光致变色；光照下材料的颜色从深色转变成无色或浅色的被称为逆光致变色。光致变色分子的变色机理千差万别。宏观上可分为光化学过程和光物理过程两种变色过程。

光化学过程变色较为复杂，变色现象大多与聚合物吸收光后的结构变化有关系，如聚合物发生异构化、开环反应、氧化还原反应等。如侧链带偶氮苯的光致变色高分子在光作用下，偶氮苯从稳定的反式转变为不稳定的顺式，并伴随着颜色的转变，这是典型的顺反异构变色机理。关于光物理过程的变色行为，通常是有机物质吸收光而激发生成分子激发态，主要是形成激发三线态；而某些处于激发三线态的物质允许进行三线态——三线态的跃迁，此时伴随有特征的吸收光谱变化而导致光致变色。

制造光致变色高分子是通过共聚或者接枝反应以共价键将光致变色结构单元连接在高分子的主链或者侧链上就可成为光致变色功能聚合物。

5.5.4.1　甲亚胺类光致变色高分子

甲亚胺类体系光致变色原理如下：

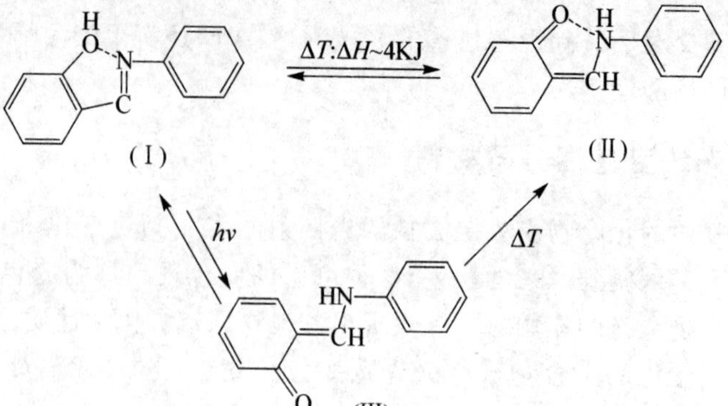

(Ⅰ) (Ⅱ) (III)

甲亚胺基邻位羟基氢(I) 的分子内迁移形成反式酮(III),反式酮(III) 热异构化为顺式酮(II),顺式酮(II)通过氢的热迁移又能返回顺式醇(I)。小分子量的聚甲亚胺光致色变不明显，这是由于反式酮与顺式烯醇的共轭体系均不大,两者的吸收光谱之间差别不大。而当分散在聚苯乙烯,聚甲基丙烯酸甲酯和聚碳酸酯介质中时,其热褪色速率比相应溶液中大为降低,这是由于聚合物介质限制了褪色反应,有不同自由体积的结果。通过合成交替苯胺的不饱和衍生物再与苯乙烯或甲基丙烯酸甲酯(MMA)等单体共聚就可制得光致变色共聚物,从而使主链含有(IV) 或(V)结构。这类光致变色高分子的基态最大吸收波长在 480 nm 左右，激发态波长(最大吸收波长,以下同) 在 580 nm 左右,50% 褪色时间为几十至几千秒。

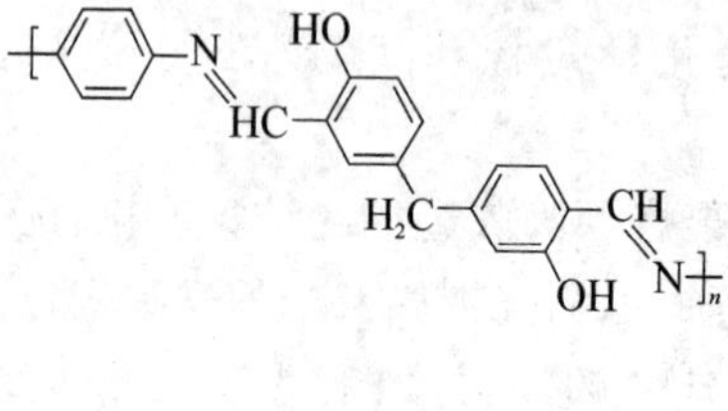

(Ⅳ) 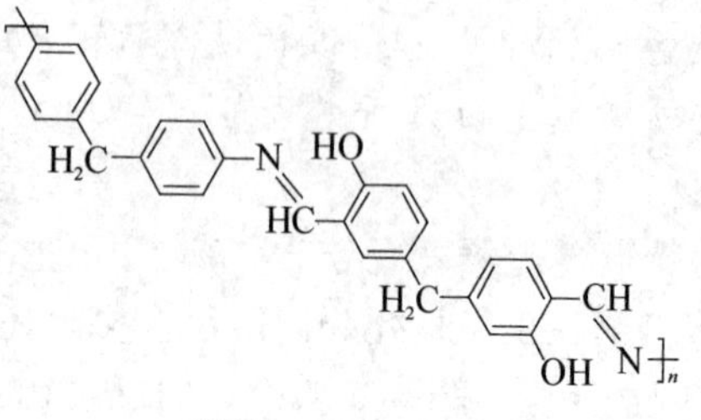 (Ⅴ)

5.5.4.2 含硫卡巴腙络合物的光致变色聚合物

硫卡巴腙(thiocarbazone)与汞的络合物是分析化学中常用的显色剂,含有这种功能基团的聚合物在光照下,化学结构会发生变化。当 $R^1=R^2=C_6H_5$ 时,光照前的最大吸收波长为 490 nm,光照后的吸收波长为 580 nm,其颜色由橘红色变为暗棕色或紫色。

$$\text{(P)—Hg(—S—C(=N—NHR}^1\text{)—N=N—R}^2\text{)} \underset{}{\overset{h\nu}{\rightleftharpoons}} \text{(P)—Hg(—S=C(—N=NR}^1\text{—H)—N—N—R}^2\text{)}$$

合成硫卡巴腙与汞的络合物的光致变色高分子化方法有很多，如聚丙烯酰胺型聚合物的合成可通过下图合成路线实现。

$$NH_2\text{—C}_6\text{H}_4\text{—HgOOCCH}_3 \xrightarrow{H_2C=CHCOCl} H_2C=CH\text{—}\overset{O}{C}\text{NH—C}_6\text{H}_4\text{—HgOOCCH}_3 \longrightarrow$$

$$\sim\text{CH}_2\text{—HC(}\overset{O}{C}\text{NH—C}_6\text{H}_4\text{—HgOOCCH}_3\text{)}\sim \xrightarrow{S=C(NHNHR^1)(N=N—R^2)} \sim\text{CH—HC(}\overset{O}{C}\text{NH—C}_6\text{H}_4\text{—HgS—C(NHNHR}^1\text{)(N=N—R}^2\text{))}\sim$$

5.5.4.3 含偶氮苯的光致变色高分子

这类高分子的光致变色性能是偶氮苯结构受光激发之后发生顺反异构变化引起的，分子吸收光后由顺式变为反式，其吸收光的波长由 350 nm 变为 310 nm(见图 5－13)。

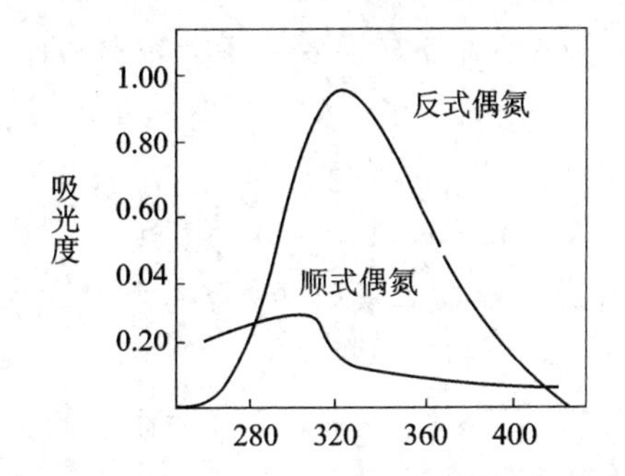

图 5－13 偶氮苯光致变色高分子在光照前后最大吸收波长的变化

这是一种逆光致变色现象，其光致变化过程中结构的变化为：

$$\text{(P)—C}_6\text{H}_4\text{—N=N—C}_6\text{H}_4\text{—R} \overset{h\nu}{\rightleftharpoons} \text{(P)—C}_6\text{H}_4\text{—N=N—C}_6\text{H}_4\text{—R}$$

含偶氮苯基元的高分子可用于光电器件、记录存储介质和全息照相等领域。这种光致变色聚合物的合成策略主要有以下三种：一是含乙烯基的偶氮化合物与其他烯类单体共聚；二是偶氮二苯甲酸与其他的二元胺和二元羧酸共缩聚，从而把偶氮苯结构引入到聚酰胺、尼龙等的主链中；三是将含偶氮结构的分子通过接枝反应与聚合物结合,从而实现其高分子化。

大分子的构象对偶氮共聚物的光致变色性能有很大的影响。这种影响对在侧链上含有偶氮基团的高聚物特别明显。如果共聚物在高 pH 时,它卷曲成一团,使分子的顺反异构减慢,光致色变的速度比小分子的偶氮模型化合物慢。在低 pH 时,大分子伸直,顺反异构的转变就容易了,发色和消色反应速度均比小分子模型化合物快。如果将偶氮苯引入聚合物主链通常造成顺反异构的空间阻碍,其光致变色速率要比小分子模型化合物低些。

一般而言,在溶液中的偶氮苯高分子在光照射时比较容易完成顺反异构的转变,转换速率较快,在固体膜中则较慢。在固体聚合物中,柔性较好的聚丙烯酸聚合体系中的转化速率比在相对刚性较强的聚苯乙烯体系中要快一些。

5.5.4.4　含螺苯并吡喃结构的光致变色高分子

螺吡喃类是当前最令人感兴趣研究的一类光致变色化合物。其光致变色机理是在紫外线的作用下吡喃环可以发生可逆开环异构化。

在紫外线的作用下,分子中吡喃环的 C—O 键断裂开环,吸收波长发生红移,吸收光谱在 550 nm 左右出现一个新的极大值。开环后的螺苯并吡喃结构在可见光照射或者在热作用下重新环化,恢复原来的吸收光谱。

合成含螺吡喃类光致变色高分子有下述几种方法:

① 合成含螺吡喃的甲基丙烯酸酯或甲基丙烯酰胺类单体,然后与普通的烯烃类单体共聚,可制得光致变色高分子;

② 通过大分子的化学反应,即含羟基或胺基的聚合物与卤代烷基或带酰氯基团的螺吡喃化合物反应制得光致变色高分子;

③ 通过带两个羟甲基的螺吡喃衍生物和过量的苯二甲酰氯反应,然后再与双酚 A 反应,最终可制得主链中含螺吡喃的缩聚高分子。

5.5.4.5　二芳杂环基乙烯类光致变色高分子

芳杂环基取代的二芳基乙烯类光致变色化合物普遍表现出良好的热稳定性和耐疲劳性,芳杂环基取代的二芳基乙烯具有一个共轭的六电子的己三烯母体结构,和俘精酸酐类似,它的光致变色也是由于基于分子内的环化反应。

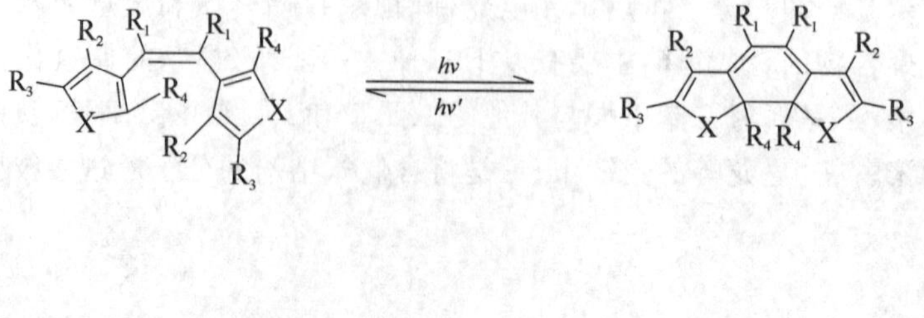

即在紫外光激发下，化合物 1 旋转闭环生成呈色的闭环体 2。而 2 在可见光照射下又能发生相反的变化。利用共轭效应，通过引入不同的取代基，亦可调节分子闭环体的最大吸收波长。二芳杂环基乙烯类化合物的开环反应和闭环反应的量子产率一般在 0.1～0.4，而且响应迅速，在 100 ps 左右。此类化合物具有良好的热稳定性和耐疲劳性，在 80 ℃下，12 h 某些闭环体的吸收可不发生变化，最高也可达循环 10^4 次以上。

二芳杂环基乙烯类光致变色分子的合成是将它直接键到高分子载体上，但目前较常用的方法是将二芳基乙烯化合物掺杂在高分子基质中，如掺杂在聚苯乙烯中(PS)，利用化合物光致变色效应受聚苯乙烯介电常数和流动性影响的特性，从而得到一个温控阀值超过 60 ℃的光致变色体系。

5.5.4.6　苯氧基萘并萘醌类光致变色高分子

苯氧基萘并萘醌类光致变色材料具有可逆循环次数较高(耐疲劳性好）和室温下几乎无热消色反应等特点，典型的光致变色反应机理即源于光诱导黄色的 5，12－醌式(trans－quinone) 至橙色"ana"醌式(ana－quinone) 的异构化反应。从黄色到橙色的呈色反应可用 λ≤405 nm 的紫外光诱导，而反向消色反应可在可见光照射下发生。

UV
可见光

黄色　　　　　　　　　　　　橙色

这类光致变色高分子合成采用了先合成出高分子，使该高分子的侧基可与苯氧基萘并萘醌发生反应，即通过大分子反应，成功地将光致变色苯氧基萘并萘醌以侧基形式引入到 PMMA、PS 和聚硅氧烷中。

5.5.4.7　氧化还原型光致变色高聚物

氧化还原型光致变色高聚物主要包括含有联吡啶盐结构、硫堇结构和噻嗪结构的高分子衍生物。这类高分子在光照下的变色是光氧化还原反应的结果。其中联吡啶盐衍生物在氧化态是无色或浅黄色，在第一还原态呈现深蓝色。亚甲基蓝等硫堇染料在二价铁离子等还原剂的作用下，光致变色为无色或白色的白硫堇染料。消色反应过程实际上先变为半醌式的中间体而中间体快速歧化为无色的白硫堇和有色的硫堇染料。发色反应则是白硫堇在 Fe^{3+} 的氧化下变为半醌式中间体，最后被氧化为深色的硫堇染料。而硫堇和噻嗪结构的高分子衍生物在氧化态时是有色的，而在还原态是无色的。

这类光致变色高分子可由聚丙烯酰胺和硫堇染料缩合或者由硫堇染料和乙醇胺

基团的聚合物缩合制得。也可由硫堇染料和丙烯酰胺的衍生物反应制得含硫堇染料的单体,再均聚或与丙烯酰胺共聚制得光致变色高分子。基态的硫堇聚合物在 600 nm 左右有极大吸收。硫堇高分子衍生物的水溶液呈现紫色,而当溶液中存在二价铁离子时,光照可以将其还原成无色溶液,在暗处放置后紫色又可以恢复。在类似的过程中,含噻嗪结构的高分子衍生物可以从蓝色变为无色,这两种光致变色高分子可以通过如图 5-14 所示的反应制备。

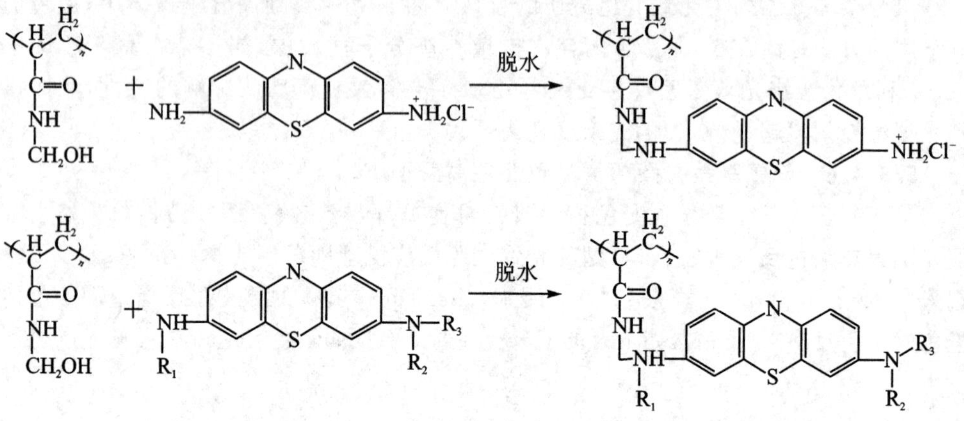

图 5-14　硫堇和噻嗪光致变色化合物的化学合成方法

5.5.4.8　物理掺杂型光致变色高分子材料

以上所述的光致变色高分子材料都是化学合成的。但制造具有光致变色特性的高分子材料还有另一种方法即进行物理掺杂的方法,它是把光致变色化合物通过共混的方法掺杂到作为基材的高分子化合物中。

用光致变色螺旋噁嗪和螺旋吡喃染料对聚合物掺杂,可以制造进行实时手书记录的材料。研究发现,短暂的手书反应强烈依赖于光学记录构象和记录光线的强度。例如,对于掺杂螺旋噁嗪的聚合物,得到最佳衍射效率的曝光敏感点在 250 J/cm^2 处,而对于掺杂螺旋吡喃的聚合物,其敏感点在 650 J/cm^2 处,两者差异非常大。对于手书光栅的调节可以按 200 行/mm 的速度进行,可由不连贯的紫外线辐射的分离激发来调节。调节后的光栅可以保持相当长的时间,也可用专门技术很快擦去。

另一种新型光致变色特性的高分子材料用于制造光学数据存储介质,掺杂用的光致变色材料是二芳基烯的衍生物。这种光致变色颜料与高分子构成的介质的读出稳定性高达 100 万次以上,其写—擦过程可以重复 3000 次以上。

利用掺杂有光致变色化合物的聚合物,在光线射入时,折射率会发生变化,由此可以制造成像光学开关设备。

5.5.4.9　光致变色高分子中的力学现象

一些光致变色高分子材料,如含有螺苯并吡喃结构的聚丙烯酸乙酯,在光照时不仅会发生颜色变化,而且可以观察到光力学现象。由此聚合材料做成的薄膜在恒定外力的作用下，当光照时薄膜的长度增加；撤销光照，长度也会慢慢回复，其收缩伸长率达3%～4%左右。这种由于光照引起分子结构改变，从而导致聚合物整体尺寸改变的可逆变化称为光致变色聚合物的光力学现象。对含有螺苯并吡喃结构的聚丙烯酸乙酯，该现象是由于光照使螺苯并吡喃结构开环，形成柔性较好的链状结构，使材料外观尺寸发生变化。利用这种光力学现象可以将光能转化成机械能。

4,4'-二氨基偶氮苯同均苯四甲酸缩合成的聚酰亚胺也有类似的功能，这种高分子是半晶态，顺反异构转变限制在无定形区。在光照时发生顺反异构变化，引起聚合物尺寸收缩。由偶氮苯直接交联的光致变色聚合物也显示出同样的性能，如以甲基丙烯酸羟乙酯与磺酸化的偶氮苯颜料共聚，生成的聚合物凝胶在光照时能发生尺寸变化达1.2%的收缩现象，在黑暗中尺寸回复原状，其回复速率是时间的函数，图5-15所示为偶氮苯聚合物的光收缩反应。

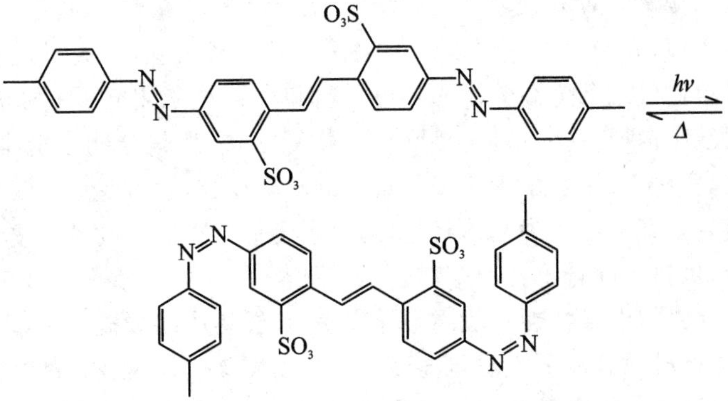

图5-15 偶氮苯聚合物的光收缩反应

虽然这种光力学现象还没有获得实际应用，但是可以预见，随着对其作用机理和光力学现象认识的深入，其潜在的应用价值必将会引起人们的关注。

光致变色高分子材料同光致变色无机物和小分子有机物相比，具有低褪色速率常数、易成型等优点，故得到了广泛的应用。可以将光致变色材料的应用范围归纳为以下几个主要方面：

(1) 光的控制和调变

用这种材料制成的光致变色玻璃可以自动控制建筑物及汽车内的光线。做成的防护眼镜可以防止原子弹爆炸产生的射线和强激光对人眼的损害，还可以做滤光片、军用机械的伪装等；

(2) 信号显示系统

这类材料可以用作宇航指挥控制的动态显示屏、计算机末端输出的大屏幕显示器等；

(3) 信息存储元件

光致变色材料的显色和消色的循环变换可用来建立信息存储元件预计未来的高

信息容量，高对比度和可控信息存储时间的光记录介质就是一种光致变色膜材料；

(4) 感光材料

这类材料可应用于印刷工业方面，如制版等。

5.5.5 光导电高分子材料

5.5.5.1 光导电机理

光导电性能是指在光能作用下，其导电性能发生变化的性质，是材料导电性能和光学性能的一种组合性能。光导电材料是指在无光照时是绝缘体，而在有光照时其电导值可以增加几个数量级，从绝缘体变为导体性质的材料，属于光敏电活性材料。其中具有这种性质的有机聚合材料称为光导电聚合物。这种光敏电活性聚合物材料具有非常主要的实际应用价值，目前主要应用于静电复印、激光打印、电子成像、光伏特电池和光敏感测量装置等领域。

根据材料属性，光导电材料可以分为无机光导电材料、有机光导电材料两大类；有机光导电材料还可细分为高分子光导电材料和小分子有机光导电材料。前者通常是指光导电活性结构通过共价键连接到聚合物链上，或者聚合物主链本身具有光导电活性的有机高分子。后者由于小分子自身的缺陷如力学性能差、不易成型加工，在多数情况下也要以聚合物作为基体材料，通过混合等方法制成高分子复合材料使用，从广义上分析，也属于高分子材料范畴。

如前所述材料的电导特性一般用电导率表示，导体中的载流子可以是电子、空穴或离子，在光导材料中载流子主要是前两者。当物质吸收特定波长的光能量，使得材料中载流子数目增加，则其导电能力就会增加。光导电性是指材料在无光照的情况下呈现电介质的绝缘性质，电阻率(暗电阻)非常高，而在受到一定波长的光(包括可见光、红外线或紫外线)照射后，电阻率(光电阻)明显下降，呈现导体或半导体性质的现象。因此，光导电性质的核心是物质具有吸收特定波长光能量，使得材料中载流子数目增加的能力。

光导电性质涉及两个重要的物理量：材料的电导和光吸收。电导是物质中载流子通过能力的一种表征，只有具备足够的载流子，材料才能表现出导电能力，因此是必要条件。在通常情况下，材料内部所具有的电子大多数都处在束缚状态，载流子的数目很少；获得能量是产生载流子的必要条件。光实际上是一定波长的电磁波，具有波粒二象性，同时也是一种能量的表现形式。光的波长越短，所具有的能量越高。材料要表现出光导电性质首先要吸收光能，同时获得了与吸收光相对应的能量。而材料对光的吸收是有选择性的，只有特定频率的光才能被材料有效吸收。材料对光的选择性吸收的规律是特定分子结构能态与光的能量相匹配的结果。因此，材料的光导电性质只是对能够被材料有效吸收的特定波长的光而言，也就是说光导电材料仅对特定范围的光敏感，称为光敏感范围。

材料发生光导电过程包括三个基本步骤，即吸收光能量引起电子激发、激发态分

子生成载流子、载流子迁移构成光电流。光导电的理论基础是在光的激发下，材料内部的载流子密度增加，从而导致电导率增加。在理想状态下，光导电聚合物吸收一个光子后跃迁到激发态，进而发生能量转移过程，产生一个载流子，在电场的作用下载流子移动产生光电流。在无机光导电材料中，光电流的产生被认为是在价带(最高占有轨道)中的电子吸收光能之后跃迁至导带。在电场力作用下，进入导带的电子或空穴发生迁移产生光电流。光电流的产生要满足光子能量大于价带与导带之间能量差的条件。对于光导电聚合物，形成载流子的过程分成两步完成。

第一步是光活性高分子中的基态电子吸收光能后至激发态，即价带中的电子进入导带。产生的激发态分子有两种可能的变化。一种是通过辐射和非辐射耗散过程回到基态，导带中的电子重新回到价带中，这一过程不产生载流子，对光导电不做贡献。另一种是激发态分子发生离子化，在价带中形成空穴，形成所谓的电子-空穴对。后者有可能解离产生载流子，因此对光导电过程做贡献。

第二步在外加电场的作用下，电子-空穴对发生解离，产生自由电子或空穴成为载流子。解离过程一般需要在分子内或分子间具有电子受体，接受激发到导带中的电子转移，使空穴和电子对分开，留下的空穴作为载流子；或者存在电子给体，将光导电材料中产生的空穴填满，留下自由电子成为载流子。外加电场的存在对电子-空穴对的解离具有促进作用。解离后的空穴或电子作为载流子可以沿电场力作用方向移动产生光电流。

在第一步中产生电子-空穴对过程与外加电场大小无关，产生电子-空穴对的数量只与吸收的光量子数目、光量子能量(光频率)和光的激发效率有关。第二步是一个复杂的可逆过程，产生的电子-空穴对可以在外加电场作用下发生解离；材料吸收光子以后产生新的载流子，称为本征光生载流子的过程；当需要外在电子给体或者受体参与能量转移时，称为非本征光生载流子的过程。

产生的电子-空穴对可以在外加电场作用下发生解离，也可以两者重新结合，造成电子一空穴对消失。电子-空穴对发生解离的比率也称为感度(G)。

电子给体和受体可以是分子内的两个部分结构，即电子转移在分子内完成，也可以存在于不同的分子之中，电子转移过程在分子间进行。无论哪一种情况，在光消失后，电子-空穴对都会由于逐渐重新结合而消失，导致载流子数下降，电导率降低，光电流消失。由以上分析可以得出，要提高光导电体性能，即在同等条件下提高光电流强度必须注意以下几个条件：

① 在光照条件一定时，光激发效率越高，产生的激发态分子就越多，产生电子-空穴对的数目就越多，从而有利于提高光电流。增加光敏结构密度和选择光敏化效率高的材料有利于提高光激发效率；

② 降低辐射和非辐射耗散速率，提高离子化效率，有利于电子-空穴对的解离，在产生相同数量的电子-空穴对的条件下，提供的载流子就越多，因此光电流就越大。选择价带和导带能量差小的材料，施加较大的电场，有利于电子-空穴对的解离；

③ 加大电场强度,使载流子迁移速率加快,可以降低电子-空穴对重新复合的概率,有利于提高光电流。

5.5.5.2 光导电聚合物的敏化

对于大多数高分子材料来说,依靠本征光生载流子过程产生光生载流子需要的光子能量较高,例如,聚乙烯咔唑(PVK)需要吸收紫外线才能激发出本征型载流子。在静电复印中总是希望能够利用可见光作为激发源,这样可以对所有色彩感光。这时,对于 PVK 型光导电材料必须要借助非本征光生载流子过程,才能将 PVK 的感光范围扩大到可见光区。如果加入一些能态匹配的物质,充分利用非本征光生载流子过程,则构成有机聚合物的光导电敏化机理。这种加入某些低激发能的化合物,起到改变光谱敏感范围和光电子效率的过程称为有机光导材料的敏化,具有该性质的添加材料称为光导电敏化剂。

与光导电高分子材料配合的光敏化剂主要有两类。一类是电子受体分子,能够接受从光导电材料价带中激发产生的电子,生成所谓的电荷转移络合物。由于基态的光导电材料价带与光导电敏化剂的导带之间能量差较小,因而可以用能量较低的可见光激发产生载流子。比较常见的光导电敏化剂(具有电子受体结构的化合物)有三硝基芴酮(TNF)、四氰代二甲基对苯醌(TCNQ)、四氯苯醌(TCIQ)、四氰基乙烯(TCNE)等。在 PVK 中加入等摩尔量的 TNF 之后,其光敏感波长可以扩展到 5.0 nm以上。

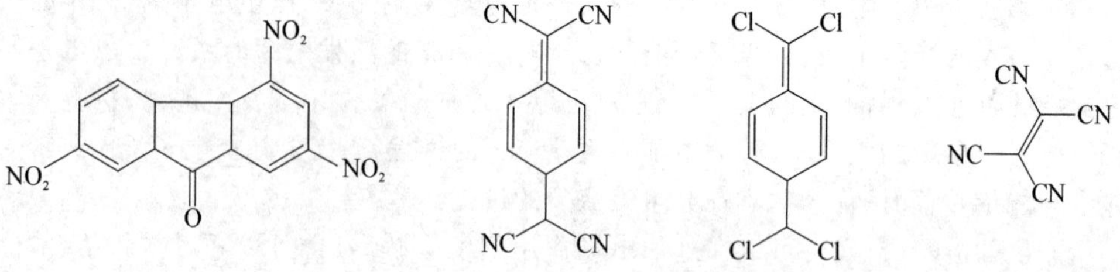

TNF　　TCNQ　　TClQ　　TCNE

另一类是有机颜料,如孔雀绿、结晶紫、三苯基鎓、苯并吡咯鎓盐等,其自身的光谱吸收带在可见光区,吸收可见光后可以将其价电子从价带激发到导带。

(1) 电荷转移络合物型敏化机理

由于常见的光导电聚合物都是弱电子给体,加入强的电子受体可以与其形成电荷转移络合物。在这种络合物中基态的光导电聚合物与激发态的电子受体之间形成新的分子轨道。吸收光子能量后,从光导电聚合物中激发的电子可以进入原属于电子受体的最低空轨道,在电荷转移络合物中形成电子-空穴对,进而在外加电场的作用下发生解离,产生载流子。

如果将电子给体和电子受体组合在一个分子内,则构成分子内电荷转移络合物,同样具有光导电敏化作用。例如,将 PVK 中的部分链段硝基化就可以得到分子内的电荷转移络合物。这种分子内电荷转移络合物由于分布更加均匀，通常具有更好的光导电性质。同样，对于侧链带有芳香共轭结构聚乙烯基萘、聚乙烯基蒽等也可以通过同样方法获得分子内电荷转移络合物型光导电体。由于在上述反应过程中光生电子被光导电敏化剂俘获，因此在这种光导电聚合物中的空穴是实际载流子。

(2) 有机颜料敏化机理

在加入第二种有机颜料进行光导电敏化情况下，由于色素的最大吸收波长均在可见波段，添加的色素的特征吸收带成为光敏感范围。其敏化机理为：色素首先吸收光子能量后，处在最高占有轨道的电子被激发到色素最低空轨道上，然后相邻的光导电聚合物中价带电子转移到色素空出来的最高占有轨道，完成电荷转移，并在光导电聚合物中留下空穴作为载流子。因此，色素也相当于起到电子受体的作用，只不过是通过价带吸收，而不是导带，但是敏化机理也是通过两者之间的电荷转移完成的。

上述两种光导电敏化机理的结果都是将光敏感范围向长波段转移，因此属于光谱敏化过程。但是光激发效率在很多情况下也发生变化，这是由于光激发敏化过程。但是光激发效率在很多情况下也发生变化，这是由于光激发的路径已经不同。光导电敏化剂在有机光导体制备中已经获得广泛应用，多种光导电敏化剂的联合使用，已经可以覆盖整个可见光区，为需要全色感光的电子摄像和静电复印感光材料的制备提供了非常有利的一条途径。

改进光导电能力还可以通过加入小分子电子给体或者电子受体，使之相对浓度提高。也可以对聚合物结构加以修饰，提高电子给体和电子受体相对密度。加入的电子给体在与聚合物基体之间电子转移过程中作为电荷转移载体。例如，四碘四氮荧光素(rose bengal)、甲基紫(methyl Violet)、亚甲基蓝(methylene bIue)等有光敏化功能的颜料分子都可以作为上述添加剂。其作用机制包括聚合物与颜料分子之间的能量转移和激发态颜料与聚合物之间的电子转移，最终导致载流子数目的增加。电子转移的方向取决于颜料分子与光导电聚合物之间电子的能级大小，一般电子从光导电聚合物转移到激发态颜料比较多见。对光导电聚合物进行化学修饰可以拓宽聚合物的光谱响应范围和提高载流子产生效率。

5.5.5.3　光导电聚合物的结构

严格来说，绝大多数物质或多或少都具有光导电性质，也就是说在光照下其电导率都有一定升高。但是，由于电导率在光照射下变化不大，具有使用价值的材料并不多。具有显著光导电性能的有机材料，一般需要具备在入射光波长处有较高的摩尔吸收系数，并且具有较高的量子效率。具备上述条件的多为具有离域倾向 π 电子结构的化合物。目前研究使用的光导电高分子材料主要是聚合物骨架上带有光导电结构的“纯聚合物”和小分子光导体与高分子材料共混产生的复合型光导电高分子材料。从结构上划分，一般认为有三种类型的聚合物具有光导电性质。

① 高分子主链中有较高程度的共轭结构，这一类材料的载流子为自由电子，表现出电子导电性质；线性共轭导电高分子材料是重要的本征导电高分子材料，在可见

光区有很高的光吸收系数,吸收光能后在分子内产生孤子、极化子和双极化子作为载流子,因此光导电能力大大增加,表现出很强的光导电性质。由于多数线性共轭导电高分子材料的稳定性和加工性能不好,因此,在作为光导电材料方面没有获得广泛应用。其中研究较多的此类光导电材料是聚苯乙炔和聚噻吩。线性共轭聚合物作为电子给体,作为光导电材料需要在体系内提供电子受体。

② 高分子侧链上连接多环芳烃,如萘基、蒽基、芘基等,电子或空穴的跳转机理是导电的主要手段;带有大的芳香共轭结构的化合物一般都表现出较强的光导电性质,将这类共轭分子连接到高分子骨架上则构成光导电高分子材料。由于绝大部分多环芳烃和杂芳烃类都有较高的摩尔消光系数和量子效率,因此可供选择的原料非常多。

蒽是研究最多的光导体之一,在侧链中含有缩环类芳香环的高分子结构。在紫外线部分显示光导电性,但迁移率与聚乙烯咔唑(PVK)相同或低于 PVK,但是合成较难且成膜性差膜较脆。

③ 高分子侧链上连接各种芳香氨基或者含氮杂环,其中最重要的是咔唑基,空穴是主要载流子。

含有咔唑结构的聚合物可以是由带有咔唑基的单体均聚而成,也可以是带有咔唑基的单体与其他单体共聚产物,特别是与带有光敏化结构的共聚物更有其特殊的重要意义。具有这种结构的光导电聚合物,咔唑基与光敏化结构(电子受体)之间通过一段饱和碳-碳链相连。与其他光导电材料相比,这种结构的优点是:①可以通过控制反应条件设计电子给体和电子受体在聚合物侧链上的比例和次序;②可以通过改变单体结构和组成,改进形成的光导电膜的力学性能;③可以选择具有不同电子亲和能力的电子受体参与聚合反应,使生成的光导电聚合物能适应不同波长的光线。图 5-16 所示为常见光导电聚合物的结构。

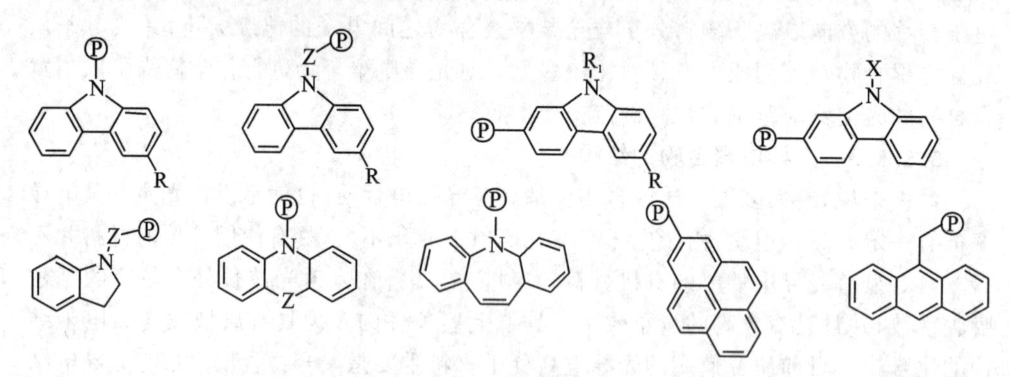

图 5-16 常见光导电聚合物的结构

5.5.5.4 光导电聚合物的应用

1. 静电复印

光导电体最主要的应用领域是静电复印(xerography)。在静电复印过程中光导电体在光的控制下收集和释放电荷，通过静电作用吸附带相反电荷的油墨。静电复印的基本过程如图 5－17 所示。

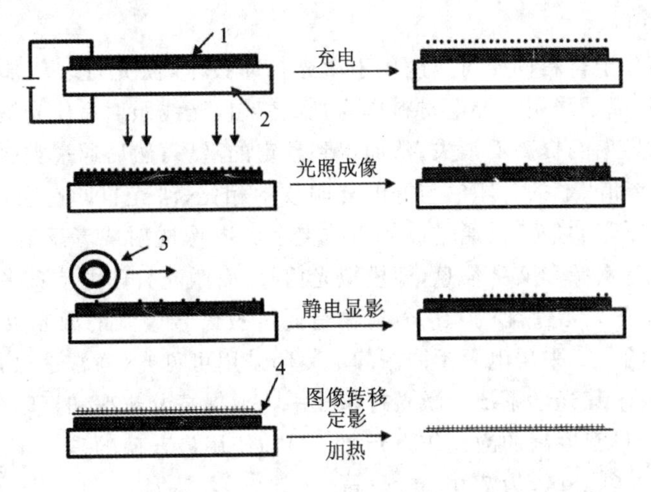

1—光导电材料；2—导电性基材；3—载体和调和色；4—复印纸

图 5－17　静电复印原理

在静电复印设备中，复印的介质由在导电性基材上涂布一层光导电材料构成。复印的第一步是在无光条件下利用电晕放电对光导电材料进行充电，通过在高电场作用下空气放电，使空气中分子离子化后均匀散布在光导电体表面，导电性基材相应带相反符号电荷。此时由于光导电材料处在非导电状态，使电荷的分离状态得以保持。第二步是透过或反射要复制的图像将光投射到光导电体表面，使受光部分因光导电材料电导率提高而正负电荷发生中和，而未受光部分的电荷仍得以保持。此时电荷分布与复印图像相同，因此称其为曝光过程。第三步是显影过程，采用的显影剂通常是由载体和调色剂两部分组成，调色剂是含有颜料或染料的高分子，在与载体混合时由于摩擦而带电，且所带电荷与光导电体所带电荷相反。通过静电吸引，调色剂被吸附在光导电体表面带电荷部分，使第二步中得到的静电影像变成由调色剂构成的可见影像。第四步是将该影像再通过静电引力转移到带有相反电荷的复印纸上，经过加热定影将图像在纸面固化，至此复印任务完成。

在上述过程中光导电体的作用和性能好坏，无疑起着非常重要的作用。目前常用的光导电材料是无机的硒化合物和硫化锌-硫化镉，它们是采用真空升华法在复印鼓表面形成光导电层，不仅昂贵，而且容易脆裂。以聚乙烯咔唑为代表的光导电聚合物目前是下一代光导电材料的主要研究对象之一。

在无光条件下，咔唑类聚合物是良好的绝缘体，当吸收紫外线(360 nm)后，形成激发态，并在电场作用下离子化，构成大量的载流子，从而使其电导率大大提高。如果要其在可见光下也具有光导电能力，可以加入一些电子受体作为光导电敏化剂。

除了咔唑类聚合物外，其他类型的光导电聚合物的研究也取得了进展，可以相信品种更多、性能更好的光导电聚合物不久将在静电复印设备中取代无机光导电材料，并在其他领域得到应用。

2. 激光打印

光导电高分子材料同样可以应用于激光打印技术，激光打印从基本原理来说与静电复印相同，都是采用光导电材料作为光敏感层，光线照射后使光敏感层的表面激发电荷通过电导率的提高而消失，从而得到预定的潜影；然后通过类似的显影和定影过程，完成文字和图形的打印。与静电复印技术相比，激光打印有两点不同：①信息源不同。静电复印的信息是通过被复印的文字和图像透射或者反射入射光源，调制入射光使其带有图像和文字信息，即模拟光信号；而激光打印的信息来自于计算机的输出，是数字信号。数字化的光信号传输是通过被信号调制的激光束对感光鼓进行逐点扫描完成的。②采用电源不同。静电复印采用可见光（通常是白光）作为入射光源，分辨率取决于其光学系统。激光打印技术为了提高分辨率和打印速度，必须采用会聚性好、光能量密度高的激光作为光源。目前使用最普遍的是半导体激光器，其光谱中心波长处在红外区，为 780～830 nm。

目前已经有一大批适合激光打印的有机光导电材料被研究与开发。例如，酞菁在波长 698 nm 和 665 nm 处有最大吸收峰，萘酞菁则在 765 nm 处有最大吸收峰，都非常适合作为激光打印用光导电材料。小分子酞菁成膜困难，必须与成膜性好的高分子材料制成复合材料使用。如将金属酞菁分散在聚乙烯醇缩丁醛中制成涂膜液可以用于载流子发生层涂膜，在近红外区均有较高光敏感性，可以与半导体激光器配合工作。邻氯双偶氮型材料通常在近红外区也有很好的光导电性能，其光敏感范围可以达到 800 nm 左右。本征型的光导电聚合物如果通过形成电荷转移络合物进行光导电敏化，也可以作为激光打印用光导电材料。如聚乙烯咔唑与四硝基芴酮形成的复合材料对 780 nm 的光线具有良好的敏感度，能够满足激光打印的要求。激光打印机通过调整颜料配比，还可以实现彩色打印。

3. 图像传感器

图像传感器是利用光导电特性实现图像信息的接收与处理的关键功能器件，广泛作为摄像机、数码照相机和红外成像设备中的电荷耦合器件用于图像的接收。利用光导电原理制备图像传感器是光电子产业的重要突破。

（1）光导图像传感器的工作原理

图 5－18 所示是光导图像传感器工作原理示意图。当入射光通过玻璃电极照射到光导电层时，在其中产生光生载流子；光生载流子在外加电场的作用下定向迁移形成光电流。由于光电流的大小是入射光强度和波长的函

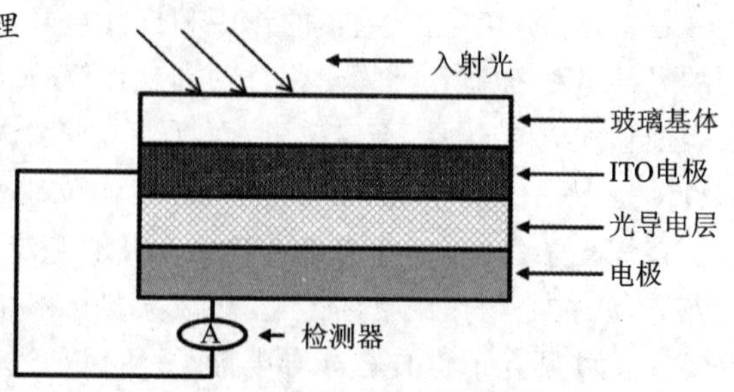

图 5－18　光导图像传感器工作原理

数，因此光电流信号反映了入射的光信息。如果将上述结构作为一个图像单元，将大量的图像单元组成一个X-Y二维平面图像接收矩阵，利用外电路建立寻址系统，就可以构成一个完整的图像传感器。根据传感器中每个单元接收到的光信息，可组成一个由数字化电信号构成的完整的电子图像。

要通过光导图像传感器获得高质量的图像信号，光导电材料必须具有大的动态响应范围(记录光强范围大)，线性范围宽(灰度层次清晰、准确)。20世纪90年代初发现线性共轭聚合物作为电子给体，C_{60}作为电子受体，在光激发下电荷转移和电荷分离效率接近100%，从而为制备高效率的光导图像传感器奠定了基础。随后，又发现把电子给体材料与电子受体材料制备成相分离的两相互穿网络复合结构时，光生电荷可以在两相界面上高效率分离，并在各自的相态中传输。

(2) 可用于图像传感器的光导电材料

组合构成高性能图像传感器必须要选择好材料体系，需要考虑的因素包括光导电材料与电极的功函匹配。目前已经有多种有机高分子光导电材料用于图像传感器的制备。例如，以聚2-甲氧基-5-(2'-乙基)己氧基-对亚苯基乙烯树脂(MEH-PPV)和聚3-辛氧基噻吩(P3OT)与C_{60}衍生物复合体系为基本材料体系，已经实现3%的光电能量转换效率，30%的载流子收集效率，2 mA/cm的闭路电流，在性能上已经接近非晶硅材料制成的器件。

形成高质量的图像传感器需要图像单元的精细化，即在一个传感器中图像单元的数量越多，体积越小，获得的图像信息越丰富。但是，如何制作微型图像单元是一个重要的工艺技术问题。采用分子自组装技术可以构筑厚度、表面态、分子排列方式等结构参数易调控的多层薄膜，可以制备超精、高密像元矩阵，像区尺寸可以达到纳米级。图像传感器不仅在上述领域有重要应用，在医疗、军事、空间探测方面都有应用前景。

4. 光伏电池

众所周知，将太阳能直接转化为电能是未来太阳能利用最理想的途径之一。而光伏特电池是实现上述转换的主要装置。在本章最初我们曾经讨论过“如果在不施加电场的条件下，材料在一定波长和强度的光线照射下能够产生光电流，则具有这种性质的材料就可以用于制备光伏特电池”。目前实用化的光电池都是由单晶硅或多晶硅制成的半导体光电池，其光电转换效率已经可以达到20%左右。但是成本高、制作工艺复杂限制了它的使用范围。1986年人们发现小分子有机光导电材料酞菁酮和苝(perylene)的四羧酸衍生物构成的双层结构，具有光伏特效应。以此首次制备成功有机光电池，其能量转化效率可以达到1%。随后又发现线性共轭聚合物也具有光伏特效应。这些材料包括聚苯胺、聚噻吩、聚吡咯、聚乙炔和聚苯乙炔等。其中聚噻吩衍生物研究得更多一些。有机光伏特电池的工作原理是由于电极和聚合物的功函(Helmholtz自由能)不同，使聚合物内部存在内建电场，使能带倾斜。这样，当聚合物吸收光子后，产生的电子-空穴对将会被内建电场所分离，产生光生载流子，并形成光电流。典型的有机光电池主要包括：① 以 C_{60} 等富勒烯作为电子受体与聚噻吩配合构成的光电池；② 以聚 1,2 -亚乙基二氧噻吩为光敏材料构成的光电池；③ 加入小分子颜料进行光敏化的聚噻吩光电池；④ 经过聚噻吩敏化的二氧化钛纳米薄膜光电池。

5.5.6 光学塑料与光纤

透明材料过去以玻璃为主。进入光电子时代，一些主要的光学或光电元件如光盘、光纤、非球面透镜、透明导电薄膜、液晶显像膜、发光二极管等，均需用透明材料制作，而随着仪器和元件要求的轻量化、小型化、低成本化，高分子透明材料日益受到重视。与玻璃相比，高分子材料密度小，易热塑成型，并可加工成各种所需形状的零件，制成极薄的薄膜，具有优良的抗冲击性能，且成本低廉。目前它已和玻璃、光学晶体一起被称为三大光学基本材料。

透光性是光学塑料的基本要求。要得到透光性好的塑料，必须采取相应的措施以获得无定形结构，或采用微晶化方法减少结晶，或使结晶区域的尺寸小于可见光波长；避免使用发色团，或加入离子型助剂以消除发色团，降低损耗。

在透镜的设计中，通常材料的折射率越高，做成的透镜越薄，曲率也可降低，而校正色差则要求用两组具有不同色散系数的材料进行组合。能够满足这些条件的高分子材料并不很多，适用于精密成型的只有聚甲基丙烯酸甲酯（PMMA）和脂环式丙烯酸树脂（OZ－1000）。一般可以通过引入一些卤素原子（氟除外）、硫、磷、砜、芳香稠环和重金属离子等来提高材料的折射率。为减小色散，可以引入脂环、Br、I、S、P、SO_2 等元素或基团，也可以引入 La、Ta、Ba、Cd、Th、Ca、Ti、Zr、Nb 等金属元素，而苯环及稠环、Pb、Bi、Tl、Hg 等虽然折射率较高，但同时也使色散增加。目前，应用较为广泛的光学塑料主要有聚甲基丙烯酸甲酯（PMMA）、聚苯乙烯（PS）、聚碳酸酯（PC）、聚双烯丙基二甘醇碳酸酯（CR－39）、环氧光学塑料等。

PMMA 能透可见光及波长 270 nm 以上的紫外线，也能透 x 射线和 γ 射线，其薄片可透 α 射线、β 射线，但吸收中子线。透光率优于玻璃，达 91%～92%，折射率为 1.491。该材料机械成型性能好，拉伸强度高，但表面硬度较低，容易被擦伤。主要应用于照相机的取景器、对焦屏，电视、计算机中的各种透镜组，投影仪与信号灯中的菲涅尔透镜，人工晶状体、接触眼镜以及光纤、光盘等。近年来新研制的具有特殊脂环式丙烯酸树脂（OZ－1000）耐热性好，吸湿性低，已用于高性能激光摄像机的变焦镜头。

PS 透光率为 88%～92%，折射率达 1.575～1.617，加工成型性能特别优良，吸湿性较低，能自由着色，无臭、无味、无毒，耐辐射。但它不耐候，在太阳光下易变黄，且脆性大，耐热性也差。由于折射率高，可与 PMMA 组成消色差透镜，在轻工和一般工业装饰、照明指示、玩具等方面有普通的应用。

PC 的透光率及折射率与 PS 相近，但耐热性优于 PS，抗冲击性好，延展性佳。由于它对热、辐射及空气中的臭氧有良好的稳定性，耐稀酸和盐，耐氧化还原剂等，因而在工程材料中有广泛的应用，如用于齿轮、离心分离管、帽盔、泵叶轮及化工容器等。但它内应力大，需在 100 ℃下退火，所有很少应用于光学零件。

塑料光纤有导光纤维和光导纤维两种。导光纤维仅利用其对光的传输功能，而光导纤维利用光为载体进行信息传输。导光纤维内部光耗大，只适合于短距离传输，所以对材料本身纯度要求不高，纤维制备工艺也较简单。利用导光纤维传输光能（传光束）和图像（传像束）在医学、照明、计量、加工等方面已得到了实际应用。塑料光纤在 1964 年由美国杜邦公司首先开发成功。之后，世界其他各大化纤公司也相继对塑料光纤进行研制和生成，并逐渐得到了应用。利用光纤构成的光缆进行激光通信可以大幅度提高信息传输容量，保密性好，不受干扰，无法窃听，电子对抗对它毫无用处，而且体积小，质量小，还可节省有色金属和能源。1977 年，美国加利福尼亚州通用电话公司安装了第一台光纤通信设备，标志着光纤开始走向实用化。日本电报电话公司已用塑料光纤进行传真实验，美国第六舰队旗舰“小鹰号”航空母舰上使用光缆保密电话通信系统和闭路电视传送。英国内政部为防止户外线路受雷击损坏计算机，也采用了光缆。但是由于目前塑料光纤的传输损耗较高，在通信系统中，主要用于汽车、飞机、舰船内部的短距离系统及长距离通信的端线和配线。

与石英光纤或玻璃光纤相比，塑料光纤具有以下特点：① 塑料光纤加工方便，可制备粗芯光纤（0.5～1 mm），树脂孔径大，传输容量高，耦合损耗低，并适于现场安装，截面用剃刀即可切割出光洁的端面；② 力学性能好，冲击强度大，能承受反复弯曲和振动；③ 质量小，价格低；④ 耐辐照，如杜邦公司的 PFX 受 10^6 Gy 辐照后，永久性只降低 5 %，且瞬时吸收恢复时间比其他光纤快，停机时间短，可用于卫星探测。塑料光纤的缺点是：不耐热，易吸潮，传输损耗较大等。

塑料光纤的传输损耗较大，一般 PMMA 为 300 dB/km，这一缺点限制了它的应用，因而减小传输损耗成为发展塑料光纤的关键。根据光纤产生损耗的原因，制备低损耗塑料光纤首先应选用低损耗的材料。研究表明，将 PMMA 氘化有助于降低光损耗。若用氟原子取代氢原子，也能降低散射及分子振动吸收，因而光损耗也降低。近年来，低损耗的塑料光纤芯材的研究重点已由重氢化转向重氢化与氟化相结合。

5.6　高分子分离膜与膜分离技术

膜是指能以特定形式限制和传递各种物质的分隔两相的界面。膜在生产和研究中的使用技术被称为膜技术。随着科学技术的迅猛发展和人类对物质利用广度的开拓，物质的分离和分离技术已成为重要的研究课题。分离的类型包括同种物质按不同大小尺寸的分离，异种物质的分离，不同物质状态的分离和综合性分离等。

在化工单元操作中,常见的分离方法有筛分、过滤、蒸馏、蒸发、重结晶、萃取、离心分离等。然而,对于高层次的分离,如分子尺寸的分离、生物体组分的分离等,采用常规的分离方法是难以实现的,或达不到精度,或需要损耗极大的能源而无实用价值。

具有选择分离功能的高分子材料的出现,使上述的分离问题迎刃而解。就目前的成果来看,具有选择分离功能的高分子材料有树脂型、膜型和生物分离介质三种类型。树脂型主要包括离子交换树脂(凝胶型和大孔型),已在上一章中叙述。膜型主要包括各种功能膜。生物分离介质是近几年发展起来的新型分离材料,可用于分离蛋白质、干扰素等生物大分子。

膜分离技术是利用膜对混合物中各组分的选择渗透性能的差异来实现分离、提纯和浓缩的新型分离技术。膜工艺过程的共同优点是成本低、能耗少、效率高、无污染并可回收有用物质,特别适合于性质相似组分、同分异构体组分、热敏性组分、生物物质组分等混合物的分离,因而在某些应用中能代替蒸馏、萃取、蒸发、吸附等化工单元操作。实践证明,当不能经济地用常规的分离方法得到较好的分离时,膜分离作为一种分离技术往往是非常有用的,并且膜技术还可以和常规的分离方法结合起来使用,使技术投资更为经济。正因为膜分离过程具有极大的吸引力,膜技术越来越广泛地应用于化工、环保、食品、医药、电子、电力、冶金、轻纺、海水淡化等领域,具有广阔的发展前景。

5.6.1 功能膜的分类及原理

根据分离膜的分离原理和推动力的不同,可将其分为微孔膜、超过滤膜、反渗透膜、纳滤膜、渗析膜、电渗析膜、渗透蒸发膜等。根据分离膜断面的物理形态不同,可将其分为对称膜、不对称膜、复合膜、平板膜、管式膜、中空纤维膜等。随着新型功能膜的开发,日本著名高分子学者清水刚夫将膜按功能分为分离功能膜(包括气体分离膜、液体分离膜、离子交换膜、化学功能膜)、能量转化功能膜(包括浓差能量转化膜、光能转化膜、机械能转化膜、电能转化膜,导电膜)、生物功能膜(包括探感膜、生物反应器、医用膜)等。几种主要的膜分离过程及其传递机理如表 5-4 所列。

表 5-4 几种主要分离膜的分离过程

膜过程	推动力	传递机理	透过物	截留物	膜类型
微滤	压力差	颗粒大小形状	水、溶剂溶解物	悬浮物颗粒	纤维多孔膜
超滤	压力差	分子特性大小形状	水、溶剂小分子	胶体和超过截留相对分子质量的分子	非对称性膜
纳滤	压力差	离子大小及电荷	水、一价离子、多价离子	有机物	复合膜

续表 5-4

膜过程	推动力	传递机理	透过物	截留物	膜类型
反渗透	压力差	溶剂的扩散传递	水、溶剂	溶质、盐	非对称性膜复合膜
渗析	浓度差	溶质的扩散传递	低相对分子质量物质、离子	溶剂	非对称性膜
电渗析	电位差	电解质离子的选择传递	电解质离子	非电解质、大分子物质	离子交换膜
气体分离	压力差	气体和蒸汽的扩散渗透	渗透性的气体或蒸汽	难渗透性的气体或蒸汽	均相膜、复合膜、非对称性膜
渗透蒸发	压力差	选择传递	易渗的溶质或溶剂	难渗的溶质或溶剂	均相膜、复合膜、非对称性膜
膜蒸馏	膜两侧蒸汽压力差	组分的挥发性	挥发性较大的组分	挥发性较小的组分	疏水性膜

分离膜的基本功能是从物质群中有选择地透过或输送特定的物质，如分子、离子、电子等。或者说，物质的分离是通过膜的选择性透过实现的，研究证明，分离膜还具有把含有无向量性的化学反应的物质变化体系转变为向量性体系的功能。膜分离的机理较为复杂，至今尚未获得统一的观点。从天然气中分离氦、从合成氨尾气中回收氢、从空气中分离 N_2 或 CO_2，从烟道气中分离 SO_2、从煤气中分离 H_2S 或 CO_2 等，均可采用气体分离膜来实现。

(1) 非多孔均质膜的溶解扩散机理

该理论认为气体选择性透过非多孔均质膜分四步进行：气体与膜接触，分子溶解在膜中，溶解的分子由于浓度梯度进行活性扩散，分子在膜的另一侧逸出。逸出的气体分子使低压侧压力增大，且随时间变化。

设膜两侧的气体浓度分别为 c_1，c_2，膜厚为 l，扩散系数为 D。当扩散达到稳定状态后，可用扩散方程来描述。

$$\frac{\mathrm{d}c}{\mathrm{d}t} = D\frac{\mathrm{d}^2 c}{\mathrm{d}x^2} \tag{5-1}$$

利用边界条件，可解出上述方程。由于气体的扩散呈稳态，则 $\frac{\mathrm{d}c}{\mathrm{d}t}=0$

当 $x=0$，$c=c_1$；$x=l$ 时，$c=c_2$。故

$$c_x = c_1 - \frac{(c_1 - c_2)x}{l} \tag{5-2}$$

$$-\frac{\mathrm{d}c}{\mathrm{d}t} = \frac{c_1 - c_2}{l} \tag{5-3}$$

在 t 时间内，通过面积为 A、厚度为 l 的膜的气体量 q 为：

$$q = \int_0^t DA\left(-\frac{dc}{dx}\right)x = l dt \qquad (5-4)$$

解此方程，得：

$$q = \frac{D(c_1 - c_2)At}{l} \qquad (5-5)$$

根据亨利(Herry)定律：

$$c_i = sp_i \qquad (5-6)$$

式中，p_i 为气体分压；s 为亨利系数，亦称溶解度系数。

$$q = \frac{Ds(p_1 - p_2)At}{l} \qquad (5-7)$$

若令$\overline{p_i} = D_i s_i$，$\overline{p_i}$称为气体渗透系数，则上式变为：

$$q_i = \frac{\overline{p}_1 \Delta p_i}{l}At \qquad (5-8)$$

定义分离系数 α 为：

$$\alpha \equiv \frac{y_1/y_2}{x_1/x_2} \qquad (5-9)$$

其中，x_i 表示分子 i 在膜前方的摩尔分数；y_i 表示分子 i 在膜后方的摩尔分数。显然 $y_i = q_i$，而 $\Delta p_i = p_1 x_i - p_2 y_i$，则有：

$$\alpha = \frac{\overline{p_1}(p_1 x_1 - p_2 x_2)\ x_2}{\overline{p_2}(p_1 x_2 - p_2 x_1)\ x_1} \qquad (5-10)$$

当 $p_2 \to 0$ 时，有：

$$\alpha = \frac{\overline{p_1}}{\overline{p_2}} \qquad (5-11)$$

从以上的讨论中，可得出如下结论：① 气体的透过量 g 与扩散系数 D、溶解度系数 s 和气体渗透系数 p 成正比。而溶解度系数。与膜材料的性质直接有关；② 在稳态时，气体透过量 q 与膜面积 A 和时间 t 成正比；③ 气体透过量与膜的厚度 l 成反比。

扩散系数 D 和溶解度系数 s 与物质的扩散活化能 E_D 和渗透活化能 E_p 有关，而 E_p 又直接与分子大小和膜的性能有关。分子越小，E_p 也越小，就越易扩散。这就是膜具有选择性分离作用的重要理论依据。高分子膜在其 T_g 以上时，存在链段运动，自由体积增大。因此，对大部分气体来说，在高分子膜的 R 前后，D 和 s 的变化将出现明显的转折。

值得指出，在实际应用中，通常不是通过加大两侧的压力差 Δp 来提高 q 值，而是采用增加表面积 A、增加膜的渗透系数和减小膜的厚度的方法来提高 q 值。

(2) 分离膜分离溶液的机理

对有机溶剂混合物的分离，一般采用分离气体的机理来处理。不同相对分子质量的两种溶剂分离时，若采用多孔膜，可用透过扩散机理来处理，与分离系数 a 有关。若采用非多孔均质膜，则以溶解扩散机理来处理，主要与膜的渗透系数有关。

对溶液中溶质的分离，至今尚无十分完善的理论。特别是物质在膜中通过的情况很不清楚。尽管按不同的分离推动力，如压力、温度、浓度差、电位差、化学位、蒸汽压、渗透压等，可用不可逆过程的热力学来讨论，但这时往往将膜作为一个“黑匣子”，忽略在其中的过程。

目前对分离膜分离溶液的机理存在两类流行的但十分粗糙的假想学说：以存在微孔的膜为前提的学说，如微孔筛孔效应学说、静电排除学说、选择吸附学说等；将膜看作均相体系的学说，如溶解扩散学说和自由体积学说。这些学说都在一定程度上解释了某些实验现象，但都存在缺陷。因此这里不作详细讨论。

5.6.2　膜材料及膜的制备

5.6.2.1　分离膜材料

用作分离膜的材料包括广泛的天然的和人工合成的有机高分子材料和无机材料。原则上讲，凡能成膜的高分子材料和无机材料均可用于制备分离膜。但实际上，真正成为工业化膜的膜材料并不多。这主要决定于膜的一些特定要求，如分离效率、分离速度等。此外，也取决于膜的制备技术。目前，实用的有机高分子膜材料有：纤维素酯类、聚砜类、聚酰胺类及其他材料。从品种来说，已有成百种以上的膜被制备出来，其中约 40 多种已被用于工业和实验室中。以日本为例，纤维素酯类膜占 53%，聚砜膜占 33.3%，聚酰胺膜占 11.7%，其他材料的膜占 2%，可见纤维素酯类材料在膜材料中占主要地位。

1. 纤维素酯类膜材料

纤维素是由几千个椅式构型的葡萄糖基通过 1,4-β-甙链连接起来的天然线型高分子化合物，其结构式为：

从结构上看，每个葡萄糖单元上有三个醇羟基。当在催化剂（如硫酸、高氯酸或氧化锌）存在下，能与冰醋酸、醋酸酐进行酯化反应，得到二醋酸纤维素或三醋酸纤维素。醋酸纤维素是当今最重要的膜材料之一。醋酸纤维素性能很稳定，但在高温和酸、碱存在下易发生水解。为了改进其性能，进一步提高分离效率和透过速率，可采用各种不同取代度的醋酸纤维素的混合物来制膜，也可采醋酸纤维素与硝酸纤维素的混合物来制膜。此外,醋酸丙酸纤维素、醋酸丁酸纤维素也是很好的膜材料。纤维素酯类材料易受微生物侵蚀,pH 适应范围较窄,不耐高温和某些溶剂,因此发展了非纤维素酯类(合成高分子类)膜。

2. 非纤维素脂类膜材料

(1) 非纤维素酯类膜材料的基本特性

用于制备分离膜的高分子材料应具备以下的基本特性:① 分子链中含有亲水性的极性基团;② 主链上应有苯环、杂环等刚性基团,使之有高的抗压密性和耐热性;③ 化学稳定性好;④ 具有可溶性。常用于制备分离膜的合成高分子材料有聚砜类、聚酰胺类、芳香杂环类、乙烯类和离子生聚合物等。

(2) 主要的非纤维素酯类膜材料

1) 聚砜类

聚砜结构中的特征基团为—O═S═O,为了引入亲水基团,常将粉状聚砜悬浮于有机溶剂中,用氯磺酸进行磺化。聚砜类树脂常采用的溶剂有:二甲基甲酰胺、二甲基乙酰胺、Ⅳ一甲基吡咯烷酮、二甲三亚砜等。它们均可形成制膜溶液。聚砜类树脂具有良好的化学、热学和水解稳定性,强度也很高,pH 适应范围为 1～13。最高使用温度达 120 ℃,抗氧化性和抗氯性都十分优良。因此已成为重要的膜材料之一以下是这类树脂中的两个重要代表品种。

聚砜 $\{O-C_6H_4-C(CH_2)(CH_2)-O-C_6H_4-SO_2-C_6H_4\}_n$

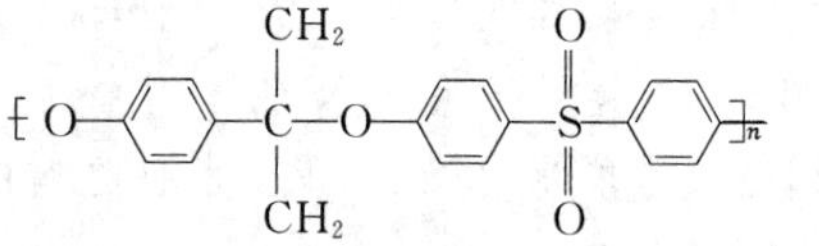

聚芳砜 $\{SO_2-C_6H_4-O-C_6H_4-SO_2-C_6H_4-C_6H_4\}_n$

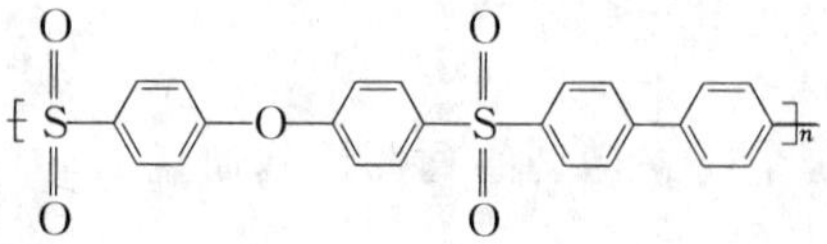

2) 聚酰胺类

早期使用的聚酰胺是脂肪族聚酰胺,如尼龙-4、尼龙-66 等制成的中空纤维膜。这类产品对盐水的分离率在 80%～90%之间,但透水率很低,仅 0.076 mL/(cm^2 · h)。以后发展了芳香族聚酰胺,用它们制成的分离膜,pH 适用范围为 3～11,分离率可达 99.5%(对盐水),透水率为 0.6 mL/(cm^2 · h),长期使用稳定性好。由于酰胺基团易与氯反应,这种膜对水中的游离氯有较高要求。

杜邦公司生产的 DP－I 型膜即为由此类膜材料制成的,它的合成路线如下式所示:

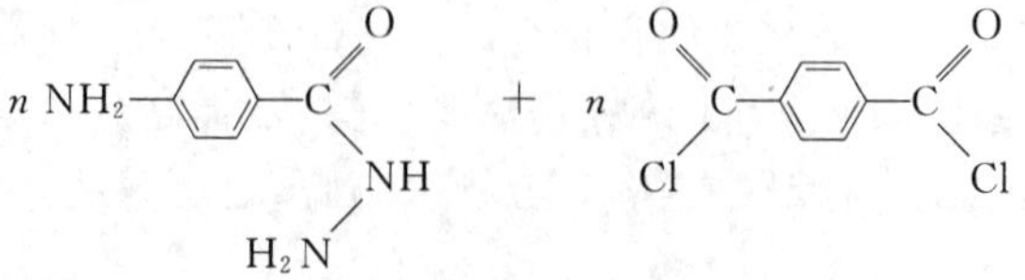

$$n\ NH_2-C_6H_4-C(=O)-NH-NH_2 \quad + \quad n\ Cl-C(=O)-C_6H_4-C(=O)-Cl$$

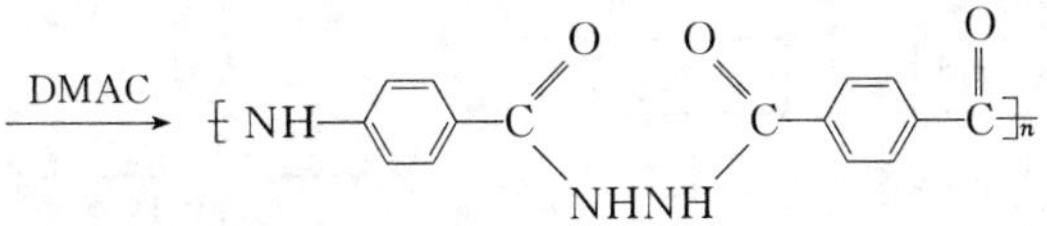

$$\xrightarrow{DMAC} \left[NH-C_6H_4-\overset{O}{\overset{\|}{C}}-NHNH-\overset{O}{\overset{\|}{C}}-C_6H_4-\overset{O}{\overset{\|}{C}} \right]_n$$

其分离性能与醋酸纤维素膜大致相同，但对海水盐的稳定性更好。

3）离子性聚合物

离子性聚合物可用于制备离子交换膜。与离子交换树脂相同，离子交换膜也可分为强酸型阳离子膜、弱酸型阳离子膜、强碱型阴离子膜和弱碱型阴离子膜等。在淡化海水的应用中，主要使用的是强酸型阳离子交换膜。将磺酸基团引入聚苯醚，即可制得常见的磺化聚苯醚膜。用氯磺酸磺化聚砜，则可制得性能优异的磺化聚砜膜。它们均可用来制备 MF 膜、UF 膜、RO 膜和复合膜。除在海水淡化方面使用外，离子交换膜还大量用于氯碱工业中的食盐电解，具有高效、节能、污染少的特点。离子交换膜应用中有一些奇特的现象。它们在相当宽的盐溶液浓度范围内，对盐的分离率几乎不变。这是不符合道南(Donnan)平衡的。按道南理论，随进料液浓度的增加，分离率将降低。有人认为，这种现象可能与离子交换膜的低含水量、低流动电位能及离子在膜中高的扩散阻力等因素有关。

5.6.2.2　分离膜的制备

膜的制备工艺对分离膜的性能是十分重要的。同样的材料，可能由于不同的制作工艺和控制条件，其性能差别很大。合理的、先进的制膜工艺是制造优良性能分离膜的重要保证。目前，国内外的制膜方法可归纳为以下九种：流涎法、纺丝法、复合膜化法、可塑化和膨润法、交联法(热处理、紫外线照射法)、电子辐射及刻蚀法、双向拉伸法、冻结干燥法、结晶度调整法。

生产中最实用的方法是相转化法(包括流涎法和纺丝法)和复合膜化法。

(1) 相转化制膜工艺

所谓相转化是指将均质的制膜液通过溶剂的挥发或向溶液加入非溶剂或加热制膜液，使液相转变为固相。相转化制膜工艺中最重要的方法是 L－S 型制膜法。它是由加拿大人劳勃(S. kob)和索里拉金(S. Sourimian)发明的，并首先用于制造醋酸纤维素膜。将制膜材料用溶剂形成均相制膜液，在玻璃、金属或塑料基板(模具)中流涎成薄层，然后控制温度和湿度，使溶液缓缓蒸发，经过相转化就形成了由液相转化为固相的膜，其工艺框图如图 5－19 所示。

(2) 复合制膜工艺

由 L－S 法制的膜，起分离作用的仅是接触空气的极薄一层，称为表面致密层。它的厚度约 0.25～1 μm，相当于总厚度的 1/100 左右。从前面的理论讨论可知，膜的透过速率与膜的厚度成反比。而用 L－S 法制备表面层小于 0.1 μm 的膜极为困难。为此，发展了复合制膜工艺，其方框图如图 5－20 所示。

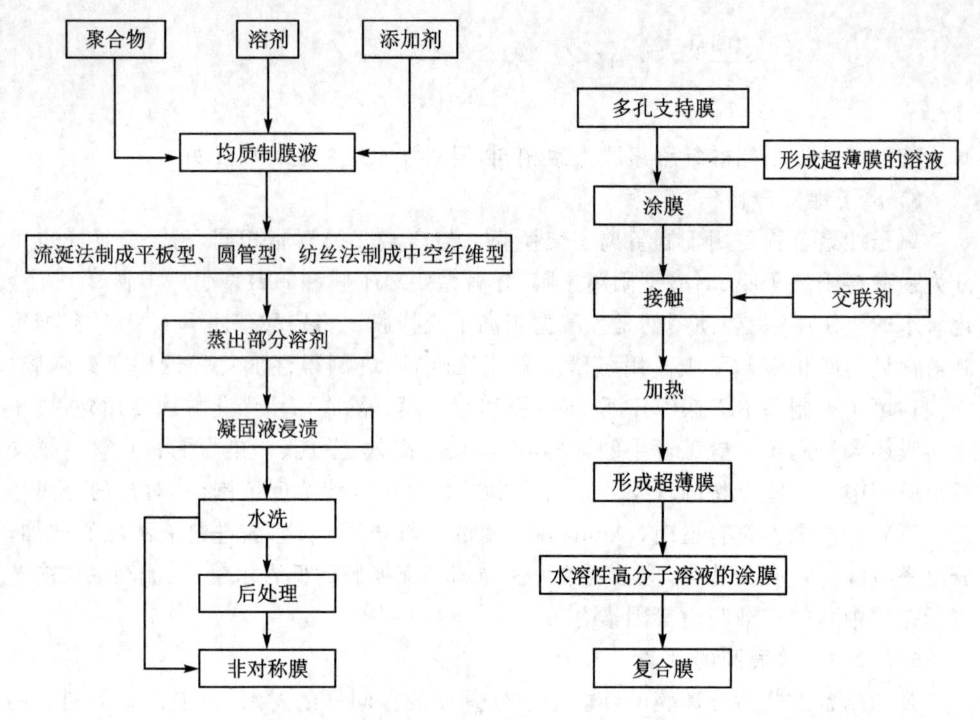

图 5-19 L-S 法制备分离膜工艺流程图　　图 5-20 复合制膜工艺流程图

多孔支持层可用玻璃、金属、陶瓷等制备，也可用聚合物制备，如聚砜、聚碳酸酯、聚氯乙烯、氯化聚氯乙烯、聚苯乙烯、聚丙烯腈、醋酸纤维素等。聚砜是特别适合制作多孔支持膜的材料，可按需要制成适当的孔径大小、孔分布和孔密度。形成表面超薄层，除了常用的涂覆法外，也可采用表面缩合或缩聚法、等离子体聚合法等。

用复合制膜工艺制备的膜，其表面超薄层的厚度为 0.01～0.1 μm，具有良好的分离率和透水速率。多孔支持层则赋予膜良好的物理力学性能、化学稳定性和耐压密性。

(3) 离子交换膜的制备

离子交换膜的使用尺寸达 1 m^2 以上。因此，制作离子交换膜的材料除了应可引入离子交换基团外，还应具有良好的成膜性。常用的制膜方法有：

1) 加压成型法

这是最常用的方法。将离子交换树脂粉末用黏合剂混合，在热压机或加热滚筒上加热加压，使之形成大片的膜。

2) 涂布法

用具有一定密度的网眼材料作支持体，在上面涂布溶液状离子交换树脂或乳液状离子交换树脂，干燥后即成为大面积离子交换膜。

3）平板法

在平板上或两块平板间注入离子交换树脂溶液，流平并蒸发去除溶剂，即得离子交换膜。

4）浸渍法

将支持体浸渍入离子交换树脂溶液中，然后干燥，即得离子交换膜。

(4) 拉伸制膜法

采用聚烯烃类树脂为膜材料时，可用拉伸法制膜。例如用结晶型PP制膜时，可先在低于熔融挤出温度下进行高倍率拉伸，然后在无张力条件下退火，使结晶结构完善，再在纵向拉伸，即得一定强度的膜。

5.6.2.3　膜的结构

膜的结构主要是指膜的形态、膜的结晶态和膜的分子态结构。通过膜结构的研究可以了解膜结构与性能的关系，从而指导制备工艺，改进膜的性能。

(1) 微孔膜——具有开放式的网格结构

电子显微镜观察的微孔膜具有开放式的网格结构。赫姆克(Helmcke)研究了这种结构的形成机理。他从相转化原理出发认为，制膜液成膜后，溶剂首先从膜与空气的界面开始蒸发表面的蒸发速度比溶液从内部向表面的迁移速度快，这样就先形成了表面层。表面层下面仍为制膜液。溶剂以气泡的形式上升，升至表面使表面的聚合物再次溶解，同时形成大大小小不同尺寸的泡。这种泡随着溶剂的挥发而变形破裂，形成孔洞。此外，气泡也会由于种种原因在膜内部各种位置停留，并发生重叠，从而形成大小不等的网格。溶剂挥发完全后，气泡破裂，膜收缩，于是形成开放式网格。开放式网格的孔径一般在0.1～1 μm间，它们可以让离子、分子等通过，但不能使微粒、胶体、细菌等通过。

(2) 反渗透膜和超过滤膜的双层与三层结构模型

雷莱(Riley)首先研究了用L－S法制备的醋酸纤维素反渗透膜的结构。从电子显微镜照片上，他得到的结论是：醋酸纤维素反渗透膜具有不对称结构。与空气接触的一侧是厚度约0.25 μm的表面层，占膜总厚度的极小部分(一般膜总厚度约100 μm)。表面层致密光滑，下部则为多孔结构，孔径为0.4 μm左右。这种结构被称为双层结构模型。吉顿斯(Gittems)醋酸纤维素膜进了更精细的观察，认为这类膜具有三层结构。第一层是表面活性层，致密而光滑，其中不存在大于10nm的细孔。第二层称为过渡层，具有大于10 nm的细孔。第一层与第二层之间有十分明显的界限，第三层为多孔层，具有5 nm以上的孔。与模板接触的底部也存在细孔，与第二层大致相仿。第一、第二两层的厚度与溶剂蒸发的时间、膜的透过性等均有十分密切的关系。

一般认为，膜的表面层存在结晶。舒尔茨(Schultz)和艾生曼(Asunmman)对醋酸纤维素膜的表面致密层的结晶形态作了研究，提出了球晶结构模型。该模型认为，膜的表面层是由直径为18.8 nm的超微小球晶不规则地堆砌而成的。球晶之间的三角形间隙,形成了细孔。他们计算出三角形间隙的面积为 14.3 m^2。若将细孔看成圆柱体,则可计算出细孔的平均半径为 2.13 nm;每 1 cm^2 膜表面含有 6.5×10^{11} 个细孔。用吸附法和气体渗透法实验测得上述膜表面的孔半径为 1.7~2.35 nm,可见理论与实验十分相符。

对芳香族聚酰胺的研究表明,这类膜的表面致密层不是由球晶,而是由半球状结晶子单元堆砌而成的。这种子单元被称为结晶小瘤(或称微胞)。表面致密层的结晶小瘤由于受变形收缩力的作用,孔径变细。而下层的结晶小瘤因不受收缩力的影响,故孔径较大。

5.6.3　典型的分离膜技术及应用领域

典型的膜分离技术有微孔过滤(Microfiltration,MF)、超滤(Uhrafihration,UF)、反渗透(Reverse 0smosis,RO)、纳滤(Nanofiltration,NF)、渗析(Dialysis,D)、电渗析(Electridialysis,ED)、液膜(Liguid Membrance,LM)及渗透蒸发(Pervaparation,PV)等。

5.6.3.1　微孔膜(MF)

微孔膜始于十九世纪中叶,是以静压差为推动力,利用筛网状过滤介质膜的"筛分"作用进行分离的膜过程。微孔膜是均匀的多孔薄膜,厚度在 90~150 μm 左右,过滤粒径在 0.025~10 μm 之间,到目前为止,国内外商品化的微孔膜约有 400 多种。微孔膜大都属于开放式网格结构,也有部分属于多层结构。其优点为:孔径均匀,过滤精度高;孔隙大,流速快;一般微孔膜的孔密度为 10^7 孔/cm^2,微孔体积占膜总体积的 70%~80%。由于膜很薄,其过滤速度较常规过滤介质快几十倍;无吸附或少吸附;微孔膜厚度一般在 90~150 μm 之间,因而吸附量很少,可忽略不计。微孔膜的缺点:颗粒容量较小,易被堵塞;使用时必须有前道过滤的配合,否则无法正常工作。

微孔膜目前主要有两大方面的应用:

(1) 微粒和细菌的过滤

可用于水的高度净化、食品和饮料的除菌、药液的过滤、发酵工业的空气净化和除菌等;

(2) 微粒和细菌的检测

微孔膜可作为微粒和细菌的富集器,从而进行微粒和细菌含量的测定。

我国的微滤技术应用领域十分广泛,主要应用于制药及工业废水的处理中,近年来也应用于食品工业及饮用水方面,特别是在水处理的预处理阶段、生物医疗领域的除菌及食品工业的澄清处理等方面。

5.6.3.2　超滤膜(UF)

超滤技术始于 1861 年,其过滤粒径介于微滤和反渗透之间,约 5~10 nm,在 0.1~0.5 MPa 的静压差推动下截留各种可溶性大分子,如多糖、蛋白质分子、酶等

相对分子质量大于 500 的大分子及胶体，形成浓缩液，达到溶液的净化、分离及浓缩目的。超过滤膜均为不对称膜，形式有平板式、卷式、管式和中空纤维状。超过滤膜在分离过程中会受到有机物污染、微生物污染及浓度差极化现象等的影响。超滤膜的阻塞问题一直影响着实际生产应用，特别是在连续生产当中。因此，研究改善膜的材料、结构、工艺及工作条件，是膜技术发展的主要目标。为保证过滤，必须破坏这种浓度极化现象。因此，超过滤膜的使用方式与微孔膜不同，其液流方向与过滤方向是垂直的，以保证用液流的切力破坏浓度极化。

超滤膜的应用也十分广泛，在作为反渗透预处理、饮用水制备、制药、色素提取、阳极电泳漆和阴极电泳漆的生产、电子工业高纯水的制备、工业废水的处理等众多领域都发挥着重要作用。

5.6.3.3　反渗透膜(RO)

反渗透膜(又称高滤)即通过在待分离液一侧加上比渗透压高的压力，使得原液中的溶剂压到半透膜的另一边。反渗透膜也是不对称膜，孔径小于 0.5 nm，操作压力大于 1 MPa. 可截留溶质分子。反渗透操作压力相对较高，清洗困难。因此，优质膜材料、膜组件及膜工艺的研发将能有力地促进反渗透技术的发展。

反渗透膜最早应用于苦咸水淡化。例如，我国甘肃省膜科学技术研究所采用圆管式反渗透装置，对含盐量为 3000～5000 mg/L 的苦咸水进行淡化，产量为 70 m^3/d。美国的 Yuma 脱盐厂利用反渗透技术建成 370000 t/d 的大淡水加工厂。

随着技术的发展，反渗透技术已扩展到化工、电子及医药等领域。作为经济、高效的制取手段，反渗透在海水淡化、纯水及超纯水制备行业中应用广泛。特别是近年来，反渗透技术在家用饮水机及直饮水给水系统中的应用更体现了其优越性。

5.6.3.4　纳滤膜(NF)

纳滤膜是 20 世纪 80 年代在反渗透基础上开发出来的，是超低压反渗透技术的延续和发展分支，早期被称作低压反渗透膜或松散反渗透膜。目前，纳滤膜已从反渗透技术中分离出来，成为独立的分离技术。纳滤膜截留粒径在 0.1～1 nm 之间，可以使一价盐和小分子物质透过，具有较小的操作压力(0.5～1 MPa)。NF 主要截留 200～1000 道尔顿(Daltons，1Daltons＝1.65×10^{-24} g)的多价盐及低分子有机物，截留相对分子质量介于反渗透(100～200 Daltons)和超滤(1000～3×10^5 Daltons)之间。

目前国际上关于纳滤膜的研究多集中在应用方面，而有关纳滤膜的制备、性能表征、传质机理等的研究还不够系统、全面。进一步改进纳滤膜的制作工艺，研究膜材料改性，将可极大提高纳滤膜的分离效果与清洗周期。纳滤技术最早也是应用于海水及苦咸水的淡化方面。由于该技术对低价离子与高价离子的分离特性良好，因此在硬度和有机物含量高、浊度低的原水处理及高纯水制备中颇受瞩目；在食品行业中，纳滤膜可用于果汁生产，大大节省能源；在医药行业可用于氨基酸生产、抗生素回收等方面；在石化生产的催化剂分离回收、脱沥青原油中更有着不可比拟的作用。

5.6.3.5 渗析膜(D)

渗析技术是最早被发现的膜分离过程,在浓度差的推动下,借助膜的扩散,达到分离不同溶质的目的。渗析膜早期主要用来分离胶体与低分子溶质。目前,国内外主要将此技术应用在血液透析领域,在工业废水处理中应用在废酸、碱液的回收中。

电渗析的核心是离子交换膜。在直流电场的作用下,以电位差为推动力,利用离子交换膜的选择透过性,把电解质从溶液中分离出来,实现溶液的淡化、浓缩及钝化。自第一台电渗析装置问世后,其在苦咸水淡化,饮用水及工业用水方面的巨大优势大大加速了电渗析的进一步研发。近年来,美国 Ionpure Technology 公司又生产出了可以连续去离子的填充床电渗析技术(EDI),使电渗析技术迈上了一个新的台阶。随着电渗析理论和技术研究的深入,我国在电渗析主要装置部件及结构方面都有巨大的创新,仅离子交换膜产量就占到了世界的 1/3。同时,电渗析技术在食品工业、化工及工业废水的处理方面发挥着重要的作用。特别是与反渗透、纳滤等精过滤技术的结合,在电子、制药等行业的高纯水制备中扮演重要角色。此外,离子交换膜还大量应用于氯碱工业。

5.6.3.6 渗透蒸发膜(Pv)

渗透蒸发是指液体混合物在膜两侧组分的蒸汽分压差的推动力下,透过膜并部分蒸发,从而达到分离目的的一种膜分离方法。是近 20 年来发展迅速的新型分离技术,可用于传统分离手段较难处理的恒沸物及近沸物系的分离。目前,提高渗透蒸发膜的选择性和渗透通量,以及保持两者的适度平衡是技术研究的重点。该技术最显著的特点是很高的单级分离度,节能且适应性强,易于调节。今后在气体分离、医疗、航空等领域的富氧技术中将得到广泛应用。但是,当渗透蒸发通量小($\leqslant 100\ g/(m^2 \cdot h)$)时,分离物会发生相变,因此,应用尚具有一定的局限性。渗透蒸发膜分离法已在无水乙醇的生产中实现了工业化,与传统的恒沸精馏制无水乙醇相比,可大大降低运行费用,且不受汽-液平衡的限制。另外在工业废水处理中可去除废水中少量有毒有机物(如苯、酚、含氯化合物等),其设备投资和运行费用较低。

5.6.3.7 气体分离膜

气体分离膜是当前各国均极为重视开发的产品,已有不少产品用于工业化生产。如美国 Du Pont 公司用聚酯类中空纤维制成的 H_2气体分离膜,对组成为 70% H_2,30% CH_4、C_2H_6、C_3H_8的混合气体进行分离,可获得含 90% H_2的分离效果。此外,富氧膜、分离 N_2、CO_2、SO_2、H_2S 等气体的膜,都已有工业化的应用。

5.7 医药高分子材料

5.7.1 医用高分子材料

医用高分子是在高分子材料科学不断向医学和生命科学渗透,高分子材料广泛应用于医学领域的过程中逐步发展起来的一大类功能高分子材料。医用高分子材料发展的动力来自医学领域的客观需求。当人体器官或组织因疾病或外伤受到损坏时,迫切需要器官移植。然而,只有在很少的情况下,人体自身的器官(如少量皮肤)可以满足需要。采用同种异体移植或异种移植,往往具有排异反应,严重时导致移植失败。在此情况下,人们自然设想利用其他材料修复或替代受损器官或组织。近 50 年来,高分子材料已经越来越多地应用于医学领域,造福于人类。聚酯纤维用作人工血管和食道植入体内,替代病变或失去功能的血管和食道;中空纤维状渗透膜用于人工肾;硅橡胶、聚氨酯等材料制成的人工心脏瓣膜;用高分子材料制成的人造血液;人造玻璃体、人造皮肤、人工肝脏、人工肺等一大批人工器官的研制成功,大大促进了现代医学的发展。

5.7.1.1　医用高分子的分类

医用高分子大致可以分成如下五类:

① 与生物体组织不直接接触的材料,如药剂容器、输血用血浆袋、输血输液用具、注射器、化验室用品、手术室用品、麻醉用品。

② 与皮肤、黏膜接触的材料,这类材料制造的医疗器械和用品需与人体的皮肤与黏膜接触,但不与人体内部组织、血液、体液接触,要求无毒、无刺激,有一定的机械强度。如手术用手套、麻醉器械、诊疗用品、绷带、橡皮膏等。

③ 与人体组织短期接触的材料 这类材料大多用来制造在手术中暂时使用或暂时替代病变器官的人工脏器,例如,人造血管、人工肾脏渗析膜、人造皮肤等。这类材料在使用中需与肌体组织及血液接触,故一般要求有较好的生物体适应性和抗血栓性。

④ 长期植入体内的材料 这类材料制造的人工脏器,一经植人人体内,将伴随人的终生,不再取出。因此要求有非常优异的生物体适应性和抗血栓性,并有较高的机械强度和稳定的化学、物理性质。如人造血管、人工瓣膜、人工气管、人工尿道、人工骨骼等。

⑤ 药用高分子 这类高分子包括大分子化的药物和药物高分子。前者指将传统的小分子药物大分子化,如聚青霉素;后者则指本身就有药理功能的高分子,如阴离子聚合物型的干扰素诱发剂。

本节着重介绍直接用于治疗人体病变组织、替代人体病变器官、修补人体缺陷的高分子材料。

5.7.1.2　医用高分子材料的基本要求

医用高分子材料是一类用途特殊的材料。它们在使用过程中常需与生物肌体接触,有些还须长期植入体内,因此对医用高分子材料特性具有严格要求。

① 化学惰性,不会因与体液接触而发生反应;

② 对人体组织不会引起炎症或异物反应;

③ 非致癌性;

④ 良好的血液相容性，不会在材料表面凝血；

⑤ 长期植入体内，不会减小机械强度；

⑥ 可清洗、消毒不变性；

⑦ 易于加工成复杂形状。

除了对医用高分子材料本身具有严格的要求之外，还要防止在医用高分子材料生产、加工工程中引入对人体有害的物质。应严格控制用于合成医用高分子材料的原料的纯度，不能带入有害杂质，尤其是重金属含量不能超标。加工助剂必须符合医用标准。生产环境应当具有适宜的洁净级别，符合国家有关标准。

与其他高分子材料相比，对医用高分子材料的要求是非常严格的。对于不同用途的医用高分子材料，往往又有一些具体要求。在医用高分子材料进入临床应用之前，都必须对材料本身的物理化学性能、机械性能以及材料与生物体及人体的相互适应性进行全面评价，然后经国家管理部门批准才能进入临床使用。

5.7.1.3 高分子材料的生物相容性

生物相容性是指植入动物体内的材料与肌体之间的适应性。对肌体来说，植入的材料不管其结构、性质如何，都是外来异物。出于本能的自我保护，一般都会出现排斥现象。这种排斥反应的严重程度，决定了材料的生物相容性。因此，提高应用高分子材料与肌体的生物相容性，是材料和医学科学家们必须面对的课题。

由于不同的高分子材料在医学中的应用目的不同，生物相容性又可分为组织相容性和血液相容性两种。组织相容性是指材料与人体组织，如骨骼、牙齿、内部器官、肌肉、肌腱、皮肤等的相互适应性，而血液相容性则是指材料与血液接触是不是会引起凝血、溶血等不良反应。

(1) 高分子材料的组织相容性

高分子材料植入人体后，对组织反应的影响因素包括材料本身的结构和性质(如微相结构、亲水性、疏水性、电荷等)、材料中可渗出的化学成分(如残留单体、杂质、低聚物、添加剂等)、降解或代谢产物等。

1) 材料化学成分对生物反应的影响

材料中逐渐渗出的各种化学成分(如添加剂、杂质、单体、低聚物以及降解产物等)会导致不同类型的组织反应，例如炎症反应。组织反应的严重程度与渗出物的毒性、浓度、总量、渗出速率和持续期限等密切相关。例如，聚氨酯和聚氯乙烯中可能存在的残余单体有较强的毒性。而硅橡胶、聚丙烯、聚四氟乙烯等高分子的毒性渗出物通常较少，植入人体后表现的炎症反应较轻。

2) 高分子材料的生物降解对生物反应的影响

高分子材料生物降解对人体组织反应的影响取决于高分子材料的降解速度、产物的毒性、降解的持续期限等因素。降解速度慢而降解产物毒性小的高分子材料，一般不会引起明显的组织反应。若降解速度快而降解产物毒性大，可能导致严重的急性或慢性炎症反应。

3）高分子材料的物理形状等因素对组织反应的影响

除了上述高分子材料的化学结构以及渗出物对组织的反应之外，材料的物理形态如大小、形状、孔度、表面平滑度等因素也会影响组织反应。另外，试验动物的种属差异、材料植入生物体的位置等生物学因素以及植入技术等人为因素也是不容忽视的。一般来说，植入材料的体积越大、表面越平滑，造成的组织反应越严重。而当植入材料为海绵状、纤维状和粉末状时，组织细胞可围绕它们生长，不会由于营养和氧的不足而变异，因此致癌危险性较小。

(2) 高分子材料在体内的表面钙化

观察发现，高分子材料在植入人体内，再经过一段时间的试用后，会出现钙化合物在材料表面沉积的现象，即钙化现象。钙化现象往往是导致高分子材料在人体内应用失效的原因之一。试验证明，钙化现象不仅是胶原生物材料的特征，一些高分子水溶胶，如甲基丙烯酸羟乙酯在大鼠、仓鼠、荷兰猪的皮下也发现有钙化现象。钙化现象是高分子材料植入动物体内后，对机体组织造成刺激，促使机体新陈代谢加速的结果。

(3) 高分子材料的血液相容性

在医用高分子材料的应用中，相当多的情况下会与血液接触，如体外循环系统、人工血管等。血液一旦与外源固体材料接触，可能发生细胞附着、蛋白质吸附变性等生物反应导致凝血、溶血的不良反应。高分子材料在医学领域应用必须解决血液相容性问题。

一般认为，异物与血液接触时，首先将吸附血浆内蛋白质，然后吸附血小板，继而血小板崩坏，放出血小板因子，在异物表面凝血产生血栓。血小板在材料表面的黏附、释放和聚集是造成血栓的最直接的原因。因此，对血小板在材料表面的吸附情况进行了大量的研究，总结出了不少有意义的结论，归纳起来，有以下几个方面。

1）血小板的黏附与材料表面能有关

实验发现，血小板难黏附于表面能较低的有机硅聚合物，而易黏附于尼龙、玻璃等高能表面上。有理由认为，低表面能材料具有较好的抗血栓性。也有观点认为，血小板的黏附与两相界面自由能有更为直接的关系。界面自由能越小，材料表面越不活泼，则与血液接触时，与血液中各成分的相互作用力也越小，故造成血栓的可能性就较小。大量实验事实表明，除聚四氟乙烯外，临界表面张力小的材料，血小板都不易黏附。

2）血小板的黏附与材料的含水率有关

有些高分子材料与水接触后能形成高含水状态（20%～90%以上）的水凝胶。在水凝胶中，由于含水量增加而使高分子的实质部分减少，因此，植入人体后，与血液的接触机会也减少，相应的血小板黏附数减少。一般认为，水凝胶与血液的相容性，与其交联密度、亲水性基团数量等因素有关。含亲水基团太多的聚合物，往往抗血栓性并不好。因为水凝胶表面不仅对血小板黏附能力小，而且对蛋白质和其他细胞的吸附能力均较弱。在流动的血液中，聚合物的亲水基团会不断地由于被吸附的成分被

“冲走”而重新暴露出来,形成永不惰化的活性表面,使血液中血小板不断受到损坏。

3）血小板的黏附与材料表面的疏水—亲水平衡有关

综合上述讨论不难看出,无论是疏水性聚合物还是亲水性聚合物,都可在一定程度上具有抗血栓性。进一步的研究表明,材料的抗血栓性,并不简单决定于疏水性和亲水性,而是决定于它们的平衡值。较合适的聚合物,往往有足够的吸附力吸附蛋白质,形成一层惰性层,从而减少血小板在其上的黏附。

4）血小板的黏附与材料表面的电荷性质有关

人体中正常血管的内壁是带负电荷的,血小板、血球等的表面也是带负电荷的,由于同性相斥,血液在血管中不会凝固。因此,对带适当负电荷的材料表面,血小板难以黏附,有利于材料的抗血栓性。但也有实验事实表明,血小板中的凝固因子在负电荷表面容易活化。因此,若电荷密度太大,容易损伤血小板,反而造成血栓。

5）血小板的黏附与材料表面的光滑程度有关

由于凝血效应与血液的流动状态有关,血液流经的表面上有任何障碍都会改变其流动状态,因此,材料表面的平整度将严重影响材料的抗血栓性。将材料表面尽可能处理得光滑,以减少血小板、细胞成分在表面上的黏附和聚集,是减少血栓形成可能性的有效措施之一。

普通的高分子材料一般不具备抗血栓性,但可通过多种途径来改善。目前常用的有以下方法。

① 使材料表面带上负电荷的基团。例如,将芝加哥酸(1 -氨基- 8 -萘酚- 2,4 -二磺酸,其结构示意图如图 5 - 21 所示。)引入聚合物表面后,可减少血小板在聚合物表面上的黏附量,抗凝血性提高。

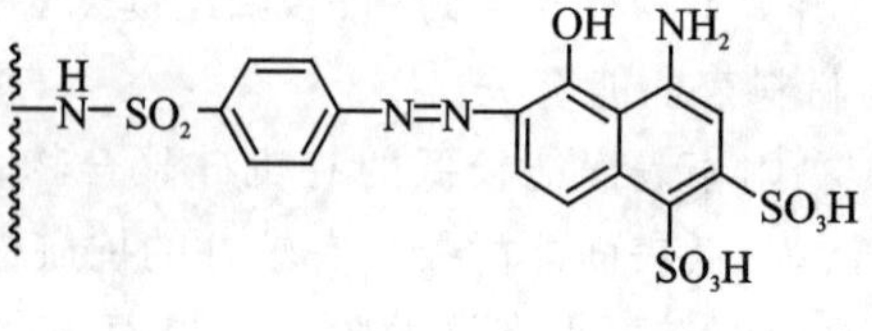

图 5 - 21　芝加哥酸引入聚合物示意图

② 高分子材料的表面接枝改性。生物医学材料的表面接枝改性,是提高其抗凝血性的一种重要手段。目前,主要是采用化学法和物理法将具有抗凝血性的天然和化学合成的化合物,如肝素、聚氧化乙烯接枝到高分子材料表面上。许多研究表明,血小板不能黏附于用聚氧化乙烯处理过的玻璃上。添加聚氧化乙烯于凝血酶溶液中,可防止凝血酶对玻璃的吸附。因此,在抗凝血的研究中,聚氧化乙烯是十分重要的抗凝血材料。

③ 具有微相分离结构的材料。人们发现,具有微相分离结构的高分子材料对血液相容性有十分重要的作用,而它们基本上是嵌段共聚物和接枝共聚物。其中研究得较多的是聚氨酯嵌段共聚物,即由软段和硬段组成的多嵌段共聚物,具有微相分离

结构的接枝共聚物、亲水/疏水型嵌段共聚物等都有一定的抗凝血性。

④ 材料表面伪内膜化，这是抗血栓性研究的新动向。大部分高分子材料的表面容易沉渍血纤蛋白而凝血。如果有意将某些高分子的表面制成纤维林立状态，当血液流过这种粗糙的表面时，迅速形成稳定的凝固血栓膜，但不扩展成血栓，然后诱导出血管内皮细胞。这样就相当于在材料表面上覆盖了一层光滑的生物层——伪内膜。这种伪内膜与人体心脏和血管一样，具有光滑的表面，从而达到永久性的抗血栓。

5.7.1.4　生物吸收性高分子材料

许多高分子材料植入人体内后只是起到暂时替代作用，例如，高分子手术缝合线的用于缝合体内组织时，当肌体组织痊愈后，缝合线的作用即告结束，这时希望用作缝合线的高分子材料能尽快地分解并被人体吸收，以最大限度地减少高分子材料对肌体的长期影响。由于生物吸收性材料容易在生物体内分解，其分解产物可以代谢，并最终排出体外，因而越来越受到人们的重视。

1. 生物吸收性天然高分子

已经在临床医学获得应用的生物吸收性天然高分子材料包括蛋白质和多糖两类生物高分子。这些生物高分子主要在酶的作用下降解，生成的降解产物如氨基酸、糖等化合物，可参与体内代谢，并作为营养物质被肌体吸收。因此，这类材料应当是最理想的生物吸收性高分子材料。白蛋白、葡聚糖和羟乙基淀粉在水中是可溶的，临床用作血容量扩充剂或人工血浆的增稠剂。胶原、壳聚糖等在生理条件下是不溶的，因此可作为植入材料在临床应用。下面对一些重要的生物吸收性天然高分子材料作简单介绍。

(1) 胶　原

胶原是构成人体组织的最基本的蛋白质类物质，至今已经鉴别出 13 种胶原，其中 I～III 和 Ⅺ 型胶原为成纤维胶原。I 型胶原在动物体内含量最多，已被广泛应用于生物医用材料和生化试剂。牛和猪的肌腱、生皮、骨骼是生产胶原的主要原料。胶原可以用于制造止血海绵、创伤辅料、人工皮肤、手术缝合线、组织工程基质等。但在应用前，胶原必须交联，以控制其物理性质和生物可吸收性。戊二醛和环氧化合物是常用的交联剂。胶原交联以后，酶降解速度显著下降。

(2) 明　胶

明胶是经高温加热变性的胶原，通常由动物的骨骼或皮肤经过蒸煮、过滤、蒸发干燥后获得。明胶在冷水中溶胀而不溶解，但可溶于热水中形成黏稠溶液，冷却后冻成凝胶状态。纯化的医用级明胶比胶原成本低，在机械强度要求较低时可以替代胶原用于生物医学领域。明胶可以制成多种医用制品，如膜、管等。由于明胶溶于热水，在 60～80 ℃水浴中可以制备浓度为 5%～20%的溶液，如果要得到 25%～35%的浓溶液，需要加热至 90～100 ℃。为了使制品具有适当的机械性能，可加入甘油或山梨糖醇作为增塑剂。用戊二醛和环氧化合物作交联剂可以延长降解吸收时间。

(3) 纤维蛋白

纤维蛋白是纤维蛋白原的聚合产物。纤维蛋白原是一种血浆蛋白质,存在于动物体的血液中。纤维蛋白原由三对肽链构成,每条肽链的相对分子质量在47000~63500之间。除了氨基酸之外,纤维蛋白原还含有糖基。纤维蛋白原在人体内的主要功能是参与凝血过程。纤维蛋白具有良好的生物相容性,具有止血、促进组织愈合等功能,在生物医学领域有着重要用途。目前,人的纤维蛋白或经热处理后的牛纤维蛋白已用于临床。纤维蛋白粉可用作止血粉、创伤辅料、骨填充剂(修补因疾病或手术造成的骨缺损)等。纤维蛋白飞沫由于比表面大,适于用作止血材料和手术填充材料。纤维蛋白膜在外科手术中用作硬脑膜置换、神经套管等。

2. 生物吸收性合成高分子

生物吸收合成高分子材料多数属于能够在温和生理条件下发生水解的生物吸收性高分子,降解过程一般不需要酶的参与。虽然生物吸收性天然高分子材料具有良好的生物相容性和生物活性,但毕竟来源有限,远远不能适应快速发展的现代医疗事业的需求。因此,人工合成的生物吸收性高分子材料有了快速发展的时间和空间。近年来生物吸收性合成高分子材料的研究进展很快,以聚α-羟基酸酯及其改性产物为代表的一大批脂肪族聚酯型生物吸收性高分子材料已在临床上得到广泛的应用。

(1) 脂肪族聚酯的合成

聚酯及其共聚物可由二元醇和二元酸(或二元酸衍生物)、羟基酸的逐步聚合来获得,也可由内酯的开环聚合来制备。缩聚反应因受反应程度和反应过程中产生的水或其他小分子的影响,很难得到高相对分子质量的产物。开环聚合只受催化剂活性和外界条件的影响,可得到高相对分子质量的聚酯,单体完全转化聚合。因此,开环聚合目前已成为内酯、乙交酯、丙交酯的均聚和共聚合成生物相容性和生物吸收性高分子材料的理想聚合方法。

内酯的开环聚合原则上可以由通常已知的各种聚合机理引发进行,如阳离子聚合、阴离子聚合、自由基聚合、配位聚合等。

用于内酯开环聚合的阳离子催化剂主要有:① 质子酸,如 HCl 等;② Lewis 酸,如 $AlCl_3$、$FeCl_3$、BF_3、BBr_3、$SnCl_2$ 等;③ 烷基化试剂;④ 酰化试剂等。

通过阴离子催化剂催化的阴离子开环聚合一般得到相对分子质量较低的齐聚物,可用来进一步制备嵌段聚酯和特殊结构聚酯。

(2) 聚α-羟基酸酯及其改性产物

聚酯主链上的酯键在酸生或者碱性条件下均容易水解,产物为相应的单体或短链段,可参与生物组织的代谢。聚酯键的降解速度可通过聚合单体的选择调节。例如,随着单体中碳/氧比增加,聚酯的疏水性增大,酯键的水解性降低。

单组分聚酯中最典型的代表是聚α-羟基酸及其衍生物。乙醇酸和乳酸是典型的α-羟基酸,其缩聚产物为聚乙醇酸(PGA)和聚乳酸(PLA)。乳酸中的α-碳是不对称的，因此，有 D-乳酸和 L-乳酸两种光学异构体。光学活性聚乳酸有很大差别。自然界存在的乳酸都是 L 乳酸，其生物相容性最好。

目前，商品聚 α-羟基酸酯一般采用阳离子开环聚合进行生产。由于医用高分子材料对生物毒性要求十分严格，因此要求催化剂对生物组织是非毒性的。目前最常用的催化剂是二辛酸锡，其安全可靠，催化乙交酯或丙交酯开环聚合得到聚酯。乙交酯或丙交酯开环聚合反应示意图如图 5-22 所示。

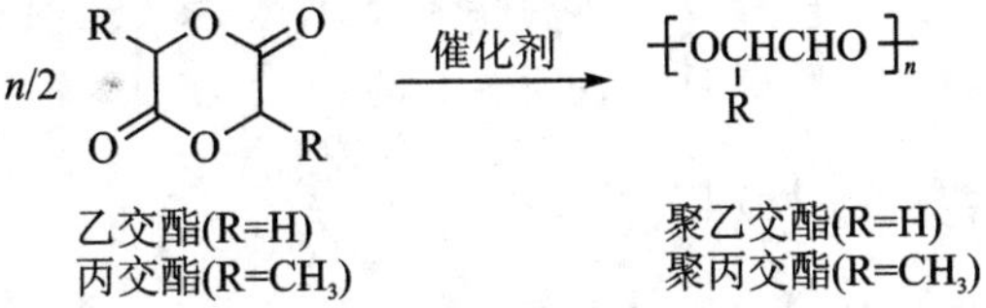

$$n/2 \text{ (环状二聚体)} \xrightarrow{\text{催化剂}} \left[\mathrm{OCHCHO}\right]_n \; (\text{R 连于 CH})$$

乙交酯(R=H)
丙交酯($R=CH_3$)

聚乙交酯(R=H)
聚丙交酯($R=CH_3$)

图 5-22 乙交酯或丙交酯开环聚合反应示意图

由乙交酯或丙交酯开环聚合得到的聚酯 PGA 或 PLA 也称为聚乙交酯或聚丙交酯。PGA 结晶性很高，其纤维的强度和模量几乎可以和芳香族聚酰胺液晶纤维（如 Kevlar）及超高相对分子质量聚乙烯纤维（如 Dynema）媲美。

（3）聚酯醚及其相似聚合物

聚醚酯可通过含醚键的内酯为单体通过开环聚合得到。如由二氧六环开环聚合制备的聚二氧六环可用作单纤维手术缝合线。将乙交酯或丙交酯与聚醚二醇共聚，可得到聚醚聚酯嵌段共聚物。例如，由乙交酯或丙交酯与聚乙二醇或聚丙二醇共聚，可得到聚乙醇酸-聚醚嵌段共聚物和聚乳酸-聚醚嵌段共聚物。在这些共聚物中，硬段和软段是相分离的，结果其机械性能和亲水性均得以改善。据报道，由 PGA 和聚乙二醇组成的低聚物可用作骨形成基体。

5.7.1.5 高分子材料在医学领域的应用

高分子材料作为人工脏器、人工血管、人工骨骼、人工关节等的医用材料，正在越来越广泛地得到运用。人工脏器的应用正从大型向小型化发展，从体外使用向内植型发展，从单一功能向综合功能型发展。为了满足材料的医用功能性、生物相容性和血液相容性的严峻要求，医用高分子材料也由通用型逐步向专用型发展，并研究出许多有生物活性的高分子材料，例如，将生物酶和生物细胞等固定在高分子材料分子中，以克服高分子材料与生物肌体相容性差的缺点。开发混合型人工脏器的工作也正在取得可喜的成绩。

根据人工脏器和部件的作用及目前研究进展，可将它们分成五大类。

① 能永久性地植入人体，完全替代原来脏器或部位的功能，成为人体组织的一部分。属于这一类的有人工血管、人工心脏瓣膜、人工食道、人工气管、人工胆道、人工尿道、人工骨骼、人工关节等。

② 在体外使用的较为大型的人工脏器装置，主要作用是在手术过程中暂时替代原有器官的功能。例如人工肾脏、人工心脏、人工肺等。这类装置的发展方向是小型

化和内植化。

③ 功能比较单一，只能部分替代人体脏器的功能，例如，人工肝脏等。这类人工脏器的研究方向是多功能化，使其能完全替代人体原有的较为复杂的脏器功能。

④ 正在进行探索的人工脏器。这是指那些功能特别复杂的脏器，如人工胃、人工子宫等。这类人工脏器的研究成功，将使现代医学水平有一重大飞跃。

⑤ 整容性修复材料，如人工耳朵、人工鼻子、人工乳房、假肢等。这些部件一般不具备特殊的生理功能，但能修复人体的残缺部分，使患者重新获得端正的仪表。从社会学和心理学的角度看，也是具有重大意义的。

5.7.2 药用高分子材料

5.7.2.1 药物高分子材料及其分类

与低分子药物相比，高分子药物具有低毒、高效、缓释、长效等特点。它们与血液和肌体的相容性好，在人体内停留时间长。还可通过单体的选择和共聚组分的变化，调节药物的释放速率，达到提高药物的活性、降低毒性和副作用的目的。可降低用药剂量，避免频繁进药，在体内保持恒定的药剂浓度，使药物的药理活性持久，提高疗效。合成高分子药物的出现，不仅改进了某些传统药物的不足之外，而且大大丰富了药物的品种，为攻克那些严重威胁人类健康的疾病提供了新的手段。

药用高分子的定义至今还不甚明确。在不少专著中，将药用高分子按其应用目的不同分为药用辅助材料和高分子药物两类。除了上述两类药用高分子材料外，近年来还逐渐形成了介于这二者之间的一类处于过渡态的高分子化合物。这类材料虽然本身不具有药理作用，但由于它的使用和存在却延长了药物的效用，为药物的长效化、低毒化做出了贡献。例如，用于药物控制释放的高分子材料。

(1) 药用高分子辅助材料

药用高分子辅助材料指的是在将具有药理活性的物质制备成各种药物制剂中使用的高分子材料。药用辅助材料可改变药物从制剂中释放的速度或稳定性，从而影响其生物利用度。由于药物制剂必须是安全、高效、稳定，因此作为药物制剂成分之一的药用高分子辅助材料同样要求是安全、有效、稳定的。药用高分子辅助材料按其来源可分为天然药用高分子辅助材料、生物高分子药用材料和合成药用高分子辅助材料。其中，天然药用高分子辅助材料主要有淀粉、多糖、蛋白质和胶质等；生物药用高分子辅助材料主要有右旋糖酐、质酸、聚谷氨酸、生物多糖等；常用的合成药用高分子辅助材料有聚丙烯酸酯、聚乙烯基吡咯烷酮、聚乙烯醇、聚乙烯、聚丙烯、聚氯乙烯、聚苯乙烯、聚碳酸酯和聚乳酸等。此外，还有利用天然或生物高分子的活性进行化学反应引入新基团或新结构产生的半合成高分子。

药物的控制释放和靶向问题已成为现代药物学最关心的问题之一，高分子药物控制释放材料由此产生。用高分子材料制备药物控制释放制剂主要有两个目的，一是为了使药物以最小的剂量在特定部位产生治疗效应，二是优化药物释放速率以提高疗效，降低毒副作用。有三种控制释放体系可以实现上述目的，即时间控制体系（缓释药物）、部位控制体系（靶向药物）、反馈控制体系（智能药物）。目前，第一种体系已经大量应用，第二、三种体系则正在发展之中。

（2）高分子药物

一些水溶性高分子材料本身具有药理作用，可直接作药物使用，这就是高分子药物。按分子结构和制剂的形式，高分子药物可分为三大类：①高分子化的低分子药物或称高分子载体药物其药效部分是低分子药物。以某种化学方式连接在高分子链上。②本身具有药理活性的高分子药物这类药物只有整个高分子链才显示出医药活性，它们相应的低分子模型化合物一般并无药理作用。③物理包埋的低分子药物，这类药物中，起药理活性作用的是低分子药物，它们以物理的方式被包裹在高分子膜中，并能通过高分子材料逐渐释放。这类药物的典型代表为药物微胶囊。

这三类高分子药物各具特色，目前都有较快发展。

5.7.2.2　低分子药物与高分子的结合方式

高分子载体药物中应包含四类基团：药理活性基团、连接基团、输送用基团和使整个高分子能溶解的基团。连接基团的作用是使低分子药物与聚合物主链形成稳定的或暂时的结合，而在体液和酶的作用下通过水解、离子交换或酶促反应可使药物基团重新断裂下来。输送用基团是一些与生物体某些性质有关的基团，如磺酰胺基团与酸碱性有密切依赖关系，通过它可将药物分子有选择地输送到特定的组织细胞中。可溶性基团，如羧酸盐、季铵盐、磷酸盐等的引入可提高整个分子的亲水性，使之水溶。在某些场合下，亦可适当引入烃类亲油性基团，以调节溶解性。上述四类基闭可通过共聚反应、嵌段反应、接枝反应以及高分子化合物反应等方法结合到聚合物主链上。此外，四类基团还可以其他方式组合，得到分子形态各异的模型。

5.7.2.3　高分子载体药物

药用高分子的研究工作是从高分子载体药物的研究开始的。第一个高分子载体药物是 1962 年研究成功的将青霉素与聚乙烯胺结合的产物。至今已研制成功许多品种，目前在临床中实际应用的药用高分子大多属于此类。

青霉素是一种抗多种病菌的广谱抗菌素，应用十分普遍。它具有易吸收，见效快的特点，但也有排泄快的缺点。利用青霉素结构中的羧基、氨基与高分子载体反应，可得到疗效长的高分子青霉素。例如，将青霉素与乙烯醇乙烯胺共聚物以酰胺键相结合，得到水溶性的药物高分子，这种高分子青霉素在人体内停留时间比低分子青霉素长 30～40 倍。

鲍尼等以乙烯基吡咯烷酮-乙烯胺共聚物或乙烯基吡咯烷酮-丙烯酸共聚物作骨架，也得到水溶性高分子青霉素，并具有更好的稳定性和药物长效性，而且聚乙烯吡咯烷酮本身可作血液增量剂，与生物体相容性良好，两种青霉素结构分别如下：

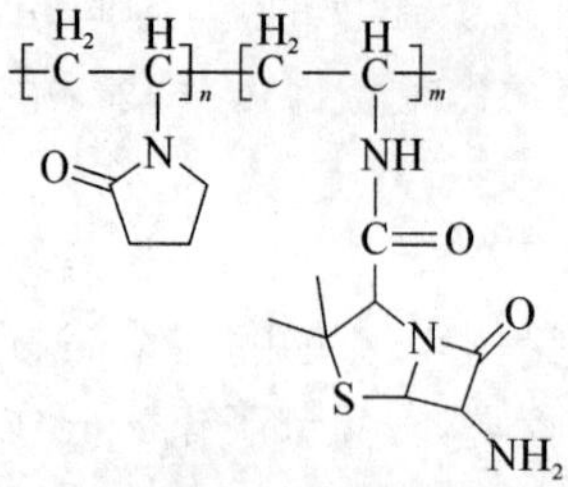

乙烯基吡咯烷酮–乙烯共聚物载体青霉素 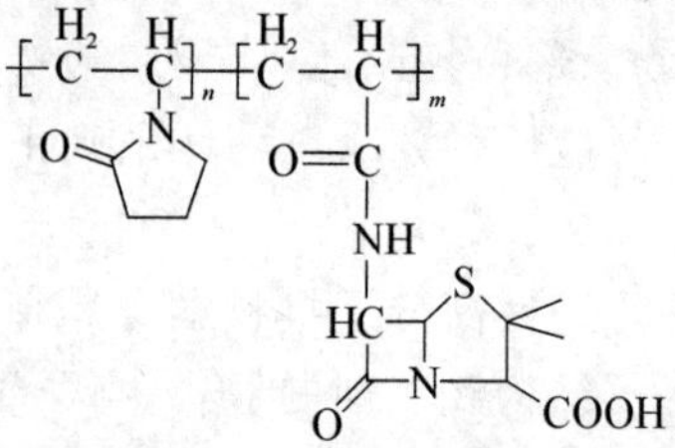　　乙烯基吡咯烷酮–丙烯酸共聚物载体青霉素

先锋霉素的结构与青霉素十分相近，因此，也可通过上述反应得到高分子载体药物。链霉素也是一种广泛使用的抗菌性，但毒性很大，使用不当容易造成听力减退，严重时耳聋。将链霉素中的醛基与甲基丙烯酰肼缩合，所得单体再与甲基丙烯酰胺等水溶性单体共聚，可得水溶性的链霉素聚合物。这种聚合物的毒性大大低于低分子链霉素，且有更高的抗结核病活性。

许多低分子药物在高分子化后，仍能保持其原来的药效。在某些情况下，高分子骨架还有活化和促进药理活性的作用。但必须注意到，相反的情况也同样存在。在有些情况下，低分子药物高分子化后，药效随高分子化而降低，甚至消失。如治疗疟疾的特效药奎宁与丙烯酰氯反应得到奎宁丙烯酸酯单体，聚合后的产物成为不溶性的，而且失去药效。据推测，这可能一方面是由于奎宁丙烯酸酯中的两个乙烯基发生交联，另一方面是由于聚合过程中旋光度发生变化之故。

将低分子药物高分子化，是克服低分子药物的缺点、提高药物疗效的一种有效方法。但总的来说，到目前为止成功的例子并不很多。其中存在的问题一是可利用的高分子骨架品种有限，主要限于聚乙烯醇、聚(甲基)丙烯酸酯、聚丙烯酰胺、纤维素衍生物等有活性基团的聚合物。二是结构因素对药理作用的影响尚不清楚，缺乏详尽的理论指导，造成很多药物高分子化后失去药理作用。

5.7.2.4　药理活性高分子药物

药理活性高分子药物是真正意义上的高分子药物。它们本身具有与人体生理组织作用的物理、化学性质，从而能克服肌体的功能障碍，治愈人体组织的病变，促进人体的康复和预防人体的疾病等。

实际上，高分子药物的应用已有很悠久的历史，如激素、酶制剂、肝素、葡萄糖、驴皮胶等都是著名的天然药理活性高分子。合成的药理活性高分子的研究、开发和应用的历史不长，对许多高分子药物的药理作用也尚不十分清楚。但是，由于生物体本身就是由高分子化合物构成的，因此，人们相信，作为药物的高分子化合物，应该有可能比低分子药物更易为生物体所接受。

如聚乙烯磺酸钠是一种具有抗凝血作用的聚合物，对于治疗血栓性静脉炎有一定疗效，它与尼古丁戊酯配合对消除肌体浮肿、软化肌肤疤痕都有良好的疗效。聚乙烯酸钠结构式如下：

$$\mathrm{-\!\!\left[\overset{H_2}{C}-\underset{\underset{SO_3Na}{|}}{\overset{H}{C}}\right]\!\!-_{n}}$$

聚乙烯磺酸钠的聚合单体是乙烯基磺酸钠。由于磺酸钠基团的强烈电斥作用，单体不易靠拢，因此，通过自由基聚合很难得到聚合物。有效的方法是采用等离子体引发聚合。

5.7.2.5　药物微胶囊

所谓微胶囊，是指以高分子膜为外壳、在其中包有被保护或被密封的物质的微小包囊物。就像鱼肝油丸那样，外面是一个明胶胶囊；里面是液态的鱼肝油。经过这样处理，鱼肝油由液体变成了固体。事实上，世界上第一个微胶囊专利也就是鱼肝油微胶囊。微胶囊的颗粒直径要比传统的鱼肝油丸小得多，尺寸范围在零点几微米至几千微米。微胶囊中所包裹的物质，可以是液体、固体粉末，也可以是气体。

微胶囊可以改变一个物质的外形而不影响它的内在性能。例如，一种液体物质经微胶囊化后就变成了固体粉末，其外形完全发生了变化，但在微胶囊内部还是液体，性质并不改变。但从另一意义上讲，物质的微胶囊化可改变其性质，它可以使物质分散成细小状态，经微胶囊化后，物质的颜色、比重、溶解性、反应性、压敏性、热敏性、光敏性均发生了变化。例如，一个比水重的物质可通过调节聚合物膜的比重和包人的空气量而使它浮于水面上。微胶囊的最大特点是可以控制释放内部的被包裹物质，使其在某一瞬间释放出来或在一定时期内逐渐释放出来。瞬间释放主要通过挤压、摩擦、熔融、溶解等作用使外壳解体；逐渐释放则是通过芯材向壳体外逐渐渗透或外壳逐渐溶解、降解而使芯材释放出来。

微胶囊在工农业生产、日常生活中有十分广泛的用途。例如，将无色染料包在微胶囊内，然后涂布在酸性底基的纸上。书写时，压力将微胶囊压破，无色染料遇酸而显色。这就是无碳复写纸的工作原理。把农药、化肥微胶囊化则可得长效缓释农药、化肥。其他还可举出许多有意义的应用例子。药物的微胶囊化，也是微胶囊技术的一个重要应用领域。

药物的微胶囊化，就是将细微的药物颗粒用高分子膜保护起来形成的微小胶囊物。它是一种复合物，真正起药理作用的仍是低分子药物。

与普通的药物相比，药物微胶囊有不少优点。药物被高分子膜包裹后，避免了药物与人体的直接接触，药物只有通过对聚合物壁的渗透或聚合物膜在人体内被侵蚀、溶解后才能逐渐释放出来。因此，能够延缓、控制药物释放速度，掩蔽药物的刺激性、毒性、苦味等不良性质，提高药物的疗效。此外，经微胶囊化的药物，与空气隔绝，能有效防止药物贮存过程中的氧化、吸潮、变色等不良反应，增加贮存稳定性。

目前已实际应用的高分子材料中，天然的高聚物有骨胶、明胶、阿拉伯树胶、琼脂、海藻酸钠、鹿角菜胶、葡聚糖硫酸盐等。半合成的高聚物有乙基纤维素、硝基纤维素、羧甲基纤维素、醋酸纤维素等。应用较多的合成高聚物有聚葡萄糖酸、聚乳酸、乳酸与氨基酸的共聚物等。

药物的微胶囊化是低分子药物通过物理方式与高分子化合物结合的一种形式。通俗地说，微胶囊化就是给分散得很细的药物颗粒“穿上外衣”的过程。在工业上和实验室中，药物微胶囊化的具体实施方法很多，归纳起来有以下几类：① 化学方法，包括界面聚合法、原位聚合法、聚合物快速不溶解法等；② 物理化学方法，包括水溶液中相分离法、有机溶剂中相分离法、溶液中干燥法、溶液蒸发法、粉末床法等；③ 物理方法，空气悬浮涂层法、喷雾干燥、真空喷涂法、静电气溶胶法、多孔离心法等。在上述三大类制备微胶囊的方法中，物理方法需要较复杂的设备，投资较大，而化学方法和物理化学方法一般通过反应釜即可进行，因此应用较多。下面介绍几种常用的方法。

(1) 界面聚合法

将两种带不同活性基团的单体分别溶于两种互不相溶的溶剂中。当一种溶液分散到另一种溶液中时，在两种溶液的界面上会形成一层聚合物膜。常用的活性单体有多元醇、多元胺、多元酚和多元酰氯、多元异氰酸酯等。其中，多元醇、多元胺和多元酚可溶于水相，多元酰氯和多元异氰酸酯则可溶于有机溶剂(油)相。反应后分别形成聚酰胺、聚酯、聚脲或聚氨酯。

如果被包裹的是亲油性药物，应将药物和油溶性单体先溶于有机溶剂，然后将此溶液在水中分散成很细的液滴。再在不断搅拌下往水相中加入含有水溶性单体的水溶液，于是在液滴表面上很快生成一层很薄的聚合物膜。经沉淀、过滤和干燥后，便得到包有药物的微胶囊。如果被包裹的是水溶性药物，则整个过程正好与上述方法相反。

(2) 原位聚合法

所谓原位聚合法，就是单体、引发剂或催化剂以及药物处于同一介质中，然后向介质加入单体的非溶剂，使单体沉积在药物颗粒表面上，并引发聚合，形成微胶囊。也可将上述溶液分散在另一不溶性介质中，并使其聚合。在聚合过程中，生成的聚合物不溶于溶液，从药物液滴内部向液滴表面沉积成膜，形成微胶囊。

从上述方法介绍可知，原位聚合法要求单体可溶于介质中。而聚合物则不溶解。因此，其适用面相当广泛，任何气态、液态、水溶性和油溶性的单体均可应用，甚至可用低相对分子质量聚合物、预缩聚物代替单体。此外，原则上各种聚合方法都可使用。为了使药物分散均匀，在介质中还常加入表面活性剂或阿拉伯树胶、纤维素衍生物、聚乙烯醇、二氧化硅胶体等保护体系。

(3) 水(油)中相分离法

用这种方法制备微胶囊时，首先将聚合物溶于适当介质中(水或有机溶剂)，并将药物分散于该介质中。然后向介质中逐步加入聚合物的非溶剂。使聚合物从介质中凝聚出来，沉积于药物颗粒表面而形成微胶囊。

(4) 溶液中干燥法

这种方法是将药物溶液与聚合物溶液形成乳液，再将这种乳液分散于水或挥发性溶剂中，形成复合乳液。然后通过加热、减压、萃取、冷冻等方法除去溶解聚合物的溶剂，则聚合物沉积于药物表面，形成微胶囊。根据介质的不同，此法又可分为水中干燥法和油中干燥法两种方法，其中，水中干燥法是制备水溶性药物的最常用方法。它比界面聚合法优越之处在于它避免了单体与药物的直接接触，不会由于单体残留而引起毒性，也不必担心单体与药物发生反应而使药物变性或失去药理作用，因此，对那些容易失去活性或变性的药物(如酶制剂、血红蛋白等)尤为合适。

水中干燥法的具体实施过程为：先将含有被包覆药物的水溶液分散于含有聚合物和表面活性剂(如司盘型乳化剂)的有机溶液中，形成油包水(W/O)型乳液，再将这种乳液分散到含有稳定剂(明胶、聚乙烯醇、吐温型乳化剂等)的水中，形成复合乳液，然后通过加热、减压或萃取等方法除去溶解聚合物的有机溶剂。于是在药物颗粒表面形成一层很薄的聚合物膜。

药物微胶囊的研究和应用是在 20 世纪 70 年代兴起的，已取得了许多成果，国内在这方面也做了大量的工作。聚乳酸是一种性能优异的医用高分子材料，无毒，无炎症和过敏反应，在体内可降解成无毒的乳酸，并进一步代谢成二氧化碳和水。它在碱性条件下的降解速度高于在酸性条件。用聚乳酸作微胶囊膜材料包埋抗癌药物丝裂霉素 C，以患肉瘤和乳腺癌的老鼠为试验对象，一次投药量为 20 $mg \cdot kg^{-1}$ 体重，10 天投药 1 次。结果癌细胞抑制率达 85%，而未采用微胶囊型药物供药的，75%死亡。可见药物微胶囊的缓释性使毒性降低，疗效增加。

配糖蛋白 B(Glycoprotein B)是一种免疫兴奋剂，主要用作小儿支气管炎的预防药物。但这种药物性质不稳定，易变质，贮存期很短。因此，研制了以阳离子丙烯酸酯树脂为壁膜材料的微胶囊，大大提高了药物的贮藏稳定性。这种微胶囊在 37 ℃，pH=1～3 的介质中，30 min 即可充分溶解释放，因此能溶于人体胃液中并被吸收。由于其药物被高分子壁材所包埋，没有异味，更适合于儿童口服。

微胶囊技术在固定化酶制备中有明显的优越性。过去，酶固定化的技术是将酶包裹于凝胶中，或通过酶上的活性基团(如羟基、氨基等)，以共价键的形式与载体连接。但这些方法都会在一定程度上降低甚至失去酶的活性，而采用微胶囊技术后，由于酶包埋在微胶囊中，活性不会发生任何变化，使效力大大提高。

参考文献

1. 王建国，王德海，邱军，等. 功能高分子材料[M]. 上海：华东理工大学出版社，2006.
2. 张留成，闫卫东，王家喜. 高分子材料进展[M]. 北京：化学工业出版社，2005.
3. 张留成. 高分子材料导论[M]. 北京：化学工业出版社，1993.
4. 焦剑，姚军燕. 功能高分子材料[M]. 北京：化学工业出版社，2006.

5. 赵文元,王亦军. 功能高分子材料[M]. 2 版. 北京:化学工业出版社, 2013.
6. 马如璋,蒋民华,徐祖雄. 功能材料学概论[M]. 北京:冶金工业出版社,1999.
7. 赵文元,王亦军. 功能高分子材料化学[M]. 北京:化学工业出版社, 2003.
8. 赵文元,赵文明,王亦军. 聚合物材料的电学性能及其应用[M]. 北京:化学工业出版社, 2006.
9. 蓝立文,姜胜年,张秋禹. 功能高分子材料[M]. 西安:西北工业大学出版社,1995.
10. 王国建,刘琳. 特种与功能高分子材料[M]. 北京:中国石化出版社, 2004.
11. 陈义镰. 功能高分子[M]. 上海:上海科学技术出版社, 1988.
12. 王国建,王公善. 功能高分子[M]. 上海:同济大学出版社, 1995.
13. 孙酣经. 功能高分子材料及应用[M]. 北京:化学工业出版社, 1990.
14. 高以狚,叶凌碧. 膜分离技术基础[M]. 北京:科学出版社, 1989.
15. 汪锡安, 胡宁先, 王庆生. 医用高分子[M]. 上海:上海科学技术出版社, 1980.
16. 何天白, 胡汉杰. 功能高分子与技术[M]. 北京:化学工业出版社, 2001.
17. 郭红卫, 汪济奎. 现代功能材料及其应用[M]. 北京:化学工业出版社, 2002.
18. D. C. Sherrington and P. Hodge. Synthesis and separations using functional polymers[M]. John Wiley & Sons, Chichester, 1988.
19. S. S. Mitra, K. Sreekumar. Polymer - bound benzyltriethylammonium polyhalides: recyclable reagent for the selective iodination of amines and phenols. React Func Polym[J]. 1997, 32(3): 281 - 291.
20. D. Miyajima, F. Araoka, H. Takezoe, J. Kim, K. Kato, M. Takata, T. Aida. Columnar liquid crystal with a spontaneous polarization along the columnar axis, J. Am. Chem. Soc[J]. 2010, 132(25): 8530 - 8531.
21. 陈东红, 虞鑫海, 徐永芬. 导电高分子材料的研究进展. 化学与黏合. 2012, 34(6), 61 - 64.
22. K. Murata, S. Izuchi, Y. Yoshihisa. Overview of the research and development of solid polymer electrolyte batteries. Electrochimica Acta[J]. 2000, 45(8 - 9): 1501 - 1508.
23. 钮春丽, 李盛彪, 王兢, 等. 含吸电子基的 PPV 共轭聚合物的研究进展[J]. 化工新型材料. 2010, 38(9): 11 - 14.

第6章 聚合物基复合材料

6.1 概 述

国际标准化组织将复合材料(Composite Material,CM)定义为:复合材料是由两种或两种以上物理和化学性质不同的物质组合而成的一种多相固体材料。在复合材料中,通常连续相称为基体;分散相称为增强体。分散相是以独立的形态分布在整个连续相中,两相之间存在相界面。复合材料的性能主要取决于:基体的性能、增强材料的性能以及基体与增强材料之间的界面性能。复合材料体系中各组分保持相对独立,但材料性能并非简单加和,各组分间互相协同对材料整体性能有改进作用。由于增强材料和基体材料的不同,因此决定了复合材料的品种和性能的千变万化。相对于传统的化合材料、混合材料复合材料的区别主要在于多相体系和复合效果,这也是复合材料的两大特征。在复合材料中,通常连续相被称为基体;分散相被称为增强体。分散相是以独立的形态分布在整个连续相中,两相间存在界面。复合材料可以是一个连续相与一个连续分散相的复合,也可以是两个或多个连续相与一个或多个分散相的复合,可按需要进行设计,从而复合成为综合性能优异的新型材料。增强材料是复合材料的主要承力组分,特别是拉伸、弯曲和冲击强度等力学性能主要由增强材料承担;基体的作用通常是将增强材料黏合成一个整体,起到应力均衡和传递的作用。由于复合材料各组分之间"取长补短""协同作用",极大地弥补了单一材料的缺点,获得了单一材料所不具有的新性能。复合材料的出现和发展,是现代科学技术不断进步的结果,也是材料设计方面的一个突破。

6.1.1 复合材料分类

复合材料按增强材料形态可分为:① 连续纤维复合材料,以连续纤维作为分散相,每根纤维的两个端点都位于复合材料的边界处;② 短纤维复合材料,短纤维无规则地分散在基体材料中制成的复合材料;③ 粒状填料复合材料,颗粒增强材料分散在基体中制成的复合材料;④ 编织复合材料,以平面二维或立体三维纤维编织物为增强材料与基体复合而成的复合材料。按聚合物基体可分为环氧树脂基、聚氨酯基、酚醛树脂基、不饱和聚酯基以及其他树脂基复合材料。

6.1.2 复合材料基本性能

复合材料是由多种组分材料组成、许多性能优于单一组分的材料。影响复合材料性能的因素很多，主要取决于增强材料、基体材料的性能、含量及分布状况，以及界面性能情况，同时也与成型工艺和结构设计有关。复合材料的基本性能包括以下几个方面。

(1) 轻质高强

玻璃纤维增强树脂基复合材料比强度(比强度是指强度与密度的比值)不仅大大超过碳钢，而且可超过某些特殊合金钢。碳纤维复合材料、有机纤维复合材料具有比玻璃纤维复合材料更小的密度和更高的强度，因此具有更高的比强度。

(2) 可设计性

聚合物基复合材料可以根据要求灵活地进行设计。对结构件来说，可根据受力情况合理布置增强材料，达到节约材料、减轻重量的目的。对于有耐腐蚀性能要求的产品，设计时可以选用耐腐蚀性能好的基体树脂和增强材料。对于其他一些性能要求，如介电性能、耐热性能等，都可以方便地通过选择合适的原材料来满足。

(3) 功能性

可根据要求制备具有各种功能性的聚合物基复合材料，如耐烧蚀性、耐摩擦性、电绝缘性、耐腐蚀性能以及特殊的光学、电学、磁学特性等。

(4) 抗过载好

复合材料中有大量增强纤维，当材料过载时有少数纤维断裂时，载荷会重新分配到未破坏的纤维上，使整个构件在短期不至于失去承载能力。

6.1.3 复合材料主要应用

与传统材料(如金属、木材、水泥等)相比，复合材料是一种新型材料。如上所述，复合材料具有许多优良的性能，并且其成本在不断地下降，成型工艺的机械化、自动化程度不断提高，因此，复合材料的应用领域日益广泛。下面介绍在几个领域的主要应用。

(1) 在航空、航天方面的应用

由于复合材料的轻质高强特性，因此它在航空航天领域得到广泛的应用。在飞机上大量使用复合材料大幅度减轻了飞机的质量，改善了飞机的总体结构。特别是由于复合材料构件的整体性好，因此极大地减少了构件的数量，减少连接，有效地提高了安全可靠性。

(2) 在交通运输方面的应用

复合材料在交通运输方面的应用已有几十年的历史，发达国家复合材料产量的30%以上用于交通工具的制造。采用复合材料制造的汽车质量减轻，在相同条件下的耗油量只有钢制汽车的1/4；而且在受到撞击时复合材料能大幅度吸收冲击能量，保护人员的安全。

(3) 在化学工业方面的应用

聚合物基复合材料具有优异的耐腐蚀性能。例如，在酸性介质中，聚合物基复合

材料的耐腐蚀性能比不锈钢优异得多。因此可用于制造化工耐腐蚀设备有大型储罐、各种管道、通风管道、烟囱、风机、地坪、泵、阀和格栅等。

(4) 在电气工业方面的应用

聚合物基复合材料是一种优异的电绝缘材料,广泛地用于电机、电工器材的制造。例如,绝缘板、绝缘管、印刷线路板、电机护环、槽楔、高压绝缘子、带电操作工具等。

(5) 在建筑工业方面的应用

玻璃纤维增强的聚合物基复合材料(玻璃钢)具有优异的力学性能,良好的隔热、隔音性能,吸水率低,耐腐蚀性能较好以及很好的装饰性。因此,这是一种理想的建筑材料。用复合材料制备的钢筋代替金属钢筋制造的混凝土建筑具有极好的抗海水性能,可极大地减少金属钢筋对电磁波的屏蔽作用,因此这种混凝土适合于制造码头、海防构件等,也适合于制造电信大楼等建筑。

(6) 在体育用品方面的应用

在体育用品方面,复合材料被用于制造赛车、赛艇、皮艇、划桨、撑杆、球拍、弓箭、雪橇等。复合材料制作的滑雪板具有良好的振动吸收和操作性、耐疲劳性,且滑行速度也能得到相应提高。

(7) 在医学领域的应用

复合材料在外科整形医疗中可用来制造人造骨骼、人造关节及人造韧带等。这是因为复合材料在人的体温变化范围内,可使其热膨胀系数与人体的骨骼等膨胀系数相匹配,大大减轻了患者的痛苦。

以上是复合材料应用的部分例子,由于复合材料的应用领域非常广泛,实际的应用远不止这些。

6.2　树脂基体

热固性树脂基复合材料是目前研究得最多、应用得最广的一种复合材料。它具有质量轻、强度高、模量大、耐腐蚀性好、电性能优异、原料来源广泛,加工成型简便、生产效率高等特点,并具有材料可设计性以及其他一些特殊性能,如减振、消音、透电磁波、隐身、耐烧蚀等特性,已成为国民经济、国防建设和科技发展中无法取代的重要材料。在热固性树脂基复合材料中使用最多的树脂仍然是酚醛树脂、不饱和聚酯树脂和环氧树脂这三大热固性树脂。这三种树脂阶性能各有特点:酚醛树脂的耐热性较高、耐酸性好、固化速度快,但较脆、需高压成型;不饱和聚酯树脂的工艺性好、价格最低,但性能较差;环氧树脂的黏结强度和内聚强度高,耐腐蚀性及介电性能优异,综合性能最好,但价格较贵。因此,在实际工程中环氧树脂复合材料多用于对使用性能要求高的场合,如用作结构材料、耐腐蚀材料、电绝缘材料及透波材料等。

6.2.1 环氧树脂基体

如4.1.5.3小节所述，环氧树脂是指分子中含有环氧基团的有机高分子化合物，以脂肪族、脂环族或芳香族链段为主链的高分子预聚物。由于分子结构中含有活泼的环氧基团，它们可与多种类型的固化剂发生交联反应而形成不溶、不熔的三维网状结构的高聚物。由于环氧树脂固化物具有优异的综合性能，其作为基体树脂已大量应用于复合材料生产，尤其是前为增强复合材料，并广泛用于机械、电机、化工、航空航天、船舶、汽车、建筑等行业。如层压环氧树脂复合材料主要用作电机、电器的绝缘结构件。其中环氧覆铜板的用量极大。环氧树脂玻璃钢主要用作耐腐蚀容器，如贮罐、槽车、电解槽、酸洗塔等，也用作雷达罩。高性能环氧复合材料主要用作飞机、卫星、航天器等的结构件，固体火箭发动机壳体，以及高级体育用品如球拍、球棒、钓鱼竿、赛艇等。

环氧基是环氧树脂的特性基团，环氧基含量多少是环氧树脂作为复合材料树脂基体最为重要的指标，直接影响复合材料的性能。描述环氧基含量有三种不同的表示法。

① 环氧当量是指含有1 mol环氧树脂的质量，低相对分子质量(分子量)环氧树脂的环氧当量为175～200 g/mol，随着分子质量的增大环氧基间的链段越长，所以高分子量环氧树脂的环氧当量就相应的高。如果在树脂的链段中没有支链，是线型分子，链段的两端都是以一个环氧基为终止，那么环氧当量将是树脂平均分子量的一半。

② 环氧值每100 g树脂中所含有环氧基的物质的量(摩尔)。这种表示方法有利于固化剂用量的计算和用量的表示。因为固化剂用量的含义是每100 g环氧树脂中固化剂的加入量。

③ 环氧质量分数每100 g树脂中含有环氧树脂的质量(g)。

6.2.2 不饱和聚酯树脂基体

不饱和聚酯树脂(Unsaturated Polyester Resins，UPR)是一种典型的热固性树脂基体材料，是指分子链上具有不饱和键(如双键)的聚酯高分子。

作为复合材料基体树脂，不饱和聚酯树脂与其他众多热固性树脂相比有以下独特的优点。不饱和聚酯树脂具有良好的加工特性，可以在室温、常压下固化成型，不释放出任何小分子副产物；树脂的黏度比较适中，可采用多种加工成型方法，如手糊成型、喷射成型、拉挤成型、注塑成型、缠绕成型等。不饱和聚酯树脂在工业上被称为接触成型或低压成型热固性树脂。

不饱和聚酯树脂已被广泛应用于玻璃纤维增强材料(即玻璃钢)、浇注制品、木器涂层、卫生洁具和工艺品等，在建筑、化工防腐、交通运输、造船工业、电气工业材料、娱乐工具、工艺雕塑、文体用品、宇航工具等各行各业中发挥了应有的效用。

不饱和聚酯室温下一般为固体，习惯上通常将其溶于乙烯类单体中，制成溶液。常用的乙烯类单体有苯乙烯、醋酸乙烯、甲基丙烯酸甲酯等。采用不同分子结构的原料与配比组成，可以获得多种性能的树脂基体。所以不饱和聚酯类产品可以分别应用于装饰注塑件、电器浇铸、铸塑纽扣(特别是珠光纽扣)、清漆、陶瓷管密封或螺母的固定胶、聚酯泥子、胶泥等；特别是不饱和聚酯树脂玻璃钢已广泛应用于建材工业、化学工业和运输工业中。

6.2.3　酚醛树脂基体

酚醛树脂是最早工业化的合成树脂，由于它原料易得、合成方便，以及树脂固化后性能能够满足许多使用要求，因此在工业上得到广泛应用。由于酚醛树脂产品具有良好的机械强度和耐热性能，尤其具有突出的瞬时耐高温烧蚀性能，以及树脂本身又有改性的余地，所以目前酚醛树脂不仅广泛用于制造玻璃纤维增强塑料(如模压制品)等，且作为瞬时耐高温和烧蚀的结构复合材料用于宇航工业方面(空间飞行器、火箭、导弹等)。酚醛树脂虽是古老的一类热固性树脂，生产应用也有 80 余年历史，但由于树脂合成的化学反应非常复杂，固化后的酚醛树脂的分子结构又难以被准确测定，所以迄今缩聚反应的历程还不完全清楚，酚醛树脂的研究工作仍在继续进行。

$$n\,C_6H_5OH + n\,HCHO \xrightarrow[\text{D}]{\text{催化剂}} \left[C_6H_3(OH){-}CH_2 \right]_n + n\,H_2O$$

酚醛树脂基体的原料主要是酚类(如苯酚、二甲酚、间苯二酚、多元酚等)。醛类(如甲醛、乙醛、糠醛等)和催化剂(如盐酸、硫酸、对甲苯磺酸等酸性物质及氢氧化钠、氢氧化钾、氢氧化钡、氨水、氧化镁、醋酸锌等碱性物质)。酚与过量甲醛在碱或酸性介质中进行缩聚，生成可熔性的热固性酚醛树脂。由于采用不同原料和不同催化剂制备出的酚醛树脂的结构和性能并不完全相同，因此酚醛树脂基体原料的选择应根据复合材料产品的性能要求而定。

6.2.4　聚酰亚胺树脂

聚酰亚胺是指主链上含有酰亚胺环的一类聚合物，这类聚合物早在 1908 年就有报道。其一般结构如下所示：

$$\left[N(CO)_2C_6H_2(CO)_2N{-}R \right]_n$$

聚酰亚胺树脂可分成缩聚型、加成型和热塑性 3 种类型。

严格来讲，只有加聚型的聚酰亚胺是热固性的树脂，因为加聚型的聚酰亚胺是相对分子质量较小的酰亚胺化的齐聚物,通过活性端基进行交联固化,形成网状结构。固化树脂具有较高的交联密度,因此具有较大的脆性。缩聚型聚酰亚胺其行为像热固性树脂,树脂固化物是不溶不熔的。聚酰亚胺作为先进复合材料基体应用的主要原因在于其能在 250 ℃以上长期使用,这一点即使最好的多官能团环氧树脂也不能达到。

聚酰亚胺的合成方法可以分为两大类,第一类是在聚合过程中,或在大分子反应中形成酰亚胺环;第二类是以含有酰亚胺环的单体聚合成聚酰亚胺。

6.2.5 聚醚醚酮树脂

聚醚醚酮(PEEK)是新一代耐高温高分子,其碳纤维增强复合材料(APC-2)已经用于机身、卫星部件和其他空间结构,PEEK 的碳纤维增强复合材料可在 250 ℃条件下连续使用。

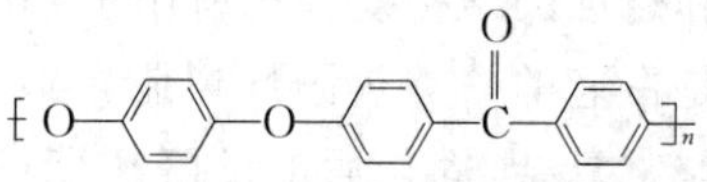

$$\mathrm{\left[O-C_6H_4-O-C_6H_4-\overset{O}{\overset{\|}{C}}-C_6H_4\right]_n}$$

由对苯二酚和 4,4-二氟二苯甲酮合成的聚醚醚酮,玻璃化转变温度 185 ℃、熔点 288 ℃热变形温度 165 ℃,用玻璃填料填充后可以提高到接近熔点温度;热稳定性好,320 ℃保持超过一周;具有柔软性或延展性,在 200 ℃可保持半年;吸水率在 0.5%以下,仅为环氧的 1/10;耐溶剂性好、水解稳定性优异、耐火焰性好;树脂低发烟性,可在 340~400 ℃加工;PEEK 的韧性是环氧树脂的 50~100 倍;PEEK 的结晶度最高为 48%,一般在 30%~45%;PEEK/CF 在 380~400 ℃加工,可用热压罐、热压和隔膜成型,而带缠绕则需大于 500 ℃。

PEEK 树脂不仅耐热性比其他耐高温塑料优异,而且具有高强度、高模量、高断裂韧性以及优良的尺寸稳定性,对交变应力的优良耐疲劳性是所有塑料中最出众的,可与合金材料媲美。PEEK 树脂具有突出的摩擦学特性,耐滑动磨损和微动磨损性能优异,PEEK 还具有自润滑性好、易加工、绝缘性稳定、耐水解等优异性能,使得其在航空航天、汽车制造、电子电气、医疗和食品加工等领域具有广泛的应用,开发利用前景十分广阔。

6.2.6 聚苯并环丁烯树脂

双苯并环丁烯(BBCB) 200 ℃以上发生开环聚合反应,其玻璃化转变温度均高于 270 ℃,热分解温度高于 380 ℃。固化物的力学性能优良,高温性能保留率为 50%。带酮基的双苯并环丁烯固化物可在 250 ℃下长期使用。大多数双苯并环丁烯固化物的耐溶剂性优良,不溶于有机溶剂,只有在少数溶剂中发生微小的溶胀。双苯并环丁烯的固化物的吸水率很低,常温下吸水率小于 0.5%。

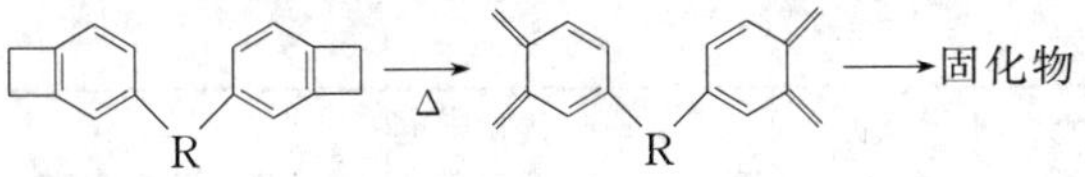

同时,苯并环丁烯树脂具有优异的电绝缘性能,可在电子技术领域获得广泛的应用。目前,已应用于高级微电子领域,包括多层布线、有源矩阵平板显示器、高频器件及无源器件的埋置工艺等。

6.3　增强材料

在复合材料中,凡是能提高基体材料力学性能的物质,均称为增强材料。增强材料是复合材料的主要组成部分,它起着提高树脂基体的强度、模量、耐热和耐磨等性能的作用,同时,增强材料能减少复合材料成型过程中的收缩率,提高制品硬度等作用。复合材料的性能在很大程度上取决于纤维的性能、含量及使用状态。增强材料的种类很多,从物理形态来看有纤维状增强材料、片状增强材料、颗粒状增强材料等。其中纤维状增强材料是作用最明显、应用最广泛的一类增强材料。例如玻璃纤维、碳纤维、芳纶纤维等。这是因为纤维状材料的拉伸强度和拉伸弹性模量比同一块状材料要大几个数量级。用纤维材料对基体材料进行增强可得到高强度、高模量的复合材料。

作为聚合物基复合材料的增强材料应具有以下基本特征。

① 增强材料应具有能明显提高树脂基体某种所需特性的性能,如高的比强度、模量、高导热性、耐热性、低热膨胀性等,以便赋予树脂基体某种所需的特性和综合性能。

② 增强材料应具有良好的化学稳定性。在树脂基复合材料制备和使用过程中其组织结构和性能不发生明显的变化和退化。

③ 树脂有良好的浸润性和适当的界面反应,使增强材料与基体树脂有良好的界面结合。

④ 价格低廉。为了合理地选用增强材料,设计制备高性能树脂基复合材料,就要求我们对各种增强材料的制造方法、结构和性能有基本的了解和认识。表 6-1 列出了常用非金属纤维与金属纤维的性能。

表 6-1　常用金属和非金属纤维增强材料的性能

纤维/丝	密度/(g/cm³)	熔点/℃	抗拉强度		拉伸弹性模量	
			极限值/MPa	比强度/$\times 10^6$cm	模量值/GPa	比模量/$\times 10^8$cm
相	2.68	660	620	2.4	73	27
三氧化二铝	3.99	2082	689	1.8	323	13.3
二氧化硅	3.88	1816	4130	10.8	100	2.7
石棉	2.49	1521	1380	5.6	172	7.0
铍	1.85	1284	1310	7.0	303	16.6

续表 6-1

纤维/丝	密度/(g/cm³)	熔点/℃	抗拉强度		拉伸弹性模量	
			极限值/MPa	比强度/×10⁶cm	模量值/GPa	比模量/×10⁸cm
碳化铍	2.44	2093	1030	4.5	310	12.9
氧化铍	3.02	2566	517	1.7	352	11.8
硼	2.52	2100	3450	13.9	441	17.8
碳	1.41	3700	2760	19.9	200	14.4
E玻璃纤维	2.54	1316	3450	13.7	72	2.9
S玻璃纤维	2.49	1650	4820	19.7	85	3.5
石墨	1.49	3650	2760	18.8	345	23.5
钼	10.16	2610	1380	1.4	358	3.6
芳酰胺	1.13	249	827	7	2.8	0.26
聚酯	1.38	249	689	5.1	4.1	0.29
石英(高硅氧)	2.19	1927			70	3.2
钢	7.81	1621	4130	5.4	200	2.6
锂	16.55	2996	620	0.4	193	1.2
钛	4.71	1668	1930	4.2	1.5	2.5
钨	19.24	3410	4270	2.2	400	2.1

6.3.1 玻璃纤维

玻璃纤维的分类方法很多。连续玻璃纤维一般按玻璃原料成分可分为以下几类:① 无碱玻璃纤维(通称E玻璃纤维)国内目前规定碱金属氧化物含量不大于0.5%,此纤维强度较高、耐热性和电性能优良、能抗大气侵蚀、化学稳定性好(但不耐酸),其最大的特点是电性能好,因此有时被称为电气玻璃。② 中碱玻璃纤维碱金属氧化物含量为11.5%～12.5%。此纤维主要是耐酸性好,但强度不如E玻璃纤维高,主要用于耐腐蚀领域,价格较便宜。③ 特种玻璃纤维镁铝硅系高强、高弹玻璃纤维,硅铝钙镁系耐化学介质腐蚀玻璃纤维、含铅纤维、高硅氧纤维、石英纤维等。

玻璃纤维的外观与块状玻璃完全不同,而且玻璃纤维的拉伸强度比块状玻璃高许多倍,但许多研究表明,玻璃纤维的结构仍与玻璃相同。玻璃纤维的化学组成主要是二氧化硅、三氧化二硼、氧化钙、三氧化二铝等。以二氧化硅为主的称为硅酸盐玻璃,以三氧化二硼为主的称为硼酸盐玻璃。

玻璃纤维具有一系列优异性能,如拉伸强度高,防火、防霉、防蛀、耐高温和电绝缘性能好等。它的缺点是具有脆性、不耐腐蚀、对人的皮肤有刺激性等。玻璃纤维作为增强材料,其力学性能是一个最为重要的指标。直径3～9 pm的玻璃纤维拉伸强度则高达1500～4000 MPa,较一般合成纤维高约10倍,比合金钢还高2倍。同时,玻璃纤维除对氢氟酸、浓碱、浓磷酸不稳定外,对所有化学药品和有机溶剂都有良好的化学稳定性。玻璃纤维中二氧化硅含量多可提高玻璃纤维的化学稳定性,而碱金属氧化物则使化学稳定性降低。纤维表面情况对化学稳定性也有影响。

为了提高玻璃纤维复合材料的界面性能，玻璃纤维通常需要进行表面处理。表面处理是在玻璃纤维表面涂覆一种表面处理剂，使玻璃纤维与合成树脂牢固地黏结在一起，以达到提高玻璃钢性能的目的。表面处理剂处于玻璃纤维与合成树脂之间，也叫作“偶联剂”或“架桥剂”。这种连接作用称为“偶联作用”或“架桥作用”。

表面处理改善了玻璃纤维及织物的性能，它既能与玻璃纤维相连，又能与树脂作用，既保护玻璃纤维表面，又大大地增强了玻璃纤维与树脂界面的黏结，防止水分或其他有害介质的侵入，减少或消除界面的弱点，改善了界面状态，有效地传递了应力，玻璃钢复合材料性能更优异，其耐候性、耐水性、耐化学腐蚀性能均有很大提高，机械强度成倍提高，耐热性能和电性能也有很大改善。

玻璃纤维表面处理剂的种类玻璃纤维表面处理剂的种类繁多，可分为有机铬、有机硅和钛酸酯三大类。有机铬处理剂中最常用的是“沃兰(Volan)”，即甲基丙烯酸氯化铬化合物。有机硅处理剂的种类很多，其结构通式为如 R_nSiX_{4-n}。式中 X 是易于水解的基团，式中 n 一般为 1、2、3，水解后能与玻璃作用；R 是有机基团，该基团中含有能与合成树脂作用形成化学键的活性基团，如不饱和双键、环氧基团、氨基、巯基等。

玻璃纤维表面处理方法玻璃纤维及其织物的表面处理主要采用三种方法，即后处理法、前处理法和迁移法。

(1) 后处理法

此方法是目前国内外普遍采用的一种方法。此法分两步进行：首先除去玻璃纤维表面的纺织型浸润剂，然后经处理剂溶液浸渍、水洗、烘干等工艺，使玻璃纤维表面被覆上一层处理剂。后处理方法的主要特点是：处理的各道工序都需要专门的设备，投资较大，玻璃纤维强度损失大，但处理效果好，比较稳定，是目前国内外最常使用的处理方法。

(2) 前处理法

这种方法是适当改变浸润剂的配方，使之既能满足拉丝、退并、纺织各道工序的要求。又不妨碍树脂对玻璃纤维的浸润和黏结。将化学处理剂加入到浸润剂中，即为增强型浸润剂，这样，在拉丝的过程中处理剂就被覆到玻璃纤维表面上。前处理与后处理法比较，省去了复杂的处理工艺及设备，使用简便，避免了因热处理造成的玻璃纤维强度损失，是很适用的方法。

(3) 迁移法

是将化学处理剂直接加入到树脂胶液中整体掺和，在浸胶同时将处理剂施于玻璃纤维上，借处理剂从树脂胶液至纤维表面的迁移作用而与表面发生作用，从而在树脂固化过程中产生偶联作用。

6.3.2　碳纤维

碳纤维(Carbon Fiber，CF)是由有机纤维在惰性气氛中经高温碳化而成的纤维状聚合物碳，是一种非金属材料。碳纤维性能优异，不仅质量轻、比强度高、模量高，而且耐热性高以及化学稳定性好(除硝酸的少数强酸外，几乎对所有药品均稳定，对碱也稳定)。其制品具有非常优良的X射线透过性，阻止中子透过性，还可赋予塑料以导电性和导热性。以碳纤维为增强体的复合材料具有比钢强、比铝轻的特性，它在航空航天、军事、工业、体育器材等许多方面有着广泛的用途。

碳纤维种类很多，一般可以根据原丝的类型、碳纤维的性能和用途分类。根据碳纤维的性能可分为：高性能碳纤维(包括高强度碳纤维、高模量碳纤维、中模量碳纤维等和低性能碳纤维(包括耐火纤维、碳质纤维、石墨纤维等)。根据原丝类型可分为：聚丙烯腈基纤维、黏胶基碳纤维、沥青基碳纤维等；根据碳纤维功能可分为：受力结构用碳纤维、耐焰碳纤维、吸附活性炭纤维、导电用碳纤维、耐磨用碳纤维等。

碳纤维通常以聚合物纤维作为原料，经预氧化、碳化、石墨化等过程最终制得聚合物基碳纤维，其中聚丙烯腈基碳纤维最为常见。聚丙烯腈基碳纤维的制备过程包括PAN原丝纤维的制备、PAN纤维的预氧化(温度180～380 ℃)、碳化(温度为1500 ℃)和石墨化过程，在高温2500～3000 ℃时施加张力有利于提高纤维的性能，纤维的结构变化如图6-1所示。

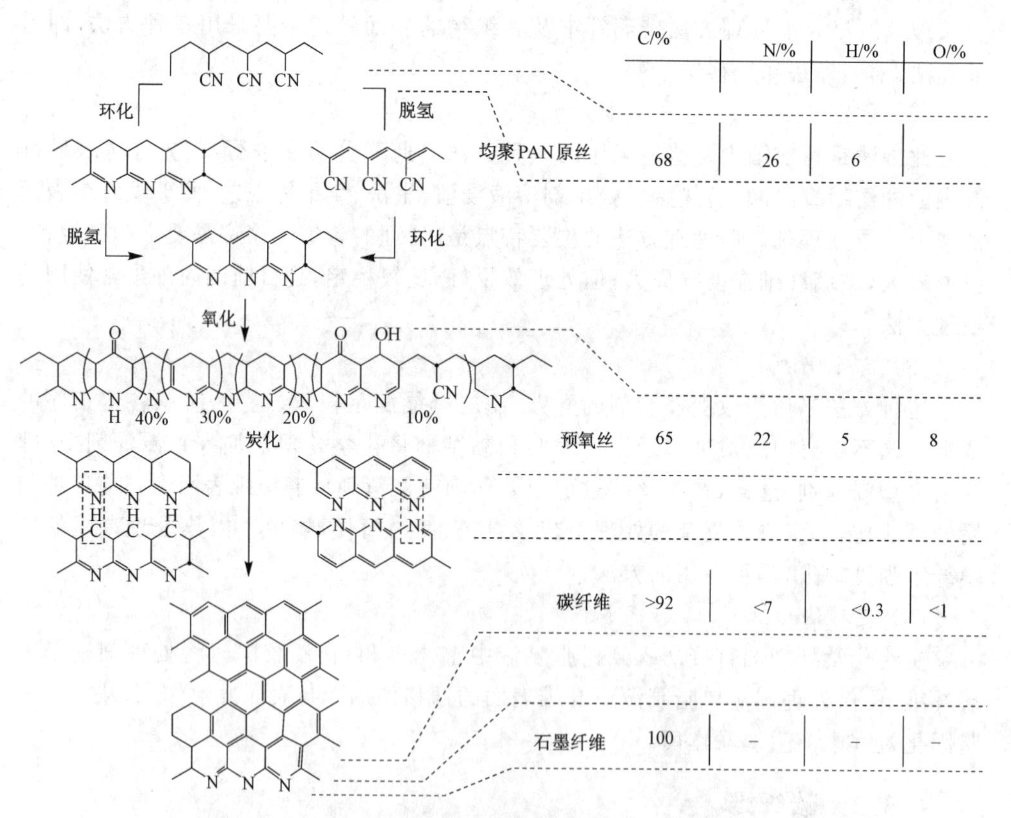

图6-1 聚丙烯腈基碳纤维制作过程的结构变化

PAN原丝纤维的制备分为两个步骤，一是丙烯腈的聚合，二是聚丙烯腈的纺丝。聚丙烯腈纤维的制备方法按聚合和纺丝工艺可分为一步法和二步法。一步法是使用的溶剂既能溶解单体又能溶解聚酯树脂，聚合后的溶液可以直接用来纺丝；二步法采用的溶剂含有水，丙烯腈在水中有一定的溶解度，但聚丙烯腈在水中不溶，随着聚合的进行聚合物呈絮状沉淀析出，经分离、干燥制成PAN粉料，纺丝时将粉料溶解在溶剂中制成纺丝液再进行纺丝，因此聚合和纺丝分开进行。

制备碳纤维所使用的PAN原丝纤维需先进行预氧化，预氧化的目的是使热塑性PAN线型大分子链转化为非塑性耐热梯形结构，使其在碳化高温下不熔不燃，保持纤维形态，热力学处于稳定状态，最后转化为具有乱层石墨结构的碳纤维。PAN原丝经预氧化处理后转化为耐热梯形结构，需再经低温碳化和高温碳化使其转化为具有乱层石墨结构的碳纤维。碳化过程可分为低温碳化和高温碳化两个阶段。前者温度为300～1000 ℃，后者为1100～1600 ℃。最后纤维需经过石墨化在高热处理温度下由无定形、乱层结构的碳材料向三维石墨结构转化。石墨化的目的是为了获得高模量的石墨纤维或者高强、高模的高性能碳纤维。石墨化时间一般为几秒到几十秒，而预氧化时间约近百分钟，碳化时间一般为几分钟。

影响碳纤维质量除了碳纤维的制造工艺是决定其质量的主要因素以外，PAN原丝的质量也对其有重要的影响。因此，高质量的聚丙烯腈原丝，是碳纤维制造过程中的关键技术之一。在原丝制备过程中，丙烯腈单体中所含杂质和纺丝过程中工作环境的灰尘对原丝质量均有影响。杂质会在纤维的合成过程中在原丝表面和内部形成缺陷，造成强度降低。而这些缺陷会保留在碳纤维中，造成碳纤维产品的强度下降。所以纺丝液应多次脱泡过滤，除去原料中气泡、粒子等杂质。聚合物相对分子质量对PAN原丝以及碳化得到的碳纤维性能有很大的影响。随着相对分子质量的增大，表现为特性黏度加大，分子间范德瓦耳斯力增大，分子间不易滑移，相当于分子间形成了物理交联点，因此其力学性能提高。但相对分子质量也不应过高，否则黏度太大纺丝困难，得到的纤维易变脆。丙烯腈聚合物相对分子质量控制在8×10^4左右。聚合物的结晶度高可使分子间排列紧密有序、孔隙率低，并增强分子间相互作用，使链段不易运动，提高聚合物强度。分子取向度的提高也可使碳纤维的强度提高，因为通过牵伸使分子沿轴向排列，可提高轴向抗拉强度。但也应防止过度牵伸，因为过度牵伸会造成碳纤维中产生裂纹和缺陷。

碳纤维大多是经深加工制成中间产物或者复合材料使用。高性能碳纤维首先在宇航工业获得应用，然后推广应用到体育休闲用品。碳纤维最有前景的应用领域是在汽车、电子、土木建筑和能源等领域。由于碳纤维增强复合材料的比强度高，这类复合材料可用于飞机机翼、尾翼以及直升机桨叶。未来飞机的发展趋势是大型化、提高净载质量、降低自重、高速化、缩短航行时间或增加航程。复合材料的应用是大势所趋，特别是碳纤维复合材料在飞机制造中的用量与日俱增。在汽车及交通运输中的应用汽车工业大量采用新材料可以使其汽车轻量化，显著提高汽车的整体性能并节省燃油，使每加仑汽油行驶里程显著提高。采用碳纤维复合材料制造汽车构件不仅可使汽车轻量化，还可以使其具有多功能性，例如，用碳纤维增强树脂基复合材料制造的发动机挺杆，利用其阻尼减振性能，可降低振动和噪声，行驶有舒适感。又如，碳纤维复合材料制备的传动轴，不仅具有阻尼特性，而且因其高的比模量可提高转速，提高行车速度。此外，碳纤维制造的非石棉刹车片，不仅使用寿命长，而且无污染；碳纤维增强橡胶制备的轮胎胎面胶，可延长轮胎的使用寿命；利用碳纤维的导电性能还可以制造司机的坐垫和靠垫，使冬季行车舒适。在医疗器械和医用器材上的应用碳纤维复合材料和活性炭纤维制品在医疗器械、医用器材等方面已经得到广泛应用。碳纤维与生物具有良好的组织相容性和血液相容性，可作为人体植入材料。同时发现，碳纤维具有诱发组织再生功能，促进新生组织的再生并在植入碳纤维周围形成。

6.3.3 芳纶纤维

芳纶纤维是指目前已工业化并广泛应用的聚芳酰胺纤维。国外商品牌号为凯夫拉纤维(Kevlar)，中国通常称为芳纶纤维。芳纶纤维结构中聚合物的主链由芳香环和酰胺基构成，每个重复单元中酰胺基的氮原子和羰基均直接与芳环中的碳原予相连接的聚合物称为芳香族聚酰胺树脂，由其纺成的纤维总称为芳香族聚酰胺纤维，简称芳纶纤维。芳纶纤维有两大类：全芳族聚酰胺纤维和杂环芳族聚酰胺纤维。全芳族聚酰胺纤维主要包括聚对苯二甲酰对苯二胺和聚对苯甲酰胺纤维、聚间苯二甲酰间苯二胺和聚间苯甲酰胺纤维等。杂环芳族聚酰胺纤维是指含有氮、氧、硫等杂原子的二胺和二酰氯缩聚而成的芳酰胺纤维。芳纶纤维的种类繁多，但是聚对苯二甲酰对苯二胺(PPTA)纤维作为复合材料的增强材料应用最多。例如，美国杜邦公司的Kevlar 系列、荷兰 AKZO 公司的 Twaron 系列、俄罗斯的 Terlon 纤维都是属于这个品种。

聚对苯二甲酰对苯二胺(PPTA)是以对苯二甲酰氯或对苯二甲酸和对苯二胺为原料，在强极性溶剂(N－甲基吡咯烷酮)中，通过低温溶液缩聚或直接缩聚反应而得，其反应式如下：

$$n\,Cl-\overset{O}{\overset{\|}{C}}-C_6H_4-\overset{O}{\overset{\|}{C}}-Cl + n\,H_2N-C_6H_4-NH_2 \xrightarrow{\text{催化剂}} \left[\overset{O}{\overset{\|}{C}}-C_6H_4-\overset{O}{\overset{\|}{C}}-HN-C_6H_4-NH\right]_n$$

将缩聚反应制得的聚合物溶于浓硫酸中配成溶致液晶纺丝液，纺丝后经洗涤、干燥或热处理，可以制得各种规格的纤维。

芳纶纤维的主要特点是其高拉伸强度，单丝强度可达 3773 MPa。芳纶纤维的冲击性好、弹性模量高、断裂伸长率可达 3%左右，比强度和比模量较高，用它与碳纤维混杂可大大提高纤维增强复合材料的冲击性能。芳纶纤维的热稳定性较好，当温度达 487 ℃时开始碳化但尚不熔化，能在 180 ℃下长期使用。同时，芳纶纤维对中性化学药品的抵抗力较强，但易受各种酸碱的侵蚀，尤其是强酸的侵蚀；由于结构中存在着极性的酰胺键使其耐水性并不好。

芳纶纤维目前主要用于环氧等树脂的增强材料，可制成各种构件并应用于航空、宇航和其他军事领域。采用芳纶复合材料，可比玻璃纤维复合材料减轻质量30%。在商用飞机和直升机上，都大量采用了芳纶复合材料。例如S-76商用直升机的外表面，使用芳纶复合材料已达50%。在航天方面，主要用作火箭发动机壳体和压力容器、宇宙飞船的驾驶舱，氧气、氮气和氦气的容器以及通风管道等。在其他军事用途上，可以用作防护材料，如坦克、装甲车、飞机、艇的防弹板以及头盔和防弹衣等。

6.3.4 其他纤维

6.3.4.1 碳化硅纤维

碳化硅纤维是以碳和硅为主要组分的一种陶瓷纤维。高性能复合材料用的碳化硅纤维包括CVD碳化硅纤维（即用化学气相沉积法制造的有芯、连续、多晶、单丝纤维）、Nicalon碳化硅纤维（即用先驱体转化法制造的连续、多晶、束丝纤维）和碳化硅晶须（即用气—液—固法或稻壳焦化法制造的具有一定长径比的单晶纤维）。

碳化硅纤维具有高比强度、高比模量、抗高温氧化性、优异的耐烧蚀性、耐热冲击性和一些特殊功能，已在空间和军事工程中得到应用。化学气相沉积（CVD）法制备的碳化硅纤维具有很高的室温拉伸强度和拉伸模量。突出的高温性能和抗蠕变性能。其室温拉伸强度为3.5～4.1 GPa，拉伸模量为414 GPa。在1371 ℃时，强度仅下降30%。

碳化硅纤维增强聚合物基复合材料可以吸收或透过部分雷达波，已作为雷达天线罩及火箭、导弹和飞机等飞行器部件的隐身结构材料和航空、汽车工业的结构材料与耐热材料。碳化硅纤维与碳纤维一样，能够分别与聚合物、金属和陶瓷制成性能优良的复合材料。由于具有耐高温、耐腐蚀、耐辐射的性能，所以碳化硅纤维是一种理想的耐热材料。碳化硅纤维的双向和三向编织布、毡等织物，已经用于高温物质的传输带、金属熔体过滤材料、高温烟尘过滤器、汽车废气过滤器等方面，在冶金、化工、原子能工业以及环境保护部门，都有广阔的应用前景。碳化硅纤维增强的复合材料已应用于喷气发动机涡轮叶片、飞机螺旋桨等受力部件透平主动轴等。

6.3.4.2 硼纤维

硼纤维是一种将硼元素通过高温化学气相法沉积在钨丝的表面的高性能增强纤维，具有很高的比强度和比模量。也是制造金属复合材料最早采用的高性能纤维。硼纤维具有良好的力学性能，强度高、模量高、密度小。硼纤维的弯曲强度比拉伸强度高，其平均拉伸强度为310 MPa，拉伸模量为420 GPa。硼纤维在空气中的拉伸强度随温度的升高而降低。加热到650 ℃时强度将完全丧失。在室温下，硼纤维的化学稳定性好，但表面具有活性。不需要处理就可与树脂进行复合，对于含氮化合物，亲和力大于含氧化合物。

由于硼纤维中的复合组分、复杂的残余应力以及一些空隙或结构不连续的缺陷等,因此,实际硼纤维的强度与理论值有一定的距离,通常硼纤维的平均拉伸强度是3～4 GPa,弹性模量在380～400 GPa,硼纤维的密度为2.34 kg/m^3(比铝小15%),熔点2040 ℃,在315 ℃以上热膨胀系数为4.86×10^{-8}/K。

6.4 聚合物基复合材料的界面

在多相体系中,各相之间存在着界面。界面类型取决于物质的聚集状态,按聚集态不同一般可分为液—气界面、液—液界面、液—固界面、固—气界面和固—固界面。其中,通常将固相或液相与气相间的界面称为固体或液体表面。而界面或表面是具有一定厚度的界面层。如水和气相间,其界面层约有几个分子层厚;界面层的结构和性质与其两相的结构和性质都不一样,具有独特的特性。聚合物基复合材料一般是由增强纤维与基体树脂两相组成的,两相之间通过界面使纤维与基体树脂结合为一个整体,使复合材料具备了原组成树脂所没有的性能。因而,在复合材料中,纤维与基体树脂间的界面有着重要的作用。改变聚合物基复合材料的界面结构与状态,就可以改变该复合材料的某些性能和用途。对复合材料界面的研究,大大推动了玻璃纤维复合材料的发展。

6.4.1 表面现象与表面张力

发生在界面上的现象习惯上称为表面现象。如水滴会自动呈球形,固体的表面能够吸附其他的物质等,都属于表面现象。产生表面现象的原因与物质的表面能有关。对颗粒粉碎做功所消耗的部分能量将转变为储藏在物质表面中的能量,称为表面自由能。表面自由能反映物质表面所具有的特殊性质,由于表面层上的分子受到内部分子的拉力作用,欲将一个分子从内部迁移到表面层,外界就要克服拉力对该分子的拉力而做功,所消耗的功变成了处在表面层分子的自由能。因此,处于体系表面(或界面)层上的分子,其能量要比其相内分子的能量高。增加体系的表面积,相当于把更多的分子从相内迁移到表面层上,其结果使该体系的总能量增加了,而外界因此而消耗的功叫作表面功。

比表面自由能表示体系单位面积的自由能,即单位面积上表面层上的分子与相内部等量的分子所增加的能量之比。比表面能的单位是牛/米(或达因/厘米,1 dyn/cm=10^{-3} N/m),也可理解为沿物体表面作用的单位长度上的力,所以也称为表面张力,或称为界面张力。表面张力是物质的一种属性,也可以说它是物质内部分子间相互吸引的一种表现。不同物质,分子间的相互作用力不同。分子间作用力越大,相应表面张力也越大。对于各种液态物质,金属键的物质表面张力最大,其次是离子键的物质,再次为极性分子的物质,表面张力最小的是非极性分子的物质。物质的表面张力还和同它相接触的另一相物质的性质有关,这是因为与不同性质的物质接触时,表面层分子所处的力场不同。表面张力还随温度的变化而改变,温度越高,表面张力越小,这是因为温度升高物质受热膨胀,增大了分子间的距离,分子本身的作用力减小,而且温度升高,分子本身的热运动能增加,所以温度升高物质的表面张为逐渐减小。

把不同的液滴放到不同的固体表面上,有时液滴会立即铺展开来遮盖固体的表面,这一现象称为"润湿现象"或"浸润";有时液滴仍然团聚成球状,这一现象称为"润湿不好"或"不浸润"。浸润或不浸润取决于液体对固体和液体自身的吸引力的大小,当液体对固体的吸引力大于液体自身的吸引力时,就会产生浸润现象。反之,称为不浸润。液体对固体的浸润能力,可以用浸润角来表示,当 $\theta<90°$时,称为被浸润;$\theta>90°$时,称为不浸润。当 θ 为 0°或 180°时,则分别为完全浸润和完全不浸润。如图 6-2所示。

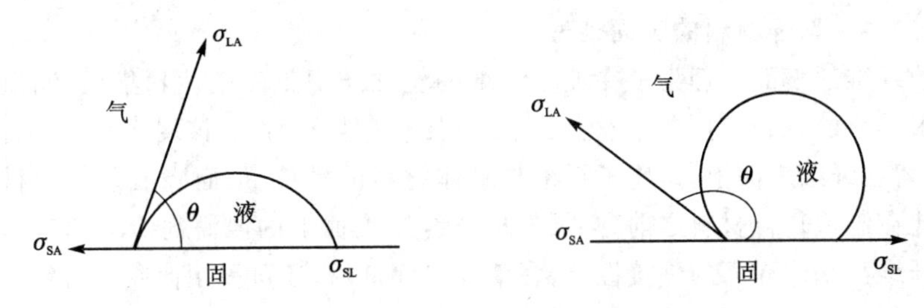

图 6-2 液体在固体表面浸润情况

固体物质和液体物质一样,也有表面张力或界面张力。固体的表面张力是固体的黏附能力等表面现象发生的原因。复合材料的复合过程,首先要求纤维与聚合物的表面张力有一定的适应性。热力学分析表明,为使纤维和树脂之间有较好的浸润,则纤维的表面张力必须大于树脂的表面张力。

6.4.2 增强材料的表面性质与表面处理

6.4.2.1 增强材料的表面性质

增强材料的表面性质包括表面的物理特性、化学特性和表面自由能 3 个方面。表面性质与材料的组成和结构有关。增强材料表面的物理特性主要是指材料的表面形态和比表面积。研究材料的表面形态,可借助于光学显微镜和电子显微镜。高强度型和高模量型碳纤维的表面基本相同,黏胶丝基碳纤维的表面有沟槽,也较平滑,横截面是不规则的几何形状;而聚丙烯腈碳纤维,其表面的沟槽没有黏胶丝基碳纤维那样明显,表面较前者平滑,横截面也较规整。

增强材料表面的化学特性,主要指材料表面的化学组成和表面的反应活性。增强材料表面的化学组成及其结构,决定了增强材料表面自由能的大小、润湿性及化学反应活性。关系到增强材料是否需进行表面处理,其表面是否容易与环境接触物反应(如与氧、水、有机物等反应),表面与基体材料间是否能形成化学键。增强纤维内部的化学组成与其表面层的化学组成不完全相同。此外,玻璃纤维表面含有羟基

(OH)、硼纤维表面含有氧化硼(B_2O_3),碳化硅表面含有氧化硅(SiO_2)。

增强材料与基体能够黏接在一起的必要条件,第一是基体与增强材料能紧密接触,第二是它们之间能润湿,后者取决于它们的表面自由能,即表面张力。一般来说,若一种液体能浸润一种固体(即在固体表面完全铺开),则固体的表面张力要大于液体的表面张力。常用的极性基体材料的表面张力在 35~45 dyn/cm(如聚酯树脂的表面张力为 35 dyn/cm,双酚 A 型环氧树脂的表面张力为 43 dyn/cm),若要这些基体材料能润湿增强纤维,则要求增强纤维的表面张力大于 45 dyn/cm。硼纤维、碳化硅纤维、碳纤维等都有明显的氧化表面,这有利于形成具有高表面自由能(表面张力)的表面。但是若它们的表面被污染,一般会降低其表面能,影响极性基体对它的湿润。

6.4.2.2 增强材料的表面处理

玻璃纤维的表面处理为了在玻璃纤维抽丝和纺织工序中达到集束、润滑和消除静电吸附等目的,抽丝时,在单丝上涂了一层纺织型浸润剂。该浸润剂是一种石蜡乳剂,它残留在纤维表面上,妨碍了纤维与基体材料的黏接,从而降低了复合材料的性能。因此在制造复合材料之前,必须将玻璃纤维表面上的浸润剂清除掉。为了进一步提高纤维与基体界面的黏接性能,在消除浸润剂后,还可采用偶联剂对纤维表面进行处理。偶联剂的分子结构中,一般都带有两种性质不同的极性基团,一种基团与玻璃纤维结合,另一种基团能与基体树脂结合,从而使纤维和基体这两类性质差异很大的材料牢固地连接起来。

玻璃纤维用的偶联剂已有 150 多种。种类繁多的偶联剂按其化学成分主要可分为有机硅烷和有机络合物两大类。下面分别介绍它们的反应机理。

1. 表面偶联剂的偶联机理

(1) 有机硅烷类偶联剂的反应机理

1) 有机硅烷水解,生成硅醇。

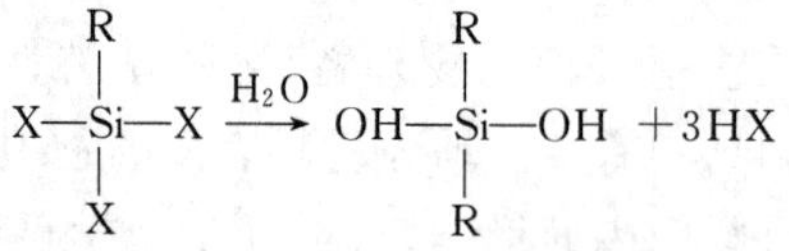

$$X-\underset{\underset{X}{|}}{\overset{\overset{R}{|}}{Si}}-X \xrightarrow{H_2O} OH-\underset{\underset{R}{|}}{\overset{\overset{R}{|}}{Si}}-OH + 3HX$$

2) 玻璃纤维表面吸水,生成羟基。

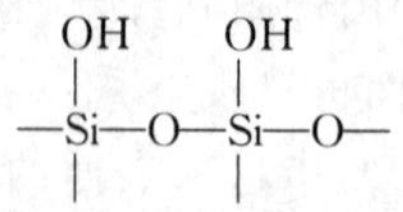

$$-\underset{|}{\overset{\overset{OH}{|}}{Si}}-O-\underset{|}{\overset{\overset{OH}{|}}{Si}}-O-$$

3) 硅醇与吸水的玻璃纤维表面反应,又分三步。

第一步,硅酸与吸水的玻璃纤维表面生成氢键;

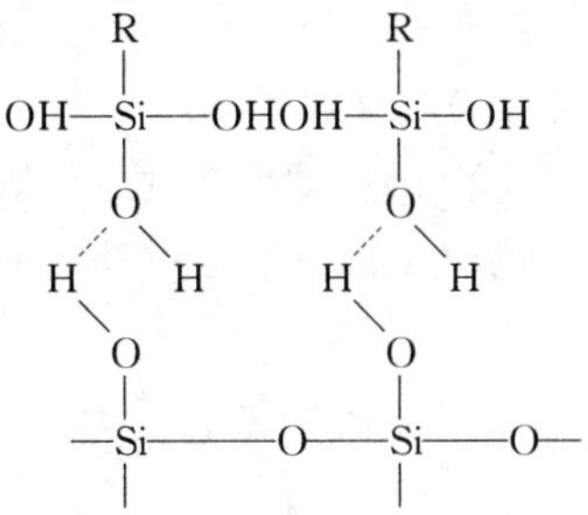

```
        R              R
        |              |
   OH—Si—OHOH—Si—OH
        |              |
        O              O
      /   \          /   \
     H     H        H     H
      \                \
        O               O
        |               |
   —Si————O————Si————O—
        |               |
```

第二步，低温干燥（水分蒸发），硅醇进行醚化反应；

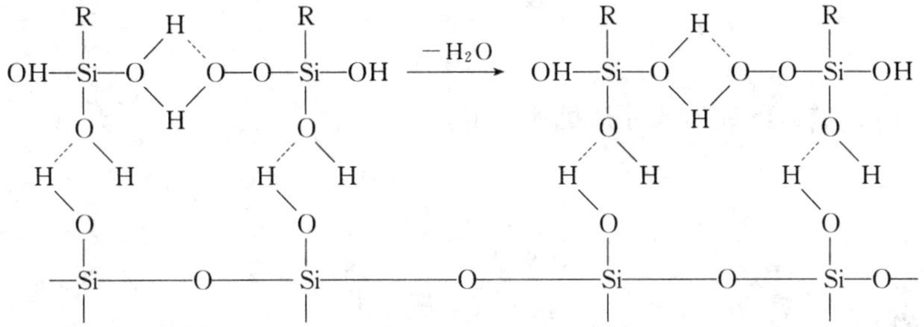

```
      R       H        R                           R       H        R
      |      / \       |          -H2O             |      / \       |
 OH—Si—O       O—O—Si—OH      ————→      OH—Si—O       O—O—Si—OH
      |      \ /       |                           |      \ /       |
      O       H        O                           O       H        O
     / \              / \                         / \              / \
    H   H            H   H                       H   H            H   H
     \                \                           \                \
      O                O                           O                O
      |                |                           |                |
   —Si————O————Si————O————Si————O————Si—O—
      |                |                           |                |
```

第三步，高温干燥（水分蒸发），硅醇与吸水玻璃纤维间进行醚化反应。

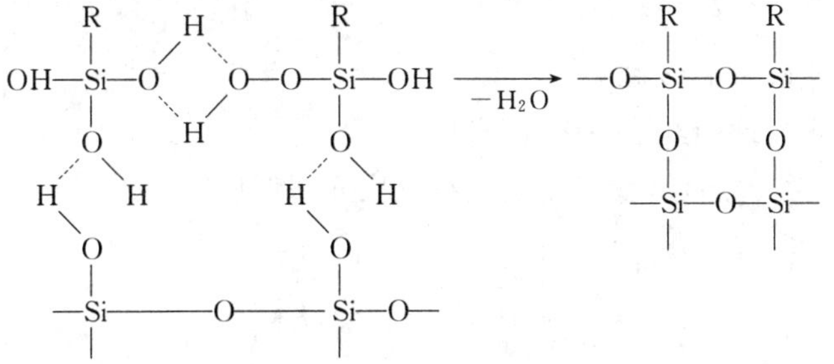

```
      R       H        R                          R       R
      |      / \       |                          |       |
 OH—Si—O       O—O—Si—OH      ————→      —O—Si—O—Si—
      |      \ /       |          -H2O            |       |
      O       H        O                          O       O
     / \              / \                         |       |
    H   H            H   H                     —Si—O—Si—
     \                \                           |       |
      O                O
      |                |
   —Si————O————Si—O—
      |                |
```

至此，有机硅烷偶联剂与玻璃纤维的表面结合起来。由上述反应机理可知，硅烷以单分子层键合于玻璃纤维表面上，且相互间脱水，生成醚键，聚合成一个大分子。但在实际处理过程中，往往会形成多分子层，且伴随有物理吸附和沉积现象。因此偶联剂用量对复合材料性能有着重要的影响。

X 基团目前采用较多的是为乙氧基的有机硅烷偶联剂。其水解速率比较缓慢，水解析出的甲醇和乙醇无腐蚀性，所生成的硅醇比较稳定易于同玻璃纤维表面反应。R 基团可与基体树脂反应，可根据数值类型选择适合的 R 基团。含有乙烯基或甲基丙烯酰基的硅烷偶联剂，适用于不饱和聚酯树脂和丙烯酸树脂，因为偶联剂中的不饱和双键能与树脂中的不饱和双键形成交联。若 R 基团中含有环氧基，则适用于环氧树脂，同时因环氧基可与不饱和聚酯中的羟基反应，所以含环氧基偶联剂也可用于不饱和聚酯树脂和酚醛树脂。含有氨基的硅烷偶联剂，适用于环氧、酚醛、聚氨酯及三聚氰胺树脂；但因它对不饱和聚酯树脂的固化有阻聚作用，故含有氨基的硅烷偶联剂不适用于不饱和聚酯树脂。

(2) 有机络合物类偶联剂的偶联机理

另一大类偶联剂是有机络合物。主要是有机酸与氯化铬的络合物。有机络合物的品种较多,也应用最早,至今仍应用较多的是甲基丙烯酸氯化铬盐;即“沃兰”(Volan),其结构式为:

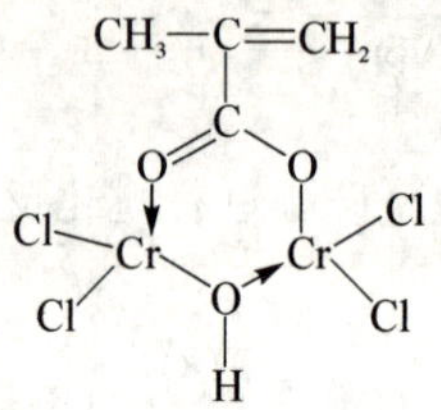

沃兰对玻璃纤维表面的处理机理如下:

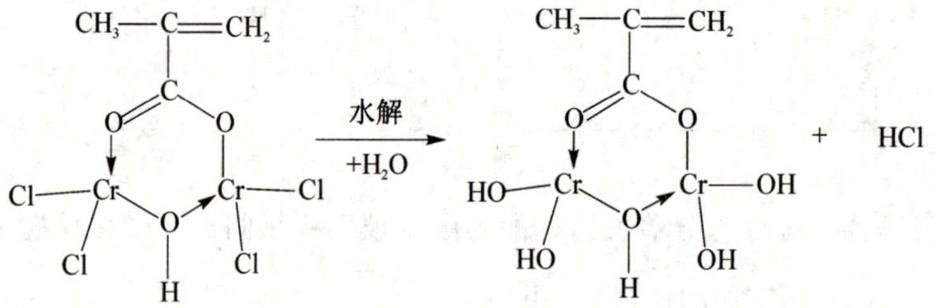

首先沃兰水解生成羟基。

沃兰与吸水的玻璃纤维表面反应可分两步。

第一步:沃兰分子间及沃兰与玻璃纤维表面间形成氢键;

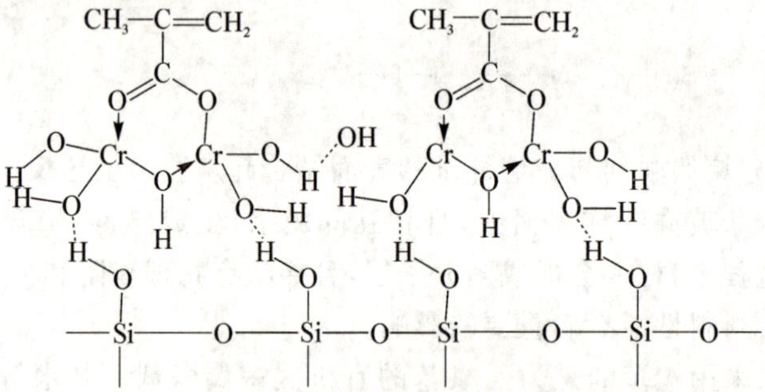

第二步:干燥(脱水),沃兰之间及沃兰与玻璃纤维表面间缩合—醚化反应;

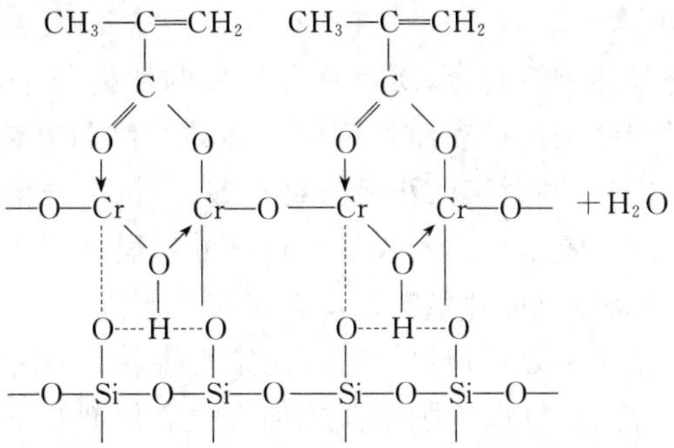

```
   CH3—C=CH2         CH3—C=CH2
       |                 |
       C                 C
     //  \             //  \
    O     O           O     O
    ↓     |           ↓     |
—O—Cr     Cr—O—————Cr       Cr—O—   +H2O
    :  \  ↗ |         :  \  ↗ |
    :   O   |         :   O   |
    :   |   |         :   |   |
    O---H---O         O---H---O
    |       |         |       |
—O—Si——O——Si——O——Si——O——Si—O—
    |       |         |       |
```

沃兰 R 基团($CH_3—C=CH_2$)及 Cr—OH(Cr—Cl)与基体树脂反应。实验证明,纤维与树脂的黏附强度随玻璃纤维表面上铬含量的增加而提高。开始铬只与玻璃纤维表面的负电位置接触,随着时间延长,铬的聚积量逐渐增多。在聚集的铬的总量中,与玻璃纤维表面产生化学键合的,不超过 35%,但它所起的作用超过其余的铬,因为化学键合的铬比物理吸附的铬效果约高 10 倍。此外,络合物自身之间脱水程度越高,聚合度越大,处理效果越好。

(3) 新型偶联剂

除有沃兰(Volan),硅烷系列偶联剂之外,还有几种新型偶联剂。

1) 耐高温型偶联剂

随着耐高温树脂的出现需要耐高温的偶联剂。如适用于聚苯并咪唑(PBI)和聚酰亚胺(PI)玻璃纤维复合材料的偶联剂,是一类带有苯环芳香族硅烷,这类偶联剂都含有稳定的苯环和能与树脂反应的官能团。

2) 过氧化物型偶联剂

这类既是偶联剂又是引发剂、增黏剂。加热时,由于热裂解而产生自由基,通过自由基反应可以和有机物或无机物起化学键合作用。它既能与热固性或热塑性树脂键合,又能与玻璃、金属等键合。所以它不仅适用于复合材料的偶联,而且适用于许多相似或不相似物质的偶联。其偶联的特点是经过热裂解,而不是通过水解进行的。这类偶联剂的典型代表是乙烯基三叔丁基过氧化硅烷,牌号为 Y－5620,其结构式为:

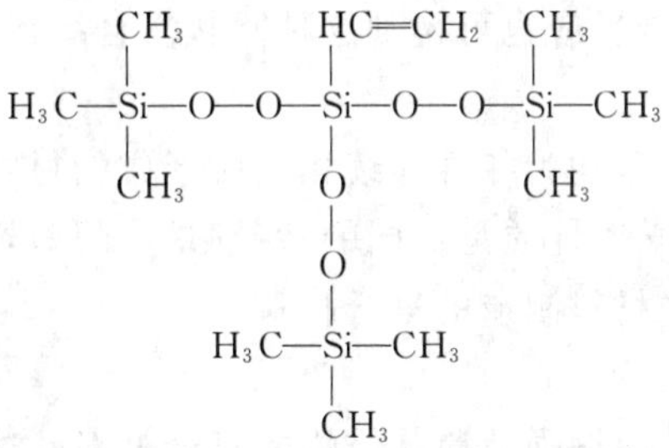

```
        CH3        HC=CH2       CH3
        |            |          |
  H3C—Si—O—O—————Si—O—O—Si—CH3
        |            |          |
        CH3          O          CH3
                     |
                     O
                     |
              H3C—Si—CH3
                     |
                     CH3
```

除上述偶联剂外,新型偶联剂还有阳离子型、钛酸酯型、铝酸酯型和稀土类等。

2. 碳纤维表面处理

碳纤维与聚合物基体进行复合，所得复合材料的性能与它们之间形成的界面作用有密切的关系。对碳纤维进行表面处理可提高碳纤维与基体的黏合力，保护碳纤维在复合过程中不受损伤，同时可防止复合材料破坏时，碳纤维碎片对电器设备的危害。碳纤维的表面处理使复合材料不仅具有良好的界面黏接力、层间剪切强度，而且其界面的抗水性、断裂韧性及尺寸稳定性均有明显的改进。

碳纤维表面处理方法主要可通过以下方法来实现，① 湿法氧化：硝酸、次氯酸钠加硫酸、重铬酸钾加硫酸、高锰酸钾加硝酸钠加硫酸氧化剂及电解氧化法等；② 气相氧化：以空气、氧气、臭氧等氧化剂，采用等离子表面氧化或催化氧化法。③ 上浆剂：使用有机聚合物涂层在碳纤维与树脂基体间形成过渡层，有树脂涂层、接枝涂层、电沉积等。根据纤维和树脂的结构及复合材料性能的不同，使用上述处理方法各有优缺点。近年来由于对复合材料综合性能的要求，通常几种处理方法结合使用。

6.4.3 聚合物基复合材料的界面

聚合物基复合材料不同于其他结构材料，其特征是性质不同、不能单独作为材料使用的材料通过界面形成一个整体，从而显示出优越的综合性能。而界面的形成、结构和作用等对这种复合材料性能有重要的影响。界面的形成大体分为接触与润湿和聚合物的固化两个阶段。由于增强材料对基体分子的各种基团或基体中各种组分的吸附能力不同，它总是要吸附那些能降低其表面能的物质，并优先吸附那些能够较多地降低它的表面自由能的物质。因此界面聚合物层在结构上与聚合物本体结构有所不同。在聚合物的固化过程中，聚合物通过物理的或化学的变化使其分子处在能量降低、结构最稳定的状态，形成固定的界面。

复合结构按其织态结构一般可分以下 5 个类型，如图 6 - 3 所示；

(1) 网状结构

网状结构是指在复合材料组分中，一相是三维连续，另一相为二维连续的或者两相都是三维连续的。这种复合结构在共混的聚合物基复合材料中很常见。如丁腈橡胶和聚氯乙烯共混，它们彼此虽是相容体系，但实际仍是机械混合，用电子显微镜可清楚地观察到两相形成连续网络的情况。甚至将其他种类的单体浸透在有架桥的聚合物分子中，然后进行聚合反应也可得到这种网状复合结构的复合材料。

(2) 层状结构

层状复合结构是两组分均为二维连续相。所形成的材料在垂直于增强相和平行于增强相的方向上，其力学等性质是不同的，特别是层间剪切强度低。此种结构的复合材料是用各种片状增强材料制造的复合材料。

(3) 单向结构

这种结构是指纤维单向增强及筒状结构的复合材料。这种结构在工业用复合材料中是常见的，如各种纤维增强的单向复合材料。

(4) 分散状结构

分散状结构是指以不连续相的粒状或短纤维为填料(增强材料)的复合材料。在这种结构的复合材料中,聚合物为三维连续相。增强材料为不连续相。这种结构的复合材料是比较常见的。

(5) 镶嵌结构

这是一种分段镶嵌的结构,作为结构材料使用是很少见的。它是由各种粉状物质通过高温烧结而形成不同相而结合形成的,对制备各种功能材料有着重要价值。

复合材料不是把基体和增强材料两种组分简单地混合在一起,而是最少有一种组分是溶液或熔融状态,能使两组分接触、润湿,最后通过物理的或化学的变化形成复合材料。一定意义上来说,又形成了一个新的组分——界面。界面的结构不同于原来两个组分的结构。界面的结构同界面的形成一样,比较复杂,从以下几个方面进行简要介绍。

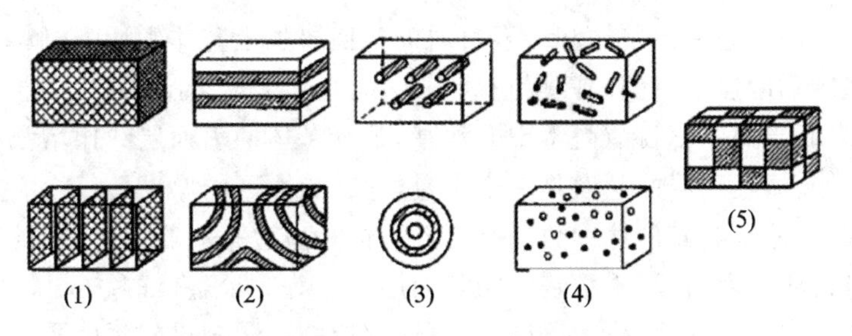

图 6-3　复合材料的复合结构类型

6.4.3.1　树脂抑制层

热固性树脂的固化反应大致可分为借助于固化剂进行固化和靠树脂本身官能团进行反应两类。在借助固化剂固化的过程中,树脂中固化剂所在的位置就成为固化反应的中心、固化反应从中心以辐射状向四周延伸,结果形成了中心密度大、边缘密度小的非均匀固化结构,密度大的叫"胶束"成"胶粒",密度小的叫"胶絮",固化反应后,在胶束周围留下了部分反应的或完全没有反应的树脂。在依靠树脂本身官能团反应的固化过程中,开始固化时,同时在多个反应点进行固化反应,在这些反应点附近反应较快,固化交联的密度较大,随着固化反应的进行,固化反应速度逐渐减慢,因而后交联的部位(区域)交联密度较小,这样也形成了高密度区与低密度区相间的同化结构。高密度区类似胶束,低密度区类似胶絮。这两类固化反应过程均形成了一系列微胶束。

在复合材料中,越接近增强材料的表面,微胶束排列得越有序;反之,则越无序。在增强材料表面形成的树脂微胶束有序层称为"树脂抑制层"。在载荷作用下,抑制层内树脂的模量、变形等将随微胶束的密度及有序性的变化而变化。树脂抑制层受力时的示意如图 6-4 所示。

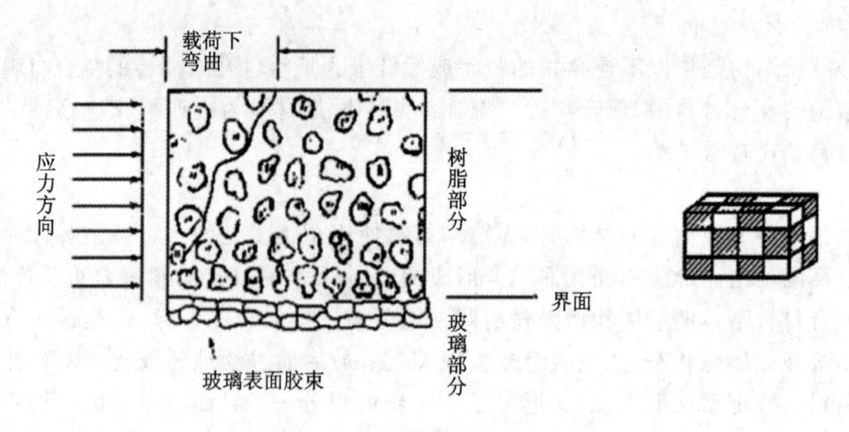

图 6－4 树脂抑制层受力示意图

6.4.3.2 界面区

界面区可理解为是由基体和增强材料的界面再加上基体和增强材料表面的薄层构成的。基体和增强材料的表面层是相互影响和制约的，同时受表面本身结构和组成的影响，表面层的厚度目前尚不十分清楚，估计基体的表面层约比增强材料的表面层厚 20 倍。基体表面层的厚度是一个变量，它在界面区的厚度不仅影响复合材料的力学行为，而且还影响其韧性参数。有时界面区还应包括偶联剂生成的耦合化合物，它是与增强材料的表面层、树脂基体的表面层结合为一个整体的。从微观角度来看，界面区可被看作是由表面原子及亚表面原子构成的。影响界面区性质的亚表面原子有多少层，目前还不能确定。基体和增强材料表面原子间的距离，取决了原子间的化学亲和力、原子和基团的大小，以及复合材料制成后界面上产生的收缩量。

界面区的作用是使基体与增强材料形成一个整体，通过它传递应力。如果增强材料表面没有应力集中，而且全部表面都形成了界面，则界面区传递应力是均匀的。实验证明，应力是通过基体与增强材料间的黏合键传递的。若基体与增强材料间的润湿性不好。胶接面不完全，那么应力的传递面积仅为增强材料总面积的一部分。所以，为使复合材料内部能均匀地传递应力，显示出优良的性能，要求在复合材料的制备过程中形成一个完整的界面区。

6.4.3.3 界面结构

(1) 粉状填料复合材料的界面结构

根据填料的表面能 E_a 和树脂基体的内聚能密度 E_d 的相对大小可把填料分为活性填料和非活性填料。

$E_a > E_d$ 为活性填料。

$E_a \leqslant E_d$ 为非活性填料。

当填料是活性填料时，则在界面力的作用下界面区形成“致密层”。在“致密层”附近形成“松散层”，对于非活性填料，则仅有“松散层”存在。可把界面结构示意描述如下。

活性填料:基体/松散层/致密层/活性填料。

非活性填料:基体/松散层/非活性填料。

界面区的厚度取决于基体聚合物链段的刚度、内聚能密度和填料的表面能。此外,一定体系的界面区厚度与填料粒子大小和填料含量的变化是无关的。界面区结构对材料性能的影响,较多的是对模量的影响。界面层中填料含量提高,填料粒子尺寸的减小,都有利于模量的提高。界面层结构对动态性能也有影响。这主要是由于填充以后界面层内的聚合物与未填充的聚合物具有不同的松弛时间和玻璃化转变温度,因此影响到动态性能。引入非活性填料,复合材料的强度没有改善。而引入活性填料,只有当填料到达一定含量时,才有可能使复合材料得到提高。这是由于界面层形成三维网络的结果。

(2) 连续纤维增强复合材料的界面结构

连续纤维增强复合材料的结构与粉状填料复合材料不同。前者为两个连续相的复合,而后者为一个连续相和一个分散相的复合。因此在界面结构上也会有所差别,而在总体上或微观结构上基本是一致的。

6.4.3.4　界面作用机理

在组成复合材料的两相中,一般总有一相以溶液或熔融流动状态与另一相接触,然后进行固化反应使两相结合在一起。在这个过程中,两相间的作用和机理一直是人们所关心的问题,从已有的研究结果可总结为以下几种理论。

(1) 化学键理论

化学键理论是最古老的界面形成理论,也是目前应用较广泛的一种理论。化学键理论认为基体表面上的官能团与纤维表面上的官能团起化学反应,因此在基体与纤维间产生化学键的结合,形成界面。这种理论在玻璃纤维复合材料中,因偶联剂的应用而得到证实,故也称“偶联”理论。化学键理论一直比较广泛地被用来解释偶联剂的作用。它对指导选择偶联剂有一定的实际意义。但是,化学键理论不能解释为什么有的偶联剂官能团不能与树脂反应,却仍有较好的处理效果。

(2) 浸润理论

浸润理论认为两相间的结合模式属于机械黏接与润湿吸附。机械黏接模式是一种机械铰合现象,即于树脂固化后,大分子物进入纤维的孔隙和不平的凹陷之中形成机械铰链。一般无机物固体表面部具有很高的临界表面张力。但很多亲水无机物在大气中与湿气平衡时。都被吸附水所覆盖,这将影响树脂对表面的浸润。

(3) 减弱界面局部应力作用理论

当聚合物基复合材料固化时,聚合物基体产生收缩。而且,基体与纤维的热膨胀系数相差较大,因此在固化过程中,纤维与基体界面上就会产生附加应力。这种附加应力会使界面破坏,导致复合材料性能下降。此外,由外载荷作用产生的应力,在复合材料中的分布也是不均匀的,界面上某些部位集中了比平均应力高的应力,这种应力集中将首先使纤维与基体间的化学键断裂,使复合材料内部形成微裂纹,这样也会导致复合材料的性能下降。

减弱界面局部应力作用理论认为：处于基体与增强材料之间的偶联剂，提供了一种具有“自愈能力”的化学键，这种化学键在外载荷（应力）作用下，处于不断形成与断裂的动平衡状态。低分子物（一般是水）的应力浸蚀，将使界面的化学键断裂，同时在应力作用下，偶联剂能沿增强材料的表面滑移，滑移到新的位置后，已断裂的键又能重新结合成新健，使基体与增强材料之间仍保持一定的黏接强度。这个变化过程的同时使应力松弛，从而减弱了界面上某些点的应力集中。这种界面上化学键断裂与再生的动平衡，不仅阻止了水等低分子物的破坏作用，而且由于这些低分子物的存在，起到了松弛界面局部应力的作用。

（4）摩擦理论

摩擦理论认为基体与增强材料间界面的形成（黏接）完全是由于摩擦作用。基体与增强材料间的摩擦系数决定了复合材料的强度。这种理论认为偶联剂的作用在于增加了基体与增强材料间的摩擦系数，从而使复合材料的强度提高。对于水等低分子物浸入后，复合材料的强度下降，但干燥后强度又能部分恢复的现象，这种理论认为这是由于水浸入界面后，基体与增强材料间的摩擦系数减小，界面传递应力的能力减弱，故强度降低，而干燥后界面内的水减少，基体与增强材料间的摩擦系数增大，传递应力的能力增加，故强度部分地恢复。

有关界面形成和界面作用的理论，除了上述几种外，还有吸附理论、静电理论等。在复合材料中，基体与增强材料间界面的形成与破坏，是一个复杂的物理及物理化学的变化过程，因此与此过程有关的物理及物理化学因素，都会影响界面的形成、结构及其作用，从而影响复合材料的性质。

6.4.4 聚合物基复合材料界面的破坏

由于纤维—树脂基体间界面的存在，赋予纤维复合材料结构的完整性。因此复合材料断裂时，不仅断裂力学行为与界面有关，而且复合材料断裂表面形态与界面的黏接强度有关。黏接好的界面—纤维上黏附有树脂；而黏接不好的界面，其断面上拔出来的纤维是光秃而不黏附有树脂。

纤维树脂间界面黏接行为，可形象地用图 6-5 来描述。从图中可看到，由于界面黏接作用，受力前在纤维或树脂中无应变。受力后，树脂中产生复杂的应变，纤维通过界面黏接。

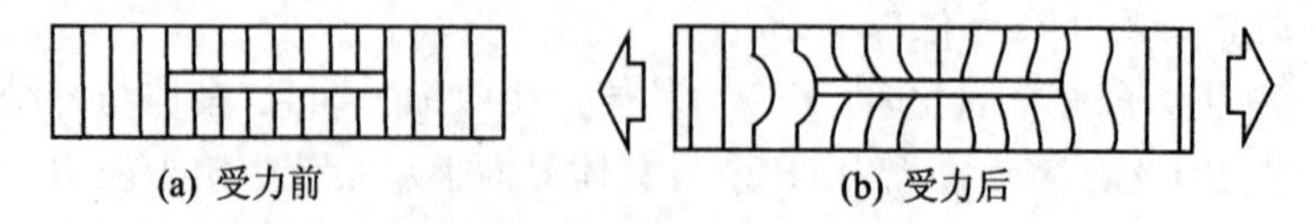

图 6-5 复合材料受力后的变形

载荷通过界面上的一种切变机理传递到纤维上。纤维端部切应力最大。并在离

开端部一定距离后衰减到零。而纤维端部的张应力为零,它朝纤维的中部逐渐增大。纤维长径比越大,它所承受的平均应力也越大,因而模量的增加也越大。在纤维端部存在高切变应力,可认为是导致裂纹产生的原因。两种情况都说明连续纤维增强比短纤维优越。

界面黏接的好坏与断裂表面形貌情况如图 6-6 所示。图中表明,单向复合材料平行于纤维承受拉伸载荷且有强黏接的断裂表面,显示出整个表面平滑和高的静态强度,有缺口敏感的倾向。而有中等黏接强度的试样,呈现不规则的断面,并有纤维拔出。如果黏接很不好的界面,则断面明显地不规则,并有纤维拔出,断面的另一面有孔洞。

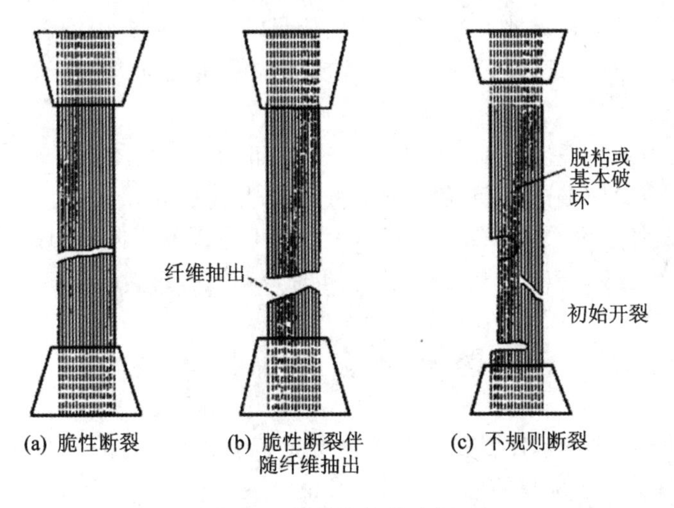

图 6-6　纵向拉伸破坏

聚合物复合材料界面的破坏机理是个比较复杂的问题,至今还没有完全搞清楚。复合材料的破坏机理,要从增强材料、基体及其界面在载荷作用和介质作用下的变化来进行研究。其中,了解界面的破坏机理是很重要的,因为增强材料与基体是通过界面构成一个复合材料整体的。

在复合材料中,无论是在基体、增强材料还是在界面中,均有微裂纹存在,它们在外力成其他因素作用下,都会按照自身的一定规律扩展,最终导致复合材料的破坏。例如在基体上的微裂纹,其裂纹峰的发展趋势有的平行于纤维表面、有的垂直于纤维表面。当微裂纹受外界因素(载荷或其他条件)作用时,其扩展的过程将是逐渐贯穿基体,最后达到纤维表面。在此过程中,随着裂纹的扩展,将逐渐消耗能量。由于能量的消耗,裂纹的扩展速度将减慢,对于垂直于纤维表面的裂纹峰,还由于能量的消耗将减缓它对纤维的冲击。假定在此过程中没有能量的消耗,则绝大部分能量都集中在裂纹峰上,裂纹峰冲击纤维时,就可能穿透纤维,导致纤维及整个复合材料的破坏,这种破坏具有脆性破坏特征。另外,也可观察到有些聚酯及环氧树脂复合材料破坏时,不是脆性破坏,而是逐渐破坏的过程,破坏开始于破坏总裁荷的 20%～40%范围内。这种破坏机理的解释，就是前述的由于裂纹在扩展过程中能量流散，减缓了裂纹的扩展速度，以及能量消耗于界面的脱胶（黏接被破坏），从而分散了裂纹峰上的能量集中。因此未能造成纤维的破坏，致使整个破坏过程是界面逐渐破坏的过程。

当裂纹的扩展在界面上被阻止，由于界面脱胶而消耗，裂纹的能量在界面流散将会产生大面积的脱胶层。界面上化学键的分布与排列可以是集中的，也可以是分散的，甚至是混乱的。如果界面上的化学键是集中的，当裂纹扩展时，能量流散较少，较多的能量集中于裂纹峰，就可能在没有引起集中键断裂时，已冲断纤维，致使复合材料破坏。界面上化学键集中时的另一种情况是，在裂纹扩展过程中，还未能冲断纤维已使集中键破坏，这时由于破坏集中键所引起的能量流散，仅造成界面黏接破坏。这时如果裂纹集中的能量足够大，或继续增加能量，则不仅使集中键破坏，还能引起纤维断裂。此外，在化学键破坏过程中，物理键的破坏，也能消耗一定量的集中于裂纹峰的能量。

以上所述有关界面破坏机理的观点，并不完善。当前复合材料的破坏机理问题，颇受国内外研究者的重视，从现有的资料来看，大体上提出了 3 种理论，即微裂纹破坏理论、界面破坏理论及化学结构破坏理论。除上述因素引起界面破坏而造成复合材料破坏外，微观残余应力、孔隙以及加载条件等均能引起界面破坏。

6.5 聚合物基复合材料成型

增强材料与聚合物基体材料只有通过成型工艺制成一定的复合材料，并完成产品的制造，达到其真正优越的综合性能。因而，要根据产品形状和使用要求选择合适的成型方法；按照材料的力学性能和使用时允许的变形条件，决定增强纤维在基体中的排列规则和相对位置，将其合理地复合在聚合物基体中，并使之与聚合物基体保持一定的比例，然后选择基体固化的工艺参数。

聚合物基复合材料的制造大体应有如下过程：原辅材料的准备阶段，成型阶段，制件的后处理与机械加工阶段等。在这个转化过程中，转化的难易程度和复合材料的质量是由材料的工艺性决定的，工艺因素成为制备复合材料制品好坏的关键。

聚合物基复合材料制造方法很多，随着树脂基复合材料工业迅速发展和日渐完善。新的高效生产方法不断出现，在生产中采用的成型方法主要有：手糊成型；模压成型；层压或卷制成型；缠绕成型；拉挤成型；离心浇铸成型；树脂传递成型；夹层结构成型；喷射成型；真空浸胶成型；挤出成型；注射成型；热塑性片状模塑料热冲压成型等。

6.5.1 手糊成型

手糊成型是用纤维增强材料和树脂胶液在模具上铺敷成型，经固化、脱模成制品的工艺方法。其工艺流程如图 6-7 所示。

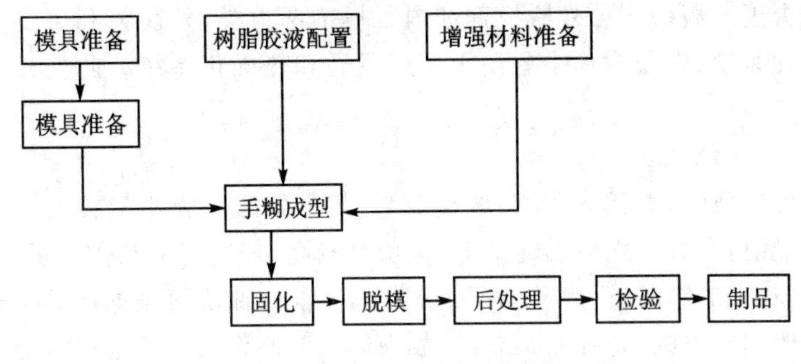

图 6－7　手糊成型工艺流程

手糊成型是复合材料最早的一种成型方法。虽然它在各国复合材料成型中所占比重呈下降趋势，但仍为主要成型方法。这是由于手糊成型不受产品尺寸和形状限制，适宜尺寸大、批量小、形状复杂产品的生产；设备简单、投资少；工艺简便；易于满足产品设计要求等。但是手糊成型生产效率低，劳动强度大、劳动环境差、产品质量不易控制，性能稳定性不高。

6.5.1.1　原材料选择

原材料选择一般包括：聚合物基体和增强材料的选择。聚合物基体的选择应满足下列要求：能在室温下凝胶、固化，并在固化过程中无低分子物产生；能配制成黏度适当的胶液，适宜手糊成型的胶液黏度为 0.2～0.5 Pa·s；无毒或低毒；价格便宜。

手糊成型用树脂类型有不饱和聚酯树脂，用量约占各类树脂的 80%。其次是环氧树脂。目前在航空结构制品上开始采用湿热性能和断裂韧性优良的双马来酰亚胺树脂，以及耐高温、耐辐射和良好电性能的聚酰亚胺等高性能树脂。它们需在较高压力和温度下固化成型。为调节树脂黏度，需加入稀释剂，同时也可增加填料用量。有时为了降低成本改善树脂基体性能（如低收缩性、自熄性、耐磨性等），在树脂中加入一些填料，主要有黏土、碳酸钙、白云石、滑石粉、石英砂、石墨、聚氯乙烯粉等各种性能填料。在糊制垂直或倾斜面层时，为避免“流胶”，可在树脂中加入少量活性 SiO_2（称触变剂）。由于活性 SiO_2 比表面积大，树脂受到外力触动时才流动，这样在施工时既避免树脂流失，又能保证制品质量。增强材料主要形态为纤维及其织物，它赋予复合材料以优良的力学性能。手糊成型工艺用量最多的增强材料是玻璃纤维其次有碳纤维、芳纶纤维和其他纤维。

6.5.1.2　手糊成型模具与脱模剂

模具是手糊成型中唯一的重要设备，优质的模具是保证产品质量和降低成本的关键。目前用最普遍的模具是玻璃钢模具。玻璃钢模具制造方便，精度较高，使用寿命长，制品可热压成型，尤其适用于表面质量要求高，形状复杂的玻璃钢制品。其他模具材料还有木质模具，石膏模具，可溶性盐模具，金属模具等。

为使制品与模具分离而附于模具成型面的物质称为脱模剂，其功用是使制品顺利地从模具上取下来、同时保证制品表现质量和模具完好无损。脱模剂的使用温度应高于固化温度。脱模剂分外脱模剂和内脱模剂两大类,外脱模利主要应用于手糊成型和冷固化系统,内脱模剂主要用于模压成型和热固化系统。此处介绍主要是外脱模剂。

(1) 薄膜型脱模剂

主要有聚酯薄膜、聚乙烯醇膜、玻璃纸等,其中聚酯薄膜用量较大。聚酯薄膜所得制品平整光滑,具有特别好的光洁度,但价格较高,普遍用来制作平板、波形瓦等形状简单、面积较大的制品,也用于储罐、容器等,不能作曲面复杂的制品。聚乙烯醇薄膜一般用于形体不规则、轮廓复杂制品,如人体假肢制作及袋压法成型等。玻璃纸多用于透明板材、波形瓦、袋压法生产板材的制品等。

(2) 混合溶液型脱模剂

此类脱模剂中聚乙烯醇溶液应用最多。聚乙烯醇溶液是采用低聚合度聚乙烯醇与水、酒精按一定比例配制的一种黏性透明液体。黏度为0.01～0.1 Pa·s。干燥时间约30 min,注意必须使其干燥完全、否则残存水将影响树脂固化。聚乙烯醇溶液具有使用方便,成膜光亮、脱模件性能好,容易清洗。无腐蚀、无毒性、配制简单、价格便宜等优点。既可单独用又可和其他脱模剂复合使用。其缺点是环境湿度大时成膜周期长,影响生产周期。

(3) 蜡型脱模剂

蜡型脱模剂使用方便,省工、省时、省料,脱模效果好,价格也不高,因此得到广泛的应用。

为了得到良好的脱模效果和理想的制品,常常同时使用几种脱模剂复合使用,这样可以发挥多种脱模剂的综合性能。

6.5.1.3 手糊成型工艺

手糊工艺成型通常需要原材料准备、糊制成型、固化三个基本阶段来完成。

(1) 原材料准备

首先需要对所使用胶液进行准备,根据产品的使用要求确定树脂种类,并配制树脂胶液。胶液的工艺性是影响手糊制品质量的重要因素。胶液的工艺性主要指胶液黏度和凝胶时间。胶液黏度,表征流动特性;对手糊作业影响大,黏度过高不易涂刷和浸透增强材料;黏度过低,在树脂凝胶前发生胶液流失,使制品出现缺陷。手糊成型树脂黏度控制在0.2～0.8 Pa·s为宜。黏度可通过加入稀释剂调节。凝胶时间,指在一定温度条件下,树脂中加入定量的引发剂、促进剂或固化剂,从黏流态到失去流动性变成软胶状态的凝胶所需的时间。它是一项必须加以控制的重要指标。手糊作业结束后树脂应能及时凝胶,如果凝胶时间过短,由于胶液黏度迅速增大,不仅增强材料不能被浸透,甚至发生局部固化,使手糊作业困难或无法进行。反之,如果凝胶时间过长,不仅增长了生产周期,而且寻致胶液流失,交联剂挥发,造成制品局部贫胶或不能完全固化。

为提高增强材料同基体的黏结力,增强材料必须进行表面处理。例如,含石蜡乳

剂浸润剂的玻璃布需进行热处理或化学处理。

(2) 糊　制

制品表面需要特制的面层,称为表面层。一般多采用加有颜料的胶衣树脂(俗称胶衣层)。也可采用加入粉末填料的普通树脂代替,或直接用玻璃纤维表面毡。表面层树脂含量高,故也称富树脂层。表面层不仅可美化制品,而且可保护制品不受周围介质侵蚀、提高其耐候、耐水、耐腐蚀性能、具有延长制品使用寿命的功能。胶衣层厚度控制在 0.25～0.5 mm,或专用单位面积用胶量控制,即为 300～500 g/m^2。胶衣层通常采用涂刷和喷涂两种方法。待胶衣层开始凝胶时,应立即铺放一层较柔软的增强材料,最理想的为玻璃纤维表面毡。既能增强胶衣层(防止龟裂),又有利于胶衣层与结构层(玻璃布)的黏合。胶衣层全部凝胶后,即可开始手糊作业,否则易损伤胶衣层。但胶衣层完全固化后再进行手糊作业,又将影响胶衣层与制品间的黏结。

之后进行铺层,同一铺层纤维尽可能连续,切忌随意切断或拼接,否则将严重降低制品力学性能。铺层拼接的设计原则是:制品强度损失小,不影响外观质量和尺寸精度;拼接的形式有搭接与对接两种,以对接为宜。对接式铺层可保持纤维的平直性,产品外形不发生畸变,并且制品外形和质量分布的重复性好。为不致将低接续区强度,各层的接缝必须错开,并在接缝区多加一层附加布。

(3) 固　化

欲使树脂的线型分子与交联剂变成体型结构必须加入引发剂。引发剂开始产生游离基的最低温度为临界温度,其临界温度大都在 60～130 ℃。引发剂产生游离基的能量为活化能。手糊成型大多是室温固化,因此,应选择活化能和临界温度较低的引发剂。固化过程可分为凝胶、定型(硬化)、热化(完全固化)3 个阶段。手糊工艺过程就是宏观控制这三个阶段的微观变化使制品性能达到要求。

判断玻璃钢的固化程度,除采用丙酮萃取测定树脂不可溶部分含量方法之外,常用的简单方法是测定制品巴柯硬度值。一般巴柯硬度达到 15 时便可脱模,而尺寸精度要求高的制品,巴柯硬度达到 30 时方可脱模。制品室温固化后,有的需再进行加热后处理使制品充分固化,从而提高其耐化学腐蚀、耐候等性能;

6.5.2　模压成型

模压成型是将一定量的模压料放入金属对模中,在一定的温度和压力作用下固化成型制品的一种方法。在模压成型过程中需加热和加压,使模压料塑化、流动充满模腔,并使树脂固化。在模压料充满模腔的流动过程中,不仅树脂流动,增强材料也要随之流动,所以模压成型工艺的成型压力较高,属于高压成型工艺。

模压成型是利用树脂固化反应中各阶段的特性来实现制品成型的过程。当模压料在模具内被加热到一定温度时,其中树脂受热融化成为黏流状态,在压力作用下,黏流树脂与增强纤维一道流动,直至填满模腔,此时称为树脂的"黏流阶段":继续提高温度,树脂发生化学交联,分子量增大。当分子交联形成网状结构时,流动性很快降低直至表现一定弹性，称为树脂的“凝胶阶段”。再继续受热，树脂交联反应继续进行，交联密度进一步增加，最后失去流动性，树脂变为不溶不熔的体型结构，到达了“硬固阶段”。模压工艺中上述各阶段是连续出现的，其间无明显界限，并且整个反应是不可逆的。

模压成型具有较高的生产效率，制品尺寸准确、表面光洁，多数结构复杂的制品可一次成型、无须有损制品性能的二次加工，制品外观及尺寸的重复性好，容易实现机械化和自动化等优点。模压工艺的主要缺点是模具设计制造复杂，压机及模具投资高，制品尺寸受设备限制，一般只适合制造批量大的中、小型制品。

由于模压成型工艺具有上述优点，已成为复合材料重要的成型方法之一。近年来由于片状模塑料(SMC)、块状模塑料(BMC)和各种模塑料的出现以及它们在汽车工业上的广泛应用，而实现了专业化、自动化和高效率生产。制品成本不断降低，其使用范围越来越广泛。模压制品主要用作结构件、连接件、防护件和电器绝缘件。广泛应用于工业、农业、交通运输、电气、化工、建筑和机械等领域。由于模压制品质量可靠，在兵器制造飞机、导弹、卫星上也都得到了应用。

模压成型按增强材料物态和模压料品种可分为下列几类。

(1) 纤维料模压

将预混或者预浸的纤维模压料装在金属模具中加热加压成型制品。其中强度短纤维预混料模压成型是我国广泛使用的工艺方法。

(2) 织物模压

将预先织成所需形状的两向、三向以及多向织物浸渍树脂后，在金属对模中加热加压成型。这种方法由于通过配制不同方向的纤维而使制品层间剪切强度明显提高，质量比较稳定，但成本高，此法适用于有特殊性能要求的制品。

(3) 层压模压

将预浸胶布或毡剪成所需形状，经过叠层后放入金属对模中加热加压成型制品。它适于成型薄壁制品。

(4) 缠绕模压

将预浸渍的玻璃纤维或布带缠绕在一定模型上，再在金属对模中加热加压定型。这种方法适用于有特殊要求的制品及管材。

(5) SMC 模压

将 SMC 片材按制品尺寸、形状、厚度等要求裁剪下料，然后将多层片材叠合后放入模具加热加压成型制品。此法适于大面积制品成型，目前在汽车工业、浴缸制造等方面得到了迅速发展。

(6) 预成型坯模压

先将短切纤维制成与制品形状和尺寸相似的预成型坯，然后将其放入模具中倒入树脂混合物，在一定温度压力下成型。它适用于制造大型、高强、异形、深度较大、壁厚均一的制品。

(7) 定向铺设模压

将单向预浸料(纤维或无纬布)沿制品主应力方向取向铺设,然后模压成型。制品中纤维含量可高达 70%,适用于成型单向强度要求高的制品。

片状模塑料(SMC)模压成型由于其专业化、自动化和高效率的生产使制品成本不断降低,并已广泛应用于汽车制造等工业领域。片状模塑料(Sheet Molding Compound)是 1953 年美国(Rubber 公司)首先发明,1960 年西德(Bayer 公司)实现了工业化生产。1970 年开始在全世界迅速发展。SMC 的发展已成为近 30 年来增强塑料(FRP)工业最显著的成就之一。SMC 实际上是一种工业半成品,是干法生产 FRP 制品的一种中间材料。是用不饱和聚酯树脂及各种助剂、填料和着色剂等混合成树脂糊,浸渍短切玻璃纤维粗纱或玻璃纤维毡,并在两面用聚乙烯或聚丙烯薄膜包覆起来形成的片状模压成型材料。使用时,只需将两面的薄膜撕去,按制品的尺寸裁切、叠层、放入模具中加温加压,即得所需制品。

SMC 的特点是质量稳定性好、操作处理方便、作业环境清洁、片材的质量均匀,适宜压制截面变化不大的大型薄壁制品、生产效率高、成型周期短、易于实现机械化自动化。

BMC 即块状模塑料(Bulk Molding Compound)与 SMC 的组成极为相似,是一种改良了的预混块状成型材料,可用于压制和挤出成型。两者的区别仅在于材料形态和制作方法上。BMC 中纤维含量较低,纤维长度较短,填料含量较大,因而 BMC 的强度较 SMC 低。BMC 适用于制造小型制品,SMC 则用于生产大型薄壁制品。

TMC 即厚片状模塑料,其组成与制作同 SMC 类似。SMC 一般厚 0.63 cm,而 TMC 厚度达 5.08 cm。由于厚度增大,纤维随机分布,从而增强了物料混合效果,改善了浸透性。自 1976 年 TMC 出现以来,已成为比 SMC 与 BMC 应用范围更广的模塑料。

模压工艺模压成型工艺流程图如图 6-8 所示。包括压制前准备和压制两个过程。压制前需对模具及模压料进行预热,估算装料量、确定脱模剂并对模压料进行预

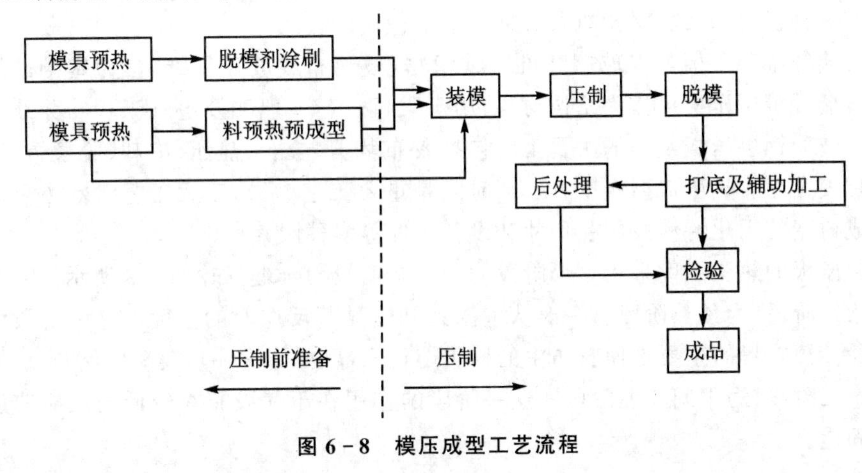

图 6-8　模压成型工艺流程

成型;在模压过程中,物料历经黏流、凝胶和固化 3 个阶段。微观上分子链由线型变成了网状体型结构。将模压料高生产率压制成合格制品所需要的工艺条件就是模压工艺参数。生产上称为压制制度,它包含温度制度和压力制度。

6.5.3 层压成型

层压成型是指将浸有或涂有树脂的片材层组成叠合体,送入层压机,在加热和加压下,固化成型玻璃钢板材或其他形状简单的复合材料制品的一种方法。层压成型主要是生产各种规格、不同用途的复合材料板材。具有产品质量稳定等特点,但一次性投资较大。适用于批量生产,它具有机械化、自动化程度高的特点。其制品在汽车工业、电讯器材、船舶建筑、飞机制造和宇航等高技术领域内都获得了引人注目的应用效果。它已成为现代科学技术发展中不可缺少的一种新型的工程技术。

根据所用增强材料类别,层压板可分为纸层压板、木层压板、棉纤维层压板、石棉纤维层压板、玻璃纤维层压板、碳纤维层压板和 Kevlar 纤维层压板等多种。近年来还出现了用热塑性和热固性树脂复合型纤维层压板,用于组装备各类化工容器和建筑用水槽等。

纸层压板主要用于制造电绝缘部件(各种盘、接线板、绝缘线圈、垫板、盖板等)。除此之外,薄板可月于制造桌面板、装卸板、诊疗室、船舱、车厢、飞机舱、家具、收音机和电视机外壳等,由于纸层压板耐水性差,因此,不适合用于潮湿的条件,以免发生翘曲。

棉纤维层压板,也称棉布层压板。棉布层压板具有较高的物理力学性能,良好的耐油性,同时具有一定程度的耐水性。所以,在机械制造工业中多用来制造垫圈、轴瓦、轴承及皮带轮和无声齿轮等。棉布层压齿轮能长期用于飞机与汽车发动机的分配机构、减速器,以及功率在 100 kW 以下的电动机传动装置。用棉布层压板制成的塑料轴承代替金属(巴氏合金与青铜)轴承,可节约电能 25%~30%,其本身使用寿命将增加数倍;而且能大大地降低机器轴颈的磨损率。另外,棉布层压板制造的轴承也可在球磨机、离心泵、涡轮机及其他机器上使用。

玻璃纤维层压板是以玻璃纤维及其织物(玻璃布或玻璃纤维毡)为基础的层状板。玻璃纤维层压板可作为结构材料,用于飞机、汽车、船舶及电气工程与无线电工程等。玻璃钢层压板生产的主要工序包括胶布裁剪、叠合、热压、冷却、脱模、加工和后处理等工序。热压成型温度、压力、时间是重要工艺参数,三大工艺参数主要取决于合成树脂的固化特性及制品尺寸和设备条件等多种因素。

层压板的热压温度采用 5 个阶段的升温制度较为合理,如图 6-9 所示。

第一阶段:为预热阶段。一般从室温到开始显著反应时的温度。这一阶段称预热阶段。预热目的主要是使胶布中的树脂熔化,熔融树脂进一步浸渍玻璃布。

第二阶段:为中间保温阶段。这一阶段的作用在于使胶布在较低的反应速度下进行固化。

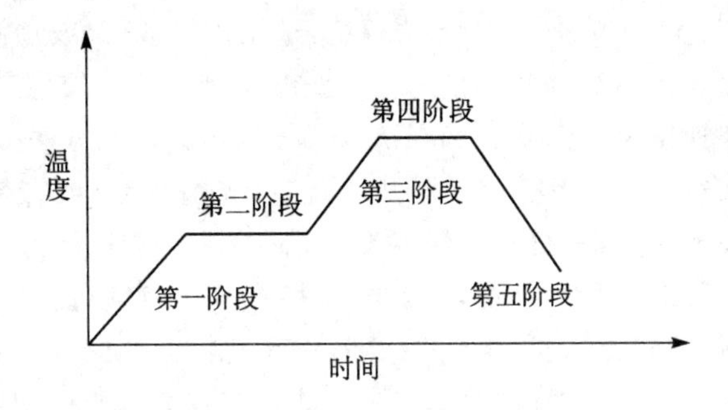

图 6-9　热压工艺 5 个阶段的升温曲线示意

第三阶段：为升温阶段。这一阶段的作用在于逐步提高反应温度，加快固化反应速度。

第四阶段：为热压保温阶段。这一阶段的作用在于使树脂获得充分固化。所选择的温度主要取决于树脂的固化特性、时间和板材的厚度。

第五阶段：为冷却阶段。在保压的情况下，采用自然冷却或强制冷却到室温，而后去除压力取出制品。

6.5.4　缠绕成型

将浸过树脂胶液的连续纤维或布带。按照一定规律缠绕在芯模上，然后固化脱模成为增强塑料制品的工艺过程，称缠绕成型。缠绕工艺流程如图 6-10 所示。

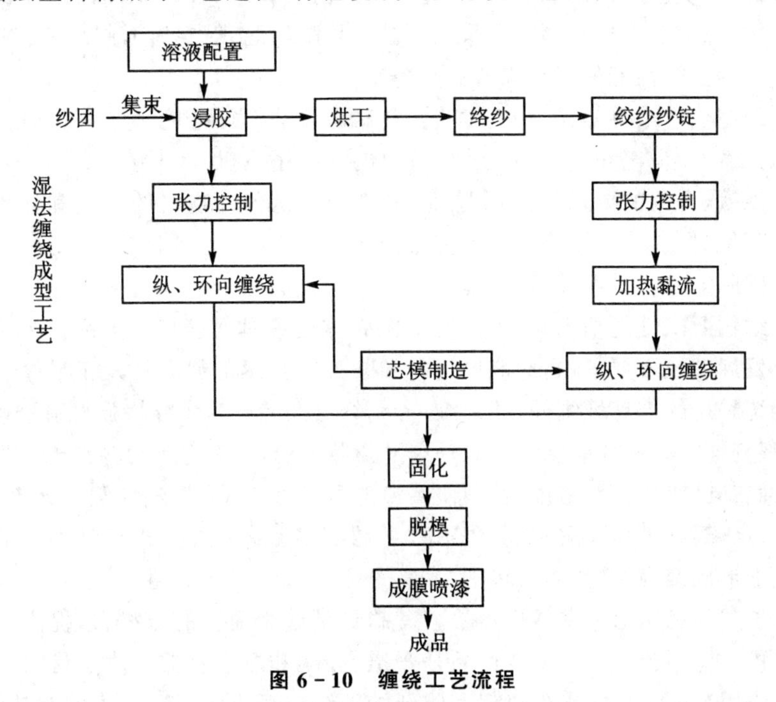

图 6-10　缠绕工艺流程

缠绕成型按工艺方法分类。① 干法缠绕：选用预浸纱带（或预浸布带）。在缠绕机上经加热软化至黏流后缠绕到芯模上。干法缠绕制品质量较稳定，工作环境较好，并可大大提高缠绕速度，可达 100～200 m/min。但这种工艺方法必须另行配置胶纱（带）预浸设备，故设备投资较大。② 湿法缠绕：将无捻粗纱（或布带）浸渍树脂胶液后直接缠绕到芯模上，无须另行配置浸渍设备，对材料要求不严，便于选材，故比较经济。但由于纱片浸胶缠绕，纱片质量不易控制和检验，并对浸胶辊、张力辊等需要经常维护刷洗，工作环境较差。③ 半干法缠绕：将无捻粗纱（或布带）浸渍树脂胶液，预烘后随即缠绕到芯模上。与湿法相比，增加了烘干工序。与干法相比，无须整套的预浸设备，缩短了烘干时间，使缠绕过程可在室温下进行。这样既除去了溶剂，又减少了设备，提高了制品质量。纤维缠绕增强塑料制品的优点：比强度高；可靠性高；生产率高；材料成本低。目前，缠绕成型也有一定的局限性还不能适用于任何结构形状的制品，必须借助缠绕机才能实现，而缠绕设备投资较大，只有大批量生产时，成本才能降低。

纤维缠绕所用原材料主要是纤维增强材料和树脂基体两大类。选择原则主要看缠绕制品的使用性能要求，即产品的各项设计性能指标、工艺性及经济性要求。增强材料一般是玻璃纤维，碳纤维、芳纶纤维等。树脂基体，一般是指合成树脂与各种助剂组成的整体体系。复合材料制品的工艺性、耐热性、耐老化性及耐化学腐蚀性主要取决于树脂基体，而对力学性能的压缩强度、层向剪切强度也有重要影响。常温使用的内压容器，一般采用双酚 A 型环氧树脂；高温使用的容器则采用酚醛型环氧或脂肪族环氧树脂；一般管道和储罐多采用不饱和聚酯树脂；航空航天制品采用具有突出断裂韧性与耐湿热性能的双马来酰亚胺树脂。

纤维缠绕成型最早是在 1947 年美国开始研究的，当时用于生产 F－84 飞机的压缩空气瓶。从 20 世纪 60 年代开始，航天、导弹、军用飞机、水下装置就已提出了高强度、质量轻高压容器的要求。民用方面：主要产品是各种规格的管道和储罐。在化工、石油、环保、供热等领域获得广泛应用。

现在国际上缠绕工业明显分成两部分，即空间技术及民用部分。应用于空间技术的缠绕结构要求性能精度高，火箭发动机壳体是最具代表性的产品。为满足航空航天工业发展的技术要求，高性能原材料和新工艺技术的研究开发正显露出勃勃生机。除传统采用的玻璃纤维外，碳纤维、芳纶纤维开始成为主导增强材料。树脂整体方面，断裂韧性和湿热性能优异的双马来酰亚胺树脂，具有突出耐高温电气性能的聚酰亚胺树脂都已应用。耐高温（长期使用温度可达 300 ℃）热塑性塑料如聚醚醚酮、聚醚砜等。将碳纤维和聚醚醚酮（PEEK）纤维或者聚苯硫醚（PPS）纤维在电脑控制的缠绕机上形成缠绕结构，然后热压。

缠绕工艺的民用部分发展也很快。其趋势是使用便宜的原材料，提高缠绕设备的效率来扩大应用范围。其主要产品是管道、储罐和压力容器。改进材料的防腐性能将扩大应用范围。近年来也出现一些新的缠绕成型方法，例如，内缠绕法、喷射缠绕法、金属钢带树脂缠绕、现场缠绕法等。

为了获得一定形状和结构尺寸的纤维缠绕制品，必须采用一个外形同制品内腔形状尺寸一致的芯模。在制品固化后能把它脱下来而又不损伤缠好的制品。芯模材料常用芯模材料石膏、钢、铝、低熔点金属和低熔点盐类(此两种材料国外较多用。制造芯模时将其熔化浇铸成壳体，脱模时加入热水搅拌溶解或用蒸气熔化)、木材、水泥、石蜡、聚乙烯醇、塑料等。

纤维缠绕成型主要是制造压力容器和管道，虽然容器形状规格繁多，缠绕形式也千变万化。但是，任何形式的缠绕都是由导丝头(也称绕丝嘴)和芯模的相对运动实现的。如果纤维无规则地乱缠，则势必出现或者纤维在纤维表面重叠，或者纤维滑线不稳定的现象。因此，缠绕线型必须使纤维既不重叠又不离缝，均匀连续布满芯模表面，同时纤维在芯模表面位置稳定，不打滑。

随着纤维缠绕复合材料制品应用范围的扩大，制品几何形状千变万化，设备使用灵活性渐为用户所重视。特别是应用在航空航天领域的高精度异型缠绕制品，目前主要使用数字程序控制缠绕机和微机控制缠绕机进行缠绕成型。

6.5.5　拉挤成型

拉挤是指玻璃纤维粗纱或其织物在外力牵引下，经过浸胶、挤压成型、加热固化、定长切割、连续生产玻璃钢线型制品的一种方法。它不同于其他成型工艺的地方是外力拉拔和挤压模塑，故称拉挤成型工艺。拉挤成型技术1948年起源于美国，20世纪50年代末期趋于成熟。目前，随着科学和技术的不断发展，拉挤成型正向着提高生产速度、热塑性和热固性树脂同时使用的复合结构材料方向发展。生产大型制品，改进产品外观质量和提高产品的横向强度都将是拉挤成型工艺今后的发展方向。

拉挤成型具有生产效率高，便于实现自动化等优点；成品中增强材料的含量一般为40%～80%，制品性能稳定可靠；易于后加工、树脂损耗少；制品的纵、横向强度可调整，以适应不同制品的使用要求。拉挤制品的主要应用于耐腐蚀领域如：主要用于上、下水装置。工业电水处理设备、化工挡板、管路支架等。电工领域如高压电阻保护管、电缆架、绝缘梯、变压器零部件等。建筑领域如门、窗结构用型材等。运输领域如卡车构架、冷藏车厢、汽车簧板、刹车片等。能源开发领域如太阳能收集器、支架、风力发电机叶片和抽油杆等。航空航天领域，如宇宙飞船天线绝缘管、飞船用电机零部件等。

拉挤制品所用树脂主要有不饱和聚酯树脂、环氧树脂和乙烯基酯树脂等。其中不饱和聚酯树脂应用最多，大约占总用量的90%。热塑性的聚丙烯、ABS、尼龙、聚碳酸酯、聚砜、聚醚砜、聚亚苯基硫醚等用于拉挤成型热塑性玻璃钢可以提高制品的耐热性和韧性，降低成本。拉挤成型所用增强材料绝大部分是玻璃纤维，其次是聚酯纤维。在宇航、航空领域、造船和运动器材领域中，也使用芳纶纤维、碳纤维等高性能材料。而玻璃纤维中，应用最多的是无捻粗纱。所用玻璃纤维增强材料都采用增强型浸润剂。

抗挤成型工艺流程为玻璃纤维粗砂排布→浸胶→预成型→挤压模塑及固化→牵引→切割→制品。图 6－11 为卧式拉挤成型工艺原理。无捻粗纱纱团被安置在纱架 1 上，然后引出通过导向辊和集纱器进入浸胶槽，浸渍树脂后的纱束通过预成型模具，它是根据制品所要求的断面形状而配置的导向装置。如成型棒材可用环形栅板；成型管可用芯轴；成型角形材可用相应导向板等。在预成型模中，排除多余的树脂，并在压实的过程中排除气泡。预成型模为冷模，有水冷却系统，产品通过预成型后进入成型模固化。成型模具一般由钢材制成，模孔的形状与制品断面形状一致。为减少制品通过时的摩擦力，模孔应抛光镀铬，如果模具较长，可采用组合模，并涂有脱模剂。成型物固化一般分两种情况：一种是成型模为热模，成型物在模中固化成型；另一种是成型模不加热或给成型物以预热，而最终制品的固化是在固化炉中完成。

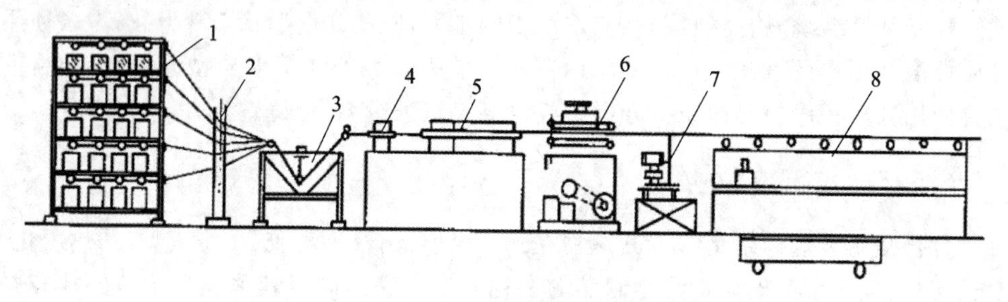

1—纱架；2—排纱器；3—胶槽；4—预成型模；5—成型固化模；
6—牵引装置；7—切割装置；8—制品托架

图 6－11　卧式拉挤成型工艺过程

6.5.6　树脂传递模塑成型

树脂传递模型(Resin Transfer Moding，简称 RTM)是一种闭模成型工艺方法，其基本工艺过程为：将液态热固性树脂(通常为不饱和聚酯)及固化剂，由计量设备分别从储桶内抽出．经静态混合器混合均匀，注入事先铺有玻璃纤维增强材料的密封模内，经固化、脱模、后加工而成制品。

随着产品复杂程度、性能、尺寸的提高，人们倾向于选择劳动密集的工艺如手糊工艺，但由于成本问题，这种工艺又不可能用来生产大量的产品。RTM 工艺可以生产高性能、结构复杂、批量大的制品。所以说 RTM 工艺是一种较好的工艺方法。RTM 成型用设备通常可分为三大部分：即控制树脂部分或称 RTM 成型机、压机和模具。用于 RTM 工艺的树脂系统应满足如下要求：黏度低。一般在 250～300 Pa・s 为佳。超过 500 Pa・s，则需较大的泵压力。一方面，增加了模具厚度，另一方面模内玻璃纤维有被冲走或移位的可能。低至 100 Pa・s，则易夹带空气，使制品出现针孔。固化放热峰低，一般为 80～140 ℃。可采用复合型引发剂以降低树脂的固化放热峰。固化时间短，一般凝胶时间控制在 5～30 min。固化时间为凝胶时间的 2 倍。增强材料一般以玻璃纤维为主，含量为 25%～40%（质量分数）。常用的有玻璃纤维毡、短切纤维毡、无论粗纱布、预成型坯和表面毡等。加入填料不仅能降低成本，而且能在树脂固化放热阶段吸收热量。常用的填料有碳酸钙、氢氧化铝、云母、黏土和微玻璃珠等。填料的用量要严格控制，以与树脂混合后黏度不超过 RTM 成型机所允许的黏度范围为好，通常内树脂用量的 20%～40%（质量分数）。

RTM 成型工艺与其他工艺相比具有下列特点：主要设备（如模具和模压设备等）投资小，即用低吨位压机能生产较大的制品；生产的制品两面光滑、尺寸稳定、容易组合；允许制品带有加强筋、镶嵌件和附着物、可将制品制成泡沫夹层结构，设计灵活、从而获得最佳结构；制造模具时间短（一般仅需几周），可在短期内投产；对树脂和填料的适用性广泛；生产周期短，劳动强度低，原材料损耗小；产品后加工量少；RTM 是闭模成型工艺，因而单体（苯乙烯）挥发少，环境污染少。

反应注射模塑英文名称为 Reaction Injection Molding，以下简称 RIM。增强型反应注射模塑在前面加上 Reinforced 则为 RRIM。RIM 是利用高压冲击，混合两种单体物料。工艺过程中既控制物料的反应温度，又控制物料的注射率，是在模具内直接成型制品的较先进的注射模塑工艺。RIM 的物料里不适合增强材料或填料，如果物料里含增强材料或填料，则是增强型反应注射模塑（RRIM）。

RIM 生产设备（包括模具）费用低；设计自由；模塑的压力低（0.35～0.7 MPa），制品无模压应力；制品里镶嵌件等工艺简便；模内物料流动性好；加工的能耗低：可加工大型部件。RRIM 模具费用低，制品的生产成本低；反应模塑时制品（在模内）内部发热量小；制品的收缩率低；制品的表面性能好，表面硬度高；耐热性好；制品的尺寸稳定性好；抗压强度高；耐化学腐蚀性好。用于反应注射模塑的树脂系统必须满足以下条件：必须是由两种以上的单体制成；单体应在室温下稳定；容易用泵送出：产生急速放热固化反应；在反应中不生成副产物。聚氨酯、聚酯、环氧、尼龙等基本满足上述条件，它们都可以应用。目前国外最先开发且用得较多的树脂是聚氨酯。

在反应注射模塑成型时，成型模具的材质可以是淬火的合金钢、中碳钢、软钢、铝等机械加工工件；铸铁、铸钢、铝、铸铜、锌合金等铸造件；树脂浇注体镀镍件等。具体要根据制品形状的复杂程度、尺寸的精度和表面平滑性的要求，原形模用还是生产用，成型数量等进行适当的选择。增强反应注射模塑成型时，模具的材质必须要考虑玻璃纤维等增强材料、填料对棋具的磨损。

6.5.7　热塑性复合材料及其成型

热塑性复合材料（Fiber Reinforced Thermo Plastics，简称 FRTP）是指以热塑性树脂为基体，以各种纤维为增强材料而制成的复合材料。热塑性树脂的品种很多，性能各异、因此，用不同品种的树脂制造复合材料时，其工艺参数相差很大，制成的复合材料性能也有很大区别。热塑性复合材料是 20 世纪 50 年代初开始研究成功的，早在 1956 年美国首先实现短纤维增强尼龙工业化生产。进入 20 世纪 70 年代，热塑性复合材料(FRTP)得到迅速发展。除短纤维增强热塑性复合材料外,美国研究成功用连续纤维毡和聚丙烯树脂生产片状模塑料,并实现了工业化生产。法国公司在美国的技术基础上,根据造纸工艺原理用湿法生产热塑性片状模塑料(GMT)。

按树脂基体及复合后的性能分为高性能复合材料和通用型复合材料两类。高性能复合材料是指用碳纤维、芳纶纤维或高强玻璃纤维增强聚苯硫醚、聚聚醚醚酮及聚醚砜等高性能热塑性树脂,这种复合材料除具有比合金材料高的比强度和比模量外,最大的将点是能在 200 ℃以上的高温下长期使用。通用型热塑性复合材料是指以玻璃纤维及其制品增强一般通用的热塑性树脂。如聚丙烯、聚乙烯、尼龙、聚氯乙烯等。

热塑性复合材料具有密度小、强度高的特点,钢材的密度为 7.88 g/cm^3,热固性复合材料的密度为 1.7~2.0 g/cm^3,热塑性复合材料的密度仅为 1.1~1.6 g/cm^3。因此,它能够以较小的单位质量获得更高的机械强度。一般热塑性塑料的使用温度只能达 50~100 ℃以下,用玻璃纤维增强后可以提高到 100 ℃以上,有些品种甚至可以在 150~200 ℃下长期工作。例如尼龙 6,其热变形温度为 50 ℃左右,增强后可提高到 190 ℃以上,高性能热塑性复合材料的耐热性可达 250 ℃以上,这是热固性复合材料所不及的。热塑性复合材料的线膨胀系数可比未增强塑料低 1/4~1/2。这可降低成型过程中的收缩率,使产品的尺寸精度提高。热塑性复合材料的耐水性普遍比热固性复合材料好,一般来讲,热塑性复合材料都具有良好的介电性能,不受电磁作用,不反射无线电电波、透微波性良好等。由于热塑性复合材料的吸水率比热固性小。因此,其电性能比热固性复合材料优越。热塑性复合材料的工艺性能优于热固性复合材料。它可以多次成型,废料可回收利用等。因而,可以减少生产过程中的材料消耗和降低成本。

热塑性复合材料的加工性能与所选用的增强材料关系极大。用短切玻璃纤维增强复合材料适用于挤出和注射成型,连续玻璃纤维增强复合材料的成型工艺可选用缠绕、拉挤和模压成型工艺。热塑性片状模塑料的成型方法常采用热冲压工艺,易于实现快速机械化生产,而且需要的成型压力比热固性 SMC 小。此外,还有废料可回收利用,对模具要求不高等优点。短纤维增强 FRTP 成型方法有注射成型工艺;挤出成型工艺。连续纤维及长纤维增强 FRTP 成型方法有片状模塑料冲压成型工艺;预浸料模压成型工艺;片状模塑料真空成型工艺;预浸纱缠绕成型工艺;挤拉成型工艺。以注射、挤出、冲压 3 种应用最广。

从国外的应用情况来看,FRTP 主要用于汽车制造工业、机电工业、化工防腐及建筑工程等。从我国的情况来看,已开发应用的产品有机械零件、电器零件、耐腐蚀制品等。

热塑性复合材料的工艺性能主要取决于树脂基体,因为纤维增强材料在成型过程中不发生物理和化学变化,仅使基体的黏度增大,流动性降低而已。热塑性树脂的分子呈线型,具有长链分子结构。这些长链分子相互贯穿,彼此重叠和缠绕在一起,形成无规线团结构。长链分子之间存在着分子间作用力,使聚合物表现出各种各样的力学性能。在复合材料中长链分子结构包裹于纤维增强材料周围,形成具有线型聚合物特性的树脂纤维混合体,使之在成型过程中表现出许多不同于热固性树脂纤维混合体的特征。

FRTP 成型的基础理论包括树脂基体的成型性能,聚合物熔体(树脂加纤维)的流变性,成型过程中的物理变化和化学变化。热塑性树脂的成型性能表现为良好的可挤压性、可模塑性和可延展性等。可挤压性是指树脂通过挤压作用变形时获得形状并保持形状的能力。在挤出、注射、压延成型过程中,树脂经常受到挤压作用。因此,研究树脂基体的挤压性能,能够帮助正确选择和控制制品所用材料的成型工艺。可模塑性是指树脂在温度和压力作用下,产生变形充满模具的成型能力。它取决于树脂流变性、热性能和力学性能等。高弹态聚合物受单向或双向拉伸时的变形能力称为可延展性。线型聚合物的可延展性取决于分子长链结构和柔顺性,在 $T_g \sim T_f$(或 T_m)温度范围内聚合物受到大于屈服强度的拉力作用时,产生大的形变。

线型聚合物的黏流态可以通过加热、加入溶剂和机械作用而获得。黏流温度是高分子链开始运动的最低温度。它不仅和聚合物的结构有关,而且还与分子质量的大小有关。分子质量增加,大分子之间的相互作用随之增加,需要较高的温度才能使分子流动。因此,黏流温度随聚合物分子质量的增加而升高。如果聚合物的分解温度低于或接近黏流温度,就不会出现黏流状态。这种聚合物成型加工比较困难。聚合物在成型过程中受某些条件作用,能发生结晶或使结晶度改变,在外力作用下大分子会发生取向。结晶聚合物的内部结构包含晶相区和非晶相区,晶相区所占的质量百分数称为结晶度。聚合物的很多性能,如熔点、模量、抗拉强度、透气水性、低温脆折点、热膨胀系数等,都和结晶度有关。聚合物熔体在成型过程中受外力的作用,其分子链或添加物会发生沿受力方向的排列,称为取向作用,取向 X 聚合物的性能影响很大。成型加工过程中聚合物的降解聚合物往往会发生降解,使其性能劣化。这些都是在成型过程中需要考虑的因素。

热塑性复合材料成型方法与热塑性塑料的成型方法类似,主要有挤出成型、注射成型、热塑性片状模塑料的冲压成型等工艺。

6.5.7.1　挤出成型

挤出成型工艺是生产热塑性复合材料(FRTP)制品的主要方法之一。其工艺过程是先将树脂相增强纤维制成粒料,然后再将粒料加入挤出机内,经塑化、挤出、冷却定型而成制品。挤出成型广泛用于生产各种增强塑料管、棒材、异形断面型材等。其优点是能加工绝大多数热塑性复合材料及部分热固性复合材料。生产过程连续,自动化程度高,工艺易掌握及产品质量稳定等。其缺点是只能生产线型制品。

挤出成型工艺也称挤压模塑或挤塑工艺,它是借挤出机的螺杆或柱塞的挤压作用,使受热熔化的塑料在压力的推动下,通过口模制成具有一定截画的连续型材的一种工艺方法。挤出成型适用于所有的热塑性塑料,也适用于某些热固性塑料。挤出成型用于热塑性玻璃钢,制造管、杆、棒和其他型材,制造粒料。热塑性玻璃钢在成型之前，常常先要将玻璃纤维混合或包覆以热塑性树脂制成粒料，再将粒料制成制品，一般采用挤出机生产这种粒料；挤出机与其他成型机组合生产连续制品，如挤出机与压缩空气机组合制造中空制品，与液压机组合以生产大型热塑性玻璃钢制品，与压延机组合生产连续板材等。

按照加压方式的不同，挤出成型工艺可分为连续和间歇两种。前者所用的设备为螺杆式挤出机、后者为柱塞式挤出机。螺杆式挤出机又可分为单螺杆、双螺杆和多螺杆挤出机。螺杆式挤出机的螺杆旋转时产生压力和剪切力、使物料充分塑化和均匀混合，通过口模而成型，因而使用一台挤出机能完成混合、塑化、成型等一系列工序，进行连续生产。柱塞式挤出机是借助柱塞压力，将塑化好的物料挤出口模而成型，料筒内物料挤完后往塞退回，待加入新的塑化料后再进行下一次操作，生产时间歇的，对物料的搅拌、混合不充分，一般不用此法。

热塑性玻璃钢粒料的制造对于热塑性玻璃钢粒料有如下要求：玻璃纤维与热塑性树脂及各种配合剂按比例均匀地混合在一起；玻璃纤维与热塑性树脂应尽可能包覆、黏结牢固；玻璃纤维在粒料中均匀分散并保持一定的长度，粒料的粗细及长短要一致，便于自动计量；制造过程中应尽量减少对玻璃纤维的机械损伤，尽量减少对热塑性树脂分子的降解。

热塑性玻璃钢粒料的加工方法有长纤维包覆挤出造粒法和短纤维挤出造粒法两种。长纤维包覆法是将玻璃纤维原丝多股集束在一路与熔融树脂同时从模头挤出，被树脂包覆成料条，经冷却后短切成粒料。短纤维挤出造粒是将短切玻璃纤维与热塑性树脂一起送入挤出机经熔融复合，通过模头挤出料条，冷却后切成粒料，在粒料中纤维已有一定程度的分散性，如果采用双螺杆挤出机，则也可直接把连续无捻粗纱喂入机器，借助双螺杆的作用将纤维扯断，而不必预先切短纤维。

这两种方法各有优缺点。一般地说长纤维包覆法由于是将几十股无捻粗纱集束起来通过模头，纤维被树脂浸润的情况差，在注射成型时纤维分散得不好，从而影响制品外观质量。而且由于纤维分散不均，制品的物理力学性能重复性较差，但由于它的纤维较长，加工过程中纤维磨损小，因而制品的抗冲强度和热变形温度较高；短纤维挤出造粒法其纤维较短，虽其制品的机械强度较长纤维的要差一些，但由于它具有纤维分散性好、制品外观质量好接缝强度大、生产效率高、成本较低等优点。因此国内外都已广泛采用此法。

长纤维包覆挤出造粒法制造粒料工艺流程如图 6－12 所示。

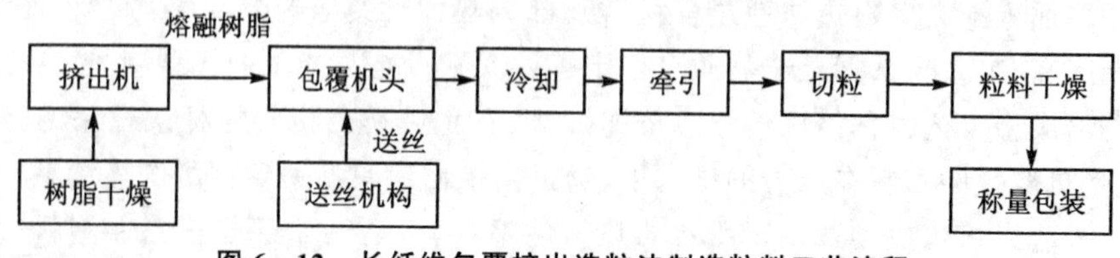

图 6－12　长纤维包覆挤出造粒法制造粒料工艺流程

6.5.7.2　注射成型

注射成型是树脂基复合材料生产中的一种重要成型方法，它适用于热塑性和热固性复合材料，但以热塑性复合材料应用最广。注射成型是将粒状或粉状的纤维——树脂混合料从注射机的料斗送入机筒内，加热熔化后由柱塞或螺杆加压，通过喷嘴注入温度降低的闭合模内，经过冷却定型后，脱模得制品，注射成型为间歇式操作过程。注射成型工艺在复合材料制品生产中，主要是代替模压成型工艺，生产各种电器材料、绝缘开关、汽车和火车零配件、纺织机零件、建筑配件、卫生及照明器材、家电壳体、食品周转箱、安全帽、空调机叶片等。

热塑性复合材料（FRTP）和热固性复合材料（FRP）的物理性能和固化原理不同，其注射成型工艺也有很大区别。

FRTP 的注射成型过程主要产生物理变化。增强粒料在注射机的料筒内加热熔化至黏流态，以高压迅速注入温度较低的闭合模内，经过一段时间冷却，使物料在保持模腔形状的情况下恢复到玻璃态、然后开模取出制品。这一过程主要是加热、冷却过程，物料不发生化学变化。注射成型工艺如图 6－13 所示，将粒料加入料斗 5 内，由注射塞 6 往复运动把粒料推入料筒 3 内，依靠外部和分流梭 4 加热塑化，分流梭是靠金属肋和料筒壁相连，加热料筒，分流梭同时受热，使物料内外加热快速熔化，通过注射柱塞向前推压，使熔态物料经过喷嘴 2 及模具的流道快速充满模腔，在模腔内当制品冷却到定型温度时，开模取出制品。从注射充模到开模取出制品为一个注射周期，其时间长短取决于产品尺寸大小和厚度。

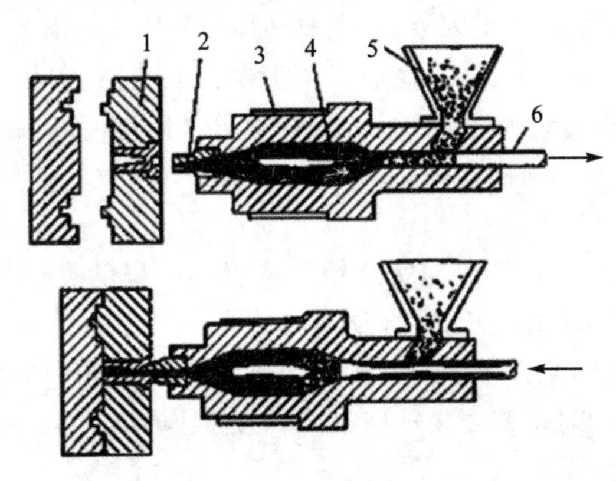

1—模具；2—喷嘴；3—料筒；4—分流梭；5—料斗；6—注射柱塞

图 6－13　注射成型工艺过程

而 FRP 的注射成到过程是一个复杂的物理和化学过程。注射料在加热过程中随温度升高，黏度下降。但随着加热时间的延长，分子间的交联反应加速，黏度又会上升，开始胶凝和固化。实际加热过程中，热固性树脂的黏度变化可设想为两种作用的综合反应。

注射成型分为准备工作、注射工艺条件选择、制品后处理及回料利用等工序。注射成型工艺包括闭模、加料、塑化、注射、保压、固化(冷却定型)、开模出料等工序。

1. 加　料

正确地控制加料及剩余量对保证产品质量影响很大。一般要求定时定量地均匀供料,保证每次注射后料筒端部有一定剩料(称料垫)。剩料的作用有两点:一是传压;二是补料。如果加料量太多,剩料量大,不仅使注射压力损失增加,而且会使剩料受热时间过长而分解或固化;加料量太少时,剩料不足,缺乏传压介质、模胶内物料受压不足,收缩引起的缺料得不到补充,会使制品产生凹陷、空洞及不密实等。剩料一般控制在 10～20 mm。

2. 成型温度

料筒、喷嘴及模具温度对复合材料注射成型质量影响很大,它关系到物料的塑化和充模工艺。在决定这些温度时,应考虑到下述各方面因素。

(1) 注射机的种类

螺杆式注射机的料筒温度比柱塞式低,这是因为螺杆注射机内料筒的料层较薄,物料在推进过程中不断地受到螺杆翻转换料,热量易于传导。物料翻转运动,受剪力作用,自身摩擦能生热。

(2) 产品厚度

薄壁产品要求物料有较高的流动性才能充满模腔。因此,要求料筒和喷嘴温度较高,厚壁产品的物料流量大,注模容易,硬化时间长,故料筒和喷嘴温度可稍低些。

(3) 注射料的品种和性能

它是确定成型温度的决定因素,生产前必须作好所用物料的充分试验,优选出最佳条件。对于热塑性树脂来讲,料筒温度离于模具温度;对于热固性树脂来讲,料筒温度较低,模具温度高于料筒和喷嘴温度;对于增强粒料,料筒和喷嘴温度随纤维含量不同,一般比未加纤维的物料提高 10～20 ℃。

3. 螺杆转速及背压

螺杆的转速及背压,必须根据所选用的树脂热敏程度及熔体黏度等进行调整。一般来讲,转速慢则塑化时间长,螺杆顶端的料垫在喷嘴处停留时间过长,易使物料在料筒中降解或早期固化。增加螺杆转速,能使物料在螺槽中的剪应力增大,摩擦热提高,有利于塑化。同时可缩短物料在料筒中的停留时间。但转速过快,会引起物料塑化不足,影响产品质量。

背压是指螺杆转动推进物料塑比时,传给螺杆的反向压力。对于玻璃纤维增强粒料(特别是长纤维粒料),由于纤维中包含空气,在料筒中塑化时必须调整背压,排出空气,否则会使制品产生气泡,中心发白,表面发暗。当增加背压时,能提高树脂和纤维的混炼效果、使纤维分散均匀。一般背压为注射压力的 8%～18%。选择背压还应考虑到树脂的熔融温度。当熔体温度较低时,增加背压会引起玻璃纤维粉化,降低制品力学性能。

注射速度和压力对充模质量起着决定性作用。注射压力大小与注射机种类、物料流动性、模具浇口尺寸、产品厚度、模具温度及流程等因素有关。一般增强物料的注射压力比未增强物料略高。热塑性塑料的注射压力为40～130 MPa,纤维增强的注射压力为50～150 MPa。对黏度较高的聚砜、聚苯醚及热固性复合材料等的注射压力为80～200 MPa。

保压作用是使制品在冷却收缩过程中得到补料。较高的保持压力和一定的保压时间,能使制品尺寸精确、表面光洁、消除真空气泡。反之,则易使制品表面毛糙和凹陷,内部产生缩孔及强度下降等。保压时间一般为20～120 s,特别厚的制品可高达5～10 min。

注射速度与注射压力相关。注射速度慢时,会因物料硬化而使黏度增加,压力传递困难、不利于充模,易出现废品。提高注射速度,对保证产品质量和提高生产率有利。但注射速度过快,消耗功率大,同时还可能混入空气,使制品表面出现气泡。

在实际生产过程中,对于注射压力和速度的选择,一般都是从低压慢速开始,然后根据产品的质量分析,酌情增大。对于热塑性树脂,注射时间一般为15～60 s,热固性树脂则为5～10 s。成型周期是指完成一次注射成型制品所需要的时间,称为成型周期,它包括:注射加压时间,包括注射时间、保压时间;冷却时间,模内冷却或固化时间;其他,开模、取出制品、涂脱模剂、安放嵌件、闲模等时间。

在整个过程中,注射加压和冷却时间最重要,对制品质量起决定作用,成型周期是提高生产率的关键。在保证产品质量的前提下,应尽量缩短时间。在实际生产中,应根据材料的性能和制品的特点等因素,预定工艺条件,经过实际操作进行调整,优选出最佳工艺条件。

4. 制品后处理

注射制品的后处理主要是为了提高制品的尺寸稳定性,消除内应力。后处理主要有热处理和调湿处理两种。热处理:注射物料在机筒内塑化不均匀或在模腔内冷却速度不同,都会发生不均匀结晶、取向和收缩,使制品产生内应力,发生变形。热处理是使制品在定温液体介质中或恒温烘箱内静置一段时间,然后缓慢冷却至室温,达到消除内应力的目的。一般热处理温度应控制在制品使用温度以上10～20 ℃,或热变形温度以下10～20 ℃为宜。热处理的实质是:迫使冻结的分子链松弛,凝固的大分子链段转向无规位置,从而消除部分内应力:提高结晶度,稳定结晶结构,提高弹性模量,降低断裂延伸率。调湿处理:调湿处理是将刚脱模的制品放入热水中,静置一定时间,使之隔绝空气,防止氧化,同时起到加快吸湿平衡。调湿作用对改善聚酰胺类制品性能十分明显,它能防止氧化和增加尺寸稳定。过量的水分还能提高聚胺酯类制品的柔韧性,改善冲击强度和拉伸强度,调湿处理条件一般为90～110 ℃,4 h。

参考文献

1. 陈宇飞，郭艳宏，戴亚杰. 聚合物基复合材料[M]. 北京：化学工业出版社. 2010.
2. 周德福. 复合材料学[M]. 武汉：武汉工业大学出版社，1995.
3. 顾书英，任杰. 聚合物基复合材料[M]. 北京：化学工业出版社，2007.
4. 黄家康，岳红军，董永祺. 复合材料成型技术[M]. 北京：化学工业出版社，2000.
5. 王荣国，武卫莉，谷万里. 复合材料概论[M]. 哈尔滨：哈尔滨工业大学出版社，2007.
6. 笪有仙，孙慕瑾. 增强材料的表面处理[J]. 玻璃钢/复合材料，1999，(5)：39－42.
7. 宋焕成. 赵时熙. 聚合物基复合材料[M]. 北京：国防工业出版社，1986.
8. 周曦亚. 复合材料[M]. 北京：化学工业出版社，2005.
9. 吴人洁. 复合材料[M]. 天津：天津大学出版社，2000.
10. 魏月贞. 复合材料[M]. 北京：机械工业出版社，1987.
11. 胡福增. 聚合物及其复合材料的表界面[M]. 北京：中国轻工业出版社，2001.
12. 刘雄亚，谢怀勤. 复合材料工艺及设备[M]. 武汉：武汉工业大学出版社，1994.
13. 欧国荣，倪礼忠. 复合材料工艺与设备[M]. 上海：华东化工学院出版社，1991.